高等学校计算机教材

微型计算机原理及应用

（第3版）

朱定华　主　编

刘福珍
蔡　勤　副主编

電子工業出版社

Publishing House of Electronics Industry

北京 • BEIJING

内容简介

《微型计算机原理及应用》系统地介绍了80x86 PC机的原理、汇编语言程序设计及接口技术，主要内容包括计算机基础知识；汇编语言与汇编程序；程序设计技术；总线；半导体存储器；输入与输出技术；中断技术；常用可编程接口芯片等。本书内容精练、实例丰富，其中大量的接口电路和程序是作者多年来在科研和教学中反复提炼得来的，因而本书应用性很强，可作为大专院校和高职高专成人高等教育“汇编语言程序设计”、“微机原理及应用”、“接口技术”等课程的教学用书。也可以供从事电子技术、计算机应用与开发的科研人员和工程技术人员学习参考，还适于初学者自学使用。

图书在版编目（CIP）数据

微型计算机原理及应用/朱定华主编．—3版．—北京：电子工业出版社，2010.4
高等学校计算机教材
ISBN 978-7-121-08935-0

Ⅰ．微…　Ⅱ．朱…　Ⅲ．微型计算机—高等学校—教材　Ⅳ．TP36

中国版本图书馆CIP数据核字（2009）第089126号

策　　划：陈晓明
责任编辑：陈晓明　　特约编辑：张晓雪
印　　刷：北京市海淀区四季青印刷厂
装　　订：北京市海淀区四季青印刷厂
出版发行：电子工业出版社
　　　　　北京市海淀区万寿路173信箱　邮编100036
开　　本：787×1 092　1/16　印张：21　字数：538千字
版　　次：2004年3月第1版
　　　　　2010年4月第3版
印　　次：2014年12月第4次印刷
印　　数：1 000册　　定价：36.00元

凡所购买电子工业出版社图书有缺损问题，请向购买书店调换。若书店售缺，请与本社发行部联系，联系及邮购电话：（010）88254888。

质量投诉请发邮件至zlts@phei.com.cn，盗版侵权举报请发邮件至dbqq@phei.com.cn。

服务热线：（010）88258888。

第 3 版前言

本书第 2 版自 2005 年出版以来，受到诸多兄弟院校师生及广大读者的关注，我们深表感谢。

通过多年来的教学实践，尤其是近 3 年来课程改革的经验，我们对教材内容和课程体系进行了深入的研究，并作了修改和更新。随着电子技术和微型计算机技术的迅猛发展，从 8086 开始，80286、80386、80486、Pentium 等系列微处理器不断推出，本书在第 2 版的基础上对原章节加宽加深，既保持了多年形成的比较成熟的课程体系，又适当地介绍了微型计算机中的新器件、新技术和新方法。

本书通过 80x86 到 Pentium 微处理器和 PC 机的硬件和软件分析，阐明微型计算机的组成原理、汇编语言程序设计以及存储器、输入/输出接口芯片与微型计算机的接口方法，为学习者在微处理器和微型计算机的应用上打下坚实的基础。

本书包括汇编语言程序设计和接口技术两部分内容。汇编语言程序设计是微机应用系统的系统软件和应用软件的设计基础，接口技术是微机应用系统硬件组成的设计基础。本书内容较全面，实例丰富。书中的程序和接口电路的设计包含了作者多年来在科研和教学中积累的经验和技巧。学习微型计算机的汇编语言程序设计和接口技术必须理论联系实际。本书在介绍基本概念的同时，列举了大量典型而有意义的例题和习题。这些例题和习题，无论是汇编程序还是接口电路都在 80x86 和 Pentium 系列微机系统上调试通过。

80x86 为用户提供了实地址方式、虚地址保护方式和虚拟 80x86 方式 3 种工作方式，但从编程角度看，仅提供了实地址方式和虚地址保护方式 2 种工作方式。就编程而言，这 2 种工作方式并无实质上的区别，而且使用实地址方式已可解决应用程序所面向的大量问题，所以本书有关汇编语言程序设计的讨论只限于 DOS 环境下（MASM 5.0）的实地址方式。

本书内容精练，实用性强。每章后均附有思考题与习题。编写本书时，注意了理论和实践相结合，力求做到既有一定的理论基础，又能运用理论解决实际问题；既掌握一定的先进技术，又着眼于当前的应用服务。

本教材的参考学时数为 80 学时（不含实验）。学时数较少的学校或专业可以不讲授第 2 章和第 3 章中的以下内容：地址传送指令、查表转换指令、BIOS、串处理程序设计和宏功能程序设计等，本书后面没有使用这些内容。为了适应非电子信息类的教学要求，本书的第 1 章中还补充了二进制数的逻辑运算与逻辑电路以及逻辑单元与逻辑部件等内容。

本书由朱定华、刘福珍和蔡勤编写。参加本书编写工作的人员还有蔡苗、黄松、周斌、翟晟、蔡红娟、吕建才、程萍、张德芳、林卫、李志文、林威等。

计算机的发展日新月异，教学改革任重道远。限于我们的水平和能力，不妥之处在所难免，恳请读者批评指正，以便我们今后不断改进。

朱定华

2010年1月于武昌

第3版前言

[illegible]

目　录

第1章　微型计算机的基础知识

1.1　计算机中的数和编码

1.1.1　计算机中的数制

计算机最早是作为一种计算工具出现的，所以它的最基本的功能是对数进行加工和处理。数在机器中是以器件的物理状态来表示的。一个具有两种不同的稳定状态且能相互转换的器件就可以用来表示1位（bit）二进制数。二进制数有运算简单，便于物理实现，节省设备等优点，所以目前在计算机中数几乎全采用二进制表示。但是二进制数书写起来太长，且不便于阅读和记忆；而4位二进制数有16个不同的状态0000～1111，即1位十六进制数；所以微型计算机中的二进制数都采用十六进制数来缩写。十六进制数用0～9和A～F等16个数码表示4位二进制数0000～1111，这16个二进制数0000～1111的大小就是十进制数0～15。1个8位的二进制数用2位十六进制数表示，1个16位的二进制数用4位十六进制数表示等。这样书写方便，又便于阅读和记忆，且转换方便，因此常用十六进制数来缩写二进制数。然而人们最熟悉、最常用的是十进制数。为此，要熟练地掌握十进制数、二进制数和十六进制数间的相互转换。它们之间的关系如表1-1所列。

表1-1　十进制数、二进制数及十六进制数对照表

十进制	0	1	2	3	4	5	6	7	8	9	10	11	12	13	14	15
二进制	0000	0001	0010	0011	0100	0101	0110	0111	1000	1001	1010	1011	1100	1101	1110	1111
十六进制	0	1	2	3	4	5	6	7	8	9	A	B	C	D	E	F

为了区别十进制数、二进制数及十六进制数3种数制，可在数的右下角注明数制，或者在数的后面加一字母。如B（binary）表示二进制数制；D（decimal）或不带字母表示十进制数制；H（hexadecimal）表示十六进制数制。

1．二进制数和十六进制数整数间的相互转换

根据表1-1所示的对应关系即可实现它们之间的转换。

二进制整数转换为十六进制数，其方法是从右（最低位）向左将二进制数分组：每4位为1组，最后一组若不足4位则在其左边添加0，以凑成4位1组，每组用1位十六进制数表示。如：

1111111000111B →1 1111 1100 0111B → 0001 1111 1100 0111B=1FC7H

十六进制数转换为二进制数，只需用4位二进制数代替1位十六进制数即可。如：

3AB9H=0011 1010 1011 1001B

2．十六进制数和十进制数间的相互转换

十六进制数转换为十进制数十分简单，只需将十六进制数按权展开相加即可。如：

$1F3DH=16^3\times1+16^2\times15+16^1\times3+16^0\times13=4096\times1+256\times15+16\times3+1\times13=4096+3840+48+13=7997$

十进制整数转换为十六进制数可用除16取余法，即用16不断地去除待转换的十进制数，直至商等于0为止。将所得的各次余数，依倒序排列，即可得到所转换的十六进制数。如将38947转换为十六进制数，其方法及算式如下：

```
16 |38947    3
   16 |2434   2
      16 |152  8
         16 |9  9
             0
```

即 38947=9823H

1.1.2 符号数的表示法

1．机器数与真值

二进制数与十进制数一样有正负之分。在计算机中，常用数的符号和数值部分一起编码的方法表示符号数。常用的有原码、反码和补码表示法。这几种表示法都将数的符号数码化。通常正号用“0”表示，负号用“1”表示。为了区分一般书写时表示的数和机器中编码表示的数，我们称前者为真值，后者为机器数，即数值连同符号数码“0”或“1”一起作为一个数就称为机器数，而它的数值连同符号“+”或“－”称为机器数的真值。把机器数的符号位也作为数值的数，就是无符号数。

为了表示方便，常把8位二进制数称为字节，把16位二进制数称为字，把32位二进制数称为双字。对于机器数应将其用字节、字或双字表示，所以只有8位、16位或32位机器数的最高位才是符号位。

2．原码

按上所述，数值用其绝对值，正数的符号位用0表示，负数的符号位用1表示，这样表示的数就称为原码。如：

X_1= 105=+01101001B　　　　$[X_1]_{原}$=01101001B

X_2=−105=−01101001B　　　　$[X_2]_{原}$=11101001B

其中最高位为符号，后面7位是数值。用原码表示时，+105和－105的数值部分相同而符号位相反。

原码表示简单易懂，而且与真值的转换方便。但若是两个异号数相加，或两个同号数相减，就要做减法。为了把减运算转换为加运算，从而简化计算机的结构，就引进了反码和补码。

3．反码

正数的反码与原码一样，符号位为 0，其余位为其数值；负数的反码为它的绝对值（即与其绝对值相等的正数）按位 （连同符号位） 取反。如：

X_1= 105=+01101001B　　　　　　$[X_1]_{反}$=01101001B

X_2= −105= 01101001B　　　　　　$[X_2]_{反}$=10010110B

4．补码

正数的补码与原码一样，符号位为 0，其余位为其数值；负数的补码为它的绝对值（即与该负数的绝对值相等的正数）的补数。把一个数连同符号位按位取反再加 1，可以得到该数的补数。如：

X_1= 105=+01101001B　　　　　　$[X_1]_{补}$=01101001B

X_2=−105=−01101001B　　　　　　$[X_2]_{补}$=10010111B

求补数还可以直接求，方法是从最低位向最高位扫描，保留直至第一个“1”的所有位，以后各位按位取反。负数的补码可以由与其绝对值相等的正数求补得到。根据两数互为补数的原理，对补码表示的负数求补就可以得到该负数的绝对值。如：

$[-105]_{补}$=10010111B=97H

对其求补，从右向左扫描，第一位就是 1，故只保留该位，对其左面的七位均求反得：01101001，即补码表示的机器数 97H 的真值是−69H（=−105）。

一个用补码表示的机器数，若最高位为 0，则其余几位即为此数的绝对值；若最高位为 1，则其余几位不是此数的绝对值，把该数（连同符号位）求补，才得到它的绝对值。

当数采用补码表示时，就可以把减法转换为加法。例如：

64−10=64+(−10)

$[64]_{补}$=40H=0100 0000B

$[10]_{补}$=0AH=0000 1010B

$[-10]_{补}$=1111 0110B

做减法运算过程如下：

```
  0100  0000
- 0000  1010
  0011  0110
```

用补码相加过程如下：

```
  0100  0000
+ 0000  1010
1 0011  0110
↑
└进位自然丢失
```

结果相同，其真值为：54（36H=48+6）。

最高位的进位是自然丢失的，故做减法与用补码相加的结果是相同的。因此，在微型计算机中，凡是符号数一律是用补码表示的。一定要记住运算的结果也是用补码表示的。如：

34−68=34+(−68)

34=22H=0010 0010B

68=44H=0100 0100B

−68=1011 1100B

做减运算过程如下：

```
  0010 0010
- 0100 0100
-----------
1 0100 0100
↑
└─借位自然丢失
```

用补码相加过程如下：

```
  0010 0010
+ 1011 1100
-----------
  1101 1110
```

结果相同。因为符号位为 1，所以结果为负数。对其求补，得其真值：-00100010B，即为−34（−22H）。

由上面两个例子还可以看出，当数采用补码表示后，两个正数相减，若无借位，化为补码相加就会有进位；若有借位，化为补码相加就不会有进位。

5．8 位二进制数的范围

8 位二进制数，将其看成无符号数和符号数，它所表示的数的大小是不同的。为加深读者的印象，将其列于表 1-2 中。

表 1-2　8 位二进制数（2 位十六进制数）的大小

8 位二进制数	2 位十六进制数	无符号数	原码数	反码数	补码数
0000 0000	00	0	0	0	0
0000 0001	01	1	1	1	1
0000 0010	02	2	2	2	2
⋮	⋮	⋮	⋮	⋮	⋮
0111 1101	7D	125	125	125	125
0111 1110	7E	126	126	126	126
0111 1111	7F	127	127	127	127
1000 0000	80	128	-0	-127	-128
1000 0001	81	129	-1	-126	-127
1000 0010	82	130	-2	-125	-126
⋮	⋮	⋮	⋮	⋮	⋮
1111 1101	FD	253	-125	-2	-3
1111 1110	FE	254	-126	-1	-2
1111 1111	FF	255	-127	-0	-1

由表 1-2 可知，8 位无符号数的数值范围为 00H～FFH（0～255）。8 位反码数的数值范围为 80H～7FH（−127～127）。8 位原码数的数值范围为 FFH～7FH（−127～127）。8 位补码数的数值范围为 80H～7FH（−128～127）。原码数 80H 和 00H 的数值部分相同、符号位相反，它们分别为−0 和+0；补码数 80H 的最高位既代表了符号为负又代表了数值为 1，80H 的真值是−128(−80H)。

对于一个 16 位的二进制数，若把它看成无符号数，则其数值范围为 0000H～FFFFH（0～65535）；若把它看成反码数，则其数值范围为 8000H～7FFFH（–32767～32767）；若把它看成原码数，则其数值范围为 FFFFH～7FFFH（–32767～32767）；若把它看成补码数，则其数值范围为 8000H～7FFFH（–32768～32767）。

上述分析表明，若 8 位二进制补码数运算结果超出–128～127，16 位二进制补码数运算结果超出–32768～32767，则产生溢出。小于–128 或小于–32768 的运算结果称为下溢出，大于 127 或大于 32767 的运算结果称为上溢出。产生溢出的原因是数据的位数少了，使得结果的数值部分挤占了符号位的位置，为了避免产生溢出，可以将数位扩展。

6．二进制数的扩展

二进制数的扩展是指一个数据从位数较少扩展到位数较多，如从 8 位（字节）扩展到 16 位（字），或从 16 位扩展到 32 位（双字）。一个二进制数扩展后，其数的符号和大小应保持不变。

无符号数的扩展是将其左边添加 0。如 8 位无符号二进制数 F8H 扩展为 16 位无符号二进制数，则为 00F8H。

对于用原码表示的二进制数，它的正数和负数仅 1 位符号位相反，数值位都相同。所以，原码二进制数的扩展是将其符号位向左移至最高位，符号位即最高位与原来的数值位间的所有位都填入 0。例如：68 用 8 位二进制数表示的原码为 44H，用 16 位二进制数表示的原码为 0044H；–68 用 8 位二进制数表示的原码为 C4H，用 16 位二进制数表示的原码为 8044H。

补码表示的二进制数的符号位向左扩展若干位后，所得到的补码数的真值不变。所以，对于用补码表示的二进制数，正数的扩展应该在其前面补 0，而负数的扩展，则应该在前面补 1。例如：68 用 8 位二进制数表示的补码为 44H，用 16 位二进制数表示的补码为 0044H；-68 用 8 位二进制数表示的补码为 BCH，用 16 位二进制数的补码表示为 FFBCH。

补码表示的二进制数的扩展与补码相同。

1.1.3 二进制数的加减运算

计算机把机器数均当成无符号数进行运算，即符号位也参与运算。运算的结果要根据运算结果的符号，运算有无进（借）位和溢出等来判别。计算机中设置有这些标志位，标志位的值由运算结果自动设定。

1．无符号数的运算

无符号数实际上是指参加运算的数均为正数，且整个数位全部用于表示数值。*n* 位无符号二进制数的范围为 0～（2^n–1）。

（1）两个无符号数相加，由于两个加数均为正数，因此其和也是正数。当和超过其位数所允许的范围时，就向更高位进位。如：

127+160 = 7FH+A0H

```
   0111 1111
 + 1010 0000
 ------------
 1 0001 1111=11FH=256+16+15=287
 ↑
 └ 进位
```

（2）两个无符号数相减，被减数大于或等于减数，无借位，结果为正；被减数小于减数，有借位，结果为负。如：

192−10=C0H−0AH

```
  1100 0000
- 0000 1010
-----------
  1011 0110=B6H=176+6=182
```

反过来相减，即 10−192，运算过程如下：

```
  0000 1010
- 1100 0000
-------------
1 0100 1010=-10110110B=-B6H=-182
↑
└ 借位
```

由此可见，对无符号数进行减法运算，其结果的符号用进位来判别：CF=0（无借位），结果为正；CF=1（有借位）结果为负（对 8 位数值位求补得到它的绝对值）。

2．补码数的运算

n 位二进制补码数，除去一位符号位，还有 *n*−1 位表示数值，所能表示的补码的范围为：$-2^{n-1}\sim(2^{n-1}-1)$。如果运算结果超过此范围就会产生溢出。如：

105+50=69H+32H

```
  0110 1001
+ 0011 0010
-----------
  1001 1011=9BH=155或=-65H=-101
```

若把结果视为无符号数，为 155，结果是正确的。若将此结果视为符号数，其符号位为 1，结果为-101，这显然是错误的。其原因是和数 155 大于 8 位符号数所能表示的补码数的最大值 127，使数值部分占据了符号位的位置，产生了溢出，从而导致结果错误。又如：

−105−50=−155

```
  1001 0111
+ 1100 1110
-----------
1 0110 0101
↑
└ 进位
```

两个负数相加，和应为负数，而结果 01100101B 却为正数，这显然是错误的。其原因是和数−155 小于 8 位符号数所能表示的补码数的最小值−128，也产生了溢出。若不将第 7 位（第 7 位～第 0 位）0 看成符号，也看成数值而将进位看作数的符号，结果为−0 1001 1011B=−155，结果就是正确的。

因此，应当注意溢出与进位及补码运算中的进位或借位丢失间的区别：

（1）进位或借位是指无符号数运算结果的最高位向更高位进位或借位。通常多位二进制数将其拆成二部分或三部分或更多部分进行运算时，数的低位部分均无符号位，只有最高部分的最高位才为符号位。运算时，低位部分向高位部分进位或借位。由此可知，进位主要用于无符号数的运算，这与溢出主要用于符号数的运算是有区别的。

（2）溢出与补码运算中的进位丢失也应加以区别，如：

−50−5=−55

```
   1100 1110
 +1111 1011
 1 1100 1001=-00110111B=-55
 ↑
 └进位丢失
```

两个负数相加，结果为负数是正确的。这里虽然出现了补码运算中产生的进位，但由于和数并未超出 8 位二进制补码数–128～127 的范围，因此无溢出。那么如何来判别有无溢出呢？

设符号位向进位位的进位为 C_Y，数值部分向符号位的进位为 C_S，则溢出

$OF=C_Y \oplus C_S$

OF=1，有溢出；OF=0，无溢出。

下面用 M、N 两数相加来证明。设 M_S 和 N_S 为两个加数的符号位，R_S 为结果的符号位，则有如表 1-3 所列的真值表。由真值表得逻辑表达式：

表 1-3　符号、进位、溢出的真值表

M_S	N_S	R_S	C_S	C_Y	OF
0	0	0	0	0	0
0	0	1	1	0	1
0	1	0	1	1	0
0	1	1	0	0	0
1	0	0	1	1	0
1	0	1	0	0	0
1	1	0	0	1	1
1	1	1	1	1	0

$$OF=\overline{C_S}C_Y+C_S\overline{C_Y}=C_S\oplus C_Y$$

再来看 105+50、–105–50 和–50–5 三个运算有无溢出：

```
  0110 1001          1001 0111          1100 1110
 +0011 0010        + 1100 1110        + 1111 1011
  1001 1011         1 0110 0101        1 1100 1001
```

$C_Y=0, C_S=1$　　$C_Y=1, C_S=0$　　$C_Y=1, C_S=1$

OF=0⊕1=1，有溢出　　OF=1⊕0=1，有溢出　　OF=1⊕1=0，无溢出

1.1.4　二进制数的逻辑运算与逻辑电路

计算机除了可进行基本的算术运算外，还可对两个或一个无符号二进制数进行逻辑运算。计算机中的逻辑运算，主要是“逻辑非”、“逻辑乘”、“逻辑加”和“逻辑异或”等 4 种基本运算。下面介绍这 4 种基本逻辑运算及实现这些运算的逻辑电路。

1．逻辑非

逻辑非也称“求反”。对二进制数进行逻辑非运算，就是按位求它的反，常用变量上方加一横来表示。例如，

A=01100001B，B=11001011B

$\overline{A}$=10011110B，$\overline{B}$=00110100B

实现逻辑非运算的电路称为非门，又称反相器。它只有一个输入和一个输出。它的符号如图 1-1 所示。

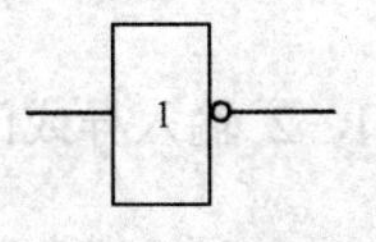

图 1-1　非门的符号表示

2．逻辑乘

对两个二进制数进行逻辑乘，就是按位求它们的“与”，所以逻辑乘又称“逻辑与”，常用记号“∧”或“·”来表示。1 位二进制数逻辑乘的规则为：

0∧0=0，0∧1=0，1∧0=0，1∧1=1

例如，01100001B∧11001011B，逻辑乘算式如下：

$$
\begin{array}{r}
0110\ \ 0001 \\
\wedge\ 1100\ \ 1011 \\
\hline
0100\ \ 0001
\end{array}
$$

即 01100001B∧11001011B=0100 0001B

实现逻辑乘运算的电路称为与门，2 输入与门的符号表示如图 1-2 所示。

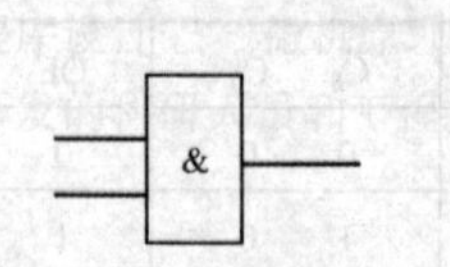

图 1-2　与门的符号表示

3．逻辑加

对两个二进制数进行逻辑加，就是按位求它们的“或”，所以逻辑加又称“逻辑或”，常用记号“∨”或“+”来表示。1 位二进制数逻辑加的规则为：

0∨0=0,0∨1=1,1∨0=1,1∨1=1。

例如，01100001B∨11001011B，逻辑加算式如下：

$$
\begin{array}{r}
0110\ \ 0001 \\
\vee\ 1100\ \ 1011 \\
\hline
1110\ \ 1011
\end{array}
$$

即 01100001B∨11001011B=11101011B

实现逻辑加运算的电路称为或门，2 输入或门的符号表示如图 1-3 所示。

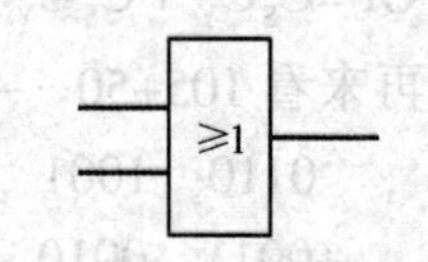

图 1-3　或门的符号表示

4．逻辑异或

对两个二进制数进行逻辑异或，就是按位求它们的模 2 和，所以逻辑异或又称“按位加”，常用符号“⊕”来表示。1 位二进制数的逻辑异或运算规则为：

0⊕0=0,0⊕1=1,1⊕0=1,1⊕1=0。

例如，01100001B⊕11001011B，逻辑异或算式如下：

$$
\begin{array}{r}
0110\ 0001 \\
\oplus\ 1100\ 1011 \\
\hline
1010\ 1010
\end{array}
$$

即 01100001B⊕11001011B=10101010B

注意：按位加与普通整数加法的区别是它仅按位相加，不产生进位。

实现逻辑异或运算的电路称为异或门，2 输入异或门的符号表示如图 1-4 所示。

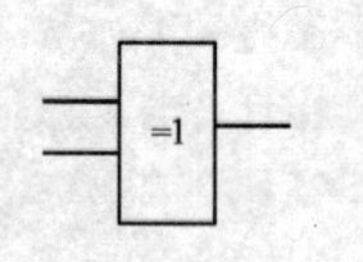

图 1-4　异或门的符号表示

异或门的特点是，只有当输入的两个变量相异时，输出为高（“1”），否则输出为低（“0”）。

5．正逻辑与负逻辑

逻辑电路实现的逻辑关系，可用高电平表示逻辑 1，用低电平表示逻辑 0，在这种规定下的逻辑关系称为正逻辑。事实上，还有另一种规定：用低电平表示逻辑 1，用高电平表示逻辑 0，在这种规定之下的逻辑关系称为负逻辑。对于同一个逻辑电路，由于采用的逻辑制度不同，使它实现的逻辑关系也就不同。

逻辑门的正逻辑和负逻辑形式如图 1-5 所示。在图中我们看到，每一种逻辑门都可以用两种逻辑符号来表示。在电路的输入和输出端上的小圆圈可以看成是逻辑运算中的“非”，所以称为反相圈。在逻辑电路中使用反相圈是为了强调此处的逻辑关系是负逻辑。只要我们认真地分析一下“正与门”和“正或门”的输入输出关系，就可以看出正与门就是负或门，正或门就是负与门。计算机中常使用负逻辑，即信号多数是低电平有效，所以把正逻辑的“或门”表示成负逻辑的“与门”形式，这就是为了表示这里是低电平的“与”操作，即输入同时为低电平时，输出为低电平；而正逻辑的“与门”又都表示成负逻辑的“或门”形式，这就是为了表示这里是低电平的“或”操作，即只要输入有一个为低电平时，输出就为低电平。还常使用负逻辑的“与非门”（正逻辑的“或非门”）和负逻辑的“或非门”（正逻辑的“与非门”），表示输出为高电平。

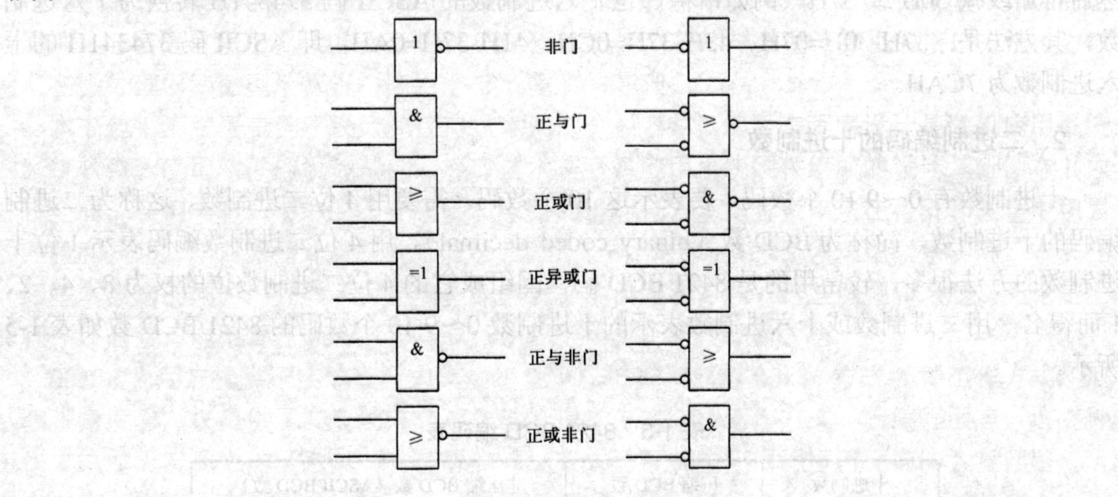

图 1-5　正负逻辑门电路的符号表示

1.1.5　二进制编码

如上所述，计算机中数是用二进制表示的，而计算机又应能识别和处理各种字符，如大小写英文字母、标点符号、运算符号等，这些又如何表示呢？在计算机里，字母、各种符号以及指挥计算机执行操作的指令，都是用二进制数的组合来表示的，这种组合的二进制数称为二进制编码。

1．ASCII（American standard code for information interchange）码

计算机里也是用 8 位二进制数表示一个字符，普遍采用 ASCII 码，常用字符的 ASCII 码如表 1-4 所示。

表 1-4　常用字符的（ASCII 码）

字　符	ASCII 码（H）
0～9	30～39
A～Z	41～5A
a～z	61～7A
换行 LF	0A
回车 CR	0D

将十进制数的 ASCII 码转换为二进制数，要先将其转换为 ASCII BCD 数，然后写出 ASCII BCD 数的十进制数，最后再将十进制数转换为二进制数。例如，将十进制数的 ASCII 码 31393934H 转换为二进制数，

其方法是：

（1）31393934H→01090904H

（2）01090904H→1994

（3）1994=7CAH

将二进制数转换为十进制数的ASCII码的过程与上述过程相反。

可以根据十进制数的ASCII码直接写出十进制数，但难以根据十六进制数的ASCII码直接写出十六进制数。十进制数的ASCII码与十进制数之间有一固定差值30H，这是因为十进制数0～9以及十进制数的ASCII码30H～39H都是连续的。而十六进制数的ASCII码却是不连续的，十六进制数的16个ASCII码为30H～39H和41H～46H，它们分段连续，在39H和41H之间还有一差值7。因此，将十六进制数的ASCII码转换为十六进制数或将十六进制数转换为十六进制数的ASCII码，就要分段相减或相加。即先判别ASCII码是在哪个区段内，然后再加或减30H或37H。例如，将3位十六进制数的ASCII码374341H转换为十六进制数，其方法是：37H-30H=07H、43H-37H=0CH、41H-37H=0AH，即ASCII码374341H的十六进制数为7CAH。

2. 二进制编码的十进制数

十进制数有0～9 10个数码。要表示这10个数码，需要用4位二进制数，这称为二进制编码的十进制数，简称为BCD数（binary coded decimal）。用4位二进制数编码表示1位十进制数的方法很多，较常用的是8421 BCD码，因组成它的4位二进制数位的权为8、4、2、1而得名。用二进制数或十六进制数表示的十进制数0～9 10个数码的8421 BCD数如表1-5所示。

表1-5 8421 BCD编码表

十进制数	压缩BCD数	非压缩BCD数（ASCII BCD数）
0	0H（0000B）	00H（0000 0000B）
1	1H（0001B）	01H（0000 0001B）
2	2H（0010B）	02H（0000 0010B）
3	3H（0011B）	03H（0000 0011B）
4	4H（0100B）	04H（0000 0100B）
5	5H（0101B）	05H（0000 0101B）
6	6H（0110B）	06H（0000 0110B）
7	7H（0111B）	07H（0000 0111B）
8	8H（1000B）	08H（0000 1000B）
9	9H（1001B）	09H（0000 1001B）

8位二进制数可以放两个十进制数位，这种表示的BCD数称为压缩的BCD数。而把用8位二进制数表示1个十进制数位的数称为非压缩的BCD数。例如，将十进制数1994用压缩的BCD数表示为：

0001 1001 1001 0100B或1994H

而用非压缩的BCD数表示为：

00000001 00001001 00001001 00000100B 或 01090904H。

十进制数的 10 个数码 0～9 的 ASCII 码是 30H～39H，它们的低 4 位与其 BCD 码相同，且又是用 8 位二进制数表示 1 个十进制数，因此也称非压缩 BCD 数为 ASCII BCD 数。

十进制数与 BCD 数的转换是比较直观的，但是 BCD 数与二进制数之间的转换却是不直接的。将 BCD 数转换为二进制数，要先写出 BCD 数的十进制数，然后再按十进制数转换为二进制数的方法将十进制数转换为二进制数。例如，将压缩的 BCD 数 1994H 转换为二进制数，其方法是：

（1）压缩的 BCD 数 1994H 即是十进制数 1994。

（2）1994=2048−54=2^{11}−32H−4=1000 0000 0000B−32H−4H=800H−36H=7CAH。

同样，将二进制数转换为 BCD 数，要先按二进制数转换为十进制数的方法将二进制数转换为十进制数，然后再根据十进制数写出 BCD 数。例如，将二进制数 0111 1100 1010B（即 7CAH）转换为非压缩的 BCD 数，其方法是：

（1）7CAH=1994。

（2）十进制数 1994 的非压缩 BCD 数为 01090904H。

要注意用十六进制数表示的 BCD 数与十六进制数的差别。十六进制数 1994H 的真值为

1994H=1000H+800H+100H+80H+14H=4096+2048+256+128+20=6548

而压缩的 BCD 数 1994H 的真值为 1994。

1.1.6 BCD 数的加减运算

每位 8421 BCD 数的 4 位二进制数之内是二进制关系，BCD 数低位的 4 位二进制数与高位的 4 位二进制数之间是逢“10”进 1 的，而 4 位二进制数之间是逢“16”进 1 的。用二进制数的运算器进行 BCD 数的运算就会导致：两个 BCD 数的数位之和大于 9、小于 16 时不产生进位，其和为一非 BCD 数；大于或等于 16 时产生进位，进位值是 16 而不是 10。因此，BCD 数进行运算后必须进行调整处理。

1．BCD 数加法

两个 BCD 数相加，若相加各位的结果都在 0～9 之间，则其加法运算规则完全同二进制数的加法规则；若大于 9，则应对其进行加 6 调整。如：48+59，因为低 4 位相加，和为 17 大于 9，高 4 位相加并与低 4 位的进位相加，和为 10 也大于 9，故都应加 6 调整，其运算和调整过程如下：

```
  0100 1000
 +0101 1001
 ----------
  1010 0001
 +0110 0110
 ----------
 10000 0111
```

和为 107。

2．BCD 数减法

两个 BCD 数相减，若本位的被减数大于或等于减数，则减法规则完全同二进制数；反之，就会向高位借位，十进制数向高位借 1 作 10，而按二进制运算规则，借 1 作 16，因此应进行减 6 调整。如 28-19，低位 8 减 9，向高位借位故应减 6 调整。其运算与调整过程如下：

```
  0010 1000
 -0001 1001
 ----------
  0000 1111
 -0000 0110
 ----------
  0000 1001
```

差为 9。

通常计算机中都设置有二、十进制数的调整电路，BCD 数的运算也把数当成二进制数做二进制数的运算，运算后再调整。

1.2 逻辑单元与逻辑部件

逻辑部件是用来对二进制数进行寄存、传送和变换的数字部件，其种类繁多，本书只简单地介绍微型计算机中常用的几种逻辑部件。构成逻辑部件的基本单元电路是触发器，所以首先介绍触发器。

1.2.1 触发器

触发器是具有记忆功能的基本逻辑单元电路。它能接收、保存和输出逻辑信号“0”和“1”。各类触发器都可以由逻辑门电路组成。

1. 基本 RS 触发器

基本 RS 触发器是最简单的触发器，它是将两个与非门的输入与输出交叉连接构成，如图 1-6 所示。触发器的两个输入端分别是 $\overline{R}$ 和 $\overline{S}$，其中 $\overline{S}$ 端称为置 1 或置位（set）端，$\overline{R}$ 端称为置 0 或复位（reset）端。触发器有两输出端 Q 和 $\overline{Q}$，在正常工作时，它们总是处于互补的状态。我们用 Q 端的状态来表示触发器的状态。由与非门的逻辑功能决定，要使触发器为 1 状态，可使 $\overline{S}$=0，$\overline{R}$=1。同样要使触发器为 0 状态，需令 $\overline{R}$=0，$\overline{S}$=1。触发器一旦为 1 状态（或 0 状态），$\overline{S}$（或 $\overline{R}$）端从 0 变成 1，触发器将保持 1 状态（或 0 状态）不变。即 $\overline{R}$=1，$\overline{S}$=1 时触发器的状态不变。$\overline{R}$ 和 $\overline{S}$ 不能同时为 0，因为同时为 0 时，Q 和 $\overline{Q}$ 都为 1。当这种输入状态消失时，触发器的 Q 端可能为 0，也可能为 1，到底是 0 还是 1，是不确定的。

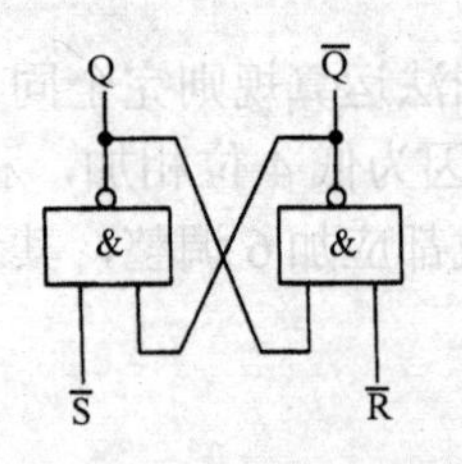

图 1-6 基本 RS 触发器的结构

2. 同步 RS 触发器

基本 RS 触发器中，输入端的触发信号直接控制触发器的状态。但在实际应用中，还希望触发器受一个时钟信号控制，做到按时钟信号的节拍翻转。这个控制信号称为时钟脉冲 CP（clock pulse）。引入 CP 后，触发器的状态不是在输入信号（R、S 端）变化时立刻转换，而是等待时钟信号到达时才转换。在多个这种触发器组成的电路中，各触发器受同一个时钟控制，触发器都在同一个时刻翻转，故得名同步 RS 触发器，而基本 RS 触发器称为异步 RS 触发器。

同步 RS 触发器的电路结构如图 1-7 所示。该电路由基本 RS 触发器和控制电路两部分组成。在时钟脉冲未到来时（即 CP=0 时），由于控制电路的两个与非门均被封锁，它们的输出都为 1，使基本 RS 触发器维持原状态不变。在时钟脉冲作用期间（即 CP=1 时），控制电路的两个非与门均被开启，R 和 S 端的输入，被反相后送到基本 RS 触发器的输入端。由基本 RS 触发器的逻辑功能可知，若 RS=01 则触发器被置位，若 RS=10，则触发器被复位。RS＝00 时触发器的状态不变。RS＝11 的输入状态，对同步 RS 触发器是不允许的。

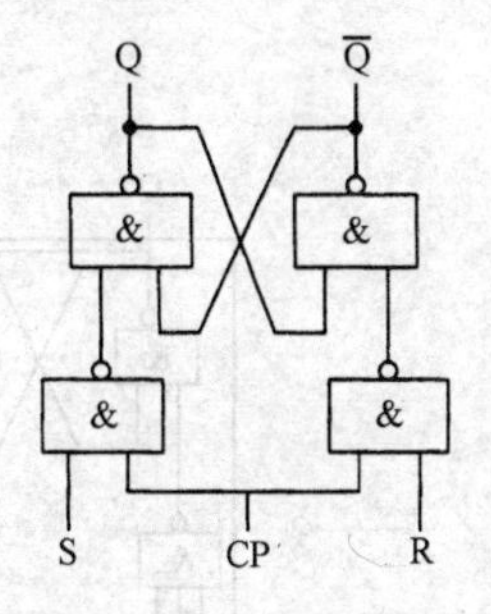

图 1-7　同步 RS 触发器的电路结构

3. D 触发器

同步 RS 触发器工作时，不允许 R 和 S 端的输入信号同时为 1。如果将 R 端改接到控制电路另一个与非门的输出端，只在 S 端加入输入信号，S 端改称为 D 端，同步 RS 触发器就转换成了 D 触发器。D 触发器的电路结构、逻辑符号和真值表如图 1-8 所示。由于总是将 D 端的输入反相后作为另一个与非门的输入信号，故无论 D 端的状态如何，都满足 RS 触发器的约束条件，即不会出现不允许的输入状态。由 RS 触发器的特性可直接求出 D 触发器的特性。不管 D 触发器 Q 端的原状态 Q^n 如何，次态 Q^{n+1} 总是与时钟脉冲来到时 D 端的输入状态相同。

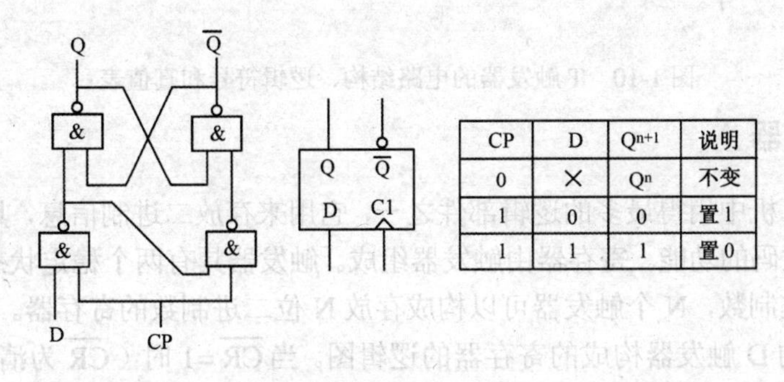

CP	D	Q^{n+1}	说明
0	×	Q^n	不变
1	0	0	置 1
1	1	1	置 0

图 1-8　D 触发器的电路结构、逻辑符号和真值表

有些 D 触发器还有异步复位端 $\overline{R_D}$ 和异步置位端 $\overline{S_D}$，利用它们也能实现置数的功能。

4. JK 触发器

在同步 RS 触发器的基础上，增加了 J 和 K 输入端及两条反馈线可组成 JK 触发器。JK 触发器的电路结构、逻辑符号和真值表如图 1-9 所示。由于 Q 和 $\overline{Q}$ 的互补关系，控制电路的两个与非门不会同时出现开启的情况，因而 JK 的任一种输入状态，都是允许的，不再有什么约束条件。

5. T 触发器

将 JK 触发器的 J、K 两端连在一起作为 T 输入端，便得到了 T 触发器。T 触发器电路结构、逻辑符号和真值表如图 1-10 所示。

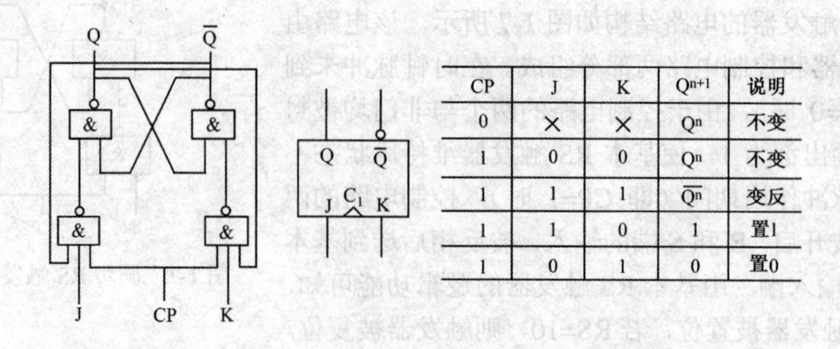

CP	J	K	Q^{n+1}	说明
0	×	×	Q^n	不变
1	0	0	Q^n	不变
1	1	1	$\overline{Q^n}$	变反
1	1	0	1	置1
1	0	1	0	置0

图 1-9　JK 触发器的电路结构、逻辑符号和真值表

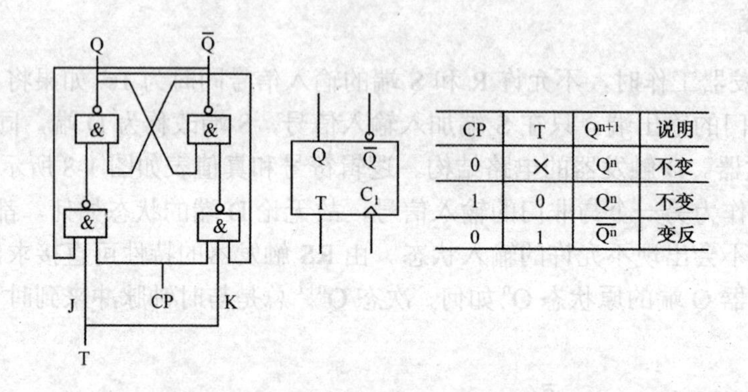

CP	T	Q^{n+1}	说明
0	×	Q^n	不变
1	0	Q^n	不变
0	1	$\overline{Q^n}$	变反

图 1-10　T 触发器的电路结构、逻辑符号和真值表

1.2.2　寄存器

寄存器是计算机中用得最多的逻辑部件之一，它用来存放二进制信息，具有接收二进制数码和寄存二进制数码的功能。寄存器由触发器组成。触发器具有两个稳定状态，每一个触发器可以存放 1 位二进制数，N 个触发器可以构成存放 N 位二进制数的寄存器。图 1-11 为由 4 个具有异步复位端的 D 触发器构成的寄存器的逻辑图。当 $\overline{CR}$ =1 时（$\overline{CR}$ 为清 0 端，$\overline{CR}$ =0 时，寄存器的 4 个 Q 端都为 0），时钟脉冲将待送的数码 D4D3D2D1 送到寄存器的 $Q_4Q_3Q_2Q_1$ 保存起来。

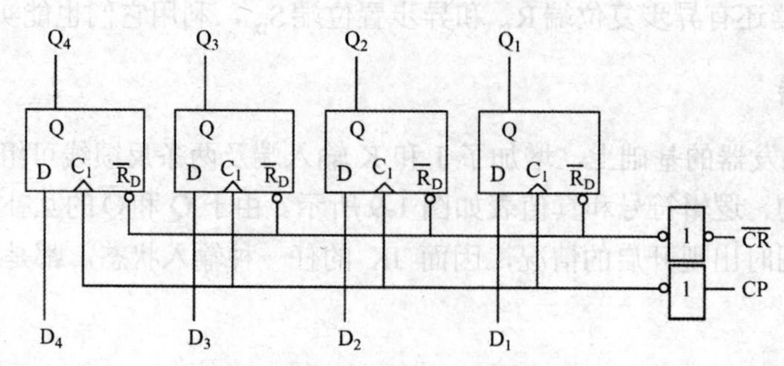

图 1-11　寄存器逻辑图

1.2.3　移位寄存器

具有移位逻辑功能的寄存器称为移位寄存器。移位寄存器一般由 D 触发器构成。图 1-12

为由 4 个 D 触发器构成的移位寄存器的逻辑图。它的第 4 级触发器的 D 端接输入信号，其余各触发器的 D 端接前一级触发器的 Q 端，所有触发器的 CP 端连在一起接收时钟脉冲信号。每来一个时钟脉冲，来自外部的输入数码（即第 4 级触发器的 D 端的输入信号）便输入一位，已被寄存的数码右移一位。

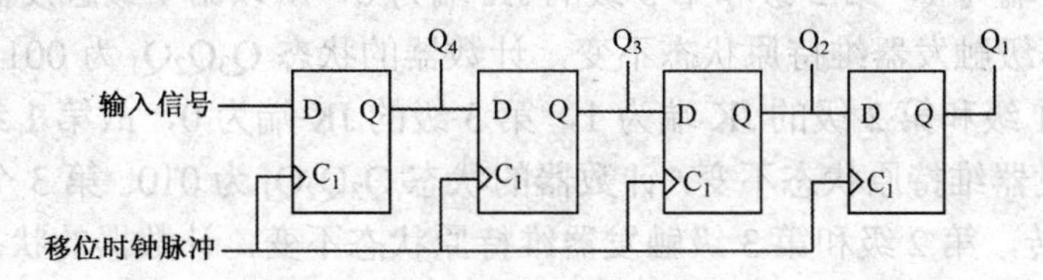

图 1-12　移位寄存器逻辑图

1.2.4　计数器

计数器是计算机中又一种常用的逻辑部件，它不仅能存储数据，而且还能记录输入脉冲的个数。计数器的种类繁多，可以从不同角度来分类。按工作方式，可分为同步计数器和异步计数器；按加减计数顺序，可分为加法计数器和减法计数器；按进位制，可分为二进制计数器、十进制计数器和任意进制计数器等。

1．异步二进制加法计数器

由 JK 触发器构成的 3 位异步二进制加法计数器的逻辑图如图 1-13 所示。其工作波形如图 1-14 所示。初始时，将计数器置为全 0 状态（即 $Q_3Q_2Q_1$ 为 000）。第 1 个计数脉冲来到后，第 1 级触发器翻转，Q_1 由 0 变 1，第 2、3 级触发器因时钟端无触发脉冲，它们维持原状态不变，故计数器的状态 $Q_3Q_2Q_1$ 为 001。第 2 个计数脉冲来到后，第一级触发器又翻转，Q_1 由 1 变 0，第 2 级触发器因其时钟输入端有脉冲下降沿的作用，也进行翻转，Q_2 由 0 变 1，Q_3 仍保持原状态，计数器的状态 $Q_3Q_2Q_1$ 为 010。按照这样的顺序工作下去，直至第 7 个计数脉冲来到后，计数器的状态 $Q_3Q_2Q_1$ 为 111。此时再来一个计数脉冲，计数器又回到初始时的全 0 状态。图 1-13 就是这样周而复始地工作的。

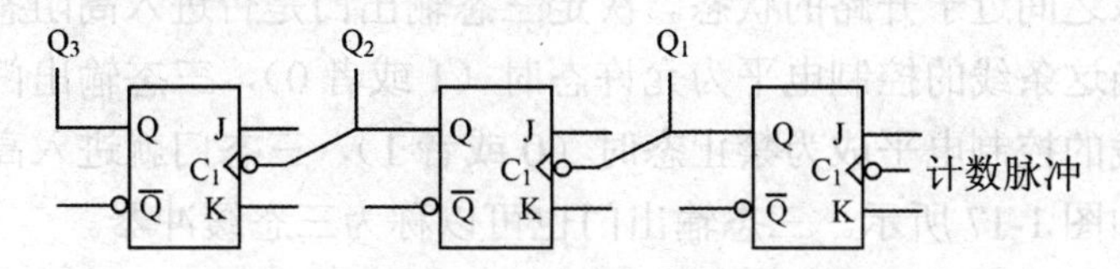

图 1-13　异步二进制加法计数器的逻辑图

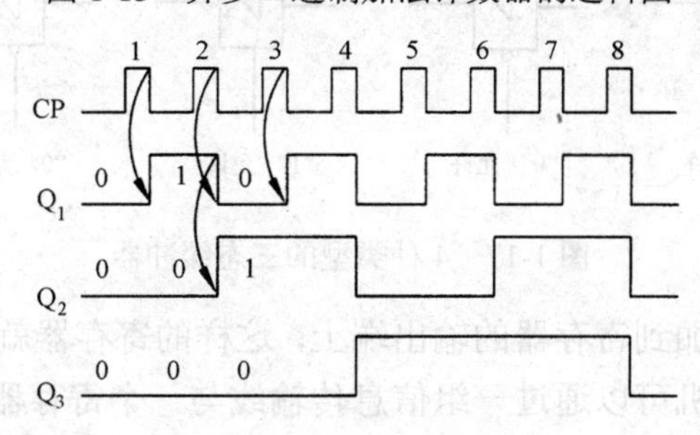

图 1-14　异步二进制加法计数器的工作波形

2. 同步二进制加法计数器

由 JK 触发器构成的 3 位同步二进制加法计数器的逻辑图如图 1-15 所示。其工作波形如图 1-16 所示。初始时，将计数器置为全 0 状态（即 $Q_3Q_2Q_1$ 为 000）。第 1 个 CP 脉冲来到后，由于第 1 级的 JK 端为 1，第 2 级和第 3 级的 JK 端为 0，所以第 1 级触发器翻转，Q_1 由 0 变 1，第 2 级和第 3 级触发器维持原状态不变，计数器的状态 $Q_3Q_2Q_1$ 为 001。第 2 个 CP 脉冲来到后，由于第 1 级和第 2 级的 JK 端为 1，第 3 级的 JK 端为 0，故第 1 级和第 2 级触发器翻转，第 3 级触发器维持原状态不变，计数器的状态 $Q_3Q_2Q_1$ 为 010。第 3 个 CP 脉冲来到后，第 1 级触发器翻转，第 2 级和第 3 级触发器维持原状态不变，计数器的状态 $Q_3Q_2Q_1$ 为 011。第 4 个 CP 脉冲来到后，3 级触发器的 JK 端都为 1，故 3 个触发器均翻转，计数器的状态 $Q_3Q_2Q_1$ 为 100。按照这样的顺序工作下去，直至第 7 个 CP 脉冲来到后，计数器的状态 $Q_3Q_2Q_1$ 为 111。此时再来 1 个 CP 脉冲，由于 3 个触发器的 JK 都为 1，故 3 级触发器均翻转，计数器的状态 $Q_3Q_2Q_1$ 又回到初始的全 0 状态。图 1-15 就是这样周而复始地工作的。

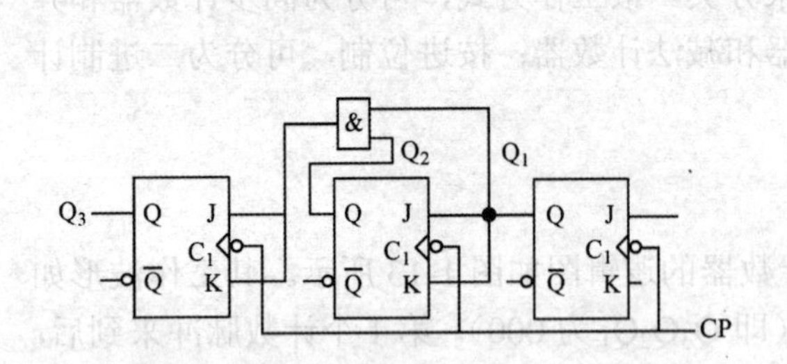

图 1-15 同步二进制加法计数器的逻辑图

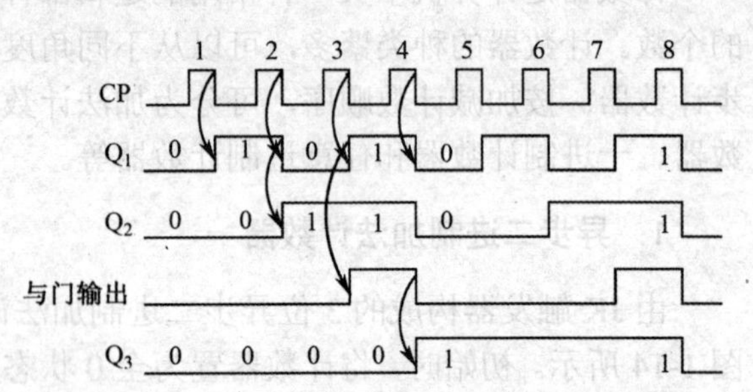

图 1-16 同步二进制加法计数器工作波形

1.2.5 三态输出门与缓冲放大器

在逻辑电路中，逻辑值有 1 和 0，它们分别对应于高电平和低电平这两种状态。三态输出门除去通常的那两种状态之外，还有被称为“高阻抗”的第三种状态。可以把高阻抗状态理解为输出与输入之间近于开路的状态。决定三态输出门是否进入高阻态，是由一条辅助控制线来控制的：当这条线的控制电平为允许态时（1 或者 0），三态输出门与一般的两态输出门一样；当这条线的控制电平成为禁止态时（0 或者 1），三态门就进入高阻态。这种三态输出门电路的符号如图 1-17 所示。三态输出门也可以称为三态缓冲器。

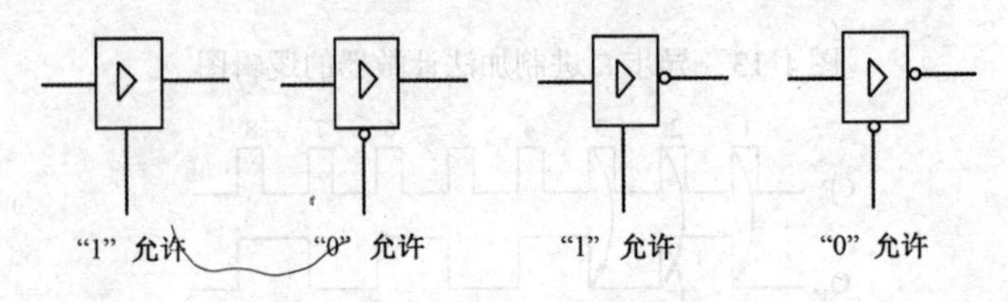

图 1-17 4 种类型的三态缓冲器

三态输出门电路可以加到寄存器的输出端上，这样的寄存器就称为三态（缓冲）寄存器。使用三态输出门电路计算机可以通过一组信息传输线与一个寄存器接通，也可以与其断开而与另外一个寄存器接通，即一组信息传输线可以传输任意多个寄存器的信息，这组传输线就是计算机的总线（BUS）。

三态输出门电路还可以使一组总线实现双向信号传输。双向信号传输线如图 1-18 所示，当 E=0 时，数据 D_i 传向 D_j；当 E=1 时，数据 D_j 传向 D_i。

1.2.6 译码器

在计算机中常常需要将一种代码翻译成控制信号，或在一组信息中取出所需要的一部分信息，能完成这种功能的逻辑部件称为译码器。2-4 译码器逻辑图如图 1-19 所示。当 E=0 时，$\overline{Y_0}$ ～ $\overline{Y_3}$ 均为 1，即译码器没有工作。当 E=1 时，译码器进行译码输出。如果 A_1A_0=00，则 $\overline{Y_0}$ =0，其余为 1；同样 A_1A_0=01 时，只有 $\overline{Y_1}$ =0；A_1A_0=10 时，只有 $\overline{Y_2}$ =0；A_1A_0=11 时，只有 $\overline{Y_3}$ =0。由此可见，输入的代码不同，译码器的输出状态也就不同，从而完成了把输入代码翻译成对应输出线上的控制信号。

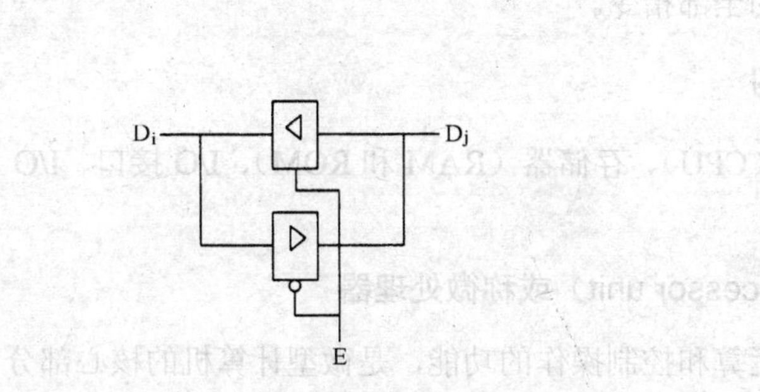

图 1-18 由三态缓冲器组成的双向传输线

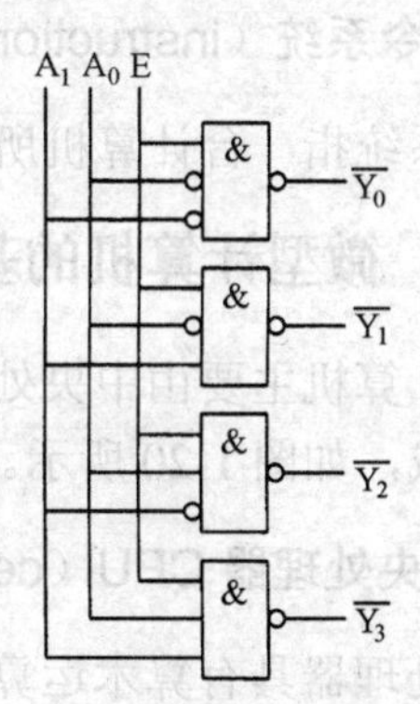

图 1-19 2-4 译码器逻辑图

1.3 微型计算机的结构和工作原理

1.3.1 微型计算机常用的术语

1. 位（bit）

位是计算机所能表示的最基本、最小的数据单元。因为计算机采用二进制数，所以位就是 1 个二进制位，它有两种状态“0”和“1”。由若干个二进制位的组合就可以表示各种数据、字符等。

2. 字（word）和字长

字是计算机内部进行数据处理的基本单位，通常它与计算机内部的寄存器、算术逻辑单元、数据总线宽度相一致。计算机的每一个字所包含的二进制位数称为字长。

3. 字节（byte）

把相邻的 8 位二进制数称为字节。字节长度是固定的，但不同计算机的字长是不同的。

8 位微型计算机的字长等于 1 个字节，而 16 位微型计算机的字长等于 2 个字节，32 位微型计算机的字长等于 4 个字节。

目前为了表示方便，常把一个字节定为 8 位，把一个字定为 16 位，把一个双字定为 32 位。

4．指令（instruction）

指令是规定计算机进行某种操作的命令。它是计算机自动控制的依据。计算机只能直接识别 0 和 1 数字组合的编码，这就是指令的机器码。微型计算机的机器码指令有 1 字节、2 字节，也有多字节，如 4 字节、6 字节等。

5．程序（program）

程序是指令的有序集合，是一组为完成某种任务而编制的指令的序列。

6．指令系统（instruction set）

指令系统指一台计算机所能执行的全部指令。

1.3.2　微型计算机的基本结构

微型计算机主要由中央处理单元（CPU）、存储器（RAM 和 ROM）、I/O 接口、I/O 设备及总线组成，如图 1-20 所示。

1．中央处理器 CPU（central processor unit）或称微处理器

中央处理器具有算术运算、逻辑运算和控制操作的功能，是微型计算机的核心部分。它主要由 3 个基本部分组成：

（1）算术逻辑单元 ALU（arithmetic logic unit）。用来执行基本的算术运算和逻辑运算。

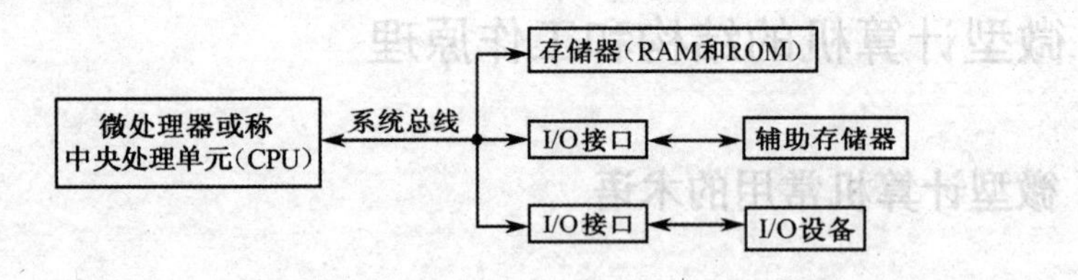

图 1-20　微型计算机的基本结构

（2）寄存器（register）组。CPU 中有多个寄存器，用来存放操作数、中间结果以及反映运算结果的状态标志位等。

（3）控制器（control unit）。控制器具有指挥整个系统操作的功能。它按一定的顺序从存储器中读取指令，进行译码，在时钟信号的控制下，发出一系列的操作命令，控制 CPU 以及整个系统有条不紊地工作。

2．存储器（memory）

存储器的主要功能是存放程序和数据，程序是计算机操作的依据，数据是计算机操作的对象。不管是程序还是数据，在存储器中都是用二进制的“1”或“0”表示的，统称为信息。

为实现自动计算，这些信息必须预先放在存储器中。存储器由寄存器组成，可以看成是一个寄存器堆。存储器被划分成许多小单元，称为存储单元。每个存储单元相当于一个缓冲寄存器。为了便于存入和取出，每个存储单元必须有一个固定的地址，称为单元地址。单元地址用二进制编码表示，如图 1-21 所示。每个存储单元的地址只有一个，固定不变，而存储在其中的信息是可以更换的。存储器的地址是数以千计的。为了减少存储器向外引出的地址线，在存储器内部都自带有地址译码器。

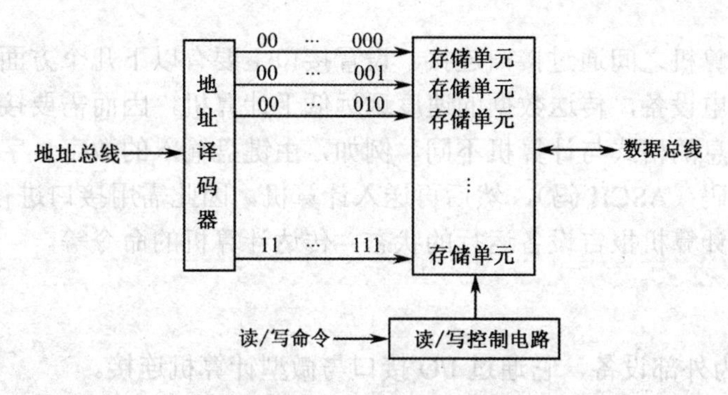

图 1-21　存储器的单元地址

向存储单元存放或取出信息，都称为访问存储器。访问存储器时，先由地址译码器将送来的单元地址进行译码，找到相应的存储单元；再由读写控制电路，根据送来的读/写命令确定访问存储器的方式，完成读出（读）或写入（写）操作。

3. 总线

总线是把计算机各个部分有机地连接起来的一组并行的导线，是各个部分之间进行信息交换的公共通道。微型计算机中，连接 CPU、存储器和各种 I/O 设备并使它们之间能够相互传送信息的信号线及其控制信号线称之为系统总线。系统总线上除电源线、地线外主要有 3 组总线，这 3 组总线是地址总线 AB（address bus）、数据总线 DB（data bus）和控制总线 CB（control bus）。

（1）地址总线。负责传输数据的存储位置或 I/O 接口中的寄存器的一组信号线称之为地址总线。它传送 CPU 发出的地址，以便选中 CPU 所寻址的存储单元或 I/O 端口（一个接口有 1 个或几个端口）。MCS-51 单片机对外部扩展的地址总线为 16 位，用 A_{15}～A_0 表示，可寻址的存储单元或 I/O 端口为 2^{16}=64K（1K 为 1024）。80x86 的地址总线为 20 位或 32 位，用 A_{19}～A_0 或 A_{31}～A_0 表示，所以可寻址的存储单元为 2^{20}=1M 或 2^{32}=4G；对 I/O 端口是通过地址总线的低 16 位来寻址的，故可寻址 I/O 端口 64K。

（2）数据总线。负责传输数据的一组信号线称之为数据总线。数据在 CPU 与存储器和 CPU 与 I/O 接口之间的传送是双向的，故数据总线为双向总线。MCS-51 单片机对外部扩展的数据总线为 8 位，用 D_7～D_0 表示，即字长为 8 位。8086 和 80286 的数据总线为 16 位，用 D15～D0 表示。8088 的数据总线为 8 位，用 D_7～D_0 表示，8088 为准 16 位微处理器，这是 8086 和 8088 的唯一区别。80386 和 80486 的数据总线为 32 位，Pentium 的数据总线为 64 位。

（3）控制总线。在传输与交换数据时起管理控制作用的一组信号线称之为控制总线。它传送各种信息，有的是 CPU 到存储器或 I/O 接口的控制信号，如读信号 $\overline{\text{RD}}$ 、写信号 $\overline{\text{WR}}$ 、地址锁存允许信号 ALE（address latch enable)、中断响应信号 $\overline{\text{INTA}}$ （interrupt acknowledge）等；有的是 I/O 接口到 CPU 的信号，如可屏蔽中断请求信号 INTR、准备就绪信号 READY 等。控制信号线有的是高电平有效，如：ALE、INTR、READY 等；有的是低电平有效，如：$\overline{\text{RD}}$ 、$\overline{\text{WR}}$ 、$\overline{\text{INTA}}$ 等。

4．I/O 接口

外部设备与计算机之间通过接口连接。设置接口主要有以下几个方面的原因。一是外部设备大多数都是机电设备，传送数据的速度远远低于计算机，因而需要接口作数据缓存。二是外部设备表示信息的格式与计算机不同。例如，由键盘输入的数字、字母，先由键盘接口转换成 8 位二进制码（ASCII 码)，然后再送入计算机，因此需用接口进行信息格式的转换。三是接口还可以向计算机报告设备运行的状态，传达计算机的命令等。

5．I/O 设备

I/O 设备又称为外部设备，它通过 I/O 接口与微型计算机连接。

输入设备是变换输入信息形式的部件。它将人们熟悉的信息形式变换成计算机能接收并识别的信息形式。输入的信息形式有数字、字母、文字、图形、图像等多种形式，送入计算机的只有一种形式，就是二进制数据。一般的输入设备只用于原始数据和程序的输入。常用的输入设备有键盘、模/数转换器、扫描仪等。

输出设备是变换计算机的输出信息形式的部件。它将计算机处理结果的二进制信息转换成人们或其他设备能接收和识别的形式，如字符、文字、图形等。常用的输出设备有显示器、打印机、绘图机等。

磁盘和光盘等大容量存储器也是计算机的重要的外部设备，它们既可以作输入设备，也可以作输出设备。此外，它们还有存储信息的功能，因此，常常作为辅助存储器使用。而一般所指的存储器为内存储器或主存储器。

1.3.3 计算机的工作原理

CPU、存储器、I/O 接口、外部设备构成了计算机的硬件（hardware)。光有这样的硬件还只是具有了计算的可能，计算机要真正能够进行计算还必须有多种程序的配合。那么什么是程序呢？当我们要用计算机完成某项任务时，例如，要解算一道数学题时，就要先把题目的解算方法分成计算机能识别并能执行的基本操作命令，这些基本操作命令按一定顺序排列起来，组成了程序，而其中每一条基本操作命令就是一条指令。指令是对计算机发出的一条条工作命令，命令计算机执行规定的操作。因此，程序是实现既定任务的指令序列，其中的每条指令都规定了计算机执行的一种基本操作，计算机按程序安排的顺序执行指令，就可以完成既定任务。

指令必须满足两个条件：一是指令的形式是计算机能够理解的，因此指令也采用和数据一样的二进制数字编码形式表示；二是指令规定的操作必须是计算机能够执行的，即每条指令的操作均有相应的电子线路实现。各种类型的计算机的指令都有自己的格式和具体的含义，但必须指明操作性质（如加、减、乘、除，比较大小等）和参加操作的有关信息（如数据或数据的存放地址等）。

指令的不同组合方式，可以构成完成不同任务的程序，一台计算机的指令种类是有限的，但在人们的精心设计下，实现信息处理任务的程序可以无限多，计算机严格忠实地按照程序安排的指令顺序，有条不紊地执行规定的操作，完成预定任务。为实现自动连续地执行程序，必须先把程序和数据送到具有记忆功能的存储器中保存起来，然后由控制器和 ALU 依据程序中指令的顺序周而复始地取出指令，分析指令，执行指令，直到完成全部指令操作为止。存储程序和程序控制体现了现代计算机的基本特性，是计算机的基本工作原理。

1.4 80x86 微处理器

微型计算机是由具有不同功能的一些部件组成。微处理器或称中央处理单元（CPU）是微型计算机的心脏，它决定了微型计算机的结构。要构成一台微型计算机，必须了解微处理器的内部结构。Intel 公司的 8086/8088、80286、80386、80486、Pentium 等新一代微处理器统称为 80x86 微处理器。本节将根据 80x86 芯片发展和演变过程介绍 80x86 系列微处理器及其内部结构，它是掌握 IBM PC 微型计算机的基础。

1. 8086/8088

8086/8088 是 Intel 公司 1981 年推出 16 位微处理器。8086 微处理器的数据总线（8088 内部是 16 位、外部是 8 位）为 16 位，地址总线为 20 位，可寻址 2^{20} 字节即 1MB 内存。著名的 PC XT 微型计算机就是 IBM 公司用 8088 作为 CPU 的最早的 PC。

8086/8088 由两个独立的工作单元组成，如图 1-22 所示，即执行单元（execution unit）和总线接口单元（bus interface unit）。图的左半部分为执行单元（EU），右半部分为总线接口单元（BIU）。EU 不与外部总线（或称外部世界）相联，它只负责执行指令。而 BIU 则负责从存储器或外部设备中读取指令和读/写数据，即完成所有的总线操作。这两个单元处于并行工作状态，可以同时进行读/写操作和执行指令的操作。这样就可以充分利用各部分电路和总线，提高微处理器执行指令的速度。

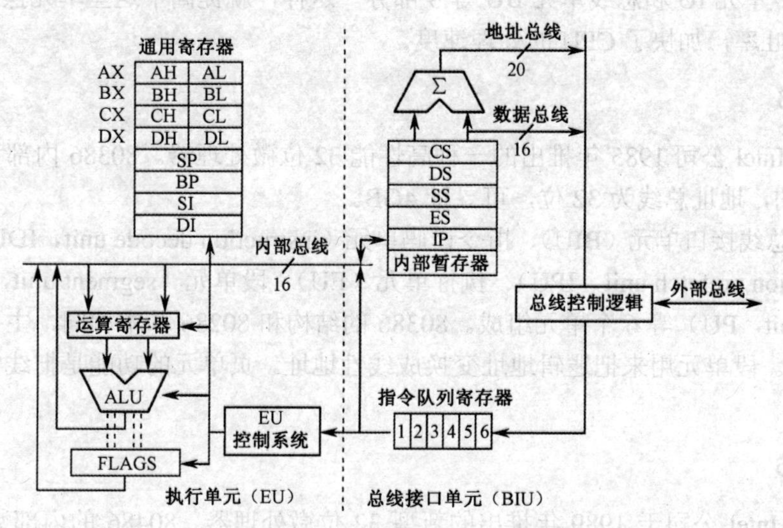

图 1-22　8086/8088 的内部结构

（1）执行单元 EU。执行单元（EU）包括一个 16 位的算术逻辑单元 ALU、一个反映 CPU 状态和控制标志的状态标志寄存器，一组通用寄存器、运算寄存器和 EU 控制系统。所有的寄存器和数据传输通路都是 16 位的，它们之间进行快速的内部数据传输。EU 从 BIU 中的指令队列寄存器中取得指令和数据，执行指令要求的操作。该操作有两种类型：一是进行算术逻辑运算，二是计算存储器操作数的偏移地址。当指令要求执行存储器或 I/O 设备的数据存取操作时，EU 向 BIU 发出请求。BIU 根据 EU 的请求，完成 8086/8088 与存储器或外部设备之间的数据传送。

（2）总线接口单元（BIU）。总线接口单元 BIU 包括一组段寄存器、一个指令指示器、6 个（8088 是 4 个）字节的指令队列、地址加法器和总线控制逻辑。段寄存器提供的段地址与偏移地址在地址加法器中相加，并将其结果存放在物理地址锁存器中。指令队列寄存器为一个能存放 6 个字节的存储器，在 EU 执行指令的过程中，BIU 始终根据指令指示器提供的偏移地址，从存放指令的存储器中预先取出一些指令存放在指令队列中。取来的指令在指令队列中是按字节顺序存放的，如同排队购物一样，取来的指令在指令队列中排队。在大多数情况下，指令队列中至少应有一个字节的指令，这样 EU 不必等待 BIU 去取指令。BIU 在下面两种情况下执行取指令操作：一是当指令队列中出现两个以上的指令字节空的时候，BIU 自动地执行总线操作取指令；二是当程序发生转移时，BIU 执行取指令操作，BIU 将所取得的第一条指令直接送到 EU 中去执行，将随后取来的指令重新填入指令队列，冲掉转移前放入指令队列中的指令。

2．80286

80286 是 Intel 公司 1982 年推出的产品。80286 内部和外部数据总线都是 16 位，地址总线为 24 位，可寻址 2^{24} 字节即 16MB 内存。PC AT 机就是 IBM 公司用 80286 作为 CPU 的 286 PC。

80286 由地址单元 AU（address unit）、总线单元 BU（bus unit）、指令单元 IU（instruction unit）和执行单元（EU）等 4 个单元组成，80286 将 8086 中的总线接口单元 BIU 分成了地址单元 AU、指令单元 IU 和总线单元 BU 等 3 部分。这样，就提高了这些单元操作的并行性，从而提高了吞吐率，加快了 CPU 的处理速度。

3．80386

80386 是 Intel 公司 1985 年推出的一种高性能 32 位微处理器。80386 内部和外部数据总线都是 32 位的，地址总线为 32 位，可寻址 4GB。

80386 由总线接口单元（BIU）、指令译码单元（instruction decode unit，IDU）、指令预取单元（instruction prefetch unit，IPU）、执行单元（EU）、段单元（segment unit，SU）和页单元（paging unit，PU）等 6 个单元组成。80386 的结构和 80286 基本相同，主要的区别是段单元和页单元。段单元用来把逻辑地址变换成线性地址。页单元的功能是把线性地址换算成物理地址。

4．80486

80486 是 Intel 公司于 1989 年推出的新型 32 位微处理器。80486 的内部数据总线为 64 位，外部数据总线为 32 位，地址总线为 32 位。

80486 内部由总线接口单元、指令译码单元、指令预取单元、执行单元、段管理单元、页管理单元以及浮点处理单元（FPU）和高速缓存（cache memory）等 8 个单元组成，比 80386 新增加了相当于 80387 功能的 FPU 和 Cache 两个单元。8086/8088、80286 和 80386 的字长为 16 位或 32 位，能表达的数据范围不大，对于数值计算不太适宜。为此，在 8086 / 8088、80286 和 80386 微处理器的基础上设计了与之配合的专门用于数值计算的协处理器 8087、80287 和 80387。这些协处理器与 8086、80286 和 80386 密切配合，可以使数值运算，特别是浮点运算的速度提高约 100 倍。而 80486 将 FPU 集成在其内部，其处理速度显著提高，比 80387 快约 3～5 倍。为了进一步提高处理速度，在 80486 内部又集成了 8KB Cache。内存中经常被 CPU 使用到的一部分内容要复制到 Cache 中，并不断地更新 Cache 中的内容，使得 Cache 中总是保存有最近经常被 CPU 使用的一部分内容。Cache 中存放的内容除了内存中的指令和数据外，还要存放这些指令和数据在内存中的对应地址。当 CPU 存取指令和数据时，Cache 截取 CPU 送出的地址，并判别这个地址与 Cache 中保存的地址是否相同。若相同，则从 Cache 中存取该地址中的指令或数据；否则就从内存中存取。所以 80486 可以高速存取指令和数据。

从应用角度看，80486 相当于以 80386 的 CPU 为核心，内含 FPU 和 Cache 的微处理器。再加上 80486 采用了精减指令系统计算机（reduced instruction set computer，RISC）技术、时钟倍频技术和新的内部总线结构，所以 80486 的处理速度有极大的提高。

5．Pentium

Intel 公司对 80x86 系列微处理器的性能不断地创新与改造，继 80486 之后，1993 年推出新一代名为 Pentium 的微处理器。1995 年又推出名为 Pentium Pro 的微处理器。1997 年、1999 年和 2000 年又相继推出 Pentium Ⅱ、Pentium Ⅲ和 Pentium Ⅳ微处理器。Pentium 是希腊字 Pente（意思为 5）演变来的。Pentium 有 64 位数据线和 32 位地址线。Pentium Pro/Ⅱ/Ⅲ/Ⅳ具有 64 位数据线和 36 位地址线。

除了将控制寄存器和测试寄存器均增加到 5 个外，Pentium 与 80486 的最大区别是：Pentium 内部具有 8KB 指令 Cache 和 8KB 数据 Cache，而 Pentium Pro 内部具有 8KB 指令 Cache 和 8KB 数据 Cache 外，还有 256KB 二级 Cache。PentiumⅡ/Ⅲ/Ⅳ的指令 Cache 和数据 Cache 均增加到 16KB，二级 Cache 也增加到 512KB。Pentium 和 Pentium Pro/Ⅱ/Ⅲ/Ⅳ还采用了一些其他的最新技术，在体系结构上还有一些新的特点。因而它们的性能明显高于 80486。

6．Itanium

Itanium 是 Intel 公司 2000 年 11 月推出的具有超强处理能力的微处理器，其数据总线为 64 位，地址总线也为 64 位，集成度几乎是 Pentium 的 10 倍，其应用目标是高端服务器和工作站。Itanium 采用了最先进的 CPU 设计，具有前所未有的并行处理机制，因此实现了众多的新功能。

（1）采用完全并行指令计算（explicitly pere11el instruction computing，EPIC）技术。EPIC 是 Itanium 采用的重要技术，EPIC 技术的特点是指令的长度长，指令功能复杂，指令中除了包含操作码以及和操作数据有关的信息外，还包含并行执行的方法等信息。由于 EPIC 技术的引入，使 Itanium 能够同时执行 6 条指令。

（2）拥有 11 个执行单元和 9 个功能通道。Itanium 内部有 4 个整数执行单元 ALU、4 个浮点执行单元 FMAC、3 个分支单元和 2 个存取单元，并有 2 个整数通道、2 个浮点通道、2

个存储器通道和 3 个分支通道。这多个执行单元和多个通道使 Itanium 在 1 个时钟周期中可执行 20 个操作。

（3）具有充裕的寄存器组。Itanium 内部共有 128 个通用寄存器、128 个浮点寄存器和 64 个属性寄存器。众多的寄存器使 Itanium 即使在 1 个时钟周期中完成 20 个操作的忙碌情况下，也能保证内部寄存器充足够用，从而减少了等待与传输，提高了执行效率。

（4）可拥有三级 Cache。Itanium Ⅰ片内含二级 Cache，一级 Cache 包括 16KB 的指令 Cache 和 16KB 的数据 Cache，二级 Cache 容量为 96KB，此外，还可外接 4MB 的三级 Cache，而 Itanium Ⅱ则把 3MB 的三级 Cache 也容纳在片内。

1.5 80x86 的寄存器

1. 8086/8088 的寄存器

Intel 8086/8088 的寄存器如图 1-23 所示。8086/8088 的寄存器有 8 个通用寄存器、2 个控制寄存器和 4 个段寄存器。

（1）通用寄存器。通用寄存器是 CPU 内部的存储器，如果一个 CPU 中没有通用寄存器，那么在指令执行过程中要用到操作数时，必须到存储器中去取，运算的结果（不是最后结果）也必须立即送到存储器中保存起来，而访问存储器的操作是比较费时间的。如果在 CPU 中设置一些寄存器用来暂时存放参加运算的操作数和运算的结果（中间结果），则在程序执行过程中不必每时每刻都到存储器中去存取数据，就可以提高程序执行的速度。一般来说，CPU 中包含的通用寄存器越多，编程就越灵活，程序执行的速度就越快。通用寄存器就是这样一些快速的访问单元。

AX	AH	AL	累加器（accumulator）
BX	BH	BL	基址寄存器（base register）
CX	CH	CL	计数寄存器（count register）
DX	DH	DL	数据寄存器（data register）
	SP		堆栈指示器（stack point）
	BP		基址指示器（base point）
	SI		源变址寄存器（source index）
	DI		目的变址寄存器（destination index）
	IP		指令指示器（instruction point）
	SF		状态标志寄存器（status flags）
	CS		代码段寄存器（code segment）
	DS		数据段寄存器（data segment）
	SS		堆栈段寄存器（stack segment）
	ES		附加段寄存器（eextra segment）

图 1-23　8086/8088 的寄存器

通用寄存器是 16 位的寄存器 AX、BX、CX、DX、SP、BP、SI 和 DI。在大多数情况下，这些通用寄存器都可以互换地参与算术和逻辑操作。操作的结果存入参与操作的两个寄存器的中的一个。其中 AX、BX、CX、DX 均可以分成高 8 位和低 8 位两部分，可以分别作为独立的 8 位寄存器使用。所以 8086/8088 既可以处理 16 位二进制数，又可以处理 8 位二进制数。每个通用寄存器又各有某种专门的用途，所以对它们分别又有不同的称呼，称 AX 为累加器，BX 为基址寄存器，CX 为计数寄存器，DX 为数据寄存器，SP 为堆栈指示器，BP 为基址指示器，SI 和 DI 分别为源变址和目的变址寄存器。表 1-6 归纳了这些寄存器的专门用途。

表 1-6 通用寄存器的专门用途

寄存器	专门用途
AX、AL	在乘法、除法指令中，作累加器；在输入、输出指令中，作数据寄存器
AH	在非压缩 BCD 数的调整指令中，作目的寄存器；在 LAHF（SAHF）指令中，作目的（源）寄存器
AL	在 BCD 数运算指令和调整指令中，作累加器；在 XLAT 指令中，作数据表的位移量
BX	作间址和基址寄存器
CX	在循环控制指令和串操作指令中，作计数器
CL	在移位指令中，作移位位数计数器
DX	在输入、输出指令中，作间址寄存器；在乘法、除法指令中，作辅助累加器
BP	作间址和基址寄存器
SP	作堆栈指示器
SI	作间址和变址寄存器；在串操作指令中，作源字符串的间址或变址寄存器
DI	作间址和变址寄存器；在串操作指令中，作目的字符串的间址或变址寄存器

（2）指令指示器 IP（instruction point）。我们知道计算机所以能脱离人的直接干预，自动地进行计算或控制，这是由人把实现这个计算或控制的一步一步操作用命令的形式，即一条一条指令预先输入到存储器中，在执行时 CPU 把这些指令一条条地取出来，加以译码和执行。计算机所以能自动地一条一条地取出并执行指令，是因为 CPU 中有一个跟踪指令地址的电路，该电路就是指令指示器 IP。在开始执行程序时，给 IP 赋以第 1 条指令的地址；然后，每取一条指令 IP 的值就自动指向下一条指令的地址。

（3）状态标志寄存器（status flags）。8086/8088 的状态标志寄存器有 9 个标志位，如图 1-24 所示。其中 6 个是状态标志，3 个是控制标志。

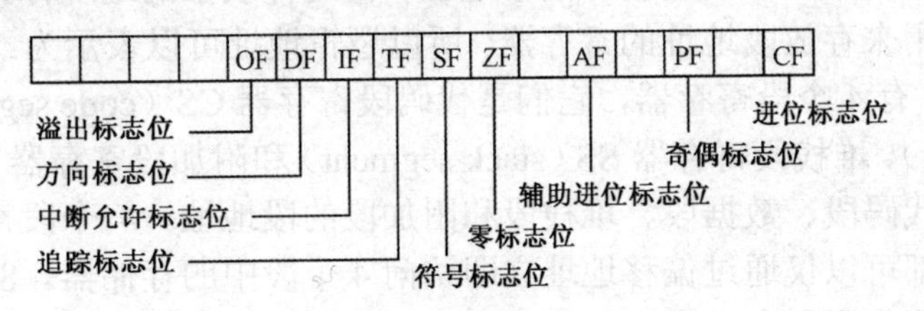

图 1-24 标志寄存器

状态标志位反映了 EU 执行算术或逻辑运算以后的结果，执行有些指令可以改变某些状态标志的状态。6 个状态标志位如下：

① 进位标志位 CF（carry flag）。加减算术指令执行后，最高位有进位或借位，CF=1；无进位或借位，CF=0。该标志主要用于多字节或多字数的加减运算指令。指令 STC 将其置 1，

CLC 将其清 0，CMC 将其取反。

② 辅助进位标志位 AF（auxiliary carry flag）。最低 4 位 D3～D0 位有进位或借位，AF=1；无进位或借位，AF=0。该标志用于 BCD 数的算术运算（调整）指令。

③ 溢出标志位 OF（overflow flag）。计算机所进行的运算均是无符号数运算，即把符号数的符号位也当数值进行运算，又把所有数的运算结果当符号数来影响标志位。即若指令执行后结果超出了机器数所能表示的数的范围（字节运算为：−128～127，字运算为：−32768～32767），OF=1；反之则 OF=0。该标志表示运算结果是否产生了溢出。

④ 符号标志位 SF（sign flag）。该标志表示结果的符号，其值与结果的符号位相同，即若结果为负数，SF=1；结果为正数，SF=0。

⑤ 零标志位 ZF（zero flag）。指令执行后结果为 0，ZF=1；结果不为 0，ZF=0。

⑥ 奇偶标志位 PF（parity flag）。指令执行后结果的低 8 位中 1 的个数为偶数，PF=1；若为奇数，PF=0。该标志可用于检查数据在传送过程中是否发生错误。

控制标志位用于控制 CPU 的操作，它们是：

① 方向标志位 DF（direction flag）。该标志用于控制数据串操作指令的步进方向。若 DF=0，则数据串中操作指令自动增量地从低地址向高地址方向进行；若 DF=1，串操作的方向是从高地址向低地址方向进行。指令 CLD 将其清 0，STD 将其置 1。

② 中断允许标志位 IF（interrupt enable flag）。IF=1，允许 CPU 响应外部可屏蔽中断；IF=0，不允许 CPU 响应外部可屏蔽中断。允许中断又称开中断，不允许中断又称关中断。指令 STI 将其置 1，CLI 将其清 0。

③ 追踪标志位 TF（trap flag）。TF=1，CPU 每执行一条指令就自动地发生一个内部中断，CPU 转去执行一个中断程序，因而 CPU 单步执行程序，常用于程序的调试，故又称其为陷阱标志位；TF=0，CPU 正常执行程序。

（4）段寄存器。8086/8088 有 20 条地址线，存储器的地址必须用 20 位二进制数表示。可是它的 ALU 只能处理 16 位的地址运算，而且与地址有关的寄存器：指令指示器，堆栈指示器，间接寻址的寄存器 BX，BP，SI，DI 等都只有 16 位。因此 8086/8088 把 20 位地址的存储器分成若干个段来表示。段的起始地址的高 16 位地址称为该段的段地址。段内再由 16 位二进制数来寻址，段内寻址的 16 位二进制数地址是存储单元到段首址的距离，称为段内偏移地址，简称偏移地址。所以一个存储单元的地址由段地址和偏移地址两部分组成，用冒号连接段地址和偏移地址，即段地址：偏移地址。像这样表示的地址称为逻辑地址。

段寄存器就是用来存放段地址的寄存器。所以逻辑地址可以表示为：段寄存器名:偏移地址。8086/8088 CPU 有 4 个段寄存器，它们是代码段寄存器 CS（code segment）、数据段寄存器 DS（data segment）、堆栈段寄存器 SS（stack segment）和附加段寄存器 ES（extra segment）。它们分别用来存放代码段、数据段、堆栈段和附加段的段地址。4 个段寄存器的使用，使得在任意时刻，程序都可以仅通过偏移地址立即访问 4 个段中的存储器。8086/8088 CPU 自动根据偏移地址安排到代码段中去存取指令代码，到数据段中去存取数据，到堆栈段中进行进栈和出栈操作。

2．80286 的寄存器

80286 的通用寄存器、段寄存器和指令寄存器与 8086 完全一样，不同之处在于新增加了 1 个机器状态字 MSW（machine status word）寄存器，标志寄存器 EFLAGS 新增加了 3 个标志位。MSW 是一个 16 位寄存器，只定义了它的低 4 位，其中最低位是保护允许（PE）位。

当 PE=0 时，CPU 处在实地址方式；当 PE=1 时，CPU 处在虚地址保护方式。在 CPU 复位时，MSW 被置为 FFF0H，CPU 处在实地址方式。标志寄存器中新增加的 3 位位于它的高 3 位，其他 9 位标志位的定义与位置均和 8086/8088 相同。

3．80386 的寄存器

80386 共有 7 类寄存器，它们是通用寄存器、段寄存器、指令指示器和标志寄存器、控制寄存器、系统地址寄存器、调试寄存器、测试寄存器。

（1）通用寄存器。80386 有 8 个 32 位的通用寄存器，它们是 8086 和 80286 的 16 位通用寄存器的扩展，故命名为累加器 EAX、基址寄存器 EBX、计数寄存器 ECX、数据寄存器 EDX、堆栈指示器 ESP、基址指示器 EBP、源变址寄存器 ESI 和目的变址寄存器 EDI。它们的低 16 位可以作 16 位寄存器使用，其命名为 AX、BX、CX、DX、SP、BP、SI、DI，而 AX、BX、CX 和 DX 的低位字节（0～7 位）和高字节（8～15 位），又可以作为 8 位的寄存器单独使用，其命名仍为 AH、AL、BH、BL、CH、CL、DH 和 DL。

（2）指令指示器 EIP 和标志寄存器 EFLAGS。80386 的指令指示器 EIP 和标志寄存器 EFLAGS 都是 32 位的寄存器，它们的低 16 位即是 80286 的 IP 和 FLAGS，并可单独使用。在微处理器工作于保护方式下时，EIP 是 32 位的寄存器；在微处理器工作于实地址方式下时，指令指示器 EIP 就是 16 位的寄存器即 IP。80386 除了保留 80286 的所有标志外在高位字的最低两位又增加了两个标志位：虚拟 8086 方式标志 VM 和恢复标志 RF。在 80386 处于虚地址保护方式时，使 VM=1，80386 就进入了虚拟 8086 方式。RF 标志用于断点和单步操作。

（3）段寄存器。80386 有 6 个 16 位段寄存器，它们是 CS、SS、DS、ES、FS 和 GS。其中 CS、SS、DS 和 ES 的作用与 8086 相同，而新增加的两个附加段寄存器 FS 和 GS 的作用与 ES 相同，都可以用来表示当前的数据段。在 80386 中存储单元的地址仍由段地址和偏移地址两部分组成，只是此时段地址与段寄存器的关系要由微处理器 80386 的工作方式确定。

80386 类似于 8086 的寄存器如图 1-25 所示。

EAX	AH A	X AL	累加器（accumulator）
EBX	BH B	X BL	基址寄存器（base register）
ECX	CH C	X CL	计数寄存器（count register）
EDX	DH D	X DL	数据寄存器（data register）
ESP	SP		堆栈指示器（stack point）
EBP	BP		基址指示器（base point）
ESI	SI		源变址寄存器（source index）
EDI	DI		目的变址寄存器（destination index）
EIP	IP		指令指示器（instruction point）
EFLAGS	F		状态标志寄存器（status flags）
	CS		代码段寄存器（code segment）
	DS		数据段寄存器（data segment）
	SS		堆栈段寄存器（stack segment）
	ES		附加段寄存器（eextra segment）
	FS		
	GS		

图 1-25　80386 类似于 8086 的寄存器

（4）系统地址寄存器。80386 的 4 个系统地址寄存器是全局描述符表寄存器 GDTR（global descriptor table register）、中断描述符表寄存器 IDTR（interrupt descriptor table register）、局部描述符表寄存器 LDTR（local descriptor table register）和任务寄存器 TR（task register）。它们主要用来在保护模式下管理用于生成线性地址和物理地址的 4 个系统表。

（5）控制寄存器。80386 的 4 个控制寄存器是 CR_0～CR_3，CR_1 为备用。CR_0 的低位字节是机器状态字寄存器（MSW），与 80286 中的 MSW 寄存器相同。控制寄存器用来进行分页处理。

（6）调试寄存器。80386 的 8 个调试寄存器是 DR_0～DR_7，主要用来设置程序的断点。

（7）测试寄存器。80386 的 2 个测试寄存器是 TR_6 和 TR_7 也是用来进行页处理的寄存器。

4．80486 的寄存器

80486 的寄存器除了将测试寄存器增加到 5 个以及 FPU 部件外，和 80386 的寄存器相同，不同之处是 80486 对标志寄存器的标志位和寄存器的控制位进行了扩充。

5．Pentium 的寄存器

Pentium 的寄存器除了将控制寄存器增加到 5 个、测试寄存器增加到 18 个以及 FPU 部件外，其他寄存器和 80486 的寄存器相同，不同之处是 Pentium 对标志寄存器的标志位和寄存器的控制位又进行了扩充。

1.6　80x86 的工作方式与存储器物理地址的生成

8086 只有实地址方式（real address mode）一种工作方式。80286 有实地址方式和保护虚拟地址方式（protected virtual address mode）两种工作方式，保护虚拟地址方式也叫保护方式。80386 和 80486 有实地址方式、保护方式和虚拟 8086 方式（virtual address 8086 mode）3 种工作方式。Pentium 微处理器有实地址方式、保护方式、虚拟 8086 方式和系统管理方式（system management mode）4 种工作方式。

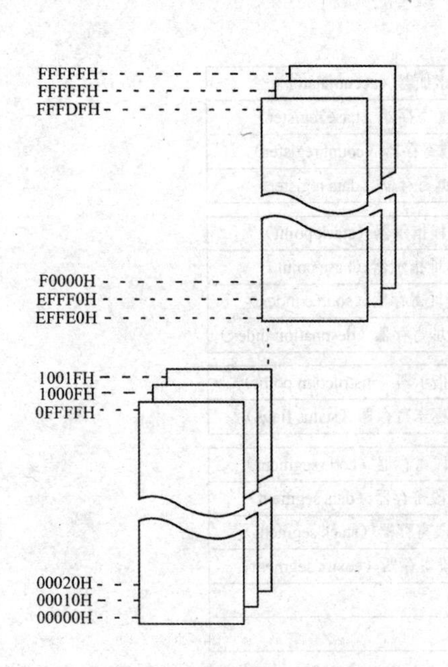

图 1-26　存储器段的划分

1．8086/8088 物理地址的生成

由于 8086/8088 有 20 条地址线，可以寻址多达 2^{20}（1M）字节，所以把 1M 字节的存储器分为任意数量的段，其中每一段最多可寻址 2^{16}（64K）字节。这样每一个段就必须开始于一个能被 16 整除的地址（即该地址的最低 4 位为全 0）。段地址和偏移地址一样都是 16 位无符号二进制整数，其值可为 0000H～FFFFH，故可以将存储器分为 64K 个段。存储器的分段并不是唯一的，它们可以相互重叠。对于一个具体的存储单元来说，它可以属于一个逻辑段，也可以同时属于几个逻辑段。如图 1-26

所示，地址 00000H～0FFFFH 为一个段，地址 00010H～1000FH 为一个段，…，地址 F0000H～FFFFFH 为一个段。00020H 单元即属于 00000H～0FFFFH 段，又属于 00010H～1000FH 段，同时还属于 00020H～1001FH 段。

存储器中的每个存储单元都可以用两个形式的地址来表示：实际地址（或称物理地址）和逻辑地址。物理地址是用唯一的 20 位二进制数所表示的地址，CPU 与存储器交换信息时使用物理地址。程序中不能使用物理地址，而要使用逻辑地址，即段地址：偏移地址。一个物理地址可以用不同的逻辑地址表示。如图 1-26 中的物理地址 00020H，在 00000H～0FFFFH 段中的逻辑地址是 0000H∶0020H，在 00010H～1000FH 段中的逻辑地址就是 0001H∶0010H，而在 00020H～1001FH 段中的逻辑地址却是 0002H∶0000H。

那么物理地址在 CPU 中是如何生成的呢？8086/8088 CPU 中有一个地址加法器，它将段寄存器提供的段地址自动乘以 10H 即左移 4 位，然后与 16 位的偏移地址相加，并锁存在物理地址锁存器中，如图 1-27 所示。如逻辑地址 0001H∶0010H 生成物理地址时，将段地址 0001H 左移 4 位为 00010H，再与偏移地址 0010H 相加即可得到物理地址 00020H。

每次需要生成物理地址的时候，一个段寄存器会自动被选择，且能自动左移 4 位，再与一个 16 位的偏移地址相加，产生所需要的 20 位物理地址。

8086/8088 有 4 个段寄存器 CS、DS、SS、ES 用来存放段地址，还有 6 个 16 位的寄存器（IP、SI、DI、BX、BP、SP）用来存放偏移地址，在寻址时到底应该使用哪个寄存器是 BIU 根据执行操作的要求来确定的。若取指令，则由代码段寄存器 CS 给出段地址，指令寄存器 IP 给出要取指令的偏移地址。执行堆栈操作，被寻址的操作数的段地址和偏移地址由堆栈段寄存器和堆栈指示器给出。若是存取数据，段地址一般是由 DS 给出，偏移地址可以是指令直接给出，也可以是由 BX、SI、DI 给出，或者是根据指令的具体要求由 EU 计算出来。计算出来的地址称为操作数的有效地址 EA（effective address）。所谓指令的寻址方式就是关于如何计算有效地址的方式。

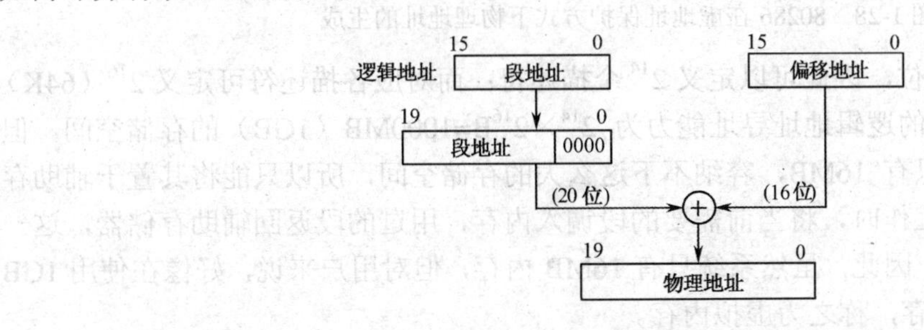

图 1-27　8086 物理地址的生成

在不改变段寄存器值的情况下寻址的最大范围是 64K，不可能寻址这个段以外的其他存储单元，要想超出这个段寻址就必须要改变这个段寄存器的值。若有一个任务，它的程序段，堆栈段以及数据段都不超过 64K，则在程序开始时分别给 CS、SS、DS 赋值，然后在程序中就可以不再考虑这些段寄存器，程序就可以在各自的区域中正常地工作。若某一任务所需要的存储器空间不超过 64K，则可以在程序开始时使 CS、SS、DS 相等，完全由 IP、SP 和有效地址 EA 来确定存储器的地址。

2．80286 的工作方式和物理地址的生成

80286 有实地址方式和虚地址保护方式两种工作方式。

在实地址方式中，80286 和 8086 的工作方式完全一样，使用 24 位地址中的低 20 位 A19～A0。寻址能力为 1MB，其两种地址，即物理地址与逻辑地址的含义也与 8086 一样。

在虚地址保护方式中，80286 可产生 24 位物理地址，直接寻址能力为 16MB。和实地址方式一样，80286 将寻址空间分成若干段，一个段最大为 64KB，物理地址也是由两部分组成的：段地址和偏移地址。但在虚地址保护方式下的段地址是 24 位而不是实地址方式下的 16 位。而段内的偏移地址与实地址方式相同，是由各种寻址方式所决定的 16 位。80286 的段寄存器是 16 位的，如何存放 24 位的段地址呢？

在虚地址保护方式下，80286 的段寄存器不再存放段地址，而是存放一个指针，又称为段选择子，段选择子和偏移地址这两个成分构成逻辑地址。把程序中可能用到的各种段（如代码段、数据段、附加段、堆栈段）的段地址和相应的特性（称之为描述符）集合在一起形成一张表，称为描述符表，存放在内存的某一区域。每个描述符由 6 个字节组成，其中有 3 个字节为段地址，段选择子（实际使用了 14 位）指向每个描述符的起始始置。80286 的地址转换机构根据段选择子的值找出描述符中的 24 位段地址，再与偏移地址相加，就得到 24 位物理地址，如图 1-28 所示。

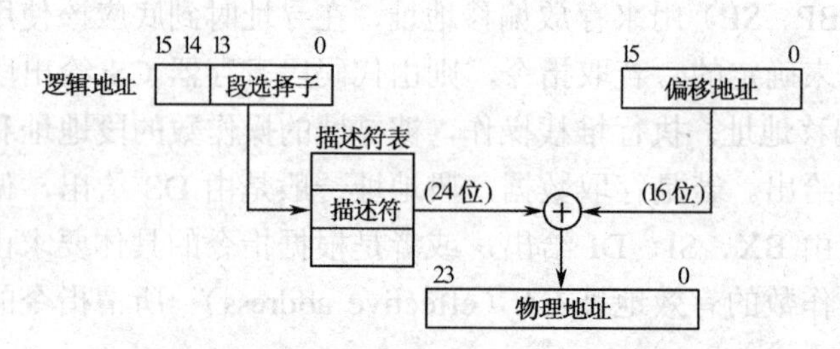

图 1-28　80286 在虚地址保护方式下物理地址的生成

由于段选择子有 14 位，因此可以定义 2^{14} 个描述符；而对应各描述符可定义 2^{16}（64K）字节的段，所以 80286 的逻辑地址寻址能力为 $2^{14}\times2^{16}$B=1000MB（1GB）的存储空间。但 80286 的实际内存最多只有 16MB，容纳不下这么大的存储空间，所以只能将其置于辅助存储器（硬盘）上。实际工作时，将当前需要的段调入内存，用过的段返回辅助存储器，这一切都是系统自动管理的。因此，虽然系统只有 16MB 内存，但对用户来说，好像在使用 1GB 内存，于是这个 1GB 内存，称之为虚拟内存。

3．80386 的工作方式

8038 有实地址方式、虚地址保护方式和虚拟 8086 方式 3 种工作方式。

80386 工作在实地址方式中时和 8086 工作方式相同，但速度更快，对存储器的寻址也仅使用 32 位地址中的 20 位 A_{19}～A_0，逻辑地址与物理地址的含义也与 8086 一样。

80386 工作在虚地址保护方式时，80386 可产生 32 位物理地址，直接寻址能力为 4GB（2^{32}B）。和 80286 一样，80386 的物理地址也是由段选择子和偏移地址两部分组成的，段选择子也只用了 14 位，偏移地址不是 16 位而是 32 位。因此 80386 的逻辑地址可达 2^{14} 个段，每个段的长度可达 2^{32}B＝4GB，80386 的虚拟内存为 $2^{14}\times2^{32}$B＝2^{46}B＝64TB，在 80286 中虚

拟内存的单位是段，80286 的段最大为 64KB，在磁盘与内存之间进行调度是可行的，但当段的长度达到 4GB 就不合适了。为此在 80386 中将 4GB 空间以 4KB 为一页分成 1G 个等长的页，并以页为单位在磁盘与内存之间进行调度。

由于 80386 将段进行了分页处理，所以 80386 要经过两次转换才能得到物理地址。第 1 次为段转换，由段管理单元将逻辑地址转换为线性地址；第 2 次为页转换，由页管理单元将线性地址转换为物理地址，80386 的物理地址生成如图 1-29 所示。从图 1-29 可以看到，如果禁止分页功能，线性地址就等于物理地址，如果进行分页处理，线性地址就不同于物理地址。

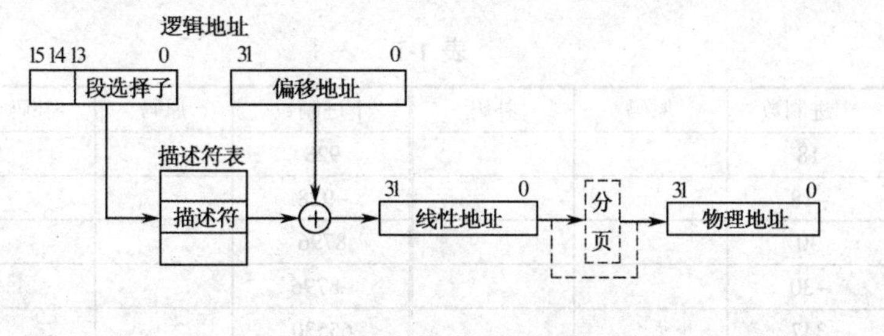

图 1-29　80386 在虚地址保护方式下物理地址生成

虚拟 8086 方式是在虚地址保护方式下，能够在多任务系统中执行 8086 任务的工作方式。当 80386 工作在虚拟 8086 方式时，所寻址的物理内存是 1MB，段寄存器的功能不再是描述符表的选择子，将它的内容乘以 16（左移 4 位）就是 20 位的段起始地址，与偏移地址相加形成 20 位的线性地址，线性地址再经过页管理单元的分页处理，就可得到 20 位的物理地址。

4．80486 的工作方式

80486 的 3 种工作方式及逻辑地址、线性地址、物理地址都与 80386 完全相同。

5．Pentium 的工作方式

Pentium 微处理器除了实地址方式、虚地址保护方式和虚拟 8086 方式 3 种方式外，还增加了一种系统管理方式 SMM（system management mode）。系统管理方式主要为系统对电源管理、对操作系统和正在运行的程序实行管理而设置。一旦 Pentium 微处理器收到系统管理中断（系统管理中断引线 $\overline{SMI}$ 有效）请求，无论 Pentium 微处理器工作在实地址方式、虚地址保护方式还是虚拟 8086 方式，便立即转换到系统管理方式。在系统管理方式中，执行从系统管理方式返回指令 RSM（resume from system management mode），Pentium 微处理器便恢复保存的内容，返回到进入系统管理方式之前的工作方式。

80x86 处理器在实地址方式、虚地址保护方式、虚拟 8086 方式和系统管理方式 4 种方式之间的转换关系如图 1-30 所示。在系统上电或复位之后，微处理器首先进入实地址方式。控制寄存器 CR0（80286 为机器状态字寄存器 MSW）的保护允许标志位 PE 控制微处理器是工作在实地址方式还是工

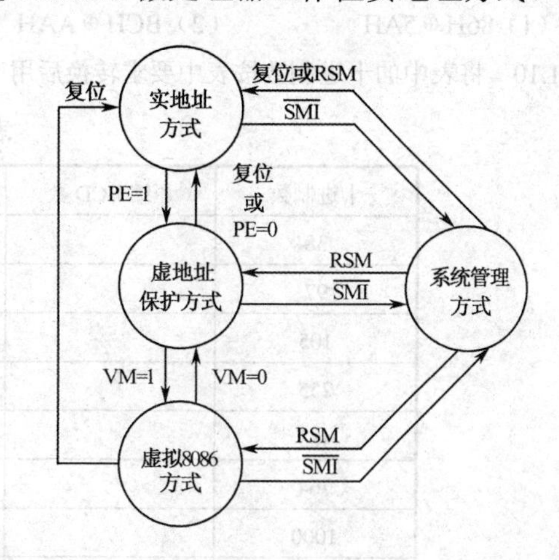

图 1-30　80x86 处理器 4 种工作方式之间的关系图

作在虚地址保护方式；标志寄存器 EFLAGS 的虚拟 8086 方式标志位 VM 决定微处理器是工作在虚地址保护方式还是工作在虚拟 8086 方式。

习　题　1

1.1　将下列十进制数转换为十六进制数：10，64，78，80，93，100，125，255。

1.2　将下列十六进制无符号数转换为十进制数：2CH，64H，D5H，100H，378H，4FEH，CADH。

1.3　写出下列十进制数的原码和补码，用 2 位或 4 位或 8 位十六进制数填入表 1-7 中。

表 1-7

十进制数	原码	补码	十进制数	原码	补码
18			928		
−18			−928		
30			8796		
−30			−8796		
347			65530		
−347			−65530		

1.4　用十进制数写出下列补码表示的机器数的真值：1BH，71H，80H，F8H，397DH，7AEBH，9350H，CF42H。

1.5　用补码运算完成下列算式，并指出运算结果是否产生了溢出。

（1）33H+5AH　　（2）−29H−5DH　　（3）65H−3EH　　（4）4CH−68H

1.6　将 8 位无符号数 AAH 扩展为 16 位应为__________；将 8 位原码数 BBH 扩展为 16 位应为__________；将 8 位补码数 88H 扩展为 16 位应为__________。

1.7　将下列各组二进制数进行“与”运算。

（1）DAH∧99H　　（2）BAH∧56H　　（3）95H∧FFH

1.8　将下列各组二进制数进行“或”运算。

（1）DAH∨99H　　（2）F0H∨5AH　　（3）C6H∨45H

1.9　将下列各组二进制数进行“异或”运算。

（1）86H⊕5AH　　（2）BCH⊕AAH　　（3）DAH⊕99H

1.10　将表中的十进制数按表中要求转换后用十六进制数填入表 1-8 中。

表 1-8

十进制数	压缩 BCD 数	非压缩 BCD 数	ASCII 码
38			
97			
105			
255			
483			
764			
1000			
1025			

1.11　将下列十六进制数的ASCII码转换为十进制数：313035H，374341H，32303030H，38413543H

1.12　某8位移位寄存器已装入数15H，令其补0左移3次，试用十六进制数写出移位后的结果。

1.13　8086/8088的标志寄存器FLAG中包括哪几个标志位？各位的状态含义及用途如何？

1.14　8086/8088有哪些寄存器？如何分组？各有什么用途？

1.15　在实地址方式中，存储器的物理地址由哪两部分组成？是如何生成的？每个段与寄存器之间有何对应的要求？

1.16　在实地址方式中，设CS=0914H，共有243字节长的代码段，该代码段末地址的逻辑地址（段地址：偏移地址）和物理地址各是多少？

1.17　在实地址方式系统中，若DS=095FH时，物理地址是11820H。当DS=2F5FH时，物理地址为多少？

1.18　80486微处理器有哪3种工作方式？简述各种工作方式的特点和区别。

1.19　80486微处理器的3种工作方式的物理地址空间各有多大？

1.20　保护方式下的段寄存器和实地址方式下的段寄存器在组成上、内容上和使用上有何不同？在保护方式下设计了选择子这一新的数据结构，它有什么作用？

第 2 章　汇编语言与汇编程序

计算机的指令是由一个或多个字节二进制数组成的。这样一组二进制数形式的代码指出该指令进行什么操作，有哪些数据参与该操作，操作的结果如何处理，这种指令称为机器指令。机器指令是很难记忆的，记住它们不但很难做到，实际上也无必要，因为任何计算机的汇编语言都将机器指令与符号指令一一对应。符号指令使用助记符和符号等来指出该指令进行什么操作，有哪些数据参与该操作，操作的结果如何处理。所以往后凡不特别声明，指令均指符号指令。用符号指令书写程序的语言称为汇编语言。把用汇编语言编写的源程序翻译成机器指令（目标程序）的过程叫汇编。完成汇编任务的程序叫做汇编程序。除此之外，汇编程序还具有其他一些功能，如按用户要求自动分配存储区（包括程序区、数据区等）；自动把各种进制数转换成二进制数；计算表达式的值；对源程序进行语法检查并给出错误信息（如非法格式、未定义符号）等。具有这些功能的汇编程序又被称为基本汇编。在基本汇编的基础上，进一步允许在源程序中把一个指令序列定义为一条宏指令的汇编称为宏汇编。

汇编语言的特点之一是用助记符表示指令所执行的操作，而它的另一个特点就是在操作数中使用符号。在源程序中使用符号给编程带来了极大的方便，但却给汇编带来困难。因为汇编程序无法区分源程序中的符号是数据还是地址，也无法识别数据的类型，还搞不清源程序的分段情况等。汇编语言为了解决这些问题，使汇编程序准确而顺利地完成汇编工作，专门设置了伪指令和算符。伪指令和算符只为汇编程序将符号指令翻译成机器指令提供信息，没有与它们对应的机器指令。汇编时，它们不生成代码，汇编工作结束后它们就不存在了。

80x86 为用户提供了实地址方式、虚地址保护方式和虚拟 8086 方式 3 种工作方式，但从编程角度看，仅提供了实地址方式和虚地址保护方式两种工作方式。就编程而言，这两种工作方式并无实质上的区别，而且使用实地址方式已可解决应用程序所面临的大量问题。为了便于初学者学习，所以本书有关指令和汇编语言程序设计的讨论只限于 DOS 环境下（MASM 5.0）的实地址方式。

宏汇编语言有 3 类基本指令：符号指令、伪指令和宏指令。本章只介绍部分符号指令和伪指令，其余的符号指令和伪指令、宏指令留待后续章节介绍。汇编的伪指令和算符较多，本书仅介绍其中的一部分，不作全面介绍，读者若要全面地了解，可查阅“宏汇编语言程序设计”类的书籍。

2.1　符号指令中的表达式

使用符号指令编写程序，除了正确地使用助记符和定义符号外，其主要问题是正确地表示操作数的地址，即正确地使用寻址方式。而寻址方式的使用又可归结为地址表达式的使用。因此，正确、熟练地使用地址表达式是编写程序的基本技能。

为了表示某个存储单元、数据，需要定义一些符号。符号是以字母开始的一串字符。为了区别符号和数据，以字母开始的十六进制数，要在其前面添加一个前导 0。如 8 位补码数 −1，应写为 0FFH。

宏汇编语言中定义的符号分为常量、变量和标号 3 类，其中变量和标号具有属性。它们的定义及属性介绍如下。

2.1.1 常量和数值表达式

1．常量

常量是指那些在汇编时已经有确定数值的量。常量可以数值形式出现在符号指令中，这种常量称为数值常量；也可将那些经常使用的数值预先给它定义一个名字，然后用该名字来表示该常量，这种常量称为符号常量。

为便于程序设计，数值常量有多种表示形式。常用的有二进制数、十进制数、十六进制数和 ASCII 码字符。ASCII 码字符用做数值常量时，需用引号引起来，如'A'、'BC'、'$'等所有可以打印或显示的 ASCII 码字符。

符号常量由伪指令 EQU 或“=”号定义，如：

P　　EQU 314 或 P=314

汇编程序不给符号常量分配存储单元。它可以使源程序简洁明了，改善程序的可读性。可方便地实现参数的修改，增强程序的通用性。

2．数值表达式

汇编语言允许对常量进行算术（+、−、×、/、MOD）、逻辑（AND、OR、XOR、NOT）和关系（EQ、NE、LT、GT、LE、GE）3 种运算。由常量和这 3 种运算符组成的有意义的式子，称为数值表达式。数值表达式的值的计算是在汇编时进行的，其结果仍为一数值常量。因此数值表达式也可以出现在用符号指令书写的源程序中，正确地使用数值表达式能给程序设计带来极大的方便。

2.1.2 变量

变量是存储器中的数据或数据区的符号表示。变量名即是数据的地址或数据区的首地址。由于存储器是分段使用的，因此变量具有 3 重属性：段地址、偏移地址和类型。

变量的段地址是指变量所在段的段首地址除以 10H 之商。当需要访问该变量时，其段地址一定要在其相应的段寄存器中。变量的偏移地址是指变量所在段的段首址到该变量的字节距离。

1．变量存储区域中的数据存放

8086/8088 微处理器的所有操作既可以按字节为单位也可以按字为单位来处理。80x86 系统为了向上兼容，必须也能按字节进行操作，因此 80x86 系统中的存储器是以 8 位二进制数（一个字节）为一个存储单元编址的。每一个存储单元用唯一的一个地址码来表示。一个字即 16 位的二进制数据占据连续的两个单元。这两个单元都有各自的地址，处于低地址的字节的地址为这个字的地址。将偶数地址的字称为规则字，奇数地址的字称为非规则字。同样，

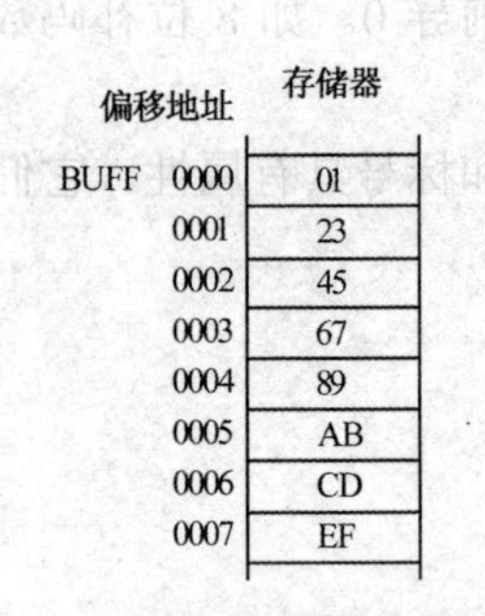

图 2-1　存储器中的数据

一个双字即 32 位的二进制数据占据连续的 4 个单元，虽然这 4 个单元都有各自的地址，但仅处于最低地址的字节的地址才为这个算双字的地址。在汇编中，几乎都使用变量来表示存储器的地址。

在变量的存储区域中，任何连续存放的两个字节都可以称为一个字，任何连续存放的 4 个字节都可以称为一个双字。如图 2-1 所示，BUFF 和 BUFF+1 两个字节地址中存放的字是 2301H，字 2301H 的地址是 BUFF；字 4523H 的地址是 BUFF+1。字 2301H 为规则字，而字 4523H 为非规则字。双字 AB896745H 的地址是 BUFF+2。

2．指定变量的段地址和偏移地址的算符

变量的段地址和偏移地址分别用 SEG 或 OFFSET 两个算符来指定，只要在操作数中指定带 SEG 或 OFFSET 算符的变量名，就可以分别产生该变量的段地址或偏移地址。例如，变量 W 的段地址和偏移地址分别表示为 SEG W 和 OFFSET W。

3．变量的类型属性

变量的类型是指存取该变量中的数据所需要的字节数。变量的类型可以是字节（Byte）、字（Word）、双字（Dword）、4 字（Qword）和 10 字节（Tbyte）。变量使用数据定义伪指令 DB（定义字节）、DW（定义字）、DD（定义双字）、DQ（定义 4 字）、DT（定义 10 字节）来定义。其格式是：

[变量名]　　数据定义伪指令　表达式［，……］

若无变量名则为定义无名数据区。表达式确定了变量的初值，所使用的表达式可以是以下几种：

（1）数值表达式。

（2）ASCII 码字符串。表达式为 ASCII 码字符串时，若用 DB 定义，则字符按先后顺序存放且允许串长度即引号中的字符数超过 2 个字符；若用 DW 定义，则将字符的 ASCII 码按字存放且字符数不能超过 2 个。

（3）地址表达式（只适用 DW 和 DD 两个伪指令），如果该地址表达式为一变量或标号名时，用 DW 定义，则是取其偏移地址来初始化变量，若用 DD 定义，则是取其段地址和偏移地址来初始化变量。

（4）n DUP（表达式），其中 DUP（duplicate）为重复字句，n 是重复因子（只能取大于等于 1 的正整数，它表示定义了 n 个表达式），它俩之间一定要有空格，表达式的类型由数据定义伪指令确定。

（5）？，表示所定义变量无确定初值。一般用来预留若干字节（或字、双字）存储单元，以存放程序的运行结果。

（6）以上表达式组成的序列，各表达式用逗号分隔。例如，在数据段 DATA1 中定义的变量如下：

```
W1          DW B2                    ; 用 B2 的偏移地址初始化 W1 变量
```

B1　　DB 'AB$'　　；变量 B1 用 A、B、$的 ASCII 码初始化

W2　　DW 1994H

D　　DD EW　　；用变量 EW 的段地址和偏移地址初始化 D 变量

B2　　DB 2 DUP(-5，-1)

　　DB 1 DUP(10，'E')　　；重复因子 1 不能省

　　DB '13'，1，3

在附加数据段 DATA2 中定义的变量如下：

EQ　　DQ 1234567890ABCDEFH

EW　　DW 'AB'，'CD'

两个数据段中的数据（十六进制的形式）在存储器中的存储形式如图 2-2 所示。从中可以看出变量名代表本数据存储区中第 1 个数据的存储地址。第 n 个字节数据的存储地址等于字节变量名+(n−1)，第 m 个字数据的存储地址等于字变量名+2（m−1）。如字节变量 B1 的第 2 个数据‘B’的存储地址为 B1+1。又如字变量 W2 的第 2 个数据 1994H 的存储地址是 W2+2。字节变量 B2 的偏移地址为 000BH，所以字变量 W1 的值为 000BH。4 字变量 EQ 的偏移地址为 0000H，EQ 的段地址有 DATA2（段名）和 SEG EQ 两种表现形式，所以双字变量 D 的值为 DATA2 和 0000H。

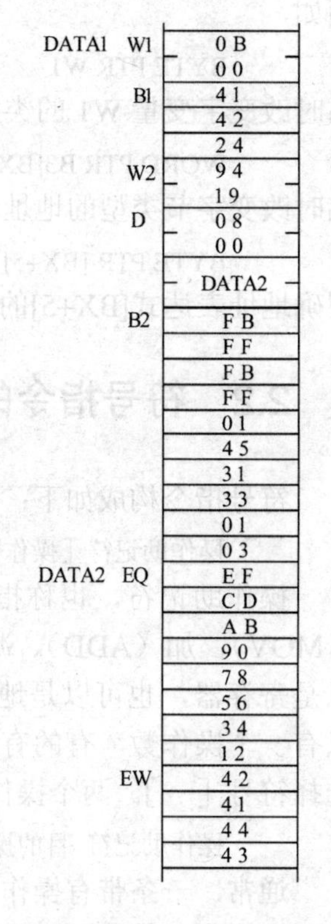

图 2-2　变量的数据存储形式

2.1.3　标号

标号是指令地址的符号表示，也可以是过程名。过程名是过程入口地址的符号表示，即过程的第一条指令的地址。

标号的定义方式有以下两种：

（1）用“:”定义，直接写在指令助记符前。如定义标号 CYCLE 如下：

CYCLE:　　MOV AL，[SI]

（2）用 PROC 和 ENDP 伪指令定义过程。标号一般只在代码段中定义和使用，标号代表指令的地址，因而它也有 3 个属性：段地址、偏移地址和类型。

标号的段地址是定义该标号所在段的段地址。

标号的偏移地址是标号所在段的段首址到该标号定义指令的字节距离。

标号的类型有 NEAR 和 FAR 两种。用“:”定义的标号为 NEAR 类型，过程名可以定义为 NEAR 类型也可以定义为 FAR 类型。NEAR 类型的标号只能在定义该标号的段内使用，而 FAR 类型的标号却无此限制。

过程用伪指令 PROC 和 ENDP 定义，过程定义的格式请见 2.4.1 节。

2.1.4　地址表达式及其类型的变更

同数值表达式一样，由变量、标号、寄存器（只能是 16 位和 32 位的通用寄存器，且 16

位的寄存器只能是SI、DI、BX、BP，用寄存器名置入方括号中表示）、常量和运算符组成的有意义的式子称为地址表达式。

地址表达式的类型属性由其中的变量或标号（一个地址表达式不可能同时含有变量和标号）决定。单个变量、标号、寄存器（用寄存器名加方括号表示）是地址表达式的特例，不含变量或标号，只有位于方括号中的寄存器的地址表达式没有类型属性。在编程时往往需要临时改变原定义的变量或标号的类型，或者明确没有类型属性的地址表达式的类型。PTR算符可以用来明确地址表达式的类型属性，或者使它们临时兼有与原定义所不同的类型属性，但仍保持它们原来的段地址和偏移地址属性不变。其格式是：

类型 PTR 地址表达式

例如，

BYTE PTR W1

临时改变字变量W1的类型为字节变量。又如，

WORD PTR B3[BX]

临时改变字节类型的地址表达式B3[BX]的类型属性为字类型。再如，

BYTE PTR [BX+5]

明确地址表达式[BX+5]的类型属性为字节类型。

2.2 符号指令的寻址方式

符号指令构成如下：

操作助记符 [操作数]

操作助记符，也称指令助记符，它以符号形式给出该指令进行什么操作，如数据传送（MOV）、加（ADD）、减（SUB）和逻辑与（AND）等。操作数可以是操作数据本身，可以是寄存器，也可以是地址表达式。有的操作数隐含在助记符中（形式上无操作数），有的只有一个操作数，有的有两个操作数，有的还有三个操作数，故符号指令的表示中使用了可选择符号［ ］。两个操作数的符号指令构成如下：

操作助记符 目的操作数，源操作数

通常，一条带有操作数的指令要指明用什么方式寻找操作数据，寻找操作数据的方式称为寻址方式。熟悉并灵活地运用计算机所采取的寻址方式是至关重要的。寻址方式有寄存器寻址方式、立即寻址方式、直接寻址方式、间接寻址方式、基址寻址方式、（比例）变址寻址方式和基址（比例）变址寻址方式。

1. 寄存器寻址

操作数是寄存器，操作的数据在指令指定的寄存器中。如：

MOV BX,AX

其中MOV为传送指令的助记符，其目的操作数和源操作数分别是BX和AX，即操作的数据在源寄存器AX之中，其操作是将AX的内容送BX，BX原来的内容被冲掉。若执行前，AX=2035H、BX=0178H；执行该指令后，BX=AX=2035H。又如：

ADD AL，BL

其中 ADD 为加法指令的助记符，AL 为目的操作数，BL 为源操作数。其操作是将 AL 的内容和 BL 的内容相加，结果送 AL，AL 原来的内容被冲掉。若执行前，AL=35H、BL=78H；执行该指令后，AL=BL=78H。

在寄存器寻址方式中，8 位操作数可以用 AH、AL、BH、BL、CH、CL、DH 和 DL 等 8 个 8 位通用寄存器；16 位操作数可以用 AX、BX、CX、DX、SI、DI、BP 和 SP 等 8 个 16 位通用寄存器 （段寄存器仅用在部分传送指令中），而对于 80386 及后继微处理器还可以是 32 位操作数，可以用 EAX、EBX、ECX、EDX、ESI、EDI、EBP 和 ESP 等 8 个 32 位通用寄存器。由于通用寄存器是微处理器的一部分，不需要访问存储器即可存取操作数据，因此采用寄存器寻址方式可以提高工作效率。对于那些需要经常存取的操作数据，采用寄存器寻址方式较为合适。

2．立即寻址

操作数是数值表达式，操作数就是操作的数据，这样的操作数称之为立即数。立即数就在指令中，实际上是不需要寻找的。如：

MOV AL，5　；将字节 05H 送 AL，指令执行后，AL=05H。

MOV AX，18　；将字 0012H 送 AX，指令执行后，AX=0012H。

目的操作数分别是 AL 和 AX，源操作数分别是字节数据 5 和字数据 18，不论 AL 和 AX 原来的内容是什么，指令执行后，AL 和 AX 的值分别是 05H 和 0012H。又如：

ADD AX，100H

该指令是将 AX 的内容和立即数 100H 相加，再送回 AX。若指令执行前，AX=0012H；指令执行后，AX=0112H。

立即寻址方式只能用于源操作数，主要用来给寄存器或存储器赋初值，也可以与寄存器操作数或存储器操作数进行算术逻辑运算。

3．直接寻址

操作的数据在存储器中，其偏移地址由不含寄存器的地址表达式给出，段地址（在不作专门说明时）由地址表达式中的变量的段属性确定。若变量定义的段不是当前数据段 DS 而是其他段，则应在地址表达式前加段名和冒号。如字变量 W 是在当前数据段 DS 中定义的，则指令：

MOV AX，W

的源操作数地址为 DS：OFFSET W。如：

MOV AX，ES:W

该指令的源操作数地址为 ES：OFFSET W。

4．间接寻址

操作的数据在存储器中，其偏移地址在指令给出的方括号中的寄存器中，即方括号中的寄存器的内容为操作数据的偏移地址。段基址由间址寄存器确定，若用 BP 和 EBP、ESP 间址，则操作数在堆栈段中，亦即段基址在 SS 中；若用其他寄存器间址，则操作数据在当前数据段中，即段基址在 DS 中。如：

MOV CX，[BX]

该指令的源地址在当前数据段中，源操作数是 DS:［BX］，目的操作数是 CX。执行的操作是：

DS:［BX］→CL,DS:［BX+1］→CH

具体地，若 DS=1359H、BX=0124H，则传送数据的地址是 1359H：0124H=136B4H 和 1359H：0125H=136B5H；该指令执行的操作是将字节单元 136B4H 中的内容送 CL、将字节单元 136B5H 中的内容送 CH。再如：

MOV EAX,[BX]

该指令执行的操作是将间址寄存器 BX 所指向的 4 个连续单元中的 32 位二进制数送入 EAX 中。

只有 4 个 16 位通用寄存器 BX、SI、DI 和 BP 可以用于间接寻址；所有 32 位的通用寄存器都可以用于间接寻址。

间接寻址的主要优点是只要对间址寄存器作适当修改，一条指令就可以对许多不同的存储单元进行访问。在循环程序设计中，多用间接寻址。

5．基址寻址

操作的数据在存储器中，其偏移地址就是指令中给出的地址表达式的偏移地址，段基址由变量和基址寄存器确定在哪一个段寄存器中。即段基址的确定首先要看地址表达式是否含有变量名：若地址表达式中含有变量名则段基址由变量确定；若地址表达式中不含变量名则段基址的确定同间接寻址。地址表达式中的寄存器只能是一个基址寄存器。只有两个 16 位的通用寄存器 BX 和 BP 可以作为基址寄存器；32 位的所有通用寄存器都可以作为基址寄存器。如：

MOV［BX+BUF+2］，AL 或 MOV BUF［BX+2］，AL

该指令的源操作数是寄存器 AL，目的地在当前数据段 DS 中，目的操作数是 DS：BUF［BX+2］。该指令执行的操作是：

AL → DS: BUF［BX+2］

具体地，若 DS=1359H、BX=0124H，字节变量 BUF 的偏移地址等于 4，则传送数据的地址是 1359H：（0124H+4+2）=136BAH；该指令执行的操作是将 AL 的内容送 136BAH。又如：

MOV ［BP+6］，AX 或 MOV 6［BP］，AX

源操作数是寄存器 AX，目的地在堆栈段 SS 中，目的操作数是 SS：［BP+6］。执行的操作是：

SS:［BP+6］←AL,SS:［BP+7］←AH

具体地，若 SS=1355H、BP=0030H，则传送数据的地址是 1355H：（0030H+6）=13586H 和 1355H：（0030H+7）=13587H；该指令执行的操作是将 AL 的内容送 13586H 单元、将 AH 的内容送 13587H 单元。

变量名可以放在方括号前，也可以放在方括号中同寄存器、常量一起写成地址表达式。其意义是以寄存器的内容为基地址，以变量的偏移地址与常量之和作位移量。也可以将其理解为寄存器的内容与常量之和是该变量数据区的位移量。例如，设 BX=5，在图 2-2 中，地址表达式 B2[BX+1] 若以寄存器的内容为基地址，以变量的偏移地址与常量之和作位移量，则地址表达式的值即偏移地址是 5+000BH+1=0011H；若以寄存器的内容与常量之和作变量数据区的位移量，则该位移量是 5+1=0006H。在数据段中偏移地址为 0011H 单元中的内容是 01H，在变量 B2 数据区中位移量为 0006H 单元中的内容也是 01H。由此可见两种理解是一致的。

6. 变址寻址

变址寻址与基址寻址类似，只不过是用变址寄存器取代基址寄存器。16 位的通用寄存器只有 SI 和 DI 可以用做变址寄存器；32 位的通用寄存器（ESP 除外）都可以用做变址寄存器。表达式中含有变量名则段基址由变量确定；若地址表达式中不含变量名则约定的段基址在 DS 中。

在变量数据区中存取数据可以使用间接寻址，也可以使用基址寻址或变址寻址。如将立即数 35H 存入字节变量 BUF+5 单元中，若基址寄存器 BX 的内容等于存入单元 BUF+5 的偏移地址，则为间接寻址：

```
MOV BX，OFFSET BUF+5
MOV BYTE PTR [BX]，35H
```

若基址寄存器 BX 的内容等于字节变量 BUF 数据区中的位移量，则为基址寻址：

```
MOV BX，5
MOV BUF[BX]，35H
```

由此可见，在变量数据区中存取数据，若希望操作数的类型含糊就采用间接寻址；若希望操作数的类型明确就采用基址寻址或变址寻址。

7. 基址变址寻址

操作的数据在存储器中，其偏移地址是指令中给出的地址表达式的偏移地址，地址表达式中既有一个基址寄存器又有一个变址寄存器。段基址由变量和基址寄存器确定在哪一个段寄存器中。基址寄存器和变址寄存器的位数要相同，即不能一个是 16 位的寄存器另一个是 32 位的寄存器。如：

MOV ［BX+SI+5］，AX 或 MOV 5［BX+SI］，AX

目的地址是：DS：［BX+SI+5］和 DS：［BX+SI+6］。

8. 比例变址寻址（80386 及后继微处理器可用）

操作的数据在存储器中，其偏移地址就是指令中给出的含有变址寄存器乘以比例因子的地址表达式的偏移地址，段基址同变址寻址。比例因子可为且只可为 1、2、4、8。可将变址寻址看成是比例因子为 1 的比例变址寻址。如：

```
MOV EBX,[ESI×4]
```

9. 基址比例变址寻址（80386 及后继微处理器可用）

操作的数据在存储器中，其偏移地址就是指令中给出的地址表达式的偏移地址，地址表达式中既有一个基址寄存器又含有变址寄存器乘以比例因子。段基址同基址变址寻址。如：

```
MOV ECX,[EDI×8+EAX]
MOV EAX,[ESI×8+EBX]
```

10. 存储器寻址及存储器寻址中段寄存器的确定

（1）存储器寻址与地址表达式。操作的数据在存储器中的寻址方式统称为存储器寻址，包括直接寻址、间接寻址、基（变）址寻址、基址变址寻址，80386 及后继微处理器的寻址方式还有比例变址寻址和基址比例变址寻址。指令中的存储器的地址即存储器操作数可以用地址表达式给出。地址表达式的偏移地址由变量、基址寄存器（用基址寄存器名置入方括号中表示）、变址寄存器（用变址寄存器名置入方括号中表示）、比例因子和常量组成，地址表达式的一般形式为：

变量[基址寄存器+变址寄存器×比例因子+常量]

或者

[基址寄存器+变址寄存器×比例因子+变量+常量]

这样完整的地址表达式是基址比例变址寻址。其他寻址方式都是基址比例变址寻址的不完整形式。

地址表达式中若没有寄存器，其形式为：

变量+常量 或者 [变量+常量]

则是直接寻址。

地址表达式中若没有变量和常量，比例因子为 1，且只有一个基址寄存器或变址寄存器，其形式为：

[寄存器]

则是间接寻址。

地址表达式中只有一个基址寄存器或变址寄存器，且比例因子为 1，可以没有变量或常量，其形式为：

变量[寄存器+常量] 或者 变量[寄存器] 或者 常量[寄存器]

则是基址或变址寻址。

地址表达式中若既有基址寄存器又有变址寄存器，且比例因子为 1，可以没有变量或常量，其形式为：

变量[基址寄存器+变址寄存器+常量] 或 [基址寄存器+变址寄存器+变量+常量]

则是基址变址寻址。

地址表达式中只有变址寄存器和比例因子，可以没有变量或常量，其形式为：

变量[变址寄存器×比例因子+常量] 或 [变址寄存器×比例因子+变量+常量]

则是比例变址寻址。

（2）存储器寻址中段寄存器的确定。存储器寻址方式中的偏移地址通常是地址表达式经汇编程序计算后得到的数值。把这个由汇编程序计算得到的偏移地址称之为有效地址 EA（efectve adress）。

80x86 的存储器总是分段使用的，在存储器中寻找操作数时除了偏移地址外，还要有段地址。前面讲的没有变量的指令都没有特别指明段地址由哪个段寄存器确定。段地址的确定在 80x86 中有一个基本的约定，只要指令中不特别说明要超越这个约定，则就按这个约定来寻找操作数。这个基本约定以及是否允许超越，即段更换的情况如表 2-1 所列。

表 2-1　存储器寻址时段寄存器的基本约定和段更换

存储器存取方式	约定段	段更换	偏移地址
取指令	CS	不允许	IP、EIP
堆栈操作	SS	不允许	SP、ESP
数据存取（BP 和 EBP、ESP 间址、基址除外）	DS	ES、FS、GS、SS、CS	EA
BP 和 EBP、ESP 间址、基址数据存取	SS	DS、ES、FS、GS、CS	EA
字符串处理指令的源串	DS	ES CS SS	SI、ESI
字符串处理指令的目的串	ES	不允许	DI、EDI

指令中段超越或段更换是在地址表达式前写上段名来表示的，如：

```
MOV ES:[DI]，AL
```

其中 ES 为前缀字节，产生目标代码时，它将放在这条 MOV 指令的前面：

```
26      ES:
8805    MOV [DI]，AL
```

其中符号指令前的 3 个字节即十六进制数 26、88、05 是符号指令 MOV ES:［DI］，AL 的目标代码，即机器指令。

2.3　常用指令

80x86 有庞大的指令系统，形式多样，功能极强。本章将介绍其中的一部分常用指令，其余部分将结合程序设计技术和接口电路控制程序设计的讲述分散到其他章节中介绍，读者可通过目录或附录查找到。

2.3.1　数据传送类指令

不论是专用计算机，还是通用计算机，也不管是数值计算或信息处理，还是实时控制都需要传送数据。因此数据传送是一种最大量、最基本、最主要的操作。数据传送类指令的特点是把数据从计算机的一个部位传送到另一部位。把发送的部位称之为源（source），接收的部位称之为目的地（dest）。数据传送类指令大多数都是将源中的数送到目的地。只有交换指令是将源和目的地中的数据交换。80x86 设置了通用数据传送指令、数据交换指令、地址传送指令、标志传送指令、查表转换指令、栈操作指令和输入/输出指令（第 6 章）等多种数据传送类指令，为用户编程提供了有利条件。

1．通用数据传送指令

指令格式：

```
MOV dest，source
```

指令的意义是把一个字节或一个字操作数据从源送到目的地（源保持不变）。数据传送指令的操作数及其传送方向如图 2-3 所示。由图可知，立即操作数、代码段寄存器 CS 只能作源操作数；源、目的操作数只能有一个存储器操作数。该指令有如下 9 种形式：

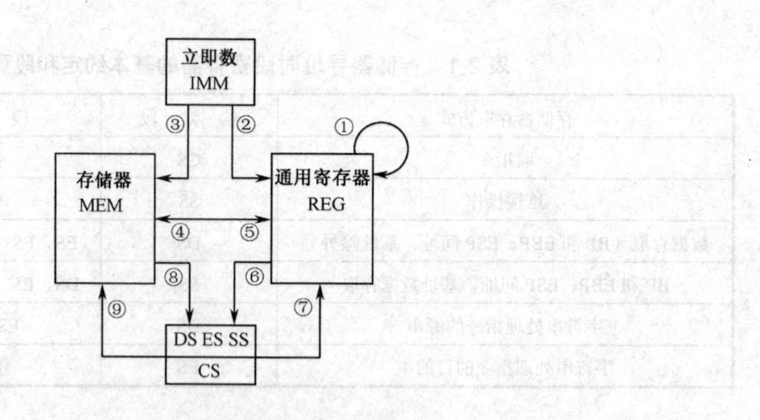

图 2-3　MOV 指令的操作数及传送方向

MOV REG，REG　　　　；通用寄存器间传送
MOV REG，IMM　　　　；立即数送通用寄存器
MOV MEM，IMM　　　　；立即数送存储器
MOV MEM，REG　　　　；通用寄存器送存储器
MOV REG，MEM　　　　；存储器送通用寄存器
MOV SEGREG，REG　　　；通用寄存器送段寄存器（CS 除外）
MOV REG，SEGREG　　　；段寄存器送通用寄存器（含 CS）
MOV SEGREG，MEM　　　；存储器送段寄存器（CS 除外）
MOV MEM，SEGREG　　　；段寄存器送存储器（含 CS）

使用 MOV 指令时须注意：源操作数和目的操作数不能同时为存储器操作数；两操作数的类型属性要一致；操作数不能出现二义性（至少 1 个操作数的类型要明确）；代码段寄存器 CS 和立即数不能作目的操作数。尤其要注意的是：立即数的类型属性是不明确的，不能把 16 位二进制数当做字类型的立即数，也不能把 8 位二进制数当做字节类型的立即数。在立即数送存储器的指令中，若存储器操作数的类型不明确，则必须使用算符 PTR 来明确其中一个操作数的类型。下列指令是非法的：

MOV AX，BL　　　　；类型不一致
MOV CS，AX　　　　；CS 不能作目的操作数
MOV ［DI］，［BX］　　；源和目的不能都是存储器操作数
MOV ［BX］，1　　　　；两个操作数的类型都不明确，不知是字还是字节（二义性）

两个操作数的类型都不明确的指令，可以使用 PTR 算符使之成为合法指令：

MOV BYTE PTR [BX]，1

2．扩展传送指令（80386 及其后继微处理器可用）

扩展传送指令的源操作数可以是 8 位或 16 位的寄存器或存储器，而目的操作数必须是 16 位或 32 位的通用寄存器。可以将 8 位数扩展为 16 位或 32 位数，也可以是将 16 位数扩展为 32 位数。扩展传送指令的源操作数的长度一定要小于操作数的长度。

（1）符号位扩展传送（move with sign—extend）指令。

指令格式：

MOVSX reg，source

指令的意义是对源操作数中的 8 位或 16 位补码数的符号位进行扩展，形成 16 位或 32 位补码数。如：

MOVSX EAX，BX

指令，若执行前 BX=8765H，指令执行后 EAX=FFFF8765H。

（2）零（zero）扩展传送指令。

指令格式：

MOVZX reg，source

指令的意义是对源操作数中的 8 位或 16 位无符号数进行扩展，形成 16 位或 32 位无符号数。如：

MOVZX EAX，BL

指令，若执行前 BL=65H，指令执行后 EAX=00000065H。

3．数据交换指令

（1）字节、字和双字交换指令。

指令格式：

XCHG dest，source

指令的意义是将源地址与目的地址中的内容交换。交换能在两个通用寄存器之间，通用寄存器与存储器之间进行，但不能在存储器之间进行。只有如下两种形式：

XCHG REG，REG ；REG←→REG

XCHG REG，MEM 或 XCHG MEM，REG ；REG←→MEM

使用 XCHG 指令时须注意，源操作数和目的操作数两操作数的类型属性要一致。

如数据段中有两个字变量 W1 和 W2，将两个字数据互换的程序段如下：

```
MOV AX，W1
XCHG AX，W2
MOV W1，AX
```

不用数据交换指令，仅使用 MOV 指令的程序段如下：

```
MOV AX，W1
MOV BX，W2
MOV W1，BX
MOV W2，AX
```

如数据段中有两个字节变量 B1 和 B2，将 B1 和 B2 中的两个字节数据互换的程序段如下：

```
MOV AL，B1
XCHG B2，AL
MOV B1，AL
```

也可以不用数据交换指令，仅使用 MOV 指令来实现：

```
MOV AH，B1
MOV AL，B2
MOV B1，AL
```

```
MOV B2，AH
```

若字节变量B1和B2相邻且B1的地址低，则还可以采用如下的程序段：

```
MOV AX，WORD PTR B1
XCHG AH，AL
MOV WORD PTR B1，AX
```

还可以使用循环移位指令实现，见2.3.3节。

（2）字节交换（byte swap）指令（80486及其后继微处理器可用）。

指令格式：

```
BSWAP reg
```

指令的意义是把32位通用寄存器的第1字节与第4字节交换，第2字节与第3字节交换。如指令：

```
BSWAP EAX
```

若执行前EAX=12345678H，指令执行后EAX=78563412H。

使用字节交换指令，将数据段中以BX为偏移地址的连续4个单元的内容颠倒过来，编写的程序段如下：

```
MOV EAX，[BX]
BSWAP EAX
MOV [BX]，EAX
```

4. 栈操作指令

（1）堆栈的概念。堆栈是在存储器中开辟的一片数据存储区，这片存储区的一端固定，另一端活动，且只允许数据从活动端进出。这同在货栈中从下至上堆放货物的方式一样，最先堆放进去的货物总是压在底层，而取出货物时，它将最后取出，即"先进后出"。堆栈中数据的存取也遵循"先进后出"的原则。我们把堆栈的活动端称为栈顶，固定端称为栈底。堆栈必须存在于堆栈段中，其段地址存放于堆栈段寄存器SS中。

存储器的任何可用部分（只读存储器除外）均可被用来作为堆栈。只是因为栈顶是活动端，所以需要有一个指示栈顶位置，即栈顶地址的指示器，这个指示器就是堆栈指示器，它总是指向堆栈的栈顶。当堆栈地址长度为16位时用SP作堆栈指示器，当堆栈地址长度为32位时用ESP作堆栈指示器。往堆栈存入或从堆栈取出数据，一般是通过（E）SP从栈顶存取。

栈的伸展方向既可以从高地址向低地址，也可以从低地址向高地址。80x86的堆栈的伸展方向是从高地址向低地址。80x86的堆栈操作都是字或双字操作。将一个数压入堆栈称为进栈，进栈时堆栈指示器自动减2或4，进栈的字或双字就存放在新增加的2个或4个单元内。把一个数从栈顶弹出称为出栈，出栈时堆栈指示器自动加2或4，弹出的字或双字是堆栈指示器让出的2个或4个单元的内容。

堆栈的设置主要用来解决多级中断、子程序嵌套和递归等程序设计中难以处理的实际问题。还可以用来保护现场，寄存中间结果，并为主程序和子程序的调用与返回提供强有力的依托。

堆栈操作必须采用专门的指令进行。栈操作指令分为两类，即进栈指令PUSH和出栈指令POP。

（2）进栈指令PUSH source。进栈指令的功能是将通用寄存器、段寄存器或存储器中的一个字或双字压入栈顶。80386 及其后继微处理器，进栈指令 PUSH 的操作数还可以是立即数。对于立即数和类型不明确的存储器操作数，要使用 PTR 算符说明其类型属性。例如，PUSH AX 的操作，如图 2-4 所示。

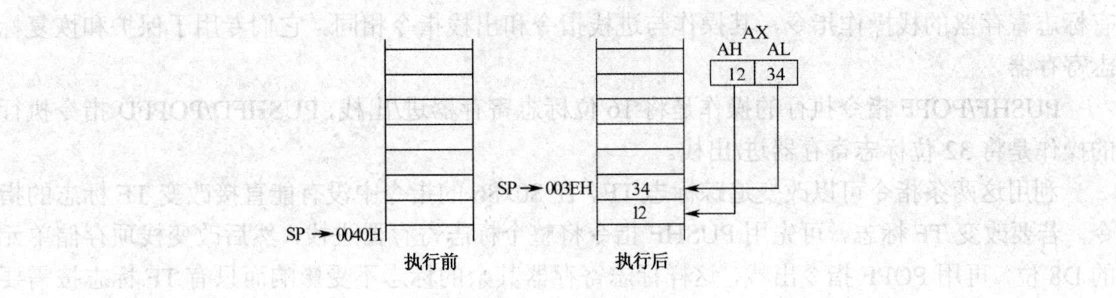

图 2-4　进栈操作

（3）出栈指令 POP dest。出栈指令的功能是将栈顶的一个字或双字传送给通用寄存器、段寄存器（除 CS 外）或存储器。例如，POP BX 的操作如图 2-5 所示。

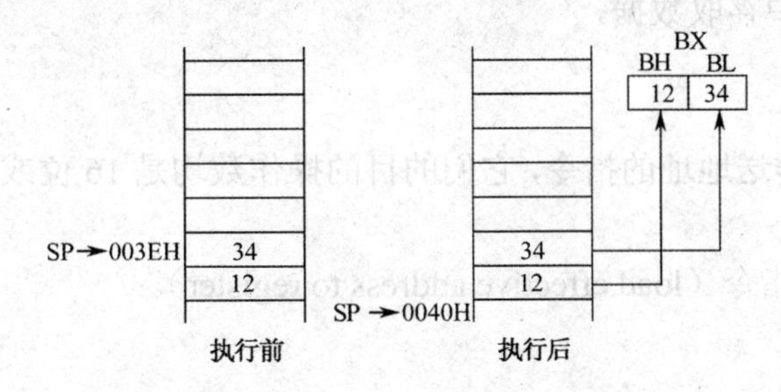

图 2-5　出栈操作

使用栈操作指令可以将两个字数据互换。如将数据段中的两个字变量 W1 和 W2 中的内容交换的程序段如下：

```
PUSH W1
PUSH W2
POP W1
POP W2
```

（4）全部通用寄存器进栈 PUSHA/PUSHAD 和出栈指令 POPA/POPAD（80386 及其后继微处理器可用）。PUSHA 指令执行的操作是将 16 位通用寄存器进栈，进栈次序为：AX、CX、DX、BX、指令执行前的 SP、BP、SI、DI，指令执行后 SP-16，如图 2-6 所示。

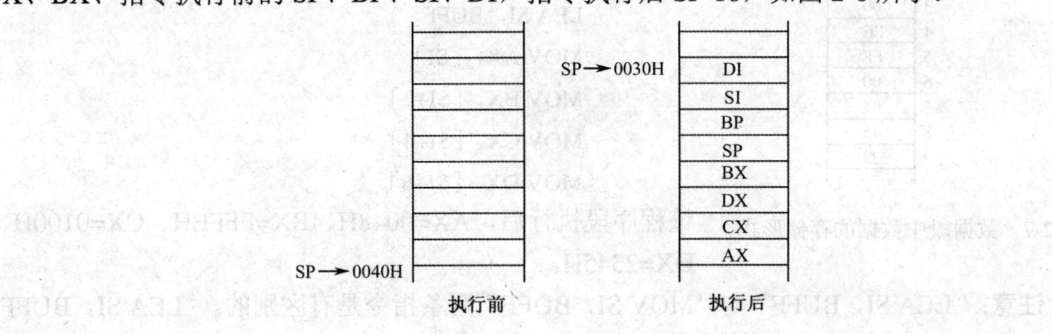

图 2-6　PUSHA 指令执行的操作

PUSHAD 指令执行的操作是将 32 位通用寄存器进栈，进栈次序为：EAX、ECX、EDX、EBX、指令执行前的 ESP、EBP、ESI、EDI，指令执行后 SP-32。

（3）状态标志寄存器的进栈指令 PUSHF/PUSHFD 和出栈指令 POPF/POPFD。80x86 还有标志寄存器的栈操作指令，其操作与进栈指令和出栈指令相同。它们专用于保护和恢复标志寄存器。

PUSHF/POPF 指令执行的操作是将 16 位标志寄存器进/出栈，PUSHFD/POPFD 指令执行的操作是将 32 位标志寄存器进/出栈。

利用这两条指令可以改变追踪标志 TF。在 80x86 的指令中没有能直接改变 TF 标志的指令，若要改变 TF 标志，可先用 PUSHF 指令将整个标志寄存器进栈，然后改变栈顶存储单元的 D8 位，再用 POPF 指令出栈，这样标志寄存器其余的标志不受影响而只有 TF 标志按需要改变了。

堆栈中的数据也可以通过基址指示器 BP、EBP 或者 BX、SI、DI 和其他任何 32 位的寄存器进行存取，不受栈操作之限。此时，堆栈存储器就如同一般的数据存储器一样，可以在堆栈段的任何地址单元中存取数据。

5．地址传送指令

80x86 有 3 条专门传送地址的指令，它们的目的操作数均是 16 位或 32 位的通用寄存器，源操作数都是存储器。

（1）传送有效地址指令（load effective address to register）。

指令格式：

```
LEA REG，MEM
```

指令的意义是按存储器操作数 MEM 提供的寻址方式计算的有效地址送 16 位的间址寄存器或 32 位的通用寄存器。该指令通常用来给某个 16 位间址寄存器或 32 位通用寄存器设置偏移地址的初值，以便从此开始存取多个数据。

若在数据段中，有一如图 2-7 所示存储形式的字数据区，则

```
LEA SI，BUFF            ；将字变量 BUFF 的偏移地址送 SI
LEA DI，[SI+6]          ；将地址表达式 [SI+6] 的偏移地址送 DI
```

两条指令执行后，SI=0002H、DI=0008H。

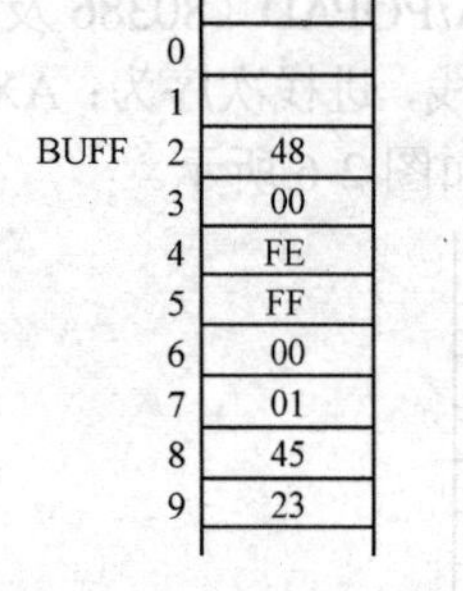

图 2-7　数据段中数据的存储形式

若将图 2-7 中 BUFF 为偏移地址的存储区的内容分别送到 AX、BX、CX 和 DX，其程序段如下：

```
LEA SI，BUFF
MOV AX，[SI]
MOV BX，[SI+2]
MOV CX，[SI+4]
MOV DX，[SI+6]
```

该程序段执行后，AX=0048H、BX=FFFEH、CX=0100H、DX=2345H。

注意：“LEA SI，BUFF”与“MOV SI，BUFF”两条指令是有区别的。“LEA SI，BUFF”是取变量 BUFF 的偏移地址，执行后，SI=0002H；而“MOV SI，BUFF”是取字变量 BUFF

的内容，执行后，SI=0048H。这两条指令的源操作数的形式完全相同，取变量的偏移地址是立即寻址，取变量的内容是存储器寻址。为了避免这种由操作符决定操作数的寻址方式给初学者造成的困难，本书不用"LEA SI，BUFF"指令，而用与它功能相同的指令"MOV SI，OFFSET BUFF"。若 SI 的值为变量 BUFF 的偏移地址，则指令"LEA DI，[SI+6]"也可用指令"MOV DI，OFFSET BUFF+6"来取代。

（2）传送地址指针指令。传送地址指针指令有 5 条，它们是 LDS、LES、LFS、LGS 和 LSS。传送地址指针指令的源操作数只能是存储器，目的操作数是 16 位间址寄存器或 32 位通用寄存器。当指令指定的是 16 位间址寄存器时，指令执行的操作是把存储操作数中低位字送该间址寄存器，并将存储操作数中高位字送指令指定的段寄存器。当指令指定的是 32 位通用寄存器时，指令执行的操作是把存储操作数中低位双字送该 32 位的通用寄存器，并将存储操作数中高位字送指令指定的段寄存器。这组指令为存取非当前数据段中的数据作地址准备。

以传送数据段地址指针指令（load point into DS）为例，传送地址指针指令格式为：

```
LDS REG，MEM
```

指令的意义是将地址指针的段地址送 DS，有效地址送 16 位间址寄存器或 32 位通用寄存器。如：

```
LDS SI，[BX]
```

指令所执行的操作为：［BX+3］和［BX+2］→DS、［BX+1］和［BX］→SI。如：

```
LES EDI，[BX+4]
```

指令所执行的操作为：［BX+9］和［BX+8］→ES、［BX+7］、［BX+6］、［BX+5］和［BX+4］→EDI。

将变量 EQ 的段地址和偏移地址分别送 ES 和 DI，可用以下 3 条指令：

```
MOV DI，SEG EB
MOV ES，DI
MOV DI，OFFSET EB
```

也可以用 EB 做地址表达式定义一个双字变量 D（参见图 2-2）：

```
D        DD EQ
```

再仅用一条指令：

```
LES DI，D
```

即可实现。

6. 查表转换指令（translate）

指令格式：

```
XLAT [source-table] 或 XLATB [source-table]
```

该指令的操作数都是隐含的，所执行的操作是将 BX（XLAT）或 EBX（XLATB）为基地址，AL 为位移量的字节存储单元中的数据送 AL 即［BX+AL］→AL 或［EBX+AL］→AL。该指令可以很方便地将一种代码转换为另一种代码。XLAT 指令的功能可以用如下的程序段代替：

```
ADD BL，AL
```

ADC BH，0　　　　　；代替的条件是该指令不再产生进位

MOV AL，[BX]

数据传送类指令不影响状态标志位。

2.3.2　加减运算指令

算术运算指令包括加、减、乘、除 4 种基本运算。本节仅介绍加减运算指令。参与加减运算的操作数如图 2-8 所示。

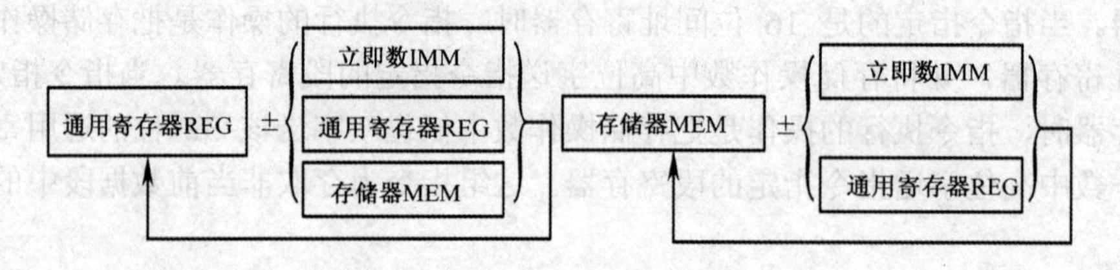

图 2-8　加减运算指令的操作数

1．加指令 ADD（addition）

指令格式：

ADD dest，source

指令的意义是将源操作数中的数据和目的操作数中的数据相加，结果送目的操作数，源操作数中的数据保持不变。

ADD 指令有如下 5 种形式：

```
ADD REG，IMM        ；REG+IMM→REG
ADD REG，REG        ；REG+REG→REG
ADD REG，MEM        ；REG+MEM→REG
ADD MEM，IMM        ；MEM+IMM→MEM
ADD MEM，REG        ；MEM+REG→MEM
```

2．加进位的加指令 ADC（addition with carry）

指令格式及意义：

ADC dest，source　　　　；dest+source+CF→dest

ADC 指令有如下 5 种形式：

```
ADC REG，IMM        ；REG+IMM+CF→REG
ADC REG，REG        ；REG+REG+CF→REG
ADC REG，MEM        ；REG+MEM+CF→REG
ADC MEM，IMM；      ；MEM+IMM+CF→MEM
ADC MEM，REG        ；MEM+REG+CF→MEM
```

ADD 和 ADC 两指令按执行结果影响状态标志位：

- 当结果的最高位（字节操作是 D7，字操作是 D15，双字操作是 D31）产生进位时，CF=1；否则 CF=0。
- 当结果为 0 时，ZF=1；否则 ZF=0。

- 当结果的最高位为 1 时，SF=1；否则 SF=0，即 SF 总与结果的最高位一致。
- 当结果不在符号数范围，即字节运算时不在字节补码数范围（–128～127），字运算时不在字补码数范围（–32768～32767），双字运算时不在双字补码数范围（–65536～65535）时，OF=1；否则 OF=0。
- 当结果的二进制位 1 的个数为偶数时，PF=1；否则 PF=0。
- 当运算时，D3 产生进位，AF=1；否则 AF=0。

例如，3 个 32 位无符号数 12345678H、8765ABCDH 和 2468FEDCH 相加，将其和（仍为 32 位无符号数）放双字变量 EQ 中。用 16 位通用寄存器编写的程序段如下：

```
MOV DX，1234H
MOV AX，5678H
ADD AX，0ABCDH
ADC DX，8765H
ADD AX，0FEDCH
ADC DX，2468H
MOV WORD PTR EQ,AX
MOV WORD PTR EQ+2,DX
```

用 32 位通用寄存器编写的程序段如下：

```
MOV EAX，12345678H
ADD EAX，8765ABCDH
ADD EAX，2468FEDCH
MOV EQ,EAX
```

3．增量指令 INC（increment destination by one）

指令格式及意义：

```
INC dest        ；dest+1→dest
```

dest 既是目的操作数又是源操作数。该指令的操作数只能是通用寄存器和存储器，所以该指令只有如下两种形式：

```
INC REG
INC MEM
```

增量指令主要用于修改偏移地址和计数次数。增量指令："INC REG/MEM"与加 1 指令"ADD REG/MEM，1"的唯一区别是增量指令对 CF 标志位没有影响，而加 1 指令按操作影响 CF 标志位。

使用存储器增量指令"INC MEM"时，存储器操作数不得出现二义性，即类型要明确（不含变量的地址表达式没有类型属性，不能确定是字节，还是字或者双字！）。如：

```
INC［SI］
```

是非法的，因为汇编程序不能确定是字节增 1 还是字或者双字增 1。可以使用 PTR 算符使之成为合法指令：

```
INC BYTE PTR ［SI］
```

或

```
INC WORD PTR [SI]
```

或者

```
INC DWORD PTR [SI]
```

4．交换及相加指令 XADD（add and exchange）（80486 及其后续微处理器可用）

指令格式：

```
XADD dest，REG
```

指令的意义是将目的操作数中的数据装入源操作数中，并把源操作数中的数据和目的操作数中的数据相加后送入目的操作数中。

可以将该指令的操作看成是先执行一条交换指令，然后再执行一条加指令。即该指令等于如下两条指令：

```
XCHG dest，REG
ADD dest，REG
```

该指令对标志位的影响和加指令 ADD 相同。该指令的目的操作数可以是寄存器和存储器，源操作数只能是寄存器。

5．减指令　SUB（subtraction）

指令格式及意义：

```
SUB dest，source          ; dest-source→dest
```

6．减借位的减指令　SBB（subtraction with borrow）

指令格式及意义：

```
SBB dest，source          ; dest-source-CF→dest
```

7．减量指令　DEC　（decrement）

指令格式及意义：

```
DEC dest                  ; dest-1→dest
```

减指令和减量指令对标志位的影响，除将进位改为借位外分别与加指令和增量指令相同。例如，两个 32 位无符号数 8765ABCDH 和 2468FEDCH 相减，其差放入双字变量 EQ 中。用 16 位通用寄存器编写的程序段如下：

```
MOV AX，0ABCDH
SUB AX，0FEDCH
MOV DX，8765H
SBB DX，2468H
MOV WORD PTR EQ,AX
MOV WORD PTR EQ+2,DX
```

用 32 位通用寄存器编写的程序段如下：

```
MOV EAX，8765ABCDH
SUB EAX，2468FEDCH
MOV EQ,EAX
```

8．比较指令 CMP（compare）

指令格式及意义：

CMP dest，source　　　　；dest-source

比较指令除了不回送结果外，其他一切均同 SUB 指令。该指令主要用来判断两数的大小与是否相等。比较指令后面常常是条件转移指令，根据比较的结果实现程序的分支。

9．比较并交换（compare and exchange）指令（80486 及其后继微处理器可用）

指令格式：

CMPXCHG dest，REG

指令的意义是将累加器（AL/AX/EAX）和目的操作数相比较，若相等，则将通用寄存器 REG 中的数据传送给目的操作数；否则，将目的操作数中的数据传送给累加器。目的操作数可以是寄存器和存储器，但其类型要与通用寄存器一致。

10．8 字节比较并交换（compare and exchange 8 Byte）指令（仅 Pentiun 微处理器可用）

指令格式：

CMPXCHG8B MEM

指令的意义是将存储器中 8 字节的二进制数与 EDX：EAX 相比较，若相等，则将 ECX：EBX 中 8 字节的二进制数传送给存储器；否则，将存储器中 8 字节的二进制数传送给 EDX：EAX。

2.3.3　逻辑运算指令

由于逻辑运算是按位进行操作的，因此逻辑运算指令可以直接对寄存器或存储器中的位进行操作。

1．求补指令 NEG（negate）

指令格式：

NEG dest

指令的意义是将操作数中的内容求补后再送入操作数中。该指令的操作数只有通用寄存器 REG 和存储器 MEM。

特别需要强调的是该指令是求补指令，不是求补码指令。不论操作数中的数是符号数还是无符号数，是正数还是负数，也不管它是补码形式还是原码形式或反码形式的数，该指令均对其进行求补操作。

如：AX=FFFBH，执行 NEG AX 后，AX=0005H。而 FFFBH 既可看成无符号数 65531，也可看成补码形式的数–5，还可以看成原码形式的数–32763 或反码形式的数–4。

又如：BX=000AH，执行 NEG BX 后，BX=FFF6H。000AH 是正数或无符号数 10；而 FFF6H 视为无符号数是 65526，视为补码是–10，视为原码是–32758，视为反码是–9。

由此可见，若将执行求补指令前后的数均视作补码数，求补指令则将该数变为绝对值相等符号相反的另一数。

2. 求反指令 NOT

指令格式：

NOT dest

指令的意义是将操作数中的数逐位取反后再送回操作数中。

需要注意的是：求反指令不是求反码指令，它对符号位仍执行求反操作。

3. 逻辑与 AND、逻辑或 OR、逻辑异或 XOR

指令格式：

AND dest，source　　；dest∧source → dest

OR dest，source　　；dest∨source → dest

XOR dest，source　　；dest⊕source → dest

这 3 类指令的形式相同，只是对目的操作数和源操作数按位进行不同的逻辑操作，将结果回送到目的操作数中，如图 2-9 所示。

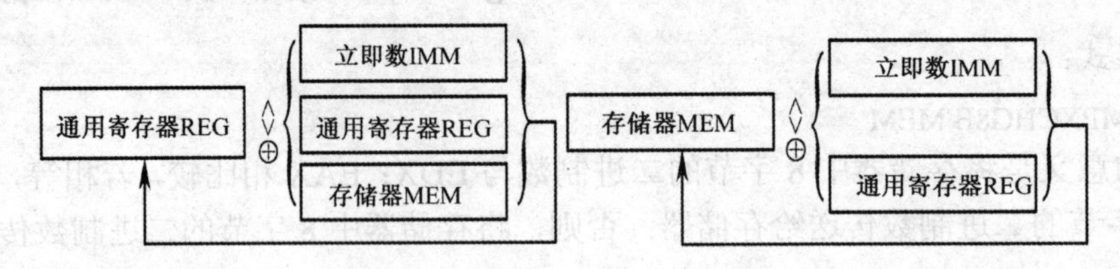

图 2-9　逻辑指令的操作数

这 3 类指令都将标志位 CF 和 OF 清 0，对标志位 SF、ZF 和 PF 的影响同加操作指令。这 3 类指令的主要作用如表 2-2 所列。从中可以看出这 3 类指令的主要作用。AND 指令可以用来取出目的操作数中与源操作数的 1 对应的位。OR 指令可以用来将目的操作数和源操作数中的所有 1 位拼合在一起。XOR 指令可以用来将通用寄存器清 0，还可以用来将目的操作数中与源操作数中 1 对应的位取反。

表 2-2　AND OR XOR 3 类指令的主要作用

指　令	执行前目的操作数	执行后目的操作数
AND AX,000FH	AX=0F6E5H	AX=0005H
OR BX,0056H	BX=7B00H	BX=7B56H
XOR CX,CX	CX=35EBH	CX=0000H

如用逻辑与和逻辑或指令可以将 AX 的高 4 位，CX 的中间 8 位，BX 的低 4 位拼合起来，其程序段如下：

```
AND AH，0F0H
AND BL，0FH
AND CX，0FF0H
OR CH，AH
OR CL，BL
```

4．测试指令 TEST

指令格式及意义：

TEST dest，source　　；dest∧source

TEST 指令与 AND 指令的关系同 CMP 指令与 SUB 指令的关系。TEST 指令主要用来检测与源操作数中为 1 的位相对应的目的操作数中的那几位是否为 0 或为 1，供其后面的条件转移指令实现程序的分支。

2.3.4 移位指令

移位指令都有两个操作数，目的操作数是移位的对象，源操作数为移位的位数。移位指令的目的操作数可以是通用寄存器或存储器，可以是字节，也可以是字，还可以是双字；源操作数可以是 CL 或立即数。对于 80286 及其后继微处理器，其立即数的范围为 1～31，若移动位数大于 31，微处理器将自动调整为 32 的模运算的余数；而 8086 微处理器的立即数只能是 1，即若立即数不是 1 就要先将移动位数送入 CL，然后再执行源操作数为 CL 的移位指令。CL 的值为 0，则不移位。以 CL 为源操作数的移位指令执行以后，CL 的值不变。

移位有逻辑右移、算术右移、算术/逻辑左移、循环右移、循环左移、带进位循环右移、带进位循环左移、双精度右移和双精度左移 9 种。

1．逻辑右移 SHR（shift logic right）

指令格式：

SHR dest，source

指令的意义是将 dest 中的 8 位、16 或 32 位二进制数向右移动 1～31 位，最右边位（即最低位）或者最后移出位移至 CF，最左边的 1 位（即最高位）或 CL 位依次补 0。如下所示：

如：AL=abcdefgh（abcdefgh 均为二进制数 1 或 0），逻辑右移指令

SHR AL,1

执行后，AL=0abcdefg、CF=h。

又如：AL=abcdefgh（abcdefgh 均为二进制数 1 或 0）、CL=3，逻辑右移指令

SHR AL,CL

执行后，AL=000abcde、CF=f。

2．算术右移 SAR（shift arithmetic right）

指令格式：

SAR dest，source

指令的意义是将 dest 中的 8 位、16 或 32 位二进制数向右移动 1～31 位，最右边位（即最低位）或者最后移出位移至 CF，最左边位（即最高位）既向右移动又保持不变。如下所示：

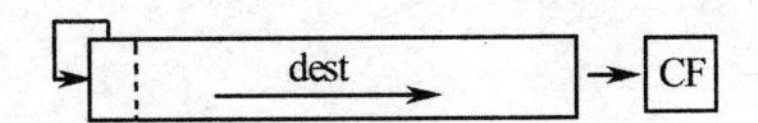

如：AL=abcdefgh（abcdefgh 均为二进制数 1 或 0），算术右移指令

SAR AL,1

执行后，AL=aabcdefg、CF=h。

又如：AL=abcdefgh（abcdefgh 均为二进制数 1 或 0）、CL=3，算术右移指令

SAR AL,CL

执行后，AL=aaaabcde、CF=f。

算术右移指令执行后，保持目的操作数的符号位不变。如：

```
MOV CH，80H
MOV CL，4
SAR CH，CL
```

这 3 条指令执行后，CH=F8H、CL=4，补码数 F8H 的真值是－8。移位前 CH=80H，补码数 80H 的真值是－128，而－128÷16=－8。可见，算术右移 4 次的作用是将补码数除以 16。

3．算术/逻辑左移 SAL/SHL

指令格式：

SAL/SHL dest，source

指令的意义是将 dest 中的 8 位、16 或 32 位二进制数向左移动 1～31 位，最左边位（即最高位）或者最后移出位移至 CF，最右边的 1 位（即最低位）或右边的 CL 位移入 0。如下所示：

CF ← dest ← 0

如：AL=abcdefgh（abcdefgh 均为二进制数 1 或 0），逻辑左移指令：

SHL AL,1

执行后，AL=bcdefgh0、CF=a。

又如：AL=abcdefgh（abcdefgh 均为二进制数 1 或 0）、CL=3，逻辑左移指令

SHL AL,CL

执行后，AL=defgh000、CF=c。

4．循环右移

指令格式：

ROR dest，source

指令的意义是将 dest 中的 8 位、16 或 32 位二进制数向右移动 1～31 位，从右边移出位既移入 CF 又移入左边的空出位，最后移出位移至最左边位（即最高位），同时保留在 CF。如下所示：

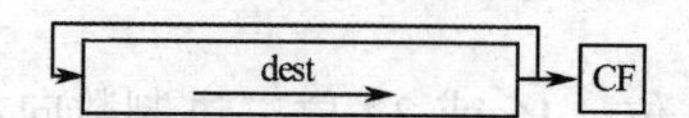

如：AL=abcdefgh（abcdefgh 均为二进制数 1 或 0），循环右移指令：

ROR AL，1

执行后，AL=habcdefg、CF=h。

5．循环左移

指令格式：

ROL dest，source

指令的意义是将 dest 中的 8 位、16 或 32 位二进制数向左移动 1～31 位，从左边移出位既移入 CF 又移入右边的空出位，最后移出位移至最右边位（即最低位），同时保留在 CF。如下所示：

如：AL=abcdefgh（abcdefgh 均为二进制数 1 或 0）、CL=5，循环左移指令：

ROL AL，CL

执行后，AL=fghabcde、CF=e。

利用循环右移或循环左移指令也可以将数据段中的两个相邻字节变量 B1 和 B2（B1 的地址低）中的两个 8 位二进制数交换，其程序段为：

```
MOV CL，8
ROR WORD PTR B1,CL
```

6．带进位循环右移

指令格式：

RCR dest，source

指令的意义是将 dest 和进位 CF 中的 9 位、17 位或 33 位二进制数一同向右移动 1～31 位，dest 中的最右边位（即最低位）或者最后移出位移至 CF，CF（原内容）移至 dest 的最左边位（即最高位）或者中间位。如下所示：

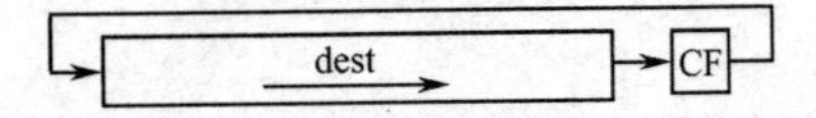

如：AL=abcdefgh、CF=i（abcdefghi 均为二进制数 1 或 0）、CL=4，带进位循环右移指令

RCR AL，CL

执行后，AL=fghiabcd、CF=e。

7．带进位循环左移

指令格式：

RCL dest，source

指令的意义是将 dest 和进位 CF 中的 9 位、17 位或 33 位二进制数一同向左移动 1～31 位，dest 中的最左边位（即最高位）或者最后移出位移至 CF，CF（原内容）移至 dest 的最右边位（即最低位）或者中间位。如下所示：

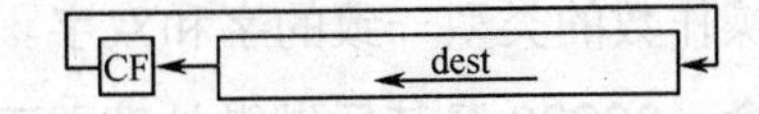

如：AL=abcdefgh、CF=i（abcdefghi 均为二进制数 1 或 0），带进位循环左移指令

RCL AL，1

执行后，AL=bcdefghi、CF=a。

8．双精度（double precision）右移指令（80386 及其后继微处理器可用）

指令格式：

SHRD dest，REG，Imm/CL

指令的意义是将目的操作数和源操作数一同向右移动 1～31 位，源操作数 REG 移入目的操作数，而源操作数本身不变，移动位数由立即数 Imm 或 CL 指定，目的操作数最后移出的一位保留在进位位 CF 中，如下所示：

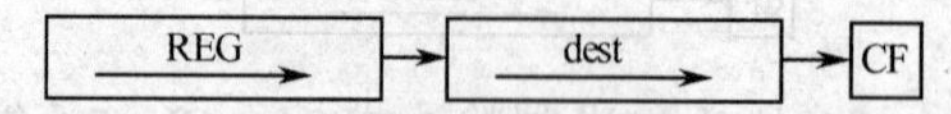

双精度右移指令有 3 个操作数，目的操作数和源操作数之外的第 3 个操作数是移位的位数。目的操作数可以是寄存器和存储器，目的操作数的类型可以是字和双字；源操作数只能是与目的操作数的类型一致的寄存器；移动的位数不大于 31。

9．双精度左移指令（80386 及其后继微处理器可用）

指令格式：

SHLD/SHRD dest，REG，Imm/CL

指令的意义是将目的操作数和源操作数一同向左移动 1～31 位，源操作数 REG 移入目的操作数，而源操作数本身不变，移动位数由立即数 Imm 或 CL 指定，目的操作数最后移出的一位保留在进位位 CF 中，如下所示：

CF ← dest ← REG

如程序段：

MOV AX，1234H

MOV BX，5678H

SHLD AX，BX，11

执行后，AX=A2B3H、BX=5678H、CF=1

2.3.5　位搜索指令和位测试指令

1．位搜索（扫描 bit scan）指令（80386 及其后继微处理可用）

指令格式：

BSF/BSR REG，source

指令的意义是按由低向高（BSF）或按由高向低（BSR）对源操作数进行搜索，将遇到的第 1 个 1 的位置值送到目的操作数中，且将零标志位 ZF 置 0。若源操作数为 0，则将零标志位 ZF 置 1。目的操作数只能是 16 位或 32 位的寄存器；源操作数可以是寄存器和存储器，源操作数的类型可以是与目的操作数的类型一致的字和双字。

2．位测试（bit tests）指令（80386 及其后继微处理器可用）

指令格式：

BT/BTC/BTR/BTS dest，source

BT 指令的意义是将目的操作数中由源操作数指定的位传送给进位标志位 CF，然后使用条件转移指令 JC/JNC（CF=1 转移/CF=0 转移）对该位进行测试。目的操作数可以是通用寄存器和存储器，目的操作数的类型可以是字和双字；源操作数可以是立即数和寄存器，源操作数的取值是 0～15（目的操作数的类型是字）或 0～31（目的操作数的类型是双字）。如：

```
        BT EAX，15              ；测试 EAX 的 D15 位
        JNC NEXT                ；EAX 的 D15 位=0，转移至 NEXT
           ⋮                    ；EAX 的 D15 位=1，不转移而顺序执行
NEXT：  ⋮
```

BTC、BTR 和 BTS 指令除了将目的操作数中由源操作数指定的位传送给进位标志位 CF 外，还将该位求反（BTC）、置 0（BTR）或置 1（BTS）。

2.3.6 指令应用举例

【例 2.1】 编写程序段实现将字变量 W 中的无符号数除以 8，商和余数分别放入字变量 QUOT 和字节变量 REMA 中。

分析： 变量中的无符号数除以 8，只须将该变量中的数右移 3 位即可实现，若用 CL（CL=3）为源操作数的逻辑右移指令，则进位标志 CF 中只保留有最后移入的 1 位二进制数，先移出来的 2 位二进制数都将丢失，这样就得不到余数。所以要用逻辑右移 1 位的指令，将被除数按低位到高位的顺序 1 次移 1 位，待移入 CF 中的较低位移走后，再将较高位右移入 CF 中。将每次移入 CF 中的余数，用带进位的循环右移指令移入字节变量 REMA 中。3 位余数都移入字节变量 REMA 中后再用逻辑右移指令右移 5 位将 3 位余数从 D7～D5 移至 D2～D0。其程序段如下：

```
W       DW 65525
QUOT    DW 0
REMA    DB 0
        MOV AX，W
        SHR AX，1
        RCR REMA，1
        SHR AX，1
        RCR REMA，1
        SHR AX，1
        RCR REMA，1
        MOV QUOT，AX
        MOV CL，5
        SHR REMA，CL
```

该程序的执行过程如下：65525=65536−11=10000H−BH=FFF5H 即 AX=FFF5H。执行第一条“SHR AX,1”指令后，AX=7FFAH，CF=1。执行第一条“RCR REMA,1”指令后，（REMA）=1XXXXXXXB。执行第二条“SHR AX,1”指令后 AX=3FFDH，CF=0。执行第二条“RCR REMA,1”指令后，（REMA）=01XXXXXXB。执行第三条“SHR AX,1”指令后，AX=1FFEH，

CF=1。执行第三条“RCR REMA,1”指令后，（REMA）=101XXXXXB；执行最后两条指令后（REMA）=00000101B=05H。最终的结果为：商是 1FFEH、余数是 05H 即 5（65525÷8=8190……5）；1FFEH 的十进制数是 8190，转换过程为：1FFEH=2000H−2=8192−2=8190。移位过程如图 2-10 所示。

还可以先取出余数，再连续逻辑右移 3 位得商：

```
MOV REMA，7                   ；取最低 3 位的逻辑值（7）
MOV AX，W
AND REMA，AL                  ；取余数
MOV CL，3
SHR AX，CL
MOV QUOT，AX
```

使用 32 位指令编写的程序段如下：

```
W          DW 65525
QUOT       DW 0
REMA       DB 0,0
           MOVZX EAX,W
           ROR EAX,3
           MOV DWORD PTR QUOT,EAX
           ROL WORD PTR REMA，3
```

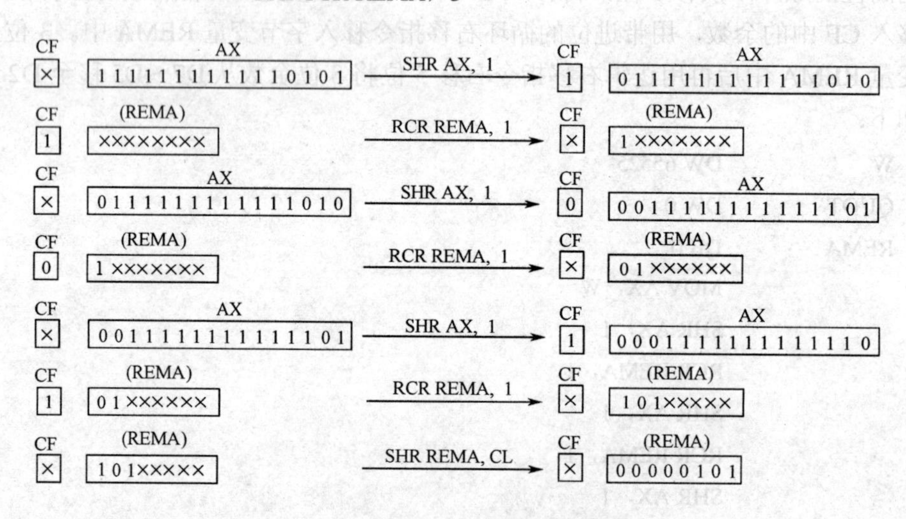

图 2-10　【例 2.1】移位指令的执行过程

【例 2.2】　编写程序段将字变量 W 中的无符号数乘以 10，积放字变量 J2 中。

分析：因为 10=8+2=2^3+2，所以将 16 位无符号数乘以 10，等于 16 位无符号数分别乘以 2 和乘以 8 后再相加，16 位无符号数乘以 2 和乘以 8 分别用左移 1 位和左移 3 位实现。因为没有限定 16 位无符号数的大小，它乘以 2 有可能大于 16 位无符号数的最大值 65535，因此要将它扩展为 32 位的无符号数再乘以 2，也即要用逻辑左移双字来实现乘以 2 的操作。可以用逻辑左移低位字，再带进位循环左移高位字两条指令来实现逻辑左移双字的操作。用逻辑左移双字 3 位可以实现乘以 8 的操作。与除以 8 一样，左移 3 位不能连续移 3 位，而要用左

移1位，移3次来完成。其程序段如下：

```
W       DW 65525
J2      DW 0,0
        MOV AX, W
        XOR DX, DX        ；DX清0，将16位无符号数扩展为32位
        SHL AX, 1         ；乘以2
        RCL DX, 1
        MOV J2+2, DX      ；保存乘以2的结果
        MOV J2, AX
        SHL, AX, 1        ；W中的内容乘以4
        RCL DX, 1
        SHL AX, 1         ；W中的内容乘以8
        RCL DX, 1
        ADD J2, AX        ；2(W)+8(W)
        ADC J2+2, DX
```

该程序的移位指令的执行过程如图2-11所示。

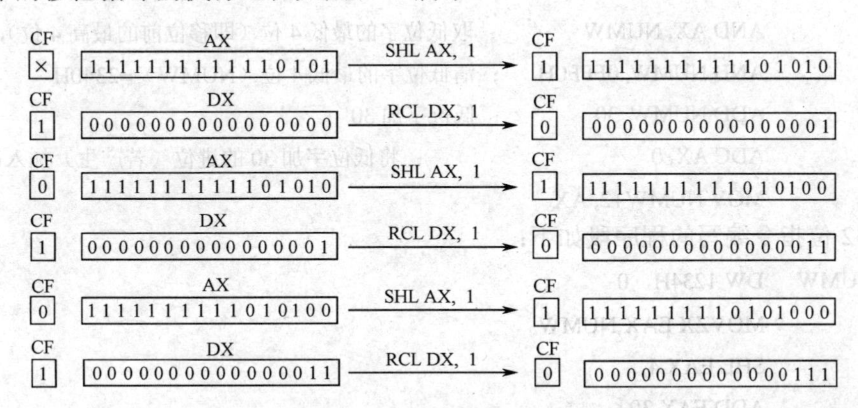

图2-11 【例2.2】移位指令的执行过程

J2+2和J2中的乘以2的32位数为00000000000000011111111111101010B=0001FFEAH。

DX和AX中的乘以8的32位数为00000000000001111111111110101000B=0007FFA8H。

32位数的相加也分为低16位和高16位分别相加，低16位相加产生的进位通过进位标志传递到高16位，所以高16位要用带进位的加指令。

相加以及将结果转换为十进制数的计算为：

0001FFFAH+0007FFA8H=0009FF92H=000A0000H−6EH

=10×10000H−40H−20H−0EH=65536×10−64−32−14

=655250

可见达到了乘以10的目的。

使用32位指令编写的程序段如下：

```
W       DW 65525
J2      DW 0,0
```

```
        MOVZX EAX,W
        SHL EAX,1
        MOV EDX,EAX
        SHL EAX,2
        ADD EAX,EDX
        MOV DWORD PTR J2,EAX
```

【例 2.3】 字变量 NUMW 中有一无符号数，编写计算（NUMW）×16+30，并将结果送入 NUMW+2 和 NUMW 中的程序。

分析：16 位二进制数乘以 16，应先将其扩展为 32 位二进制数，然后用上例的方法将 32 位二进制数逻辑左移 4 位。其结果的高位字等于移位前低位字的最高 4 位，结果的低位字等于移位前的低位字逻辑左移 4 位。由此可见可以将低位字循环左移 4 位，把低位字的最高 4 位移到最低 4 位中，再将其最低 4 位取出放入高位字中即可。此法编写的程序段如下：

```
NUMW    DW 1234H，0
        MOV CL, 4
        ROL NUMW, CL          ；将 NUMW 字单元中的 1234H 变成 2341H
        MOV AX, 000FH         ；取 16 位二进制的最低 4 位的逻辑值送 AX
        AND AX, NUMW          ；取低位字的最低 4 位（即移位前的最高 4 位），AX=0001H
        AND NUMW, 0FFF0H      ；清低位字的最低 4 位（NUMW）=2340H
        ADD NUMW, 30          ；低位字加 30
        ADC AX, 0             ；将低位字加 30 的进位（若产生）加入高位字
        MOV NUMW+2, AX
```

使用 32 位指令编写的程序段如下：

```
NUMW    DW 1234H，0
        MOVZX EAX,NUMW
        SHL EAX,4
        ADD EAX,30
        MOV DWORD PTR NUMW,EAX
```

【例 2.4】 将 AX 中小于 255 且大于 0 的 3 位 BCD 数转换为二进制数，存入字节变量 SB 中。

分析：本题可以用（百位×10+十位）×10+个位的方法将 BCD 数转换为二进制数。如将 BCD 数 255H 转换为二进制数 11111111B，用二进制数运算的过程如图 2-12 所示。

```
  00000010      00010100      00011001      11111010
×     1010    +      101    ×     1010    +      101
  --------      --------      --------      --------
  00010100      00011001         11001      11111111
                            +  11001
                              --------
                              11111010
```

图 2-12 【例 2.4】图

因为 $10=2^3+2$，$10X=2^3X+2X$，所以可以用逻辑左移指令和加法指令将 BCD 数转换为二进制数。实现转换的程序段如下：

```
SB      DB 0
        MOV CL, 2
        SHL AH, 1            ; 百位乘以 2
        MOV SB，AH           ; 暂存 2 百位
        SHL AH, CL           ; 百位再乘以 4 得 2³ 百位
        ADD AH，SB           ; 2³ 百位+2 百位得 10 百位
        MOV SB，AL           ; 暂存十位和个位
        SHR AL，CL           ; 取十位
        SHR AL，CL
        ADD AH，AL           ; 10 百位+十位
        MOV AL, SB           ; 十位和个位送 AL
        SHL AH, 1            ; （10 百位+十位）×10
        MOV SB，AH
        SHL AH, CL
        ADD SB，AH           ; 2³（10 百位+十位）+2（10 百位+十位）
        AND AL, 0FH          ; 取个位
        ADD SB, AL           ; 加上个位
```

2.4 常用伪指令

1．过程的定义

过程由伪指令 PROC 和 ENDP 定义。定义过程的格式为：

```
过程名  PROC［NEAR］或 FAR
          ⋮
过程名  ENDP
```

其中，PROC 和 ENDP 必须成对出现，且前面都有同一过程名（过程名是必须有的），过程的类型由 PROC 的操作数指出。若 PROC 后无操作数，则默认为 NEAR 类型。

在汇编程序中，可以使用过程定义伪指令定义子程序，通过调用指令 CALL 调用子程序。过程名是为该子程序起的名字，在调用子程序时，作为调用指令 CALL 的操作数。PROC 和 ENDP 两伪指令之间，是为实现某功能的程序段，其中至少有一条子程序返回指令 RET 以便返回调用它的程序。

子程序也可以用“:”定义，“:”定义的标号是为该子程序起的名字。主程序把用“:”定义的子程序作为远过程来调用。若子程序与调用它的主程序在同一代码段，则必须用过程来定义该子程序。中断调用都是远调用，所以中断服务子程序可以用“:”定义。若用过程来定义中断服务子程序，则必须将中断服务子程序定义为远过程，无论它与调用程序是否在不同的代码段。

2．微处理器选择伪指令

微处理器选择伪指令一般位于源程序的开始处，以确定微处理器的指令集，它告诉汇

编程序当前的源程序是针对哪种微处理器而执行的。各种微处理器选择伪指令的格式和意义如下：

（1）.8086。它告诉汇编程序只接受8086/8088和协处理器8087的指令。这是默认方式，可以省略。

（2）.286。它告诉汇编程序除可接受8086/8088的指令外，还可接受80286新增加的非保护方式下的特权指令以及协处理器80287的指令。若还要使用保护方式下的特权指令，则可用伪指令.286P。

（3）.386：它告诉汇编程序除可以接受8086/8088的指令外，还可接受80286和80386新增加的非保护方式下的特权指令以及协处理器80387的指令。若还要使用保护方式下的特权指令，则可用伪指令.386P。

（4）.486。它告诉汇编程序除可以接受8086/8088的指令外，还可接受80286、80386和80486新增加的非保护方式下的特权指令以及协处理器80387的指令。若还要使用保护方式下的特权指令，则可用伪指令.486P。

（5）.586。它告诉汇编程序除可以接受8086/8088的指令外，还可接受80286、80386、80486和Pentium新增加的非保护方式下的特权指令以及协处理器80387的指令。若还要使用保护方式下的特权指令，则可用伪指令.586P。

3. 段的定义

段的定义通过SEGMENT和ENDS伪指令进行。定义一个段的格式为：

```
段名    SEGMENT［定位方式］［组合方式］[字长选择] ['类别名']
          ⋮
段名    ENDS
```

其中，SEGMENT和ENDS必须成对出现，它们的前面需有相同的名字，该名字为段名。段名也可以用来表示段基址，如取段名为DATA的段基址送AX的指令为：

```
MOV AX，DATA
```

伪指令SEGMENT有4个可选择的操作数：字长选择、组合方式、定位方式和类别名。

（1）字长选择。字长选择用来说明是使用16位寻址方式还是32位寻址方式。字长有两种选择：

① USE16。16位寻址方式，段地址和偏移地址都是16位，段内最大寻址空间为64KB。

② USE32。32位寻址方式，段地址是16位而偏移地址是32位，段内最大寻址空间高达4GB。

8086和80286只有16位段模式。80386、80486和Pentium有16位和32位两种段模式。在16位段模式方式中，虽然80386、80486和Pentium同8086一样，寻址空间仍为64KB，但在源程序开始处使用了伪指令.386、.486、.586的情况下，指令中可以使用它们的32位寄存器。如果字长选择项默认，则在使用伪指令.386、.486、.586（或.386P、.486P、.586P）时默认为32位段模式。

在实模式下字长选择应该使用USE16，若默认字长选择则是USE16。因此8086和80286在实模式下段定义的格式为：

```
段名    SEGMENT［定位方式］［组合方式］['类别名']
```

⋮

段名　　ENDS

这 3 个可选操作数用于模块化程序设计中，源程序经汇编告知连接程序 LINK 各模块之间的通信方式和各段之间的组合方式，从而把各模块正确地连接在一起。

（2）组合方式。组合方式有［NONE］: STACK 等 6 种，它们表明本段同其他段的组合关系。NONE 即无组合方式，表示本段与其他段逻辑上不发生关联，这是隐含的组合方式。STACK 表示本段与其他模块中所有 STACK 组合方式的同名段组合成一个堆栈段。为它保留的存储器空间是各堆栈段所需字节之和，在运行时就是堆栈段寄存器 SS 所指物理段，且 SP 指向该段的末地址+1。另外，所有模块中至少有一个 STACK 段，否则连接程序 LINK 在连接时会指出有一个错误。所以定义堆栈段时，必须至少有组合方式 STACK。

（3）定位方式。定位方式有［PARA］、BYTE、WORD 和 PAGE 4 种，它们表明如何将经组合后的段定位到存储器中。PARA 表示本段要从 16 的整数倍地址处开始存放，即段首址的最低 4 位必须为 0，这是隐含的定位方式。它使得段间可能有 1～15 个字节的间隙。BYTE 表示本段可从任何地址开始，它使得段间不留任何间隙。WORD 表示本段要从偶地址开始，它使得段间可能留有一个字节的间隙。PAGE 表示本段要从 256（即一页）的整数倍地址开始，即段首址的最低 8 位必须为 0，它使得段间可能留有 1～255 个字节的间隙。

（4）类别名。类别名是用单引号括起来的字符串，它是任意的一个名字。连接时 LINK 将把类别名相同的所有段（它们不一定同段名）存放在连续的存储区域中。典型的类别名有 DATA、CODE、STACK。

4．汇编地址计数器

在汇编程序对源程序进行汇编的过程中，使用汇编地址计数器来记录正在被汇编程序汇编的指令的偏移地址，即它的内容标出了汇编程序当前的工作位置。在一个源程序中，往往包含了多个段，汇编程序在将源程序汇编成目标程序时，每遇到一个新的段，就为该段分配一个初值为 0 的汇编地址计数器，然后再对该段中的（伪）指令汇编。在汇编过程中，对凡是需要申请分配存储单元的变量和产生目标代码的指令，汇编地址计数器就按存储单元数和目标代码的长度增值。

汇编地址计数器的值用符号$来表示，汇编语言允许用户直接用$来引用汇编地址计数器的值。汇编地址计数器可以用做指令的操作数，此时汇编地址计数器的值就是该指令的偏移地址。汇编地址计数器也可以出现在表达式中，此时汇编地址计数器的值就是当前值。如:

```
DATA        SEGMENT
BUF         DB '0123456789ABCDEF'
COUNT       EQU $-BUF
DATA        ENDS
```

汇编地址计数器$的值是 16，变量 BUF 的偏移地址是 0，表达式“$-BUF”的值等于 16。可见，常量 COUNT 的值就是变量 BUF 数据区所占的存储单元数 16。

汇编地址计数器的值可以用伪指令 ORG 来设置，其格式为:

ORG　数值表达式

功能是将汇编地址计数器设置成数值表达式的值。其中数值表达式的值为 0000H～

FFFFH之间的整数。

5．段寄存器的假定

宏汇编程序 MASM 将源程序翻译成目标程序，依赖于各段寄存器的内容。我们知道，每个存储单元的逻辑地址是一对 16 位二进制数，即段地址和偏移地址。几乎所有访问存储器的指令都仅使用偏移地址。而段地址来自某个段寄存器。所以源程序在程序代码段的开始就要对段寄存器与段之间的关系作假定，以便汇编程序根据给定的偏移地址和段寄存器计算出正确的物理地址。

段寄存器与段的关系，由伪指令 ASSUME 设定，设定格式为：

ASSUME SEGREG：SEGNAM［，SEGREG：SEGNAM，…］

其中，SEGREG 为 4 个段寄存器 CS、SS、DS、ES 中的任一个，SEGNAM 是段名。

需要说明的是，伪指令 ASSUME 只是将段寄存器与段间的对应关系告诉汇编程序，它并没有将段首址置入对应的段寄存器中，这一工作要到程序最后投入运行时才能完成。那时 CS 和 SS 的内容将由系统自动设置，不用程序处理；但对 DS 和 ES，则必须由程序将其段首址分别置入。

6．源程序的结束

源程序的结束要用伪指令 END，其格式为：

END［表达式］

该伪指令用在源程序的最后，用以表示整个源程序的结束，即告诉汇编程序，汇编工作到此结束。其中可选项“表达式”的值必须是存储器的地址，该地址即为程序的启动地址，亦就是程序的第一条可执行指令的地址。表达式一般为过程名。如果不带表达式，则该程序不能单独运行，只是供其他程序调用的子模块。

7．宏汇编源程序的格式

宏汇编源程序一般由 3 个段组成，在 DOS 的实地址方式环境下，80x86 的 16 位段模式的格式如下：

```
.386
stack   segment stack USE16 'stack'
        dw 32 dup(0)
stack   ends
data    segment
        ⋮
data    ends
code    segment
begin   proc far
        assume ss：stack，cs：code，ds：data
        push ds
        sub ax，ax
        push ax
```

```
            mov ax, data
            mov ds, ax
            ⋮
            ret
begin       endp
code        ends
            end begin
```

8086 的 16 位段模式的格式如下：

```
stack       segment stack 'stack'
            dw 32 dup(0)
stack       ends
data        segment
            ⋮
data        ends
code        segment
begin       proc far
            assume ss: stack, cs: code, ds: data
            push ds
            sub ax, ax
            push ax
            mov ax, data
            mov ds, ax
            ⋮
            ret
begin       endp
code        ends
            end begin
```

堆栈段定义了 32 个字，32 个字是堆栈比较适宜的大小，它的组合方式和类别名均是 STACK。数据段和代码段没有指定组合方式和类别名。这 3 个段采用的都是隐含的定位方式，即这 3 个段的段基址都是 16 的整数倍。代码段中定义了一个远过程，该过程中有 6 条指令。前 5 条指令是初始化程序，最后一条指令是返回指令。返回指令（远返回）所执行的操作是将栈顶 4 个单元的内容送 IP 和 CS，SP 加 4。这 6 条指令的作用如下。

汇编语言源程序都是经汇编和连接两个步骤才能生成一个可在 DOS 状态下直接执行的文件 EXE 程序，而在 DOS 状态下，执行 EXE 程序时，DOS 会在 COMMAND.COM 暂存部分之后建立一个 256 字节的程序段前缀 PSP（program segment prefix），在其后装入 EXE 程序，并把控制权转移给它（即源程序结束伪指令 END 后的参数指向的远过程）。PSP 的 256 个字节包含 3 部分的信息：有被装入程序与 DOS 连接时使用的信息，有供装入程序使用的参数，还有供 DOS 本身使用的信息。在其首地址处有一条“INT 20H”指令。DOS 在转移控制权时，将 CS 指向 EXE 程序的代码段，SS 指向堆栈段，DS 和 ES 并不指向用户程序的数据段和附加数据段而是指向 PSP，这样便于用户使用和处理 PSP 中的信息。所以在初始化程序中有将数据段的段地址送 DS 的两条指令（若有附加数据段，还应有将附加段的段地址送 ES 的指令）：

```
MOV AX，DATA
MOV DS，AX
```

DOS 像调用子程序一样，把控制权转移给 EXE 程序，EXE 程序执行完成后也应像子程序返回调用程序一样返回 DOS。IBM PC DOS 为 EXE 程序返回 DOS 安排了以下两种方法：

（1）用调用号为 4CH 的系统功能调用（见 2.5.1 小节），即使用 4CH 功能调用结束 EXE 程序。4CH 功能调用的格式如下：

```
MOV AH，4CH
INT 21H
```

（2）用软中断指令（见 7.4.2 小节）“INT 20H”，其指令机器码是 CD20（H）。

本书使用“INT 20H”从 EXE 程序返回 DOS。这是因为 4CH 功能调用返回 DOS 虽简单，但不论是什么程序调用它均返回 DOS。作为被用户调用的子（程序）过程应该返回调用它的用户程序，就不能使用 4CH 功能调用返回，仅返回 DOS 的主过程才能使用 4CH 功能调用返回。而软中断“INT 20H”是返回调用程序，被用户调用的子过程和被 DOS 调用的主过程可以统一使用“INT 20H”结束 EXE 程序来返回调用程序。在用调试程序 DEBUG 调试 EXE 程序时就返回调试程序 DEBUG，这样又便于调试。但是“INT 20H”返回调用程序要求 CS 指向 PSP，即 CS 要等于 PSP 的段地址。除了远过程中的返回指令能将堆栈中的数据传送给 CS 外，再没有其他指令可把数据传送给 CS。因此，在远过程中首先将 PSP 的首地址进栈，返回指令正好可将 CS 指向 PSP，然后执行放在 PSP 首地址中的“INT 20H”指令，从而使 EXE 程序结束返回调用程序。程序段为：

```
PUSH DS                    ；PSP 的段地址（段地址在 DS 中）进栈
SUB AX，AX
PUSH AX                    ；PSP 首地址的偏移地址（偏移地址为 0）进栈
  ⋮
RET                        ；PSP 的首地址出栈送 IP 和 CS
```

综上述可知，执行初始化程序的作用其一是使 PSP 的首地址进栈，以便远返回指令结束用户程序返回调用程序，其二是使 DS 指向数据段的段首址。

汇编源程序的格式虽较复杂，但千篇一律，在本书中用小写体给出，各源程序均可保留这些部分，只要将编写的程序段插入它们之中。程序段（包括变量和常量的定义）本书用大写体给出。在 IBM PC 中程序段的大写与小写是等价的，可不加区分，本书区分开只是为了突出程序段。

2.5 常用系统功能调用和 BIOS

IBM PC 微型计算机系统为汇编用户提供了两个程序接口：一个是 DOS 系统功能调用，另一个是 ROM 中的 BIOS（basic input/output system）。系统功能调用和 BIOS 由一系列的服务子程序构成，但调用与返回不是使用子程序调用指令 CALL 和返回指令 RET，而是通过软中断指令“INT N”和中断返回指令 IRET 调用和返回的。

DOS 系统功能调用和 BIOS 的服务子程序，使得程序设计人员不必涉及硬件即可实现对系统的硬件尤其是 I/O 的使用与管理。

2.5.1 系统功能调用

系统功能调用是 IBM PC 微机系统为汇编用户提供的一个程序接口。系统功能调用使得程序设计人员不必涉及硬件即可实现对系统的硬件尤其是 I/O 的使用与管理。系统功能调用的调用与返回不是使用子程序调用指令 CALL 和返回指令 RET，而是通过软中断指令“INT 21H”和中断返回指令 IRET 调用与返回。

系统功能调用主要分为字符 I/O 与磁盘控制功能，文件操作功能，记录和目录操作功能，程序结束、内存分配与其他功能 4 类。编号亦即调用号从 0～75H。本书仅介绍设备管理系统功能调用中基本的 I/O 管理功能。

使用系统功能调用的一般过程为：把调用号放入 AH 中，设置入口参数，然后执行“INT 21H”指令，最后分析处理出口参数。

键盘和显示器的 DOS 功能调用如表 2-3 所列。本节仅介绍常用的 1、2、9、10 等 4 个系统功能调用。

表 2-3 键盘和显示器的 DOS 功能调用

调用号	功　能	入 口 参 数	出 口 参 数
1	输入并显示一个字符		输入字符的 ASCII 码在 AL 中
2	显示器显示一个字符	DL 中置输出字符的 ASCII 码	
5	打印机打印一个字符	DL 中置输出字符的 ASCII 码	
8	键盘输入一个字符		输入字符的 ASCII 码在 AL 中
9	显示器显示字符串	DS：DX 置字符串首址，字符串以‘$’结束	
10(0AH)	输入并显示字符串	DS：DX 置字符串首址，第 1 单元置允许键入的字符数（含一个回车符）	输入的实际字符数在第 2 单元中，输入的字符从第 3 单元开始存放
11(0BH)	检测有无输入		有输入 AL=FFH，无输入 AL=0

1．1 号功能调用

调用格式：

```
MOV AH，1
INT 21H
```

系统执行该功能调用时将扫描键盘等待输入，一旦有键按下就将该按键所表示字符的 ASCII 码读入 AL，并同时将该字符送显示器显示。注意：若按下 Ctrl+Break，则退出本调用。

2．2 号功能调用

调用格式：

```
MOV DL，待显示字符的 ASCII 码
MOV AH，2
```

INT 21H

本调用执行后，显示器显示待显示的字符。

3．9 号功能调用

调用格式：

MOV DX，待显示字符串的首偏移地址

MOV AH，9

INT 21H

本调用执行后，显示器显示待显示的字符串。执行前要在 DS 数据段定义一串字符，该字符串必须以“$”结尾。

当需要输出数据区中某一字符串时，若该字符串的尾部无“$”，一定要在其尾部置入一个“$”；若该字符串中间就有“$”，则要采用 2 号功能调用逐个输出该字符串中的字符。

4．10 号功能调用

调用格式：

MOV DX，数据区的首偏移地址

MOV AH，10

INT 21H

当需要输入字符串时，应在 DS 数据段中事先定义一个变量数据区 IBUF，其定义格式如下：

IBUF DB 数据区大小，0，数据区大小 DUP(0)

其中，数据区大小即允许输入的字符数是一个无符号数，可以为 0～255。若定义为 0，则执行 10 功能调用时程序不接收输入就结束 10 号功能调用；若定义为 1，则执行 10 功能调用时程序会等待接收，但不接收其他字符，仅接收一个回车（ASCII 码为 0DH）即结束 10 号功能调用；若定义为 2～255，则等待接收字符，接收的字符比定义值至少要少 1 个，接收的字符数可以少，但不能多。当接收的字符数达到（定义值-1）个时还输入其他字符，10 号功能调用既不接收输入的字符也不结束，10 号功能调用会继续等待接收回车才结束调用。在 10 号功能调用的过程中可以对输入的字符进行修改，实际输入的字符数是显示器显示的字符的个数。DUP(0)前的“数据区大小”应与前面一个数据区大小一致，因为数据区的大小是由前面的即第 1 个单元规定的，从第 3 个单元开始是预留给 10 号功能调用装载输入字符的，留多了不能多装，是浪费；留少了可多装，当输入的字符数超过预留的单元数时，数据区就会自动往下延伸，冲掉紧跟其后的存储单元中的内容，造成程序运行的混乱。第 2 个单元是预留给 10 号功能调用装载实际输入字符数的，实际输入的字符数不包括回车。由此可见，回车既是一个字符又是一个命令，其 ASCII 码 0DH 要作为最后一个字符存入数据区的一个单元，只有输入了回车才命令 10 号功能调用结束。

注意：汇编语言不同于其他语言，汇编语言是将“ENTER”键仅定义为回车，即将光标移至本行的行首；而其他语言都是将“ENTER”键定义为回车又换行，即将光标移至下一行的行首。10 号功能调用是输入并显示一串字符，10 号功能调用每次都要从键盘接收 1 个“ENTER”键，当然就要执行 1 个回车操作，将显示器的光标移到本行的行首。所以一般在 10 号功能调用后要再使用 2 号功能调用输出一个换行，将光标从本行的行首移到下一行的行首；否则，再输出的字符就会覆盖 10 号功能调用输入的字符。

最后，要特别强调的是：2 号功能调用、9 号功能调用和 10 号功能调用虽然未使用 AL，但调用后也会破坏 AL 中原来的内容。为防止 AL 中原来的内容被破坏，在调用前应先保护 AL，调用后再恢复。

2.5.2 常用系统功能调用应用举例

【例 2.5】 编写汇编语言源程序，在显示器上显示“wish you success!”。

分析：只需将欲显示字符串的 ASCII 码存放到字节变量数据区中（字节变量数据区一定要以'$'结束），用 9 号功能调用即可显示该字符串。程序如下：

```
stack   segment stack 'stack'
        dw 32 dup (0)
stack   ends
data    segment
OBF     DB 'wish you success ! $'
data    ends
code    segment
start   proc far
        assume ss: stack, cs: code, ds: data
        push ds
        sub ax, ax
        push ax
        mov ax, data
        mov ds, ax
        MOV DX, OFFSET OBF
        MOV AH, 9
        INT 21H
        ret
start   endp
code    ends
        end start
```

【例 2.6】 编写汇编语言源程序，将输入的 4 位十进制数（如 5，则输入 0005）以压缩 BCD 数形式存入字变量 SW 中。

分析：该程序首先接收输入的 4 位十进制数，然后拼合为压缩 BCD 数，存入字变量 SW。为了接收输入的 4 位十进制数，需要在数据段中定义一变量数据区。该数据区应有 7 个字节，其中第 1 字节定义为 5，即可接收 5 个字符，第 2 字节预留给 10 号功能调用装载实际输入字符数，第 3 字节～第 7 字节预留给 10 号功能调用装载实际输入的字符：4 字节十进制数的 ASCII 码和 1 字节回车的 ASCII 码。程序如下：

```
stack   segment stack ′stack′
        dw 32 dup (0)
```

```
stack   ends
data    segment
IBUF    DB 5, 0, 5 DUP (0)
SW      DW 0
data    ends
code    segment
begin   proc far
        assume ss: stack, cs: code, ds: data
        push ds
        sub ax, ax
        push ax
        mov ax, data
        mov ds, ax
        MOV DX, OFFSET IBUF          ；10 号功能调用，键入 4 位十进制数
        MOV AH, 10
        INT 21H
        MOV AX, WORD PTR IBUF+4      ；键入数的个位和十位送 AX（个位在 AH 中）
        AND AX, 0F0FH                ；将两个 ASCII 码变为两位非压缩 BCD 数
        MOV CL, 4
        SHL AL ,CL                   ；将十位移至 AL 的高 4 位
        OR AL, AH                    ；十位和个位拼合在 AL 中
        MOV BYTE PTR SW， AL         ；存 BCD 数的十数和个位
        MOV AX, WORD PTR IBUF+2      ；键入数的百数和千位送 AX
        AND AX, 0F0FH                ；将两个 ASCII 码变为两位非压缩 BCD 数
        SHL AL ,CL                   ；将千位移至 AL 的高 4 位
        OR AL, AH                    ；千位和百位拼合在 AL 中
        MOV BYTE PTR SW+1， AL       ；存 BCD 数的千位和百位
        ret
begin   endp
code    ends
        end begin
```

【例 2.7】 “镜子”程序。

分析：“镜子”程序的功能是接收并显示键盘输入的一串字符，然后在下一行再将该串字符显示出来。可见该功能主要由 10 号功能调用和 9 号功能调用来完成。根据 10 号功能调用的入口参数，在数据段定义了字节变量 IBUF。第 1 个单元是允许输入字符数 FFH，即最多可接收除回车外的 254 个任意字符和一个回车字符；第 2 单元是预留装载实际输入字符个数的；从第 3 单元开始是预留装载输入字符的。只要把 10 号功能调用输入的回车换为字符'$'，即可使用 9 号功能调用把自 IBUF+2 单元开始的字符送显示器显示，直至'$'结束 9 号功能调用。回车的 ASCII 码 ODH 存放单元的偏移地址等于 IBUF 的偏移地址、立即数 2 与输入字

符个数3数之和。若将输入字符个数即BUF+1单元的内容送给BX，则地址表达式IBUF[BX+2]所表示的偏移地址就是'$'要存入的单元地址。10号功能调用接收并执行了回车操作，将显示器的光标移到了输入字符行的行首。所以要再输出一个换行，将光标从本行的行首移到下一行的行首再执行9号功能调用。"镜子"程序如下：

```
stack    segment stack 'stack'
         dw 32 dup (0)
stack    ends
data     segment
OBUF     DB '>', 0DH, 0AH, '$'
IBUF     DB 0FFH, 0, 255 DUP (0)
data     ends
code     segment
begin    proc far
         assume ss: stack, cs: code, ds: data
         push ds
         sub ax, ax
         push ax
         mov ax, data
         mov ds, ax
         MOV DX, OFFSET OBUF          ; 显示提示符">"并回车换行
         MOV AH, 9
         INT 21H
         MOV DX, OFFSET IBUF          ; 键入并显示字符串
         MOV AH, 10
         INT 21H
         MOV BL, IBUF+1               ; 将'$'送键入字符串后
         MOV BH, 0
         MOV IBUF [BX+2], '$'
         MOV DL, 0AH                  ; 换行
         MOV AH, 2
         INT 21H
         MOV DX, OFFSET IBUF+2        ; 再显示键入的字符串
         MOV AH, 9
         INT 21H
         ret
begin    endp
code     ends
         end begin
```

“镜子”程序的执行过程是：首先显示提示符>，并将光标移至下行的行首，等待输入字符。如输入 ABCD12345 等 9 个字符和“ENTER”键后，字节变量 IBUF 的前 12 个单元中的内容如图 2-13 所示。然后做 9 号功能调用前的准备工作：将'$'送字符串尾，即送到回车 OD 的存放单元；并将光标从上一行的行首移到下一行的行首。最后即可以通过 9 号功能调用把输入时存入 IBUF+2 为首地址的字符串再显示出来。

图 2-14 是“镜子”程序的内存映像图。“镜子”程序的数据段有 261 个字节，因为 261 不是 16 的整数倍，按定位方式的要求，数据段占有 272（=110H）字节，堆栈段应占有 64（=40H）字节，程序段前缀 PSP 占有 100H 字节。数据段在代码段之上，其偏移地址范围是 0000H～010FH，设代码段的首地址是 37ED0H（37EDH：0000H），则数据段的首地址为 37DCH：0000H。堆栈段位于数据段之上，其地址范围是 0000H～003FH，故堆栈段的首地址是 37D8H：0000H。同理 PSP 的首地址是 37C8H：0000H。

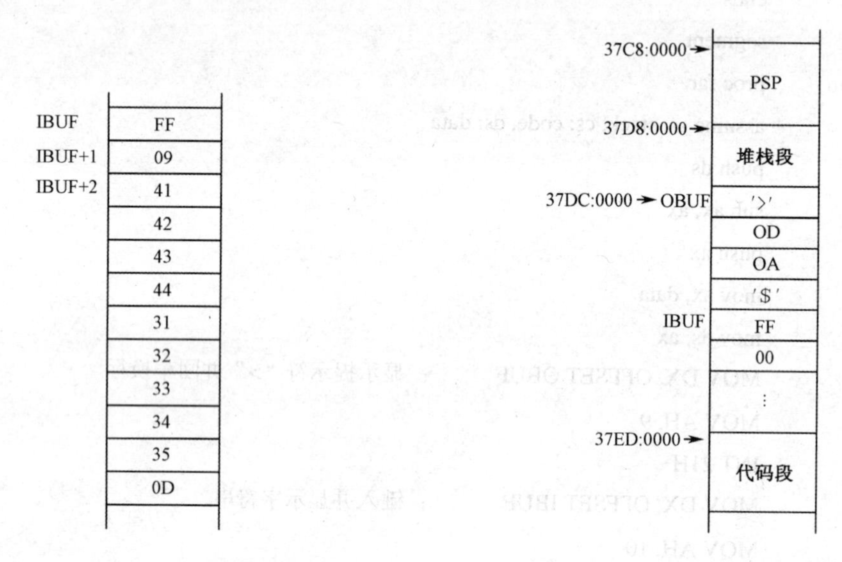

图 2-13　“镜子”程序 10 号功能调用的数据区

图 2-14　“镜子”程序的内存映像图

2.5.3　BIOS

BIOS 软中断服务程序依功能分为两种：一种为系统服务程序，另一种为设备驱动程序。本书介绍中断类型号为 10H、16H 和 17H 的显示器、键盘和打印机的服务程序。调用 BIOS 程序类同于 DOS 系统功能调用，先将功能号送 AH，并按约定设置入口参数，然后用软中断指令“INT N”实现调用。

1．键盘服务程序

键盘服务程序的中断类型号为 16H，用“INT 16H”调用。软中断“INT 16H”服务程序有 3 个功能，功能号为 0～2，功能号及出口参数如表 2-4 所列。

2．打印机服务程序

打印机服务程序的中断类型号为 17H，用“INT 17H”调用。软中断“INT 17H”服务程序有 3 个功能，功能号为 0～2，其中打印一字符的功能号为 0，入口参数是将打印字符的 ASCII 码送 AL，打印机号(0～2)送 DX。

表 2-4　INT 16H 的功能

功能号	功　能	出口参数
0	从键盘读字符	输入字符的 ASCII 码在 AL 中
1	检测键盘是否输入字符	输入了字符 ZF=0，未输入字符 ZF=1
2	读键盘各转换键的当前状态	各转换键的状态在 AL 中

3．显示器服务程序

显示器服务程序的中断类型号为 10H，用“INT 10H”调用。软中断“INT 10H”服务程序有 16 个功能，功能号为 0～15。常用功能如表 2-5 所列。

表 2-5　INT 10H 的功能

功能号	功　能	入口参数或出口参数（仅功能号 15）
0	设置显示方式	AL=显示方式
2	设置光标位置	DH=光标行 DL=光标列 BH=页号
6(7)	屏幕上（下）滚	AL=上（下）滚行数（0 为清屏幕） CH、CL=滚动区域左上角行、列 DH、DL=滚动区域右下角行、列 BH=上（下）滚后空留区的显示属性
9	在当前光标位置写字符和属性	AL=要写字符的 ASCII 码 BH=页号 BL=字符的显示属性 CX=重复次数
10	在当前光标位置写字符	除无显示属性外，其他同 9
11	图形方式设置彩色组或背景颜色	BH=1（设置彩色组）或 0（设置背景颜色） BL=0～1（彩色组）或 0～15（背景颜色）
12	图形方式写象点	DX=行号 CX=列号 AL=彩色值（1～3）
14	写字符到光标位置，光标进一	AL=欲写字符 BL=前台彩色（图形模式）
15	读取当前显示状态	AL=显示方式 BH=显示页号 AH=屏幕上字符列数

表 2-5 中的显示方式有 7 种，如表 2-6 所示。表 2-5 中的显示属性是字符方式下字符的显示属性，由一个字节定义，由它来设置字符和背景的颜色。显示属性字节如图 2-15 所示。其中背景颜色和字符颜色如表 2-7 所列。

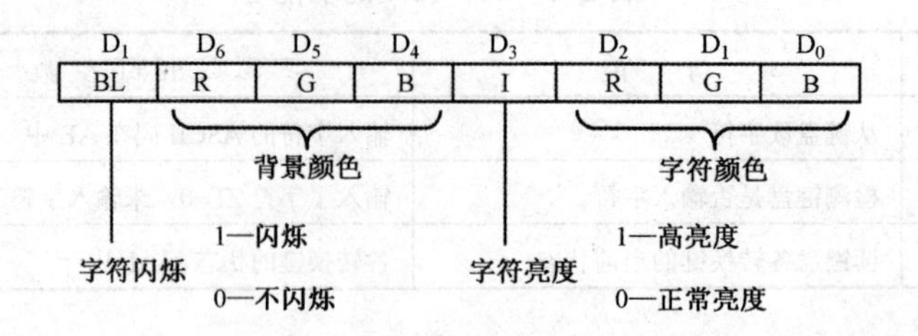

图 2-15 显示属性字节

表 2-6 显示方式

AL 的值	显 示 方 式
0	40×25 黑白字符方式
1	40×25 彩色字符方式
2	80×25 黑白字符方式
3	80×25 彩色字符方式
4	320×200 黑白图形方式
5	320×200 彩色图形方式
6	640×200 黑白图形方式
7	80×25 单色字符方式

表 2-7 字符颜色

RGB	背景颜色或正常亮度字符颜色	高亮度字符颜色
000	黑	灰
001	蓝	浅蓝
010	绿	浅绿
011	青蓝	浅青蓝
100	红	浅红
101	品红	浅品红
110	棕	黄
111	白	高强度白

表 2-8 像点颜色

彩色值	彩色组 0	彩色组 1
1	绿	青
2	红	品红
3	黄	白

黑白字符方式下字符的显示属性仅为黑或白（灰或高亮度白）。

图形方式的颜色设置与字符方式不同，其颜色不用显式属性字节来设置。设置的方法是用功能号 11 设置背景颜色，用功能号 11 和 12 设置像点颜色。背景颜色有 16 种，编号为 0～15，其颜色是彩色字符方式下正常亮度和高亮度字符颜色的组合，即 0 为黑色，1 为蓝色，…，15 为高强度白色。像点的颜色只有 6 种，由彩色组和彩色值来选择，如表 2-8 所列。

调用 BIOS 程序可以编写各种有趣的程序，由于要用到一些没有学过的指令和编程技术，故仅举一例说明其调用方法，其他举例请见第 3 章第 3.3 节的例 3.16、例 3.17、例 3.19 和例 3.24。

【例 2.8】 在屏幕的 13 行 40 列位置显示高亮度闪动的“太阳”。

解：程序如下：

```
stack     segment stack stack
          dw 32 dup(0)
stack     ends
```

```
code      segment
begin     proc far
          assume ss：stack，cs：code
          push ds
          sub ax，ax
          push ax
          MOV AH，7                       ；80×25 单色字符方式
          MOV AL，2
          INT 10H
          MOV AH，15                      ；读取显示页号
          INT 10H
          MOV AH，2                       ；设置光标位置
          MOV DX，0D28H
          INT 10H
          MOV AH，9                       ；高亮度白闪烁的太阳
          MOV AL，0FH
          MOV BL，8FH
          MOV CX，1
          INT 10H
          ret
begin     endp
code      ends
          end begin
```

习 题 2

2.1 变量和标号都有哪些属性？它们的区别是什么？

2.2 80x86 的指令有哪些寻址方式？它们的具体含义是什么？指令中如何表示它们？

2.3 设 AX=1122H、BX=3344H、CX=5566H、SS=095BH、SP=40H，下述程序段执行后 AX、BX、CX 和 DX 4 个通用寄存器的内容是多少？画出堆栈存储器的物理地址及其存储内容和 SP 指向的示意图。

```
PUSH AX
PUSH BX
PUSH CX
POP BX
POP AX
POP DX
```

2.4 设 SP=0040H，如果用进栈指令存入 5 个数据，则 SP=__________，若又用出栈指令取出 2 个数据，则 SP=__________。

2.5 表 2-9 中程序段各指令执行后 AX 的值用十六进制数填入表 2-9 中。

表 2-9

程 序 段	AX
MOV AX，0	
DEC AX	
ADD AX，7FFFH	
ADC AX，1	
NEG AX	
OR AX，3FDFH	
AND AX，0EBEDH	
XCHG AH，AL	
SAL AX，1	
RCL AX，1	

2.6 用十六进制数填入表 2-10。已知 DS=1000H，ES=2000H，SS=0FC0H，通用寄存器的值为 0。

表 2-10

指 令	存储器操作数的逻辑地址
SUB [BP]，AL	
MOV [BX]，BH	
MOV [DI]，DL	
MOV ES：[SI]，BL	
ADD 500H[BP]，AH	
SUB [SI-300H]，AL	
MOV 1000H[DI]，DL	
MOV [BX-8]，CL	
MOV ES：1000H[DI]，CH	
MOV [BP+SI]，DH	
MOV [BX+DI]，DL	

2.7 试给出执行完下列指令后 OF、SF、ZF、CF 4 个可测试标志位的状态（要求用十六进制数给出 16 位标志寄存器 FLAG 的值，其余各位均填 0）。

（1）MOV AX，2345H
　　ADD AX，3219H

（2）MOV BX，5439H
　　ADD BX，456AH

（3）MOV CX，3579H
　　SUB CX，4EC1H

（4）MOV DX，9D82H
　　SUB DX，4B5FH

2.8 AX 中有一负数，欲求其绝对值，若该数为补码，则用指令________________；若该数为原码，则用指令________________。

2.9 分别写出实现如下功能的程序段（仅写指令序列）。

（1）将 AX 中间 8 位（作高 8 位），BX 低 4 位和 DX 高 4 位（作低 4 位）拼成一个新字。

（2）将 CX 中间 8 位取反，其余位不变。

（3）将数据段中以 BX 为偏移地址的连续 3 单元中的无符号数求和。

（4）将数据段中以 BX 为偏移地址的连续 4 单元的内容颠倒过来。

（5）将 BX 中的 4 位压缩 BCD 数用非压缩 BCD 数形式按序放在 AL，BL，CL 和 DL 中。

（6）不用乘法指令实现 AL（无符号数）乘以 20。

2.10 一数据段定义为：

```
DATA    SEGMENT
S1      DB 0，1，2，3，4，5
S2      DB '12345'
COUNT   EQU $-S1
NB      DB 3 DUP (2)
NW      DW 120，-256
P       DW -1
DATA    ENDS
```

（1）画出该数据段中数据的存储形式。

（2）在表 2-11 中填写各变量的偏移地址和各变量的值。

表 2-11

变 量 名	偏 移 地 址	变 量 的 值
S1		
S2		
NB		
NW		
P		

（3）填写表 2-12 中程序段各指令执行后，目的寄存器的值，并指出源操作数所使用的寻址方式。

表 2-12

程 序 段	目的寄存器的值	源操作数的寻址方式
MOV BX, OFFSET S1+3		
MOV SI, OFFSET S2		
MOV CL, COUNT		
MOV BP, NW+2		
MOV DX, WORD PTR NB		
MOV AL, [SI+3]		
MOV AH, [SI+BX+1]		
MOV CH, BYTE PTR NW+3		

（4）改正下列程序段中不正确指令的错误：

① MOV AX，S1

② MOV BP，OFFSET S2

MOV CL，[BP]

③ MOV SI，OFFSET NB

MOV [SI], '+'

④ MOV DL，NW+2

⑤ MOV DI，CH

⑥ MOV BX，OFFSET S1

MOV DH，BX+3

⑦ INC COUNT

⑧ MOV NB，S2

⑨ MOV AX，[BX+S1]

⑩ ADD AX, [DX+NW]

2.11 编写程序将双字变量 FIRST 中的无符号数乘以 4 后存入字节变量 SECOND 数据区中。

2.12 编写程序将双字变量 FIRST 中的补码数除以 4 后存入字节变量 THIRD 数据区中。

2.13 编写程序将双字变量 FIRST 中的补码数求补以后存入字节变量 FORTH 数据区中。

2.14 源程序如下，阅读后指出此程序的功能。

```
stack     segment stack 'stack'
          dw 32 dup(0)
stack     ends
data      segment
BUF       DB 58H
OBUF1     DB 0AH，0DH，'（BUF）='
OBUF2     DB 4 DUP（0）
data      ends
code      segment
begin     proc far
          assume ss：stack，cs：code，ds：data
          push ds
          sub ax，ax
          push ax
          mov ax，data
          mov ds，ax
          MOV AL，BUF
          MOV AH,AL
          MOV CL，4
          SHR AH，CL
          ADD AH，30H
          AND AL，0FH
          ADD AL，30H
          MOV OBUF2，AH
          MOV OBUF2+1，AL
          MOV OBUF2+2，'H'
          MOV OBUF2+3，'$'
          MOV DX,OFFSET OBUF1
          MOV AH,9
          INT 21H
          ret
egin      endp
code      ends
          end begin
```

第3章　程序设计的基本技术

在汇编语言程序中，最常见的形式有顺序程序、分支程序、循环程序和子程序。这几种程序的设计方法是汇编程序设计的基础。本章将结合实例详细地介绍这些程序的设计技术以及第 2 章尚未讲述的指令。如前所述，本书有关汇编语言程序设计的讨论只限于 DOS 环境下（MASM 5.0）的实地址方式，而在实地址方式下，一个逻辑段的空间最大为 64KB，因此在实地址方式下最好采用 16 位寻址的控制转移。本章介绍的控制转移类指令，包括转移指令、子程序的调用指令和返回指令在实现转移或调用时都要修改 IP 或 EIP，在实地址方式下的 EIP 就是 16 位的 IP，所以关于这两类指令就只限于修改 IP 的介绍。

3.1　顺序程序设计

顺序程序是最简单的程序，它的执行顺序和程序中指令的排列顺序完全一致。下面先介绍乘除法指令及 BCD 运算的调整指令。

3.1.1　乘除法指令

乘除法指令应该有无符号数乘除法指令和符号数乘除法指令之分。这是因为乘除法不同于加减法，无符号数的乘法和除法指令对符号数进行乘除运算不能得到正确的结果。如用无符号数的乘法运算做 FFH 乘以 FFH 结果为 FE01H。把它们看做无符号数为 255×255=65025(FE01H=65025)，其结果是正确的；若把它们看做符号数（一般情况下，都将符号数看做补码数）为(−1)×(−1)= −511（FE01H= −511），显然是错误的。因此符号数必须用专用的乘除法指令。

1．乘法指令 MUL 和符号整数乘法指令 IMUL（signed integer multiply）

指令格式：

```
MUL source
IMUL source
```

其中，源操作数 source 可以是字节、字或者双字，与其对应的目的操作数是 AL、AX 或 EAX。源操作数只能是寄存器和存储器，不能为立即数。在乘法指令之前必须将另一个乘数送 AL（字节乘）、AX（字乘）或者 EAX（双字乘）。乘法指令所执行的操作是 AL、AX 或者 EAX 乘 source，乘积放回到 AX、DX 和 AX 或者 EDX 和 EAX，如图 3-1 所示。

如用乘法指令实现【例 2.4】（将 AX 中小于 255 大于 0 的 3 位 BCD 数转换为二进制数，存入字节变量 SB 中。）的程序段如下：

```
MOV CH，10
MOV CL，4
```

```
MOV SB，AL              ；暂存十位和个位
MOV AL，AH
MUL CH                  ；百位×10
MOV AH，SB
SHR AH，CL              ；取十位
ADD AL，AH              ；加十位
MUL CH                  ；（百位×10+十位）×10
AND SB，0FH             ；取个位
ADD SB，AL              ；（百位×10+十位）×10+个位
```

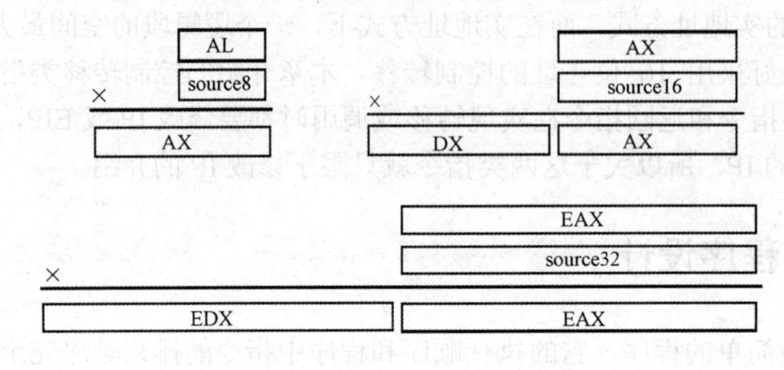

图 3-1 乘法指令的操作

乘法指令对除 CF 和 OF 以外的状态标志位无定义（注意：无定义和不影响不同，无定义是指指令执行后这些状态标志位的状态不确定，而不影响则是指该指令的执行不影响状态标志位，因而状态标志应保持原状态不变）。对于 MUL 指令，如果乘积的高一半为 0（即字节操作的 AH=0、字操作时 DX=0 或双字操作时 EDX=0），则 CF 和 OF 均为 0；否则 CF 和 OF 均为 1。对于 IMUL 指令，如果乘积的高一半是低一半的符号扩展，则 CF 和 OF 均为 0，否则 CF 和 OF 均为 1。

除了 8086 微处理器外，符号整数乘法指令 IMUL 还有双操作数指令和三操作数指令，其格式及其功能如下：

```
IMUL REG, source        ；REG ← REG×source
IMUL REG, source,imm    ；REG ← source×imm
```

双操作数乘法指令的意义是用源操作数乘目的操作数，乘积存入目的操作数。目的操作数只能是 16 位和 32 位的寄存器，源操作数可以是寄存器和存储器，但其类型要与目的操作数一致。若目的操作数是 16 位的寄存器，则源操作数还可以是立即数。

三操作数乘法指令的意义是用源操作数乘立即数，乘积存入目的操作数。目的操作数只能是 16 位和 32 位的寄存器，源操作数可以是寄存器和存储器，但其类型要与目的操作数一致。

2．除法指令 DIV 和符号整数除法指令 IDIV(singed integer divide)

指令格式：

```
DIV source
IDIV source
```

其中，源操作数 source 可以是字节、字或者双字，可为寄存器或存储器操作数，不能为立即数。目的操作数是 AX、DX 和 AX 或者 EDX 和 EAX。

除法指令所执行的操作是用指令中指定的源操作数 source 除 AX 中的 16 位二进制数或 DX 和 AX 中的 32 位二进制数或者 EDX 和 EAX 中的 64 位二进制数，被除数是 AX 还是 DX 和 AX 或者 EDX 和 EAX，由源操作数是字节还是字或者双字确定。商放入 AL、AX 或者 EAX，余数放入 AH、DX 或者 EDX，如图 3-2 所示。

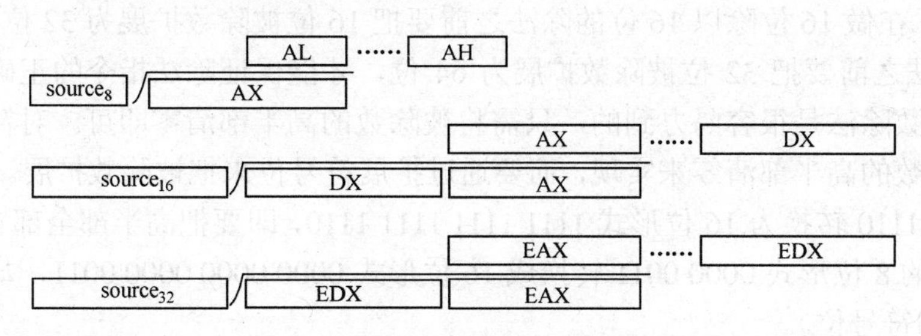

图 3-2　除法指令的操作

可用除法运算将二进制数转换为 BCD 数。如把 AL 中的 8 位无符号二进制数转换为 BCD 数放入 AX 中的程序段如下：

```
MOV CL，10
MOV AH，0                ；8 位二进制数扩展为 16 位二进制数
DIV CL
MOV CH，AH               ；暂存 BCD 数个位
MOV AH，0
DIV CL
MOV CL，4
SHL AH，CL               ；BCD 数十位移至高 4 位
OR CH，AH                ；BCD 数十位与个位拼合
MOV AH，0
MOV CL，10
DIV CL                   ；AH 中的余数为 BCD 数百位
MOV AL，CH               ；BCD 数十位与个位送 AL
```

用除 10 取余法将 8 位二进制数 FFH 转换为 BCD 数 255H 的二进制运算如图 3-3 所示。

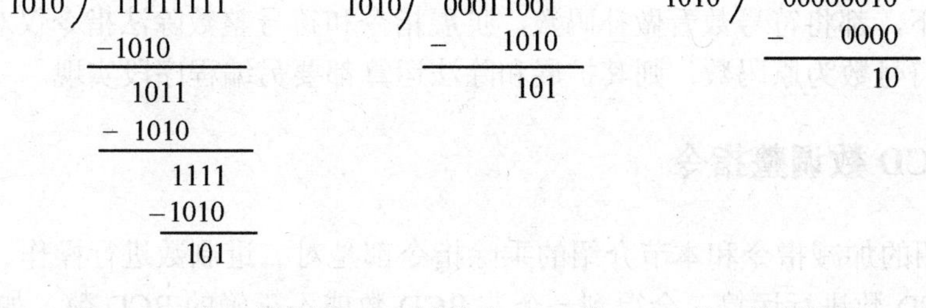

```
        00011001              00000010             00000000
1010 ) 11111111       1010 ) 00011001      1010 ) 00000010
       -1010                 -   1010             -   0000
         1011                     101                   10
       - 1010
           1111
          -1010
            101
```

图 3-3　8 位二进制数 FFH 转换为 BCD 数 255H 的二进制运算

除法指令对所有的状态标志位均无定义。

3．扩展指令

从除法指令的操作可知，要把一个 8 位二进制数除以一个 8 位二进制数，要有一个 16 位二进制数在 AX 中，只是把一个 8 位的被除数放入 AL 中是不行的，因为除法指令将把任何在 AH 中的数当做被除数的高 8 位。所以在做 8 位除以 8 位的除法之前先要把 8 位被除数扩展为 16 位，在做 16 位除以 16 位的除法之前要把 16 位被除数扩展为 32 位，在做 32 位除以 32 位的除法之前要把 32 位被除数扩展为 64 位，才能保证除法指令的正确操作。这种扩展对于无符号数除法是很容易办到的，只需将被除数的高半部清零即可。对符号整数除法就不能用将被除数的高半部清零来实现，而要通过扩展符号位来把被除数扩展。例如，把–2 的 8 位形式 1111 1110 转换为 16 位形式 1111 1111 1111 1110，即要把高半部全部置 1（–2 的符号位）；而把+3 的 8 位形式 0000 0011 转换成 16 位形式 0000 0000 0000 0011，却要把高半部全部置零（+3 的符号位）。

指令格式：

```
CBW(convert byte to word)
CWD/CWDE(convert word to double word)
CDQ(convert double to quad)
```

将字节扩展为字指令 CBW 所执行的操作是把 AL 的最高位扩展到 AH 的所有位。将字扩展为双字指令 CWD 所执行的操作是把 AX 的最高位扩展到 DX 的所有位，形成 DX 和 AX 中的双字；而将字扩展为双字指令 CWDE 所执行的操作是把 AX 的最高位扩展到 EAX 的高 16 位，形成 EAX 中的双字。将字扩展为双字指令 CWDE 与符号位扩展传送指令功能相当，指令 CWDE 就等于指令“MOVS EAX，AX”。将双字扩展为 4 字指令 CDQ 所执行的操作是把 EAX 的最高位扩展到 EDX 的所有位，形成 EDX 和 EAX 中的 4 字。在做 8 位除以 8 位，16 位除以 16 位，32 位除以 32 位的除法之前，应先扩展 AL、AX 或 EAX 中的被除数。

例如，在数据段中，有一符号字数组变量 ARRAY，第 1 个字是被除数，第 2 个字是除数，接着存放商和余数，其程序段是：

```
MOV SI，OFFSET ARRAY
MOV AX，[SI]
CWD
IDIV WORD PTR 2 [SI]
MOV 4 [SI]，AX
MOV 6 [SI]，DX
```

一般情况下，都将符号数看做补码数，扩展指令和符号整数除法指令仅对补码数适用。若特别指出该符号数为原码数，则其扩展和除法运算都要另编程序段实现。

3.1.2 BCD 数调整指令

2.3 节介绍的加减指令和本节介绍的乘除指令都是对二进制数进行操作。二进制数算术运算指令对 BCD 数进行运算，会得到一个非 BCD 数或不正确的 BCD 数。如：

0000 0011B+0000 1001B= 0000 1100B

0000 1001B+0000 0111B= 0001 0000B

第一个结果是非 BCD 数；第二个结果是不正确的 BCD 数。其原因是 BCD 数向高位的进位是逢 10 进 1，而 4 位二进制数向高位进位是逢 16 进 1，中间相差 6。若再加上 6，就可以得到正确的 BCD 数：

0000 1100B+0000 0110B= 0001 0010B

0001 0000B+0000 0110B= 0001 0110B

8086/8088 对 BCD 数使用二进制数算术运算指令进行运算，然后执行一条能把结果转换成正确的 BCD 数的专用调整指令来处理 BCD 数的结果。

1．BCD 数加法调整指令 DAA（decimal adjust for add）和 AAA（ASCII adjust for add）

指令格式：

```
DAA
AAA
```

DAA 指令的意义是将 AL 中的数当做两个压缩 BCD 数相加之和来进行调整，得到两位压缩 BCD 数。具体操作是，若(AL & 0FH)>9 或 AF=1，则 AL 加上 6；若(AL & 0F0H)>90H 或 CF=1，则 AL 加 60H。如：

```
MOV AX，3456H
ADD AL，AH              ；AL=8AH
DAA                     ；AL=90H
```

AAA 指令的意义是将 AL 中的数当做两个非压缩 BCD 数相加之和进行调整，得到正确的非压缩 BCD 数送 AX。具体操作是，若(AL&0FH) >9 或 AF=1，则(AL+6)& 0FH 送 AL，AH 加 1 且 CF 置 1；否则 AL & 0FH 送 AL，AH 不变且 CF 保持 0 不变。应特别注意，AAA 指令执行前 AH 的值。如：

```
MOV AX，0806H
ADD AL，AH              ；AX=080EH
MOV AH，0
AAA                     ；AX=0104H
```

又如：若要将两个 BCD 数的 ASCII 码相加，得到和的 ASCII 码，可以直接用 ASCII 码相加，加后再调整：

```
MOV AL，35H             ；'5'
ADD AL，39H             ；'9'，AL=6EH
MOV AH，0
AAA                     ；AX=0104H
OR AX，3030H            ；AX=3134H 即'14'
```

由调整指令所执行的具体操作可以看到，对结果进行调整时要用到进位标志和辅助进位标志，所以调整指令应紧跟在 BCD 数作为加数的加法指令之后。所谓“紧跟”是指在调整指令与加法指令之间不得有改变标志位的指令。

2．BCD 数减法调整指令 DAS（decimal adjust for subtract）和 AAS（ASCII adjust for subtract）

指令格式：

```
DAS
AAS
```

DAS 指令的功能是将 AL 中的数当做两个压缩 BCD 数相减之差来进行调整，得到正确的压缩 BCD 数。具体操作是：若(AL & 0FH) >9 或 AF=1，则 AL 减 6，(AL & 0F0H) >90H 或 CF=1，则 AL 减 60H。如：

```
MOV AX， 5634H
SUB AL，AH              ；AL=DEH，有借位
DAS                     ；AL=78H，保持借位即 134-56
```

AAS 指令的功能是将 AL 中的数当做两个非压缩 BCD 数相减之差进行调整得到正确的非压缩 BCD 数。具体操作是：若(AL & 0FH) >9 或 AF=1，则(AL-6) & 0FH 送 AL，AH 减 1；否则 AL & 0FH 送 AL，AH 不变。应特别注意，AAS 指令执行前 AH 的值。如：

```
MOV AX，0806H
SUB AL，07H             ；AX=08FFH
AAS                     ；AX=0709H
```

3．非压缩 BCD 数乘除法调整指令 AAM（ASCII adjust for multiply）和 AAD（ASCII adjust for divide）

压缩 BCD 数对乘除法的结果不能进行调整，故只有非压缩 BCD 数乘除法调整指令。

指令格式：

```
AAM
AAD
```

AAM 指令的功能是将 AL 中的小于 64H 的二进制数进行调整，在 AX 中得到正确的非压缩 BCD 数。具体操作是 AL/0AH 送 AH，AL MOD 0AH 送 AL。如：

```
MOV AL，63H
AAM                     ；AX=0909H
```

AAD 指令的功能是将 AX 中的两位非压缩 BCD 数变换为二进制数。在做二位非压缩 BCD 数除以一位非压缩 BCD 数时，先将 AX 中的被除数调整为二进制数，然后用二进制除法指令 DIV 相除，保存 AH 中的余数后，再用 AAM 指令把商变回为非压缩的 BCD 数。如：

```
MOV AX，0906H
MOV DL，06H
AAD                     ；AX=0060H
DIV DL                  ；AL=10H、AH=0
MOV DL，AH              ；存余数
AAM                     ；AX=0106H
```

应注意的是，除法的调整不同于加法、减法和乘法，它们的调整是在相应运算操作之后

进行的，而除法的调整是在除法操作之前进行的。

调整指令都隐含着 AX 或 AL，都在 AX 或 AL 中进行。下面举几个使用调整指令的例子。

【例 3.1】 已知字变量 W1 和 W2 分别存放着两个压缩 BCD 数，编写求两数之和，并将其和送到 SUM 字节变量中的程序。

分析：此例应注意以下两个问题。

（1）定义字变量 W1 和 W2 的 4 位数应为 BCD 数，其后要加 H，只有这样定义装入内存中的数据才是 4 位 BCD 数。

（2）BCD 数的加减运算只能做字节运算，不能做字运算。这是因为加减指令把操作数都当做二进制数进行运算，运算之后再用调整指令进行调整，而调整指令只对 AL 作为目的操作数的加减运算进行调整。

程序如下：

```
stack       segment stack 'stack'
            dw 32 dup(0)
stack       ends
data        segment
W1          DW    8931H
W2          DW    5678H
SUM         DB 3 DUP(0)
data        ends
code        segment
begin       proc far
            assume   ss：stack，cs：code，ds：data
            push ds
            sub ax，ax
            push ax
            mov ax，data
            mov ds，ax
            MOV AL, BYTE PTR W1          ；AL=31H
            ADD AL, BYTE PTR W2          ；AL=A9H, CF=0, AF=0
            DAA                          ；AL=09H, CF=1
            MOV SUM, AL
            MOV AL, BYTE PTR W1+1        ；AL=89H
            ADC AL, BYTE PTR W2+1        ；AL=E0H, CF=0, AF=1
            DAA                          ；AL=46H, CF=1
            MOV SUM+1, AL
            MOV SUM+2, 0                 ；处理向万位的进位
            RCL SUM+2, 1                 ；也可用指令 ADC SUM+2, 0
            ret
begin       endp
```

```
code        ends
            end begin
```

【例 3.2】 已知字变量 W1 和 W2 分别存放着两个非压缩 BCD 数，编写求两数之和，并将其和送到 SUM 字节变量中的程序。

分析：定义字变量 W1 和 W2 的数应为两位非压缩 BCD 数，其后要加 H。程序如下：

```
stack       segment stack 'stack'
            dw 32 dup(0)
stack       ends
data        segment
W1          DW   0809H
W2          DW   0607H
SUM         DB 3 DUP(0)
data        ends
code        segment
begin       proc   far
            assume   ss：stack，cs：code，ds：data
            push ds
            sub ax，ax
            push ax
            mov ax，data
            mov ds，ax
            MOV AL, BYTE PTR W1           ；AL=09H
            ADD AL, BYTE PTR W2           ；AL=10H, AF=1
            MOV AH，0
            AAA                           ；AL=06H, AH=01H
            MOV SUM, AL
            MOV AL，AH
            ADD AL, BYTE PTR W1+1         ；AL=09H
            ADD AL, BYTE PTR W2+1         ；AL=0FH, AF=0
            MOV AH，0
            AAA                           ；AL=05H, AH=01H
            MOV WORD PTR SUM+1, AX
            ret
begin       endp
code        ends
            end begin
```

【例 3.3】 字变量 W 和字节变量 B 分别存放着两个非压缩 BCD 数，编写求两数之积，并将它存储到 JJ 字节变量中的程序。

分析：定义字变量 W 的数应为两位非压缩 BCD 数，其后要加 H。由于是 BCD 数的乘法，所以只能用 AL 做被乘数，因此要做两次乘法。先将第一次乘法的部分积 0603H 存入 JJ+1 和 JJ 两个单元（JJ+1 存高 8 位 06H，JJ 存低 8 位 03H），然后将两次乘法的部分积相加。第二次乘法的部分积 0207H（在 AX 中）与第一次乘法部分积相加，是第二次乘法部分积的低 8 位与第一次乘法的部分积的高 8 位相加，相加的进位加入第二次部分积的高 8 位中。由于这个加法也是非压缩 BCD 数的加法，故加后也要调整，调整后若产生进位，该进位直接加入 AH，由于此时 AH 的内容正是第二次乘法部分积的高 8 位，所以加法调整指令正好调整到位。

```
stack   segment stack 'stack'
        dw 32 dup(0)
stack   ends
data    segment
W       DW 0307H
B       DB 9
JJ      DB 3 DUP(0)
data    ends
code    segment
begin   proc far
        assume ss：stack，cs：code，ds：data
        push ds
        sub ax，ax
        push ax
        mov ax，data
        mov ds，ax
        MOV AL, BYTE PTR W          ；AL=07H
        MUL B                       ；AX=003FH
        AAM                         ；AX=0603H
        MOV WORD PTR JJ, AX
        MOV AL, BYTE PTR W+1        ；AL=03H
        MUL B                       ；AX=001BH
        AAM                         ；AX=0207H
        ADD AL, JJ+1                ；07H+06H=0DH, 即 AL=0DH
        AAA                         ；调整后的进位，直接加入 AH!AX=0303H
        MOV WORD PTR JJ+1，AX
        ret
begin   endp
code    ends
        end begin
```

【例 3.4】 字变量 W 和字节变量 B 中分别存放着两个非压缩 BCD 数，编制程序求二者的商和余数，并分别存放到字变量 QUOT 和字节变量 REMA 中。

分析：定义字变量 W 的数应为两位非压缩 BCD 数，其后要加 H。由于是 BCD 数的除法，所以要先调整，因此先将 W 中的非压缩 BCD 数存入 AX 中，然后将 AX 中的非压缩 BCD 数调整为二进制数。二进制数的除法之后，又应用 AAM 指令将结果调整为非压缩 BCD 数。AAM 指令是将 AL 中的小于 100 的二进制数调整为非压缩 BCD 数，存入 AX 中，因此，调整前应将除法产生的余数存入 REMA 中。

```
stack   segment stack 'stack'
        dw 32 dup(0)
stack   ends
data    segment
W       DW 0909H
B       DB 5
REMA    DB 0
QUOT    DW 0
data    ends
code    segment
begin   proc far
        assume ss：stack，cs：code，ds：data
        push ds
        sub ax，ax
        push ax
        mov ax，data
        mov ds，ax
        MOV AX，W
        AAD                 ；0909H→63H
        DIV B               ；63H÷5=13H……4, AL=13H, AH=04H
        MOV REMA, AH
        AAM                 ；13H→0109H
        MOV QUOT，AX
        ret
begin   endp
code    ends
        end begin
```

3.1.3 顺序程序设计举例

【例 3.5】 从键盘上输入 0～9 中任一自然数 *N*，将其立方值送显示器显示。

分析：求一个数的立方值可以用乘法运算实现，也可以用查表法实现。查表法运算速度比较快，是常用的计算方法。因需要送显示，故将 0～9 的立方值的 ASCII 码按顺序造一立方表。立方值最大值为 729，需三个单元存放它的 ASCII 码，表中每项的单元数相同，再在每项之后加一个'$'，所以立方表的每项均占 4 个字节。根据这种存放规律可推知，表的偏移

首地址与自然数 N 的 4 倍之和，正是 N 的立方值和$的 ASCII 码的存放单元的偏移首地址。

用查表法编制的程序如下：

```
stack     segment stack 'stack'
          dw 32 dup(0)
stack     ends
data      segment
INPUT     DB 'PLEASE INPUT N(0-9)：$'
LFB       DB '   0$   1$   8$ 27$ 64$125$216$343$512$729$'
N         DB   0
data      ends
code      segment
start     proc far
          assume ss:stack，cs:code，ds:data
          push ds
          sub ax，ax
          push ax
          mov ax，data
          mov ds，ax
          MOV DX，OFFSET INPUT          ；显示提示信息
          MOV AH，9
          INT 21H
          MOV AH，1                     ；输入并回显 N（1 号功能调）
          INT 21H
          MOV N，AL
          MOV AH，2                     ；换行（2 号功能调用）
          MOV DL，0AH
          INT 21H
          MOV DL，N
          MOV DL，0FH                   ；将'N'转换为 N
          MOV CL，2                     ；将 N 乘以 4
          SHL DL，CL
          MOV DH，0                     ；8 位 4N 扩展为 16 位
          ADD DX，OFFSET LFB            ；4N+表的偏移地址
          MOV AH，9
          INT 21H
          ret
start     endp
code      ends
          end start
```

【例 3.6】 编写两个 32 位无符号数的乘法程序。

分析：使用 32 位指令编写的程序如下：

```
.386
stack       segment stack USE16 'stack'
            dw 32 dup (0)
stack       ends
data        segment USE16
AB          DD 12345678H
CD          DD 12233445H
ABCD        DD 2 DUP(0)
data        ends
code        segment USE16
start       proc far
            assume ss:stack，cs:code，ds:data
            push ds
            sub ax，ax
            push ax
            mov ax，data
            mov ds，ax
            MOV EAX, AB
            MUL CD
            MOV ABCD, AX
            MOV ABCD+4, EDX
            ret
start       endp
code        ends
            end start
```

若用 16 位指令编写该程序就要用 16 位乘法指令做 4 次乘法，然后把部分积相加，如图 3-4 所示，相应的程序如下。

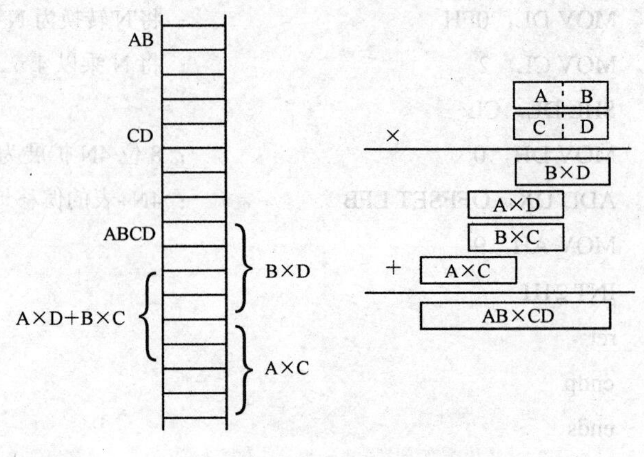

图 3-4 32 位无符号数的乘法

```
stack     segment stack 'stack'
          dw 32 dup (0)
stack     ends
data      segment
AB        DD 12345678H
CD        DD 12233445H
ABCD      DD 2 DUP(0)
data      ends
code      segment
start     proc far
          assume ss:stack，cs:code，ds:data
          push ds
          sub ax，ax
          push ax
          mov ax，data
          mov ds，ax
          MOV BX，OFFSET AB
          MOV AX, [BX+4]              ; d→AX，AX=3445H
          MUL WORD PTR [BX]           ; d×b
          MOV [BX+8], AX              ; 存 db 的低 16 位
          MOV [BX+10], DX             ; 存 db 的高 16 位
          MOV AX, [BX+4]              ; d→AX; AX=3445H
          MUL WORD PTR [BX+2]         ; d×a
          ADD [BX+10], AX             ; d×a 的低 16 位加上 d×b 的高 16 位
          ADC DX, 0                   ; 上述加法若有进位,则加入 d×a 的高 16 位中
          MOV [BX+12], DX             ; 存 d×a 的高 16 位
          MOV AX, [BX+6]              ; c→AX; AX=1223H
          MUL WORD PTR [BX]           ; c×b
          ADD [BX+10], AX             ; c×b 的低 16 位加入
          ADC [BX+12], DX             ; c×b 的高 16 位加入存放单元
          MOV BYTE PTR [BX+14], 0     ; 清 0a×c 的高 16 位的存放单元
          ADC BYTE PTR [BX+14], 0     ; c×b 的高 16 位加入时产生的进位存入
          MOV AX, [BX+6]              ; c→AX; AX=1223H
          MUL WORD PTR [BX+2]         ; a×c
          ADD [BX+12], AX             ; a×c 的低 16 位加入
          ADC [BX+14], DX             ; a×c 的高 16 位加入
          ret
start     endp
code      ends
          end start
```

3.2 分支程序设计

顺序程序的特点是从程序的第一条指令开始，按顺序执行，直到最后一条指令。然而，许多实际问题并不能设计成顺序程序，需要根据不同的条件做出不同的处理。把不同的处理方法编制成各自的处理程序段，运行时计算机根据不同的条件自动做出选择判别，绕过某些指令，仅执行相应的处理程序段。按这种方式编制的程序，执行的顺序与指令存储的顺序失去了完全的一致性，称之为分支程序。分支程序是计算机利用改变标志位的指令和转移指令来实现的。

转移指令有 JMP 和 Jcond 两类。前者是无条件转移，后者是条件转移。JMP 指令将控制转向其后的目的标号指定的地址。条件转移指令紧跟在能改变并设置状态标志的指令之后，根据设置的状态标志决定程序的走向，当条件满足时控制程序转向其后的目的地址，否则不发生程序转移而顺序向下执行。

3.2.1 条件转移指令

指令格式：

```
Jcond short-lable
```

该指令的功能是，若条件满足则程序转移到目的标号 short-lable 即 short-lable 的偏移地址送 IP，否则顺序执行。

条件转移指令是相对转移指令。相对转移指令的转移范围，即从当前地址（执行该指令时的 IP）到目的标号地址的位移量是一个字节的补码数，其范围为–128～127（从条件转移指令的地址到目的标号的地址则为–126～129)，故条件转移指令只能实现段内转移。从 80386 开始相对转移指令扩大了相对转移指令的转移范围，在实地址方式下从当前地址到目标地址的位移量是一个字的补码数，其范围为–32768～32767，故能够转移到代码段的任何位置。

1．简单的条件转移指令

简单的条件转移指令是仅根据一个可测试标志位实现转移的指令。简单的条件转移指令如表 3-1 所列。

表 3-1 简单的条件转移指令

指令助记符	功 能	标 志 设 置
JE/JZ	相等/等于 0 转移	ZF=1
JNE/JNZ	不相等/不等于 0 转移	ZF=0
JC	有进（借）位转移	CF=1
JNC	无进（借）位转移	CF=0
JS	为负转移	SF=1
JNS	为正转移	SF=0
JO	溢出转移	OF=1
JNO	无溢出转移	OF=0
JP/JPE	偶转移	PF=1
JNP/JPO	奇转移	PF=0

2. 无符号数条件转移指令

条件转移指令常根据比较指令比较两个数的关系的结果来实现转移。两个数的关系除了相等与否外，还有两个数中哪一个比较大。但这就有一个有趣的问题，如 8 位二进制数 11111111 大于 00000000 吗？答案既可肯定又可否定。因为若视这两个二进制数为无符号数，11111111 当然大于 00000000；若视这两个二进制数为符号数（补码），11111111 为－1，就比 0 小了。为此要使用两种术语来区分无符号数和符号数的这种关系。如果把数作为符号数来比较，就使用术语“小于”和“大于”；如果把数作为无符号数来比较，就使用术语“低于”和“高于”。因此 8 位二进制数 11111111 高于 00000000，小于 00000000，而 00000001 既高于又大于 00000000。所以 80x86 设置了符号数的条件转移指令和无符号数的条件转移指令。

无符号数条件转移指令有 4 条，如表 3-2 所列。

表 3-2　无符号数条件转移指令

指令助记符	功　能
JB/JNAE	低于/不高于等于转移
JNB/JAE	不低于/高于等于转移
JA/JNBE	高于/不低于等于转移
JNA/JBE	不高于/低于等于转移

已知 AL 中有一个十六进制数的 ASCII 码，将它转换为十六进制数需判别该 ASCII 码是 0～9 的 ASCII 码还是 A～F 的 ASCII 码，可以用无符号数条件转移指令来判别，其程序段为：

```
        CMP AL，'A'
        JB NS7              ；AL 低于 A 的 ASCII 码去 NS7
        SUB AL，7
NS7：   SUB AL，30H
              ⋮
```

也可以用简单的条件转移指令：

```
        JC NS7
```

代替无符号数条件转移指令。因为 AL 低于 A 的 ASCII 码，AL 与'A'比较（即相减）后有借位。

3. 符号数条件转移指令

符号数条件转移指令有 4 条，如表 3-3 所列。

表 3-3　符号数条件转移指令

指令助记符	功　能
JL/JNGE	小于/不大于等于转移
JNL/JGE	不小于/大于等于转移
JG/JNLE	大于/不小于等于转移
JNG/JLE	不大于/小于等于转移

3.2.2 无条件转移指令

条件转移指令的转移有一定的范围，若超过这个范围时就要在这个范围的某处放一条无条件转移指令来实现转移。无条件转移指令没有范围限制。在分支程序中还要用无条件转移指令将各分支又重新汇集到一起。

无条件转移指令有直接转移和间接转移两类。

1．无条件直接转移指令

指令格式：

```
JMP target
```

功能：将控制转向目的标号 target，即 target 的偏移地址送 IP，target 的段首址送 CS（若 target 与该指令在同一段，则无此操作，只改变 IP）。

2．无条件间接转移指令

指令格式：

```
JMP dest
```

目的操作数可为寄存器和存储器。若为寄存器，则将寄存器的内容送 IP。存储器操作数若为字变量，则将字变量送 IP（仅能实现段内转移）；若为双字变量，则将双字送 CS 和 IP（可实现段间转移）。如：

JMP W（W 为字变量）的操作是将 W 的内容送 IP。

JMP DUW（DUW 为双字变量）的操作是将 WORD PTR DUW 的内容送 IP，WORD PTR DUW+2 的内容送 CS。又如：

JMP WORD PTR［BX］的操作是将［BX+1］和［BX］送 IP。

JMP DWORD PTR［BX］的操作是将［BX+1］和［BX］送 IP，［BX+3］和［BX+2］送 CS。

3.2.3 分支程序设计举例

分支的实现有多种方法，这里仅介绍两种基本方法：利用比较转移指令实现分支和利用跳转表实现分支。

【例 3.7】 编制计算下面函数值的程序（X、Y 均为字节符号数）。

$$Z=\begin{cases}1 & X\geqslant 0, Y\geqslant 0\\ -1 & X<0, Y<0\\ 0 & X, Y\ \text{异号}\end{cases}$$

分析：根据题意，先判 X、Y 是否异号，若是异号则 Z 赋 0 后结束；若不是异号即同号，则只需再判其中任一数的符号即可得知 X 和 Y 是大于等于 0 还是小于 0。使用 XOR 指令判别 X、Y 是否异号，XOR 指令执行 X、Y 按位加，X 和 Y 的符号位按位加，若 X、Y 同号则按位加结果为 0 即 SF=0，若 X、Y 为异号则按位加结果为 1 即 SF=1。为了减少分支，采用先赋值后判别的方法。赋 0 和 1 是用 MOV 指令完成的，赋−1 是用对 1 求补即用求补指令 NEG 完成的。

```
stack       segment stack 'stack'
            dw 32 dup(0)
stack       ends
data        segment
X           DB -5
Y           DB 20
Z           DB 0
data        ends
code        segment
start       proc far
            assume ss:stack，cs:code，ds:data
            push ds
            sub ax，ax
            push ax
            mov ax，data
            mov ds，ax
            MOV AL，X
            XOR AL，Y                  ；根据 X、Y 的符号置 S 标志，相同为 0
            JS DIFF                    ；相异为 1，X、Y 相异去 DIFF
            MOV Z，1
            CMP X，0                   ；相同后，判断其中某数的符号
            JNS NOCHA                  ；大于等于 0 结束
            NEG Z                      ；小于 0；Z 赋–1 结束
 NOCHA:     RET
 DIFF:      MOV Z，0
            ret
start       endp
code        ends
            end start
```

【例 3.8】 从键盘上输入 0～9 中任一自然数 *N*，将 2 的 *N* 次方值在显示器的下一行显示出来。

分析：求一个数的 *N* 次方值可以用查表法实现，也可以用乘法运算实现。用查表法求一个数的 *N* 次方值与【例 3.5】类似，此处使用乘法运算来编制该程序。由于乘法运算都是乘 2 操作，故用逻辑左移实现。设其初值为 1，输入的 *N* 值就是对该初值移位的位数。求得的值是一个二进制数，为了输出还要将二进制数转换为十进制数的 ASCII 码。其最大值是 2 的 9 次方，即 $2^9=512$，最大值的 ASCII 码占 3 个单元，再加上回车、换行和'$'，所以输出数据区 OBUF 最多 6 个单元。

使用简单的条件转移指令和乘法运算编制的程序如下：

```
stack       segment stack 'stack'
```

```
            dw 32 dup(0)
stack       ends
data        segment
OBUF        DB 6 DUP(0)
data        ends
code        segment
start       proc far
            assume ss:stack，cs:code，ds:data
            push ds
            sub ax，ax
            push ax
            mov ax，data
            mov ds，ax
            MOV AH,1
            INT 21H
            AND AL,0FH                          ；将'N'转换为 N
            MOV CL,AL
            MOV AX,1
            SHL AX,CL
            MOV BX,5
            MOV OBUF[BX],'$'
            MOV CX,10                           ；转换为十进制数的 ASCII 码
AGAIN:      MOV DX,0
            DIV CX
            OR DL,30H
            DEC BX
            MOV [BX],DL
            AND AX,AX
            JNZ AGAIN
            SUB BX,2
            MOV WORD PTR[BX],0A0DH              ；存入回车换行
            MOV DX,BX
            ADD DX,OFFSET OBUF
            MOV AH,9
            INT 21H
            ret
start       endp
code        ends
            end start
```

【例 3.9】 某工厂的产品共有 8 种加工处理程序 P0～P7，而某产品应根据不同情况，做不同的处理，其选择由输入的值 0～7 来决定。若输入 0～7 以外的值，则退出该产品的加工处理程序。

```
stack     segment stack 'stack'
          dw 32 dup(0)
stack     ends
data      segment
INPUT     DB 'INPUT(0～7):$ '
data      ends
code      segment
start     proc far
          assume ss:stack，cs:code，ds:data
          push ds
          sub ax，ax
          push ax
          mov ax，data
          mov ds，ax
AGAIN:    MOV DX，OFFSET INPUT
          MOV AH，9
          INT 21H
          MOV AH,1
          INT 21H
          CMP AL，'0'
          JE   P0
          CMP AL，'1'
          JE P1
          ⋮
          CMP AL，'7'
          JE P7
          RET
P0:
          ⋮
          JMP AGAIN
          ⋮
P7:
          ⋮
          JMP AGAIN
start     endp
code      ends
          end start
```

该程序的编制方法是利用比较转移指令实现分支的，每次比较转移可实现二叉分支。这种方法编程条理清楚，容易实现。但各处理程序不能太长，且分支不能太多。因为分叉进入各处理程序所用的指令均是条件转移指令（此例为 JE Pi），条件转移指令所允许的转移范围为－128～127，若各处理程序较长或者分支再多一些，就会超过条件转移指令所允许的范围。为了解决这个问题，可以利用跳转表法来实现这种多叉分支。

跳转表法实现分支的具体做法是，在数据区中开辟一片连续存储单元作为跳转表，表中按顺序存放各分支处理程序的跳转地址。跳转地址在跳转表中的位置，即它们在表中的偏移始地址等于跳转表首地址加上它们各自的序号与所占字节数的乘积。要进入某分支处理程序只需查找跳转表中相应的地址即可。用跳转表法编制的程序如下：

```
stack       segment stack 'stack'
            dw 32 dup(0)
stack       ends
data        segment
INPUT       DB'INPUT(0-7)：$'
PTAB        DW P0，P1，P2，P3，P4，P5，P6，P7
data        ends
code        segment
start       proc far
            assume ss:stack，cs:code，ds:data
            push ds
            sub ax，ax
            push ax
            mov ax，data
            mov ds，ax
AGAIN：      MOV DX，OFFSET INPUT
            MOV AH，9
            INT 21H
            MOV AH，1
            INT 21H
            CMP AL，'0'
            JB EXIT
            CMP AL，'7'
            JA EXIT
            AND AX，0FH
            ADD AL，AL
            MOV BX，AX
            JMP PTAB［BX］
EXIT：       RET
P0：
```

```
                ⋮
                JMP AGAIN
                ⋮
P7:
                ⋮
                JMP AGAIN
start           endp
code            ends
                end start
```

3.3　循环程序设计

顺序程序和分支程序中的指令，最多只执行一次。在实际问题中重复地做某些事的情况是很多的，用计算机来做这些事就要重复地执行某些指令。重复地执行某些指令，最好用循环程序实现。

循环程序一般有以下 4 部分：

（1）循环准备。亦称循环初始化，它为循环做必要的准备。这部分的主要工作是建立地址指针，置计数器，设置些必要的常数，将工作寄存器或工作单元清零等。

（2）循环体。完成循环的基本操作，是循环程序的实质所在。

（3）循环的修改。修改或恢复某些内容，为下一轮循环做好必要的准备。修改的内容一般包括计数器、寄存器和基址或变址寄存器。有的循环还要恢复某些计数器、寄存器和基址或变址寄存器。

（4）循环的控制。修改计数器，判断控制循环的继续或终止。

任何循环程序一般都应有这 4 部分，但各部分的界限并不是很清楚的。有时为设计方便或为了节省存储空间或为了控制简单等原因，这 4 部分形成相互包含、相互交叉的情况，很难分出某条或某几条指令究竟属于哪一部分。

3.3.1　循环程序的基本结构

循环程序的基本结构有两种，如图 3-5 所示。一种如图 3-5（a）是“先执行，后判断”，这种结构的循环先执行一次循环体，后判断循环是否结束，这种结构的循环至少执行一次循环体，上面所举程序属于这种结构。另一种是“先判断，后执行”，这种结构的循环首先判断是否进入循环，再视判断结果，决定是否执行循环体，如图 3-5（b）所示。这种结构的循环，如果一开始就满足循环结束的条件，会一次也不执行循环体，即循环次数可以为 0，若能确保一个循环程序在任何情况下都不会出

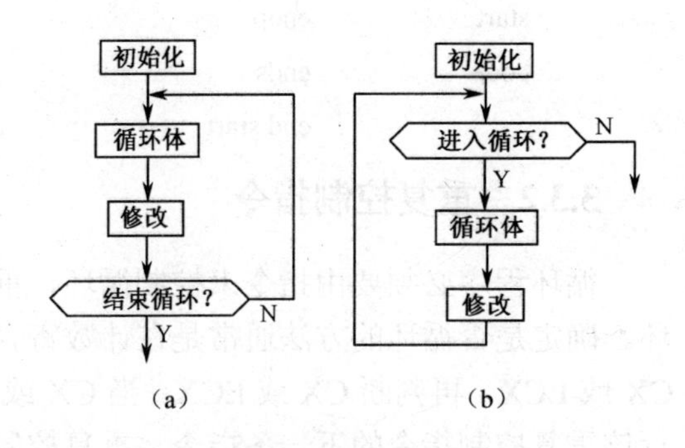

图 3-5　循环程序的基本结构

现循环次数为 0 的情况，采用以上任一种结构都可以；当不能确保时，用后一种结构为好。

例如，编程统计字变量 W 中有多少位 1。这个程序最好采用“先判断，后执行”的结构。先将 W 送 AX，判 AX 是否为 0，如果 AX=0，则不必做统计工作了。如果 AX≠0，则将 AX 左移或者右移 1 位，通过判移出位是 1 还是 0，决定字节变量 *N* 是否加 1 来统计 W 中 1 的位数。其程序如下：

```
stack       segment stack 'stack'
dw          32 dup(0)
stack       ends
data        segment
W           DW 1999H
N           DB 0
data        ends
code        segment
start       proc far
            assume ss:stack，cs:code，ds:data
            push ds
            sub ax，ax
            push ax
            mov ax，data
            mov ds，ax
            MOV N，0
            MOV AX，W
LOP:        AND AX，AX
            JZ DONE
            SHL AX，1
            JNC NOINC
            INC N
NOINC:      JMP LOP
DONE:       ret
start       endp
code        ends
            end start
```

3.3.2 重复控制指令

循环程序必须要由指令来控制循环，重复控制指令在循环的首部或尾部确定是否进行循环。确定是否循环的方法通常是在计数寄存器 CX 或 ECX 中预置循环次数，重复控制修改 CX 或 ECX，再判断 CX 或 ECX。当 CX 或 ECX 不等于 0 时，循环至目的地址；否则顺序执行该重复控制指令的下一条指令。重复控制指令同条件转移指令一样，也是相对转移指令，重复控制指令的目的地址必须在本指令地址的−126～129 字节的范围之内。这些指令对串操作和数据块操作是很有用的。重复控制指令有下述 5 条。

1．LOOP 指令

指令格式：

LOOP short-lable

指令的意义是将计数寄存器 CX 或 ECX 减 1，然后判断计数寄存器 CX 或 ECX 是否等于 0。若 CX 或 ECX≠0，则控制程序转移到 short-lable 所指的指令，否则顺序执行。

使用 LOOP 指令之前，必须把循环次数送入计数寄存器中，一条 LOOP short-lable 指令，相当于 DEC CX 或者 DEC ECX 和 JNZ short-lable 两条指令。使用 LOOP 指令实现“0”次循环必须使用图 3-5(b)的结构，且在循环准备时将 CX 或 ECX 置 1。若将 CX 或 ECX 置 0，则循环要进行 65536 次或者 4294967296 次。其原因是执行 LOOP 指令时，CX 或 ECX 先减 1，后判断 CX 或 ECX 是否为 0。

2．LOOPZ/LOOPE 指令

指令格式：

LOOPZ short-lable 或 LOOPE short-lable

指令意义是先将计数寄存器减 1，然后判断计数寄存器的内容和 ZF 标志的状态。若计数寄存器≠0，且 ZF=1 时，将程序转移到 short-lable 所指的指令，否则顺序执行。

3．LOOPNZ/LOOPNE 指令

指令格式：

LOOPNZ short-lable 或 LOOPNE short-lable

指令意义是先将计数寄存器减 1，然后判断计数寄存器的内容和 ZF 标志的状态。若计数寄存器≠0，且 ZF=0 时，将程序转移到 short-lable 所指的指令，否则顺序执行。

4．JCXZ 指令

指令格式：

JCXZ　short-lable

指令意义是若 CX=0，则将程序转移到 short-lable 所指的指令，否则顺序执行。

5．JECXZ 指令（80386 及其后继微处理器可用）

指令格式：

JECXZ　short-lable

指令意义是若 ECX=0，则将程序转移到 short-lable 所指的指令，否则顺序执行。

3.3.3　单重循环程序设计举例

1．计数控制的循环程序

此类循环程序的特点是循环次数已知，故可用某个寄存器或存储单元作为计数器，用计数器的值来控制循环的结束。

【例 3.10】　计算 Z=X+Y，其中 X 和 Y 是双字变量。

分析：双字变量占 4 个字节，故其和可能占 5 个字节。采用 32 位指令编制的程序如下：

```
.386
stack       segment stack USE16 'stack'
            dw 32 dup (0)
stack       ends
data        segment USE16
X           DD 752028FFH
Y           DD 9405ABCDH
Z           DB 5 DUP(0)
data        ends
code        segment USE16
start       proc far
            assume ss:stack，cs:code，ds:data
            push ds
            sub ax，ax
            push ax
            mov ax，data
            mov ds，ax
            MOV EAX, X
            ADD EAX,Y
            MOV DWORD PTR Z,EAX
            MOV Z+4, 0
            RCL Z+4,1
            ret
start       endp
code        ends
            end start
```

仅用 16 位指令编制的程序如下：

```
stack       segment stack 'stack'
            dw 32 dup (0)
stack       ends
data        segment
X           DD 752028FFH
Y           DD 9405ABCDH
Z           DB 5 DUP(0)
data        ends
code        segment
start       proc far
            assume ss:stack，cs:code，ds:data
            push ds
```

```
            sub ax, ax
            push ax
            mov ax, data
            mov ds, ax
            MOV CX, 4
            MOV SI, 0
            AND AX, AX                          ; 清 CF, 即 CF 为 0
AGAIN:      MOV AL, BYTE PTR X [SI]
            ADC AL, BYTE PTR Y [SI]
            MOV Z [SI], AL
            INC SI
            LOOP AGAIN
            MOV Z [SI], 0
            RCL Z [SI], 1
            ret
start       endp
code        ends
            end start
```

【例 3.11】 编写将某数据区中的十六进制数加密的程序，每个数字占一个字节。

分析：在实际的应用中为了对某些信息保密，通常可通过硬件或软件的方法对信息进行加密，使用时再进行解密。软件的加密和解密是通过运行加密和解密程序实现的。加密程序是用与原数字对应的加密表中的信息代替原数字。解密程序则是通过解密表将加密信息还原。表 3-4 是任意设计的十六进制数字的加密数和相应的解密数。

表 3-4 十六进制数字的加密数和相应的解密数表

十六进制数	0	1	2	3	4	5	6	7	8	9	A	B	C	D	E	F
加密数	A	9	8	E	F	1	0	B	2	5	D	3	7	4	6	C
解密数	6	5	8	B	D	9	E	C	2	1	0	7	F	A	3	4

加密程序如下：

```
stack       segment stack 'stack'
            dw 32 dup (0)
stack       ends
data        segment
HEXS        DB 1,2,……,0EH
NUMBER      EQU $－HEXS
JMB         DB 0AH,9,8,0EH,0FH,1,0,0BH,2,5,0DH,3,7,4,6,0CH
JMHEX       DB NUMBER DUP(0)
data        ends
code        segment
```

```
start           proc far
                assume ss:stack，cs:code，ds:data
                push ds
                sub ax，ax
                push ax
                mov ax，data
                mov ds，ax
                MOV BH，0                    ；JMB 表中的位移量的高 8 位为 0
                MOV SI，0                    ；HEXS 和 JMHEX 两个数据区的位移量
                MOV CX，NUMBER
                AGAIN:      MOV BL，HEXS［SI］     ；取十六进制数
                MOV AL,JMB[BX]               ；AL←［BX+JMB］（十六进制数的加密数）
                MOV JMHEX［SI］，AL
                INC SI
                LOOP AGAIN
                ret
start           endp
code            ends
                end start
```

【例 3.12】 将字节变量 SB 中的 8 位二进制数送显示器显示。

分析：先将字节变量中的 1 位二进制数移入 AH 中，再将移入的二进制数变为 ASCII 码。为了避免通过 CF 来传递二进制数，先将 SB 中的 8 位二进制数送入 AL 中，再左移 AX，将 1 位二进制数直接移入 AH 中。程序如下：

```
stack           segment stack 'stack'
                dw 32 dup(0)
stack           ends
data            segment
SB              DB 9AH
OBUF            DB 9 DUP(0)
data            ends
code            segment
start           proc far
                assume ss:stack，cs:code，ds:data
                push ds
                sub ax，ax
                push ax
                mov ax，data
                mov ds，ax
                MOV CX, 8
```

```
            MOV BX，0
            MOV AL，SB
AGAIN:      MOV AH, 0
            SHL AX，1
            ADD AH，30H
            MOV OBUF[BX]，AH
            INC BX
            LOOP AGAIN
            MOV 0BUF［BX]，'$'
            MOV DX，OFFSET OBUF         ；将输出数据区的偏移首地址送 DX
            MOV AH，9
            INT 21H
            ret
start       endp
code        ends
            end start
```

【例 3.13】 编写将输入的十进制数（−32768～32767）转换为二进制数的程序。

分析：将 i 位十进制整数转换为二进制数的方法有多种，其中之一是使用算法（(0×10+a_{i-1})×10+⋯)×10+a_0。例如，将 548 转换为二进制数，计算机执行的二进制运算如图 3-6 所示。

```
    5×10            (5×10)+4        (5×10+4)×10        (5×10+4)×10+8
  00000101          00110010          00110110           1000011100
×     1010        +      100       ×      1010         +       1000
-----------       -----------      ------------        -------------
       101          00110110           110110            1000100100
+      101                         +110110
-----------                        ------------
  00110010                          1000011100
```

图 3-6　将 548 转换为二进制数的二进制运算

图 3-6 中所示的计算机运算的结果是：10 0010 0100B=224H，即 548=224H。

非计算机计算即将十进制数转换为十六进制数的计算如下：

548=512+32+4=200H+20H+04H=224H

用该方法将输入的十进制数转换为二进制数比较适宜，因为输入的十进制数是一个单元一位按高位到低位的顺序存放在数据存储区中的，且十进制数的位数也是已知的。在转换之前，先判别该数是正数还是负数。为简化设计，正数则按习惯不输入“+”号。若是负数，则十进制数的位数要比输入的字符数少一位；另外在转换完后，还要将转换的结果进行求补。

数据段中定义两个变量：IBUF 和 BINARY。IBUF 共计定义 9 个单元用来存放输入的十进制字符串，因为输入的字符串连同负号最多 6 个字符，加 1 个回车符，共计 7 个字符。另外，根据 10 号功能调用的入口参数的要求，还要在第 1 单元装入允许输入的字符数，并预留第 2 单元给 10 号功能调用存放实际输入的字符数。字变量 BINARY 用来存放转换的结果。程序如下：

```
stack       segment stack 'stack'
            dw 32 dup(0)
stack       ends
data        segment
IBUF        DB 7，0，7 DUP(0)
BINARY      DW 0
data        ends
code        segment
start       proc far
            assume ss:stack，cs:code，ds:data
            push ds
            sub ax，ax
            push ax
            mov ax，data
            mov ds，ax
            MOV DX, OFFSET IBUF              ；输入十进制数（10 号功能调用）
            MOV AH, 10
            INT 21H
            MOV CL, IBUF+1                   ；十进制数（含“-”号）的位数送 CX
            MOV CH，0
            MOV SI,OFFSET IBUF+2             ；指向键入的第一个字符
            CMP BYTE PTR [SI], '-'           ；判是否为负数
            PUSHF                            ；保护零标志，供转换之后再判别
            JNE SININC                       ；正数跳转，去 SININC
            INC SI                           ；越过“-”号指向数字
            DEC CX                           ；实际字符数少 1（“-”号）
            SININC:     MOV AX, 0            ；开始将十进制数转换为二进制数
            AGAIN:      MOV DX, 10           ；((0×10+a4)×10+…)×10+a0
            MUL DX
            AND BYTE PTR [SI], 0FH           ；将十进制数的 ASCII 码转换为 BCD 数
            ADD AL，[SI]
            ADC AH，0
            INC SI
            LOOP AGAIN
            POPF                             ；恢复判断是否为负数时的零标志 ZF
            JNZ NNEG                         ；非 0 即为正数,则不求补
            NEG AX                           ；负数对其绝对值求补
NNEG:       MOV BINARY, AX                   ；存放结果
            ret
start       endp
code        ends
            end start
```

【例 3.14】 对多个字符号数求和，限定结果不超出双字符号数，以十六进制数的形式显示其结果。

采用 32 位指令编制的程序如下：

```
        .386
stack   segment stack USE16 'stack'
        dw 32 dup(0)
stack   ends
data    segment USE16
NUM     DW 1111H,2222H,3333H,4444H,5555H,6666H,7777H,8888H,9999H
COUNT   EQU ($-NUM) /2
RESULT  DD 0
OBUF    DB 10 DUP (0)
data    ends
code    segment USE16
begin   proc far
        assume ss: stack, cs: code, ds: data
        push ds
        sub ax, ax
        push ax
        mov ax, data
        mov ds, ax
        MOV CX, COUNT
        MOV EBX, 0
AGAIN1: MOVSX EAX, NUM[EBX*2]
        ADD RESULT, EAX
        INC EBX
        LOOP AGAIN1
        MOV DI, OFFSET OBUF
        MOV CX, 8                          ; 将 8 位十六进制数拆转为 ASCII 字符
AGAIN2: ROL RESULT, 4
        MOV AL,0FH
        AND AL,BYTE PTR RESULT
        ADD AL, 30H
        CMP AL, 39H
        JNA NA7
        ADD AL, 7
NA7:    MOV [DI], AL
        INC DI
        LOOP AGAIN2
        MOV WORD PTR[DI], '$H'
        MOV BX, OFFSET OBUF-1              ; 去掉前面的 0
CONT:   INC BX
```

```
                CMP BYTE PTR [BX], '0'
                JE CONT
                MOV DX, BX
                MOV AH, 9
                INT 21H
                ret
egin            endp
code            ends
                end begin
```

【例 3.15】 从键盘上输入两个加数 N1 和 N2（1～8 位十进制数），求和并送显示器显示。

分析：该程序分为 3 部分：输入两个加数 N1 和 N2、相加并将结果以 ASCII 码形式存入输出数据区 OBUF 为输出结果。输入两个加数部分和输出结果部分有 3 个数据区：N1、N2 和 OBUF。用 BX 做数位较多加数的指针，用 SI 做数位较少加数的指针，用 DI 做存放和数的 ASCII 码的输出数据区 OBUF 的指针。相加并将结果以 ASCII 码形式存入输出数据区部分是本程序的主要部分。N1 和 N2 两个加数的数位不一定相等，哪个的数位多也未作规定。因此，应先按较少数位的位数进行两数的相加运算，然后进行数位较多加数的剩余位与进位的相加，最后再处理两数相加后的进位。例如，99567+768，先做 567+768 3 位的相加运算，再做 99 与进位的相加，最后再处理进位。程序框图如图 3-7 所示。程序如下：

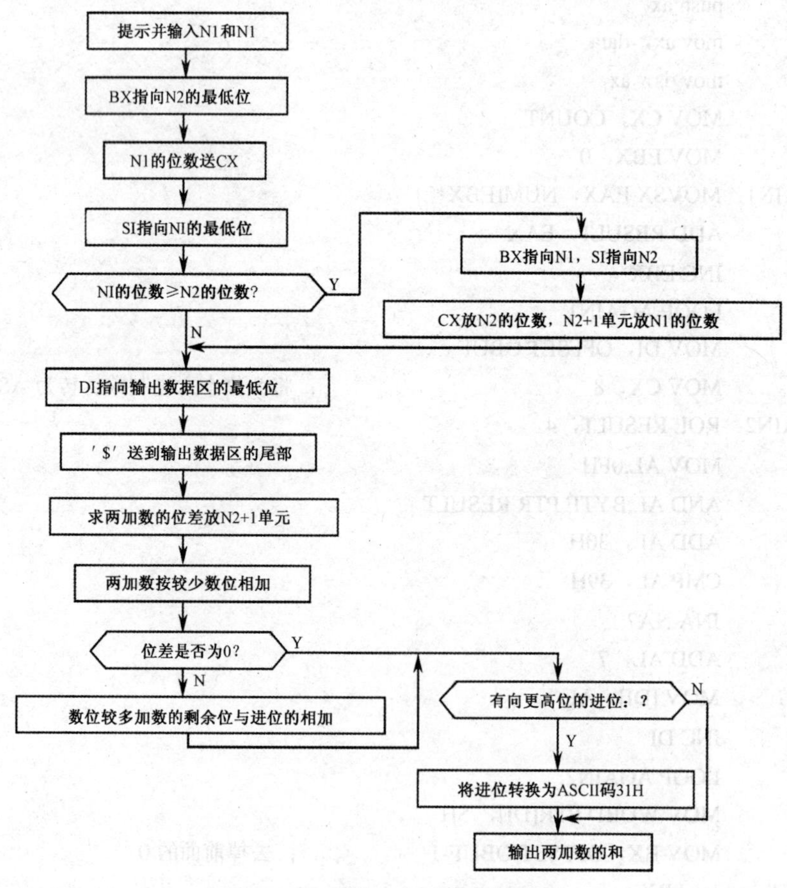

图 3-7 【例 3.15】的程序框图

```
stack       segment stack 'stack'
            dw 32 dup(0)
stack       ends
data        segment
OBF1        DB 'PLEASE INPUT N1：$'
OBF2        DB 'PLEASE INPUT N2：$'
N1          DB 9，0，9 DUP(0)
N2          DB 9，0，9 DUP(0)
OBUF        DB 10 DUP(0)
data        ends
code        segment
start       proc far
            assume ss:stack，cs:code，ds:data
            push ds
            sub ax，ax
            push ax
            mov ax，data
            mov ds，ax
            MOV DX, OFFSET OBF1                ；提示并输入 N1
            MOV AH，9
            INT 21H
            MOV DX, OFFSET N1
            MOV AH，10
            INT 21H
            MOV DL，0AH                        ；换行
            MOV AH，2
            INT 21H
            MOV DX, OFFSET OBF2                ；提示并输入 N2
            MOV AH，9
            INT 21H
            MOV DX, OFFSET N2
            MOV AH，10
            INT 21H
            MOV DL，0AH                        ；换行
            MOV AH，2
            INT 21H
            MOV BL，N2+1                       ；N2 的位数送 BX
            MOV BH，0
            ADD BX，OFFSET N2+1                ；BX 指向 N2 的最低位
```

```
            MOV CL，N1+1                    ；N1 的位数送 CX 和 SI
            MOV CH，0
            MOV SI，CX
            ADD SI，OFFSET N1+1             ；SI 指向 N1 的最低位
            CMP CL，N2+1                    ；N1 与 N2 的位数相比
            JC NXCHG
            XCHG CL，N2+1                   ；N1 大，CX 放 N2 的位数，N2+1 单
                                            ；元放 N1 的位数
            XCHG BX，SI                     ；BX 指向 N1，SI 指向 N2
NXCHG:      MOV DI，WORD PTR N2+1           ；DI 指向输出数据区的最低位
            AND DI，00FFH
            ADD DI，OFFSET OBUF
            MOV BYTE PTR[DI+1]，'$'         ；'$'送到输出数据区的尾部
            SUB N2+1，CL                    ；求两加数的位差放 N2+1 单元
            MOV AL，0                       ；清 AL（进位）
AGAIN:      MOV AH, 0                       ；清 AH，以便 AAA 指令放进位
            ADD AL，[BX]                    ；将某加数的 1 位与低位的进位相加
            ADD AL，[SI]                    ；加另一加数的 1 位
            AAA
            ADD AL，30H                     ；一位和数转换为 ASCII 码
            MOV [DI]，AL                    ；存入输出数据区
            MOV AL，AH                      ；向高位的进位放 AL 中
            DEC BX                          ；调整指针 BX、SI 和 DI
            DEC SI
            DEC DI
            LOOP AGAIN                      ；按较少数位的两数相加完否？
            MOV CL，N2+1                    ；两加数的位差送 CL
            AND CL，CL                      ；判位差是否为 0
            JZ DONE
AGAIN1：    MOV AH，0                       ；数位较多加数的剩余位与进位的相加
            ADD AL，[BX]
            AAA
            ADD AL，30H
            MOV [DI]，AL
            MOV AL，AH
            DEC BX
            DEC DI
            LOOP AGAIN1
DONE：      AND AL，AL                      ；判是否有向更高位的进位
```

```
            JNZ DONE1
            INC DI                    ；无向更高位的进位，调整指针
            JMP DONE2
DONE1：     ADD AL，30H               ；有则将进位转换为 ASCII 码 31H
            MOV [DI]，AL
DONE2：     MOV DX，DI                ；将输出数据的偏移首地址送 DX
            MOV AH，9
            INT 21H
            ret
start       endp
code        ends
            end start
```

【例 3.16】 在屏幕中部四处分别显示黑桃、红心、方块和草花，如图 3-8 所示。

♣

♦　　　♠

♥

图 3-8　屏幕显示的黑桃、红心、方块和草花

分析：将草花、方块、黑桃和红心的 ASCII 码、显示属性、显示的行和列按顺序排成数据表，用计数循环调用 BIOS 中的显示器服务程序。

```
stack       segment stack 'stack'
            dw 32 dup(0)
stack       ends
data        segment
CDSH        DB 5，70H，10，40
            DB 4，74H，13，37
            DB 6，70H，13，43
            DB 3，74H，16，40
data        ends
code        segment
begin       proc far
            assume ss：stack，cs：code，ds：data
            push ds
            sub ax，ax
            push ax
            mov ax，data
            mov ds，ax
            MOV AH，0                 ；设置 80×25 彩色文本方式
            MOV AL，3
            INT 10H
            MOV AH，15                ；读显示方式
            INT 10H
```

```
              MOV SI，OFFSET CDSH
              MOV CX，4
AGAIN:        PUSH CX
              MOV AH，2
              MOV DH，[SI+2]              ；置光标位置
              MOV DL，[SI+3]
              INT 10H
              MOV AH，9                   ；写字符和属性
              MOV AL，[SI]
              MOV BL，[SI+1]
              MOV CX，1
              INT 10H
              ADD SI，4
              POP CX
              LOOP AGAIN
              ret
begin         endp
code          ends
              end begin
```

【例 3.17】 在屏幕中部画一条红线。

```
stack         segment stack 'stack'
              dw 32 dup(0)
stack         ends
code          segment
begin         proc far
              assume ss：stack，cs：code
              push ds
              sub ax，ax
              push ax
              MOV AH，0                   ；设置 320×200 彩色图形方式
              MOV AL，5
              INT 10H
              MOV AH，0BH                 ；设置背景色为黑色
              MOV BH，0
              MOV BL，0
              INT 10H
              MOV AH，0BH                 ；设置彩色组 0
              MOV BH，1
              MOV BL，0
```

```
              INT 10H
              MOV CX，320                  ；设置 320 个像点计数器
              MOV BP，0                    ；设置像点列号初值
AGAIN:        PUSH CX
              MOV CX，BP                   ；写像点，行号为 100，列号从 0 至
              MOV AH，0CH                  ；319 像点为红色(彩色值为 2)
              MOV AL，2
              MOV DX，100
              INT 10H
              INC BP                       ；像点列号加 1
              POP CX
              LOOP AGAIN
              Ret
begin         endp
code          ends
              end   begin
```

2．条件控制的循环程序

【例 3.18】 将存储器中的 16 位无符号二进制数转换成十进制数，送显示器显示出来。

分析：将二进制数转换为十进制数的方法也有多种。可以采用除 10 取余法将二进制数转换为十进制数，每除一次得到一位十进制数，最先得到最低位，最后得到最高位。由于仅由显示器显示，所以得到一位十进制数后即将它转换为它的 ASCII 码存入输出数据区中。输出数据区的尾部存入'$'供 9 号功能调用作为结束符用。本例虽是 16 位二进制数，但不能用 16 位除以 8 位的除法，而要用 32 位除以 16 位的除法，这是因为 16 位二进制数除以 10 所得的商仅在 AL 中，AL 有可能装不下所得商！如 32768/10=3276…8，即商为 3276，余数为 8，AL 装不下商 3276（0CCCH）。32768/10=3276…8 的二进制运算为：8000H/0AH=0CCCH…08H（0CCCH=800H+400H+80H+40H+0CH=2048+1024+128+64+12=3276）。16 位无符号二进制数的最大值为 5 位即十进制数 65535，再加上 9 号功能调用的结束符'$'，输出数据区 OBUF 最多只需 6 个单元。程序如下：

```
stack         segment stack 'stack'
              dw 32 dup(0)
stack         ends
data          segment
BINARY        DW 55H
OBUF          DB 6 DUP(0)
data          ends
code          segment
start         proc far
              assume ss:stack，cs:code，ds:data
```

```
            push ds
            sub ax，ax
            push ax
            mov ax，data
            mov ds，ax
            MOV BX，OFFSET OBUF+5
            MOV BYTE PTR ［BX］，'$'
            MOV AX，BINARY
            MOV CX, 10                  ；做 32 位除以 16 位的除法，故将 10 送 CX
AGAIN:      MOV DX, 0                   ；无符号数扩展将 16 位扩展为 32 位
            DIV CX
            ADD DL，30H                 ；将 DL 中的一位十进制数转换为 ASCII 码
            DEC BX                      ；调整指针
            MOV [BX]，DL
            OR AX，AX                   ；根据商是否为 0，设置 ZF
            JNZ AGAIN                   ；判商是否为 0，不为 0 继续除以 10
            MOV DX，BX                  ；将输出数据区的偏移首地址送 DX
            MOV AH，9
            INT 21H
            ret
start       endp
code        ends
            end start
```

【例 3.19】 编制程序，反复从键盘输入字符，并将其送显示器和打印机输出。当输入 Ctrl+←(BACK SPACE)时，结束程序运行返回调用程序。

```
stack       segment stack 'stack'
            dw 32 dup(0)
stack       ends
code        segment
begin       proc far
            assume ss:stack，cs:code
            push ds
            sub ax，ax
            push ax
AGAIN:      MOV AH，0                   ；接收输入字符
            INT 16H
            MOV AH，14                  ；送显示器
            INT 10H
            MOV DX，0                   ；送 0 号打印机
```

```
                MOV AH，0
                INT 17H
                CMP AL，0DH                ；输入字符是否为回车符?
                JNE NEXT                   ；输入字符不是回车符，接收下一个字符
                MOV AL，0AH                ；显示器和打印机换行
                MOV AH，14
                INT 10H
                MOV AH，0
                INT 17H
NEXT：          CMP AL，7FH                ；判断输入字符是不是 Ctrl+←
                JNE AGAIN                  ；不是，循环执行
                ret
begin           endp
code            ends
                end begin
```

3．双重控制的循环程序

【例 3.20】 已知字节变量 BUF 存储区中存放着以 0DH（回车的 ASCII 码）结束的十进制数的 ASCII 码。编程检查该字节变量存储区中有无非十进制数，若有显示“ERROR”；若无则统计十进制数的位数（小于 100）并送显示器显示。

分析：结束本程序有两种情况：存储区中有非十进制数或者统计工作完毕。程序执行后，显示器显示“ERROR”或者显示统计的十进制数的位数（00～99）。程序如下：

```
stack           segment stack 'stack'
                dw 32 dup(0)
stack           ends
data            segment
BUF             DB '345678……'，0DH
OBUF            DB 3 DUP(0)
ERR             DB'ERROR$'
data            ends
code            segment
start           proc far
                assume ss:stack，cs:code，ds:data
                push ds
                sub ax，ax
                push ax
                mov ax，data
                mov ds，ax
                MOV AX，0                  ；统计十进制数的位数（ASCII BCD 数）
```

```
                MOV BX，0                       ；存储区的位移量
AGAIN:          CMP BUF［BX］，0DH
                JE DONE
                CMP BUF［BX］，'0'
                JB ERROR
                CMP BUF［BX］，'9'
                JA ERROR
                INC AL                          ；AAA 不判 CF，所以可不用 ADD 指令
                AAA
                INC BX
                JMP AGAIN
DONE:           OR AX，3030H                    ；ASCII BCD 数转换为十进制数的 ASCII 码
                MOV OBUF+1，AL
                MOV OBUF，AH
                MOV OBUF+2，'$'
                MOV DX，OFFSET OBUF
                MOV AH，9
                INT 21H
                RET
ERROR:          MOV DX，OFFSET ERR
                MOV AH，9
                INT 21H
                ret
start           endp
code            ends
                end   start
```

3.3.4 多重循环程序设计举例

多重循环指的是循环体内仍然是循环程序，也就是循环的嵌套。称具有嵌套的循环程序为多重循环程序。

【例 3.21】 编制将字节变量 BUF 存储区中存放的 *n* 个无符号数排序的程序。

分析：排序问题可以采用逐一比较法或两两比较法。逐一比较法的具体做法是：将第 1 个单元中的数与其后 *n*–1 个单元中的数逐个比较，每次比较之后总是把较大的数放在一个寄存器中，经过 *n*–1 次比较之后得到 *n* 个数中的最大数，存入第 1 个单元。接着将第 2 个单元中的数与其后的 *n*–2 个单元中的数逐个比较，经过 *n*–2 次比较得到 *n*–1 个数的最大数（亦即 *n* 个数中的第 2 大数）存入第 2 个单元。如此重复下去，当最后两个单元中的数比较之后，从大到小的顺序就排好了。其程序如下：

```
stack           segment stack 'stack'
                dw 32 dup(0)
```

```
stack       ends
data        segment
BUF         DB 20，19，…，250
COUNT       EQU $－BUF
data        ends
code        segment
start       proc far
            assume ss:stack，cs:code，ds:data
            push ds
            sub ax，ax
            push ax
            mov ax，data
            mov ds，ax
            MOV SI，OFFSET BUF
            MOV DX，COUNT－1                    ；设置外循环计数器
OUTSID:     MOV CX，DX                          ；设置内循环计数器
            PUSH SI
            MOV AL，[SI]
INSIDE:     INC SI
            CMP AL，[SI]
            JNC NEXCHG
            XCHG [SI]，AL
NEXCHG:     LOOP INSIDE
            POP SI
            MOV [SI]，AL
            INC SI
            DEC DX
            JNZ OUTSID
            ret
start       endp
code        ends
            end start
```

两两比较法的具体做法是：首先将第 1 个单元中的数与第 2 个单元中的数进行比较，若前者大于后者，两数不交换；反之则交换。然后将第 2 单元中的数与第 3 单元中的数进行比较，按同样原则决定是否交换。依此类推，最后将第 n–1 单元中的数与第 n 单元中的数比较，也按同样的原则决定是否交换。如此经过 n–1 次循环，n 个数中的最小数到了第 n 单元。再经过 n–2 次上述同样的比较与交换的循环，n 个数中的第 2 小数到了第 n–1 单元。这样不断地循环下去，最多经过 n–1 次这样的循环，就可以将这 n 个数按从大到小的顺序排好。在内循环中两两比较的次数，第 1 次为 n–1，第 2 次为 n–2，……。一般情况下，无须经过 n–1

次外循环，就可以将这 n 个单元中的数据按顺序排好。为了去掉不必要的外循环，可以设置一个标记，在每次内循环开始时，该标记置“1”。若在内循环中发生过交换，则修改该标记为 2。内循环结束以后，检查该标记，若不为 1，表示内循环发生过交换，即数的顺序未排好，继续进行外循环；若为“1”，则表示数已按顺序排好，就结束外循环。其程序如下：

```
stack       segment stack 'stack'
            dw 32 dup(0)
stack       ends
data        segment
BUF         DB 20，19，…，250
COUNT       EQU $－BUF
data        ends
code        segment
start       proc far
            assume ss:stack，cs:code，ds:data
            push ds
            sub ax，ax
            push ax
            mov ax，data
            mov ds，ax
            MOV DX，COUNT－1                ；循环次数
            MOV AH，1                       ；未交换标记
OUTSID      MOV SI，OFFSET BUF
            MOV CX，DX                      ；设置内循环计数器
INSIDE:     MOV AL，[SI]
            INC SI
            CMP AL，[SI]
            JNC NXCHG
            XCHG AL，[SI]
            MOV  [SI－1]，AL
            MOV AH，2                       ；置交换标记
NXCHG:      LOOP INSIDE
            DEC DX                          ；修改内循环次数
            DEC AH
            JNZ OUTSID                      ；判是否进行过交换，是则继续循环
            ret
start       endp
code        ends
            end start
```

【例 3.22】 已知 $m \times n$ 矩阵 A 的元素 aij（80H 和～7FH，字节符号数）按行序存放

在存储区中，试编写程序求每行元素之和 Si（8000H 和～7FFFH，字符号数）。

程序如下：

```
stack      segment stack 'stack'
           dw 32 dup(0)
stack      ends
data       segment
A          DB 11H，12H，13H，14H，15H
N          EQU $－A
           DB 21H，22H，23H，24H，25H
           DB 31H，32H，33H，34H，35H
           DB 41H，42H，43H，44H，45H
M          EQU （$－A）/N
S          DW M DUP(0)
data       ends
code       segment
start      proc far
           assume ss:stack，cs:code，ds:data
           push ds
           sub ax，ax
           push ax
           mov ax，data
           mov ds，ax
           MOV SI，OFFSET A
           MOV DI，OFFSET S
OUTSID:    MOV CX，N
           MOV DX，0
INSIDE:    MOV AL，[SI]
           CBW
           ADD DX，AX
           INC SI
           LOOP INSIDE
           MOV [DI]，DX
           ADD DI，2
           DEC M
           JNZ OUTSID
           ret
start      endp
code       ends
           end start
```

【例 3.23】 多位压缩 BCD 数与两位压缩 BCD 数相乘。

分析：8086/8088 乘法指令可以实现 8 位或 16 位二进制数相乘；经过 AAM 指令调整还可以实现两个非压缩 BCD 数相乘。但对于两个两位压缩 BCD 数，就不能用乘法指令直接相乘，这是因为没有相应的调整指令。只能用累加的方法，编一个程序来实现。具体算法是对被乘数累加乘数所规定的次数。被乘数每次累加的和都要经过 DAA 指令调整；乘数每次减 1 之后也要用 DAS 指令调整。由两个两位压缩 BCD 数相乘的算法，可推知多位压缩BCD数与两位压缩BCD数乃至多位 BCD 数相乘的算法，如图 3-9 所示。程序如下：

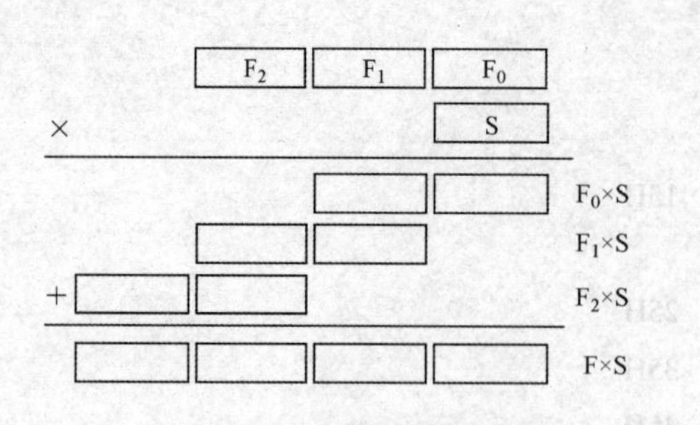

图 3-9　多位压缩 BCD 数与两位压缩 BCD 数相乘

```
stack       segment stack 'stack'
            dw 32 dup (0)
stack       ends
data        segment
FIRST       DB 78H，56H，…，12H
COUNT       EQU $－FIRST
SECOND      DB   15H
THIRD       DB COUNT+1 DUP(0)
data        ends
code        segment
start       proc far
            assume ss:stack，cs:code，ds:data
            push ds
            sub ax，ax
            push ax
            mov ax，data
            mov ds，ax
            MOV SI，0
            MOV THIRD［SI］，0
            MOV CX，COUNT
OUTSID:     MOV BL，SECOND
            MOV AX，0
INSIDE:     ADD AL，FIRST［SI］
            DAA
            XCHG AH，AL
            ADC AL，0
            DAA
```

```
            XCHG AH，AL
            XCHG AL，BL
            SUB AL，1
            DAS
            XCHG AL，BL
            JNZ INSIDE
            ADD AL，THIRD [SI]
            DAA
            MOV THIRD [SI]，AL
            XCHG AH，AL
            ADC AL，0
            DAA
            INC SI
            MOV THIRD [SI]，AL
            LOOP OUTSID
            ret
start       endp
code        ends
            end start
```

【例 3.24】 编制程序在显示屏幕的左上角显示一排“小人”，白色、红色、绿色、黄色各 8 个。

分析：小人由 3 个字符组成，如图 3-10 所示。只要将组成“小人”的这 3 个字符分 3 行在一列上显示出来，就可在显示屏幕上出现如图 3-10 所示的“小人”。再配以字符的显示属性就可以出现彩色“小人”。这 3 个字符的 ASCII 码分别是 01H，04H 和 13H。白色、红色、绿色和黄色这 4 种颜色字符的显示属性分别是 7、4、2 和 14。

图 3-10　3 个字符组成的小人

按题意要求将这 32 个“小人”排在显示屏幕的第 0 行至第 2 行，则白色“小人”排在第 0 列至第 7 列；红色“小人”排在第 8 列至第 15 列；绿色“小人”排在第 16 列至第 23 列；黄色“小人”排在第 24 列至第 31 列。

将字符的 ASCII 码、显示属性和行列坐标（偏移量）组成一个数据表，用双重循环调取该表中的元素，即可以完成这 32 个“小人”的显示。

```
stack       segment stack 'stack'
            dw 32 dup(0)
stack       ends
data        segment
DATAB       DB 1，7，0，0，1，4，0，8，1，2，0，16，1，14，0，24
            DB 4，7，1，0，4，4，1，8，4，2，1，16，4，14，1，24
            DB 13H，7，2，0，13H，4，2，8，13H，2，2，16，13H，14，2，24
data        ends
```

```
code        segment
begin       proc far
            assume ss：stack，cs：code，ds：data
            push ds
            sub ax，ax
            push ax
            mov ax，data
            mov  ds，ax
            MOV AH，0                        ；80×25 彩色字符方式
            MOV AL，3
            INT 10H
            MOV AH，15                       ；读取当前页号
            INT 10H
            MOV SI，OFFSET DATAB
            MOV CX，3                        ；3 行
AGAOT:      PUSH CX
            MOV CX，4                        ；4 色
AGAIN:      PUSH CX
            MOV AH，2                        ；光标位置（DH 和 DL）
            MOV DH，[SI+2]
            MOV DL，[SI+3]
            INT 10H
            MOV AL，[SI]                     ；写字符和属性（AL 和 BL）
            MOV AH，9
            MOV BL，[SI+1]
            MOV CX，8
            INT 10H
            ADD SI，4
            POP CX
            LOOP AGAIN
            POP CX
            LOOP AGAOT
            ret
begin       endp
code        ends
            end begin
```

3.4 串处理程序设计

循环程序的设计几乎都利用基址或变址寄存器建立地址指针，设置循环计数器，执行完循环体后修改地址指针和计数器，判断循环是否结束。宏汇编为了方便这类循环程序设计，设计了字符串操作指令以及重复前缀。它们的方便之处体现在，只要按要求设计好初始值，

执行正确的串操作指令及重复前缀，就可以完成规定的操作，而不要考虑地址指针如何修改，循环次数如何控制等问题。而这两个问题也正是循环程序成功或失败的关键之所在，从而简化了程序设计。

串操作指令有一个共同的规定：源串的偏移地址指针用 SI，在无段更换前缀的情况下，段地址取自 DS 段寄存器；目的串的偏移地址指针用 DI，段地址总是取自 ES 段寄存器；源串和目的串的偏移地址指针的移动方向由方向标志 DF 确定：DF=0，SI 和 DI 增量，DF=1，SI 和 DI 减量。

3.4.1 方向标志置位和清除指令

1. 方向标志置位指令

指令格式：

STD

指令的操作是将 DF 置“1”。

2. 方向标志清除指令

指令格式：

CLD

指令的操作是将 DF 置“0”，即清除 DF。

3.4.2 串操作指令

串操作指令有 5 条指令。它们是串传送指令 MOVS、从源串中取数指令 LODS、往目的串中存数指令 STOS、串比较指令 CMPS 和串搜索指令 SCAS。

1. 串传送指令

指令格式：

(1) MOVS dest-string，source-string

(2) MOVSB

(3) MOVSW

(4) MOVSD

指令的意义是把 DS 所指向的数据段中（形式（1）的指令无段更换前缀的情况下）SI 或 ESI 为偏移地址的源串中的一个字节、一个字或者一个双字（形式（1）的指令由串的属性确定），传送到 ES 所指向的数据段中 DI 或 EDI 为偏移地址的目的串；并且相应地修改 SI 和 DI 或 ESI 和 EDI，以指向串中的下一个字节、字或双字。

SI 和 DI 或 ESI 和 EDI 的修改方向和修改值由方向标志 DF 和串的属性决定：

DF=0，SI 或 ESI 和 DI 或 EDI 增量，字节串增 1，字串增 2，双字串增 4；

DF=1，SI 或 ESI 和 DI 或 EDI 减量，字节串减 1，字串减 2，双字串减 4。

2. 从源串中取数指令

指令格式：

(1) LODS source-string

(2) LODSB

(3) LODSW

(4) LODSD

指令的意义是将 DS 数据段中 SI 或 ESI 为偏移地址的源串中的一个字节、一个字或一个双字取出送 AL、AX 或者 EAX；同时修改 SI 或 ESI 指向下一个字节、字或者双字。

3．往目的串中存数指令

指令格式：

(1) STOS dest-string

(2) STOSB

(3) STOSW

(4) STOSD

指令的意义是将 AL、AX 或者 EAX 中的内容存放到 ES 数据段中 DI 或 EDI 为偏移地址的目的串中；同时修改 DI 或 EDI 指向下一个字节、字或者双字。

4．串比较指令

指令格式：

(1) CMPS dest-string，source-string

(2) CMPSB

(3) CMPSW

(4) CMPSD

指令的意义是用 DS：SI 或 DS:ESI 指向的源串中的一个字节、字或者双字减去 ES：DI 或 ES:EDI 指向的目的串中的一个字节、字或者双字，减的结果既不送入源串也不送入目的串，仅根据减操作设置标置位；同时修改 SI 和 DI 或 ESI 和 EDI 指向下一个字节、字或者双字。

5．串搜索（扫描）指令

指令格式：

(1) SCAS dest-string

(2) SCASB

(3) SCASW

(4) SCASD

指令的意义是用 AL、AX 或者 EAX 减去 ES: DI 或 ES:EDI 指向的目的串中的一个字节、字或者双字。减的结果，既不送累加器也不送目的串中，减操作仅影响标志位；同时修改 DI 或 EDI 指向下一操作数。

3.4.3 重复前缀

重复前缀有 3 个：重复（REP）、相等/为 0 重复（REPE/REPZ）和不相等/不为 0 重复（REPNE/REPNZ）。

重复前缀只允许用在串操作指令之前，与串操作指令仅用空格隔开。它的作用是使紧跟其后的串操作指令重复执行，重复执行的次数由CX或ECX的值决定。它与重复控制指令不同的是先判CX或ECX是否等于0，然后确定是否重复，等于0不再重复，不等于0继续重复。每重复一次，CX或ECX减1。若CX或ECX的初值为0，则串操作指令一次也不执行。

1．REP

REP作为串传送指令和往目的串中存数指令的前缀，使传送操作无条件地重复执行，直到CX=0或ECX=0为止。

2．REPE/REPZ

REPE/REPZ作为串比较指令和串搜索指令的前缀，使比较或搜索操作重复执行，直到CX=0或ZF=0或者ECX=0或ZF=0为止。

3．REPNE/REPNZ

REPNE/REPNZ作为串比较指令和串搜索指令的前缀，使比较或搜索操作重复执行，直到CX=0或ZF=1或者ECX=0或ZF=1为止。

3.4.4 串操作程序设计举例

串操作程序设计应注意以下3点：

（1）源串一般用DS：SI或者DS：ESI，目的串一定用ES：DI或者ES：EDI间址。对于不很长的串操作，简单而又不易出错的方法是把源串和目的串都定义在同一个数据段中，且使DS和ES均指向该数据段。

（2）一定要先设置方向标志DF，规定串操作的方向。

（3）若使用重复前缀，则应将串长度送CX或ECX寄存器。

【例3.25】 用串操作指令和不用串操作指令两种方式编写将source-string传送到dest-string的程序。

用串操作指令编写的程序为：

```
stack      segment stack 'stack'
           dw 32 dup(0)
stack      ends
data       segment
SSTRING    DB '*FGDHFJGU#@…'
COUNT      EQU $－SSTRING
data       ends
DATAE      SEGMENT
DSTRING    DB COUNT DUP(0)
DATAE      ENDS
code       segment
start      proc far
           assume ss：stack，cs：code，ds：data，ES：DATAE
```

```
        push ds
        sub ax，ax
        push ax
        mov ax，data
        mov ds，ax
        MOV AX，DATAE
        MOV ES，AX
        MOV SI，OFFSET SSTRING
        MOV DI，OFFSET DSTRING
        MOV CX，COUNT
        CLD
        REP MOVSB
        ret
start   endp
code    ends
        end start
```

不用串操作指令编写的程序为：

```
stack     segment stack 'stack'
          dw 32 dup(0)
stack     ends
data      segment
SSTRING   DB '*FGDHFJGU#@…'
COUNT     EQU $－STRING
data      ends
DATAE     SEGMENT
DSTRING   DB COUNT DUP(0)
DATAE     ENDS
code      segment
start     proc far
          assume ss：stack，cs：code，ds：data，ES：DATAE
          push ds
          sub ax，ax
          push ax
          mov ax，data
          mov ds，ax
          MOV AX，DATAE
          MOV ES，AX
          MOV SI，OFFSET SSTRING
          MOV DI，OFFSET DSTRING
          MOV CX，COUNT
AGAIN：   MOV AL，[SI]
```

```
MOV ES:         [DI], AL
                INC SI
                INC DI
                LOOP AGAIN
                ret
start           endp
code            ends
                end start
```

通过该例可以看出，串操作指令的功能完全可以用其他指令代替，带重复前缀的串操作也可以用循环程序来实现，只是使用串操作指令编程要方便一些、程序简短一些。串传送指令还可以实现存储单元之间的直接传送，而 MOV 指令要用寄存器作为桥梁才能实现存储单元之间的传送。

【例 3.26】 编制程序将一串字节符号数中的正、负数分别送到变量 PLUS 和 MINUS 的数据存储区中去，同时记录 0 的个数（小于 65536）。

程序框图如图 3-11 所示，程序如下：

```
stack     segment stack 'stack'
          dw 32 dup (0)
stack     ends
data      segment
STRING    DB 1, -1, 5, 10, 0, -25, 80, …
COUNT     EQU $-STRING
PLUS      DB COUNT DUP(0)
```

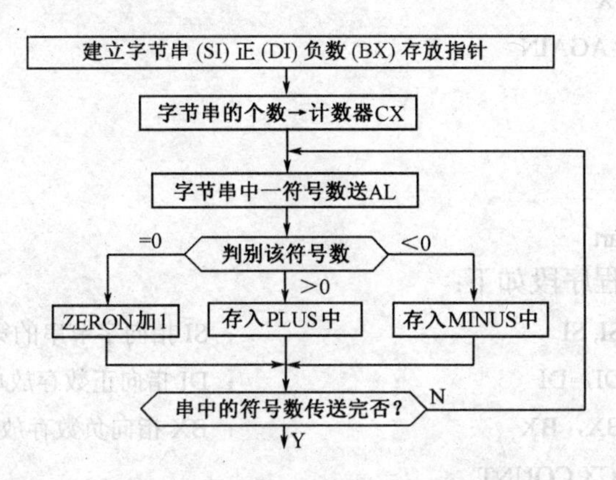

图 3-11 【例 3.26】的程序框图

```
MINUS     DB COUNT DUP(0)
ZERON     DW 0
data      ends
code      segment
start     proc far
          assume ss: stack, cs: code, ds: data
```

```
        push ds
        sub ax, ax
        push ax
        mov ax, data
        mov ds, ax
        MOV ES，AX
        MOV SI，OFFSET STRING        ；SI 指向源串即字节串
        MOV DI，OFFSET PLUS          ；DI 指向目的串即正数存放单元的偏移地址
        MOV BX，OFFSET MINUS         ；BX 指向负数存放单元的偏移地址
        CLD
AGAIN:  LODSB                        ；字节串中一符号数送 AL
        AND AL，AL                   ；判符号
        JZ ZERO                      ；为 0 去 ZERO
        JS MINU                      ；为负去 MINU
        STOSB                        ；为正存入 PLUS
        LOOP AGAIN
        RET
ZERO:   INC ZERON
        LOOP AGAIN
        RET
MINU:   MOV [BX], AL                 ；为负存入 MINUS
        INC BX
        LOOP AGAIN
        ret
start   endp
code    ends
        end start
```

不用串操作编写的程序段如下：

```
        XOR SI, SI                   ；SI 指向字节串的第一个字符
        XOR DI，DI                   ；DI 指向正数存放单元的第一个单元
        XOR BX，BX                   ；BX 指向负数存放单元的第一个单元
        MOV CX,COUNT
AGAIN:  MOV AL，STRING[SI]           ；字节串中一符号数送 AL
        INC SI
        AND AL，AL                   ；判符号数
        JZ ZERO                      ；为 0 去 ZERO
        JS MINU                      ；为负去 MINU
        MOV PLUS[DI]，AL             ；为正存入 PLUS
        INC DI
```

```
        LOOP AGAIN
        RET
ZERO:   INC ZERON
        LOOP AGAIN
        RET
MINU:   MOV MINUS[BX], AL        ；为负存入 MINUS
        INC BX
        LOOP AGAIN
        ⋮
```

【例 3.27】 编制判断两个串长相等的字符串 STRING1 和 STRING2 是否相同的程序。若不同，将不同处的偏移地址送 DIFF 字变量，否则将−1 送 DIFF。

用串操作编写的程序如下：

```
stack       segment stack 'stack'
            dw 32 dup(0)
stack       ends
data        segment
STRING1     DB'SDFASDGDHHFJH…'
COUNT       EQU $－TRING1
STRING2     DB'WRFERGHRHTYJU…'
DIFF        DW 0
data        ends
code        segment
start       proc far
            assume ss:stack，cs:code，ds:data
            push ds
            sub ax，ax
            push ax
            mov ax，data
            mov ds，ax
            MOV ES，AX
            MOV SI，OFFSET STRING1
            MOV DI，OFFSET STRING2
            MOV CX，COUNT
            CLD
            REPE CMPS STRING1，STRING2
            MOV DIFF，－1
            JE SAME
            DEC SI
            MOV DIFF，SI
```

```
SAME:       ret
start       endp
code        ends
            end start
```

不用串操作编写的程序段如下：

```
            MOV BX，0
            MOV CX，COUNT
AGAIN:      MOV AL，STRING1[BX]
            CMP AL，STRING2[BX]
            JNE DIF
            INC BX
            LOOP AGAIN
            MOV DIFF，-1
            RET
DIF:        ADD BX，OFFSET STRING1
            MOV DIFF，BX
            ⋮
```

【例 3.28】 用串搜索指令编制“镜子”程序。

分析:【例 2.7】的“镜子”程序是利用输入并显示字符串和显示器输出字符串，即 10 号和 9 号两个系统功能调用，并根据 10 号系统功能调用的出口参数计算求得输入字符串的末地址，再将'$'的 ASCII 码送入字符串的尾部完成的。因输入字符串一定是以回车结束的，所以可以在输入并显示字符串后用串搜索指令在输入字符串的存储区内搜索回车的 ASCII 码 0DH，找到后将其转换为'$'的 ASCII 码 24H，再利用 9 号功能调用输出显示该输入的字符串，完成“镜子”功能。程序如下：

```
stack       segment stack 'stack'
            dw 32 dup(0)
stack       ends
data        segment
OBUF        DB '>'，0DH，0AH，'$'
IBUF        DB 255，0，255 DUP(0)
data        ends
code        segment
start       proc far
            assume ss：stack，cs：code，ds：data
            push ds
            sub ax，ax
            push ax
            mov ax，data
            mov ds，ax
```

```
        MOV ES，AX
        MOV AH，9
        MOV DX，OFFSET OBUF
        INT 21H
        MOV AH，10
        MOV DX，OFFSET IBUF
        INT 21H
        MOV AL，0DH
        MOV CX，255
        MOV DI，OFFSET IBUF+2
        CLD
        REPNZ SCASB
        DEC DI
        MOV BYTE PTR ［DI］，'$'
        MOV AH，2
        MOV DL，0AH
        INT 21H
        MOV DX，OFFSET IBUF+2
        MOV AH，9
        INT 21H
        ret
start   endp
code    ends
        end start
```

3.5 子程序设计

子程序设计是程序设计中最主要的方法与技术之一。本节主要介绍子程序的概念、主程序与子程序之间的连接及参数传递方式、子程序设计的基本方法和调用方法。

3.5.1 子程序的概念

循环程序设计技术解决了同一程序中连续多次有规律重复执行某个或某些程序段的问题。但对于无规律的重复就不能用循环程序实现。更多的情况是在不同的程序中或在同一个程序的不同位置常常要用到功能完全相同的程序段，如数制之间的转换、代码转换、初等函数计算等。对于这样的程序段，为避免编制程序的重复劳动，节省存储空间，往往把它独立出来，附加少量额外的指令，将其编制成可供反复调用的公用的独立程序段，并通过适当的方法把它与其他程序段连接起来。这种程序设计的方法称之为子程序设计，被独立出来的程序段称为子程序。调用子程序的程序称为主程序或调用程序。主程序与子程序是相对的。如程序 X 调用程序 Y，程序 Y 又调用程序 Z，那么程序 Y 对于程序 X 来说是子程序，而对于程序 Z 来说，则是主程序。称进入子程序的操作为子程序调用。每次调用后，就进入子程序运行，运行结束后回到主程序的调用处继续执行。称子程序返回到主程序的操作为子程序的返回。上述的 X、Y、Z 3 个程序之间的调用和返回关系如图 3-12 所示。

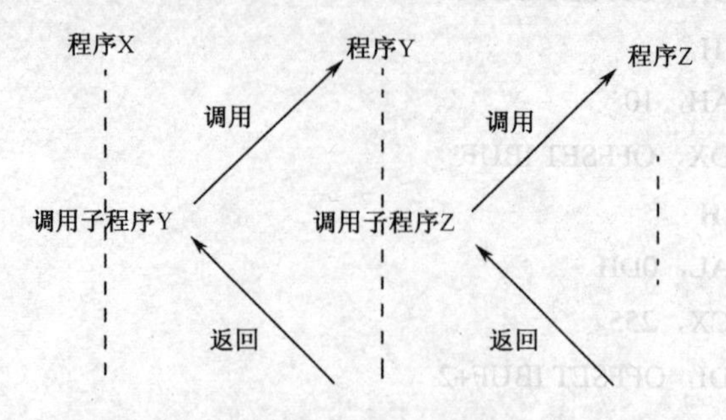

图 3-12　子程序的调用和返回

子程序设计是使程序模块化的一种重要手段。当设计一个比较复杂的程序时，根据程序要实现的若干主要功能及各功能要调用的公用部分，将程序划分为若干个相对独立的模块。确定各模块调用关系和参数传递方式，为各模块分配不同的名字（入口地址），然后把每个模块都编制成子程序，最后将这些模块根据调用关系连成一个整体。这样既便于分工合作，又可避免重复劳动，节省存储空间，提高程序设计的效率和质量，使程序整洁、清晰、易读、便于修改和扩充。

设计包含子程序的程序时，应解决的问题如下。

1. 主程序与子程序之间的转返

子程序的调用和返回实质上就是程序控制的转移，原则上用一般的转移指令即可完成，可事实上并不那么简单。对于主程序，在什么时刻，应从什么位置进入哪个子程序，事先是很清楚的，因此主程序调用子程序是可以预先安排的。但对于子程序，每次执行完应返回到哪个调用程序以及调用程序的什么位置，子程序是无法预先安排的。因为子程序不能预先知道哪个主程序什么时候在什么位置调用它，因此也无法知道执行完后返回到哪个主程序的什么位置。该位置与主程序的调用位置有关。所以主程序与子程序间的转返是子程序设计必须解决的一个问题，这个问题是通过调用指令和返回指令解决的。

2. 主程序与子程序间的参数传递

主程序与子程序相互传递的信息称为参数。主程序提供给子程序以便加工处理的信息称为入口参数，经子程序加工处理后回送给主程序的信息称为出口参数。每个子程序的功能虽然是确定的，但每次调用它所完成的具体工作和传递的结果一般是不同的，即主程序与子程序间传递的参数对每一次调用来说一般是不一样的。为了实现主程序与子程序间参数的传递，就要约定一种主程序和子程序双方都能接受的参数传递方法。传递的参数可以是信息本身，还可以是信息的地址，其基本方法有如下 3 种。

（1）寄存器法。该法就是主程序与子程序间传递的参数都在约定的寄存器中。当所需传递的参数较少时，一般用这种方法。在调用子程序前主程序将入口参数送到约定寄存器中，子程序直接从这些寄存器中取得这些参数进行运算处理。经加工处理后得到的结果，即出口参数也放在约定的寄存器中，返回主程序后，主程序就从该寄存器中得到结果。

（2）堆栈法。堆栈法是把主程序与子程序间传递的参数都放到堆栈中。在调用子程序前，入口参数由主程序送到堆栈中。子程序从堆栈中取得这些参数，并将处理结果送到堆栈中。返回主程序后，主程序从堆栈取得结果。

（3）参数赋值法。参数赋值法是把参数存放在主程序的调用子程序指令后面的一串单元中。对于入口参数，一般是信息的地址，当入口参数很少时，也可以是信息本身。对于出口参数，一般是信息本身，当出口参数较多时，也可以是信息的地址。若给出的是信息本身，称直接赋值法；若给出的是信息的地址，称间接赋值法。调用子程序指令执行后用于返转的专用存储器中自动存入的地址，正好是第一个入口参数的地址，或是第一个入口参数地址的地址，子程序引用很方便。如果有 N 个参数，那么紧接第 N 个参数后面的那条指令的地址就是返回地址。

还有一些传递参数的方法，如约定存储单元法。到底采用什么方法传递参数要根据具体情况而定。有时是几种方法混合使用。

以上所述是指主程序和子程序之间有参数传递的情况。也有的主程序和子程序之间无参数传递，子程序只是按规定完成某种功能操作，此时，自然不考虑参数的传递问题。

3．主程序和子程序公用寄存器的问题

子程序不可避免地要使用一些寄存器，因此子程序执行后，某些寄存器的内容会发生变化，如果主程序在这些寄存器中已经存放了有用的信息，则从子程序返回主程序后，主程序的运行势必因原存信息被破坏而出错。解决这个问题的方法是在使用这些不能被破坏的寄存器之前，将其内容保存起来，使用之后再将其还原。前者称为保护现场，后者称为恢复现场。

保护现场与恢复现场的操作可以在主程序中完成，也可以在子程序中完成。一般情况是在子程序中完成，其方法是在子程序的开始，将子程序要用到的寄存器的内容都保存起来，在子程序返回主程序之前再恢复这些寄存器的内容。保存和恢复操作可以通过进栈指令和出栈指令实现。如某子程序要用 AX、BX、CX、DX 4 个寄存器，则该子程序的保护现场和恢复现场的具体程序段如下：

```
PUSH AX
PUSH CX
PUSH DX
PUSH BX
⋮
POP BX
POP DX
POP CX
POP AX
```

凡子程序用到的不是携带入口参数的寄存器，包括段寄存器（CS 除外）一般都应保护。携带入口参数的寄存器，若问题无特殊要求，则不必保护。携带出口参数的寄存器，一般不能保护。

由上述设计包含子程序的程序时应解决的问题可知，子程序一般有如下结构：首先保护现场；其次取入口参数进行加工处理，并将处理结果送出口参数约定的寄存器或存储单元保

存；然后恢复现场；最后返回主程序。

3.5.2 子程序的调用指令与返回指令

为了方便地实现子程序的调用与返回，80x86 专门设计了子程序的调用指令和返回指令。主程序通过调用指令对子程序进行调用，子程序执行完毕用返回指令返回到主程序的调用处。

调用指令有直接调用和间接调用两类，通常都使用直接调用。当子程序的调用因条件不同而有所选择，且只允许使用一条调用指令时，才使用间接调用。

1．直接调用指令

指令格式：

```
CALL target
```

其中，操作数 target 是子程序的标号即子程序的入口地址。直接调用指令的功能是将返回地址进栈保存后将程序控制转移到子程序 target。

80x86 允许子程序与调用它的主程序在同一代码段，此时 target 一般属于 NEAR 类型，这种调用方式称为段内调用；也允许子程序与调用它的主程序在不同的代码段，此时 target 一般属于 FAR 类型，这种调用方式称为段间调用。

段内调用指令执行后 CS 内容不改变，只改变 IP 的内容，而段间调用指令执行后，CS 和 IP 的内容都要变。因此它们与将返回地址进栈保存的操作有差别，段内调用只需要将 IP 进栈保存；而段间调用却要将 CS 和 IP 都进栈保存。

段内调用的具体操作是：

［SP－2］←IPL、［SP－1］←IP_H

SP←SP－2

IP←OFFSET target

段间调用的具体操作是：

［SP－2］←CS_L、［SP－1］←CS_H

［SP－4］←IP_L、［SP－3］←IP_H

SP←SP－4

CS←SEG target

IP←OFFSET target

2．间接调用指令

指令格式：

```
CALL dest
```

间接调用指令的功能是将返回地址保存后将目的操作数的内容送 IP 或 CS 和 IP，实现程序转移到子程序。

间接调用也有段内和段间两类调用。间接段内调用指令的目的操作数可为寄存器和存储器。所执行的操作是将 IP 进栈保存后，将寄存器或存储器（地址表达式）字单元的内容送 IP。即：

［SP－2］←IP_L、［SP－1］←IP_H

SP←SP－2

IP←REG16/MEM16

间接段间调用指令的目的操作数为存储器。所执行的操作是 CS 和 IP 进栈保存后，将地址表达式确定的双字单元的内容送 CS 和 IP。即：

［SP－2］←CS_L、［SP－1］←CS_H

［SP－4］←IP_L、［SP－3］←IP_H

SP←SP－4

CS←MEM32+2

IP←MEM32

3．返回指令

指令格式：

RET［N］(N 为正偶数，可默认)

指令的功能是将程序控制返回到主程序。段内返回和段间返回的符号指令的形式是一样的，都是 RET，它们的差别在于机器指令不同。段内返回即近返回的机器指令为 C3H；而段间返回即远返回（反汇编时给出的符号指令是 RETF）的机器指令为 CBH。

段内返回的操作是：

IP_L←［SP］、IP_H←［SP+1］

SP←SP+2；

段间返回的操作是：

IP_L←［SP］、IP_H←［SP+1］

CS_L←［SP+2］、CS_H←［SP+3］

SP←SP+4

带有正偶数 N 的返回指令的操作 SP 还要多加 N，加 N 的目的是废除栈中 N/2 个无用字。用堆栈法传递参数的子程序常用带有正偶数的返回指令返回主程序。

3.5.3 子程序及其调用程序设计举例

下面用几个实例说明如何解决设计包含子程序的程序应解决的 3 个问题。在设计包含子程序的程序之前应先明确两个问题：一是子程序所处的位置，子程序与调用它的主程序是同一个模块，还是分属两个模块；在同一模块时还要明确是在同一代码段，还是在不同的代码段。二是子程序与主程序的参数传递问题。

先看两个常用的数制转换子程序的编制方法。

【例 3.29】 编制将标准设备输入的一串十进制数的 ASCII 码（如键盘输入的十进制数）转换为 16 位二进制数的子程序。

入口参数：DS：SI←待转换十进制数的 ASCII 码的首地址

CX←ASCII 十进制数的位数

出口参数：AX←转换结果，即 16 位二进制数

分析：方法 1：调用子程序的主程序与子程序在同一模块同一代码段，子程序过程应定

义为 NEAR 过程，与主程序过程并列放在同一代码段中。子程序过程如下：

```
ABCDCB      PROC
            MOV AX, 0
ABCDC1:     PUSH CX
            MOV CX, 10                   ；Xi×10+Xi-1
            MUL CX
            AND BYTE PTR[SI], 0FH
            ADD AL, [SI]
            ADC AH, 0
            INC SI
            POP CX
            LOOP ABCDC1
            RET
ABCDCB      ENDP
```

方法 2：子程序与主程序在同一模块但不在同一代码段，子程序应定义为 FAR 过程。子程序代码段如下：

```
SUBCODE     SEGMENT
            ASSUME CS：SUBCODE
ABCDCB      PROC FAR
            MOV AX, 0
ABCDC1:     PUSH CX
            MOV CX, 10                   ；Xi×10+Xi-1
            MUL CX
            AND BYTE PTR[SI], 0FH
            ADD AL, [SI]
            ADC AH, 0
            INC SI
            POP CX
            LOOP ABCDC1
            RET
ABCDCB      ENDP
SUBCODE     ENDS
```

方法 3：子程序与主程序各自独立成模块。由于主程序和子程序不在同一模块，所以要用到模块通信伪指令 PUBLIC 和 EXTRN。

说明公共符号伪指令 PUBLIC 的格式：

PUBLIC 符号［，符号，…］

其功能是用来说明其后的符号是公共符号，可以被其他模块调用。该伪指令用于子模块。

说明外部符号伪指令 EXTRN 的格式：

EXTRN 符号：类型［，符号：类型，…］

其功能是用来说明其后的符号是外部符号及该符号的类型。这些外部符号必须在它定义的模块中被说明是公共符号，符号的类型必须与它们原定义时的类型一致。该伪指令用于主模块。

子模块和主模块如下：

```
PUBLIC      ABCDCB
CODE        SEGMENT
            ASSUME CS：CODE
ABCDCB      PROC FAR
            MOV AX, 0
ABCDC1:     PUSH CX
            MOV CX, 10                  ；Xi×10+Xi-1
            MUL CX
            AND BYTE PTR [SI], 0FH
            ADD AL, [SI]
            ADC AH, 0
            INC SI
            POP CX
            LOOP ABCDC1
            RET
ABCDCB      ENDP
CODE        ENDS
            END
EXTRN       ABCDCB：FAR
stack       segment stack 'stack'
            ⋮
code        segment
begin       proc far
            ⋮
            CALL ABCDCB
            ⋮
begin       endp
code        ends
            end begin
```

【例 3.30】 编制将 16 位二进制补码数转换为可供标准输出设备输出的十进制数的 ASCII 码（如用于显示器显示的十进制数）子程序。

入口参数：AX←待转换的二进制数。

ES：DI←转换后的十进制数的 ASCII 码存放首地址

```
BCABCD      PROC
            PUSH AX
```

```
            PUSH BX
            PUSH CX
            PUSH DX
            PUSH DI
            OR AX，AX                          ；判数的符号
            JNS PLUS
            MOV BYTE PTR ES:[DI]，'-'          ；为负，送负号至输出数据区，
            INC DI                             ；并求该负数的绝对值
            NEG AX
PLUS:       MOV CX，0                          ；将 AX 中的二进制数转换
            MOV BX，10                         ；为十进制数
LOP1:       MOV DX，0
            DIV BX
            PUSH DX                            ；余数进栈
            INC CX                             ；十进制数位数加 1
            OR AX，AX                          ；商不为 0 继续除以 10
            JNZ LOP1
LOP2:       POP AX                             ；将十进制数转换为 ASCII 码
            ADD AL，30H
            MOV ES:[DI]，AL
            INC DI
            LOOP LOP2
            MOV AL，'$'
            MOV ES:[DI]，AL
            POP DI
            POP DX
            POP CX
            POP BX
            POP AX
            RET
BCABCD      ENDP
```

【例 3.31】 调用【例 3.29】和【例 3.30】的子程序编制十进制数运算的加（或减、或乘、或除）法程序。要求显示‘>’后输入算式“加数 1+加数 2”，经过运算再显示“=结果”。设两个加数和结果的范围均为–32768～32767。为使编程简单，正数输入和输出时均不带“+”号，负数前带“–”号，即使运算符“+”与符号“–”相连也不将负号与数字置于括号内。

分析：该程序首先要接收从键盘输入的加法算式并存入字节数据区 BUF 中。BUF+1 存放着算式的字符数，从 BUF+2 开始存放算式中各字符的 ASCII 码。然后要将两个加数各自转换成二进制数相加。最后将和转换为 ASCII BCD 数显示输出。ASCII BCD 数与二进制数间的转换调用【例 3.29】和【例 3.30】的子程序 ABCDCB 和 BCABCD 完成。因为本程序可

在一个数据段内完成，所以转换后的十进制数的ASCII码的存放地址改由DS:DI间址。主程序的大部分指令是求取两个加数各自的位数及偏移首地址，以便调用 ABCDCB 子程序。求取的方法是这样的：从BUF+2开始至“+”号是第一加数，往后至0DH是第二加数；BUF+1中的字符数去掉第一个加数和运算符即是第二个加数的位数。对于每个加数均将其绝对值转换为二进制数。若是负数则将转换后绝对值求补，得其补码。程序如下：

```
stack       segment stack 'stack'
            dw 32 dup(0)
stack       ends
data        segment
IBUF        DB 14，0，14 DUP(0)
OBUF        DB '='，7 DUP(0)
data        ends
code        segment
            assume cs：code，ss：stack，ds：data
begin       proc far
            push ds
            sub ax，ax
            push ax
            mov ax，data
            mov ds，ax
            MOV DL，'>'                  ；显示提示符“>”
            MOV AH，2
            INT 21H
            MOV DX，OFFSET IBUF          ；键入算式
            MOV AH，10
            INT 21H
            MOV DL，0AH                  ；换行
            MOV AH，2
            INT 21H
            MOV SI，OFFSET IBUF+2        ；SI指向键入算式的首址
            CMP BYTE PTR［SI］，'－'     ；判断第一加数的符号，并进栈保存
            PUSHF
            JNE NS1
            INC SI                       ；为负，指针指向第一加数的数字位
            DEC IBUF+1                   ；实际字符数减1（符号）
NS1：       MOV CX，0
            PUSH SI                      ；第一加数首址进栈
CONT：      CMP BYTE PTR［SI］，'+'      ；求得第一加数的位数
            JE DONE
```

```
          INC SI
          INC CX
          JMP CONT
DONE:     POP SI
          PUSH CX
          CALL ABCDCB              ；将第一加数的绝对值转换为二进制数
          POP CX
          POPF                     ；恢复第一加数的符号所置的Z标志
          JNZ NNEG1
          NEG AX                   ；为负则求补
NNEG1:    MOV BX，AX               ；暂存加数1
          INC SI                   ；跳过运算符指向第二加数
          DEC IBUF+1               ；实际字符数减1（运算符）
          CMP BYTE PTR［SI］，'-'
          PUSHF
          JNE NS2
          INC SI
          DEC IBUF+1
NS2:      MOV AL，IBUF+1           ；求取第二加数的位数，并送CX
          MOV AH，0
          SUB AX，CX
          XCHG AX，CX
          CALL ABCDCB
          POPF
          JNZ NNEG2
          NEG AX
NNEG2:    ADD AX，BX               ；两数相加
          MOV DI，OFFSET OBUF+1    ；建立结果的ASCII BCD数存放地址指针
          CALL BCABCD
          MOV DX，OFFSET OBUF
          MOV AH，9
          INT 21H
          RET
BEGIN     ENDP
ABCDCB    PROC
          MOV AX，0
ABCDC1:   PUSH CX
          MOV CX,10
          MUL CX
```

```
            AND BYTE PTR［SI］, 0FH
            ADD AL,［SI］
            ADC AH,0
            INC SI
            POP CX
            LOOP ABCDC1
            RET
ABCDCB      ENDP
BCABCD      PROC
            OR AX，AX
            JNS PLUS
            MOV BYTE PTR［DI］，'-'
            INC DI
            NEG AX
PLUS：      MOV CX，0
            MOV BX，10
LOP1：      MOV DX，0
            DIV BX
            PUSH DX
            INC CX
            OR AX，AX
            JNZ LOP1
LOP2：      POP AX
            ADD AL，30H
            MOV [DI]，AL
            INC DI
            LOOP LOP2
            MOV BYTE PTR[DI]，'$'
            RET
BCABCD      ENDP
code        ends
            end begin
```

上面 3 个例子都是用寄存器法传递参数。下面介绍堆栈法和参数赋值法传递参数的子程序的设计方法。假定主程序和子程序在同一模块同一代码段。

【例 3.32】 编制求某数据区中无符号字数据最大值的子程序及调用它的主程序。

分析：方法 1：堆栈法——参数都通过堆栈传递、子程序存取参数都由 BP 间址。高级语言调用汇编语言子程序常用此法。

```
stack       segment stack 'stack'
            dw 32 dup(0)
```

```
stack       ends
data        segment
BUF         DW 63，76，857，829，323，66，21，888
COUNT       =($－BUF)/2
SMAX        DW 0
data        ends
code        segment
begin       proc far
            assume ss：stack，cs：code，ds：data
            push ds
            sub ax，ax
            push ax
            mov ax，data
            mov ds，ax
            MOV AX，OFFSET BUF              ；入口参数进栈
            PUSH AX
            MOV AX，COUNT
            PUSH AX
            CALL MAX
            POP SMAX                        ；最大值出栈，送 SMAX
            ret
begin       endp
MAX         PROC
            PUSH BP
            MOV BP，SP
            PUSH SI
            PUSH AX
            PUSH BX
            PUSH CX
            PUSHF
            MOV SI，[BP+6]                  ；BUF 的偏移地址送 SI
            MOV CX，[BP+4]                  ；COUNT 送 CX
            MOV BX，[SI]                    ；取第一个数据至 BX 中
            DEC CX                          ；字数据个数减 1
MAX1:       ADD SI，2                       ；指向下一个字数据
            MOV AX，[SI]                    ；取一个字数据至 AX 中
            CMP AX，BX
            JNA NEXT                        ；AX 不高于 BX，与下一个比较
            XCHG AX，BX                     ；AX 高于 BX，则将较大字数据送 BX
```

```
NEXT:       LOOP MAX1
            MOV  [BP+6], BX          ; 最大值存入堆栈
            POPF
            POP CX
            POP BX
            POP AX
            POP SI
            POP BP
            RET 2                    ; 返回后 SP 指向最大值
MAX         ENDP
code        ends
            end begin
```

下述 5 条指令执行之前或之后：CALL MAX 之前；CALL MAX 之后；保护现场之后；恢复现场之后；RET 2 之后，堆栈存储区中的有关内容及 SP 的变化如图 3-13 所示。

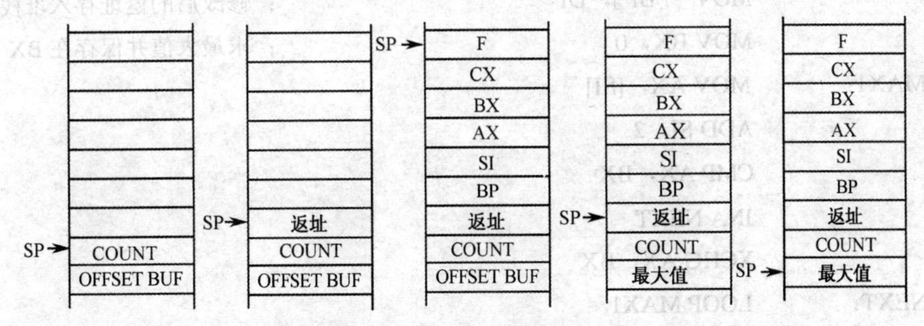

图 3-13 【例 3.32】图 1

方法 2：参数赋值法——将参数存放到 CALL 指令后的一串单元中，子程序通过返回地址存取参数并修改返回地址。代码段中的程序和传递的参数如图 3-14 所示。

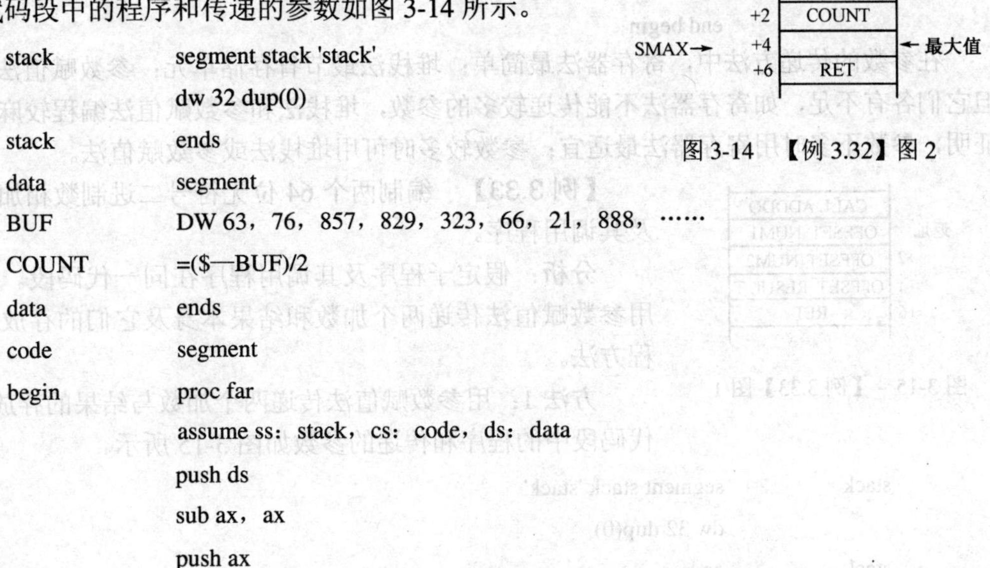

图 3-14 【例 3.32】图 2

```
stack       segment stack 'stack'
            dw 32 dup(0)
stack       ends
data        segment
BUF         DW 63, 76, 857, 829, 323, 66, 21, 888, ……
COUNT       =($—BUF)/2
data        ends
code        segment
begin       proc far
            assume ss: stack, cs: code, ds: data
            push ds
            sub ax, ax
            push ax
```

```
                mov ax，data
                mov ds，ax
                CALL MAX
                DW BUF，COUNT
SMAX            DW 0
                ret
begin           endp
MAX             PROC
                MOV BP，SP
                MOV DI，[BP]                 ；取返回地址
                MOV SI，CS：[DI]             ；取 BUF 的偏移地址
                MOV CX，CS：[DI+2]           ；取 COUNT
                ADD DI，6                    ；修改返址
                MOV  [BP]，DI                ；修改后的返址存入堆栈
                MOV BX，0                    ；求最大值并保存在 BX 中
MAX1：          MOV AX，[SI]
                ADD SI，2
                CMP AX，BX
                JNA NEXT
                XCHG AX，BX
NEXT：          LOOP MAX1
                MOV CS：[DI-2]，BX                  ；存最大值
                RET
MAX             ENDP
code            ends
                end begin
```

在参数的传递方法中，寄存器法最简单；堆栈法最节省存储单元；参数赋值法最直观。但它们各有不足，如寄存器法不能传递较多的参数，堆栈法和参数赋值法编程较麻烦。经验证明，参数不多时用寄存器法最适宜；参数较多时可用堆栈法或参数赋值法。

	CALL ADDDQ
返址	OFFSET NUM1
+2	OFFSET NUM2
+4	OFFSET RESUL T
+6	RET

图 3-15 【例 3.33】图 1

【例 3.33】 编制两个 64 位无符号二进制数相加的子程序及其调用程序。

分析：假定子程序及其调用程序在同一代码段。本例说明用参数赋值法传递两个加数和结果本身及它们的存放地址的编程方法。

方法 1：用参数赋值法传递两个加数与结果的存放首地址。代码段中的程序和传递的参数如图 3-15 所示。

```
stack           segment stack 'stack'
                dw 32 dup(0)
stack           ends
```

```
data        segment
NUM1        DQ 7654321089ABCDEFH
NUM2        DQ 0FEDCBA9801234567H
RESULT      DT 0
data        ends
code        segment
start       proc far
            assume ss：stack，cs：code，ds：data
            push ds
            sub ax，ax
            push ax
            mov ax，data
            mov ds，ax
            CALL ADDDQ
            DW NUM1，NUM2，RESULT
            ret
start       endp
ADDDQ       PROC
            PUSH BP
            MOV BP，SP
            PUSH AX
            PUSH BX
            PUSH CX
            PUSH DX
            PUSH SI
            PUSH DI
            PUSHF
            MOV BX，[BP+2]                    ；取返回地址
            MOV SI，CS：[BX]                  ；第一加数存放首地址
            MOV DX，CS：[BX+2]                ；第二加数存放首地址
            MOV DI，CS：[BX+4]                ；结果存放首地址
            XCHG BX，DX
            MOV CX，4
            CLC
AGAIN：     MOV AX，[SI]                      ；取 NUM1 中 16 位二进制数
            ADC AX，[BX]                      ；加上 NUM2 中 16 位二进制数
            MOV [DI]，AX                      ；存入 RESULT 中
            INC SI                            ；修改指针
            INC SI
```

```
        INC DI
        INC DI
        INC BX
        INC BX
        LOOP AGAIN
        MOV WORD PTR [DI], 0          ；清除结果的最高字存放单元
        RCL WORD PTR [DI], 1          ；将向最高字的进位移入
        ADD DX, 6                     ；修改返回地址
        MOV  [BP+2], DX               ；修改后的返址存入堆栈
        POPF
        POP DI
        POP SI
        POP DX
        POP CX
        POP BX
        POP AX
        POP BP
        RET
ADDDQ   ENDP
code    ends
        end start
```

方法 2：用参数赋值法直接传递两个加数与结果。代码段中的程序、两个加数和结果的存放形式如图 3-16 所示。

		CALL ADDDQ
NUM1→返址		CDEF
	+2	89AB
	+4	3210
	+6	7654
NUM2→	+8	4567
		0123
		BA98
		FEDC
RESULT→	+16	
		RET

图 3-16 【例 3.33】图 2

```
stack   segment stack 'stack'
dw 32 dup(0)
stack   ends
code    segment
start   proc far
assume ss: stack, cs: code
push ds
sub ax, ax
push ax
CALL ADDDQ
NUM1    DQ 7654321089ABCDEFH
NUM2    DQ 0FEDCBA9801234567H
RESULT  DT 0
        ret
start   endp
```

```
ADDDQ   PROC
        PUSH BP
        MOV BP，SP
        PUSH AX
        PUSH BX
        PUSH CX
        PUSHF
        MOV BX，[BP+2]              ；取返回地址，即 NUM1 的偏移地址
        MOV CX，4
        CLC
AGAIN:  MOV AX，CS:[BX]             ；取 NUM1 中 16 位二进制数
        ADC AX，CS:[BX+8]           ；加上 NUM2 中 16 位二进制数
        MOV CS:[BX+16]，AX          ；存入 RESULT 中
        INC BX
        INC BX
        LOOP AGAIN
        PUSHF
        ADD BX，16                  ；修改指针指向结果的最高字
        POPF
        MOV WORD PTR CS:[BX]，0
        RCL WORD PTR CS:[BX]，1
        ADD BX，2                   ；修改指针指向返回地址（RET 指令的地址）
        MOV [BP+2]，BX              ；修改后的返回地址存入堆栈
        POPF
        POP CX
        POP BX
        POP AX
        POP BP
        RET
ADDDQ   ENDP
code    ends
        end start
```

3.6 宏功能程序设计

对于程序中经常要使用的独立功能的程序段，可以将它设计成子程序的形式，供需要时调用。但使用子程序需要付出一些额外的开销。有些简单功能的重复，若也将其设计成子程序，则额外开销就可能会超过执行功能的指令。为了达此目的，又减少额外开销，IBM PC 宏汇编语言提供了宏指令功能。宏指令是用户为重复指令序列定义的名字。宏指令名像指令

操作助记符一样，定义后便可在程序中用这个名字代替这个指令序列，并允许传递参数，参数传递方式也比子程序简单。同时用户还可以将经常使用的宏指令集中在一起建立宏库，当程序中需要调用宏库中的宏指令时，不必另外定义，只需按规定的条件调用即可。IBM PC宏汇编还提供了条件汇编，条件汇编可使宏汇编有选择地汇编源程序。条件汇编与宏指令结合，使宏指令功能更强，技术更完善。

3.6.1 宏指令

宏指令的调用要经过宏定义、宏调用和宏扩展三个步骤。宏定义和宏调用由用户自己完成，宏扩展由宏汇编程序在汇编期间完成。

1. 宏定义

宏指令的定义是使用伪指令 MACRO 和 ENDM 来实现的。

宏定义的格式：

```
宏指令名  MACRO  [形参][，形参，…]
⋮
ENDM
```

宏定义必须由伪指令 MACRO 开始，ENDM 结束。MACRO 和 ENDM 间的程序段称为宏体。用 MACRO 和 ENDM 规定宏指令名，宏体和形参为宏定义。

宏指令名的构成同符号，它可以和指令助记符、伪指令相同，以便重新定义指令和伪指令的功能。它用于产生一条宏指令，使之和指令助记符一样出现在源程序中。形参是临时变量的名字，可以出现在宏体中的任何地方。形参可有可无，个数不限，各形参间用逗号或空格隔开。

宏体是宏指令代替的程序段，它由一系列指令和伪指令组成。

宏指令一定要先定义后调用。因此，宏定义一定要放在它的第一次调用之前。

宏指令名可以与指令助记符、伪指令同名，且具有比指令、伪指令更高的优先权，即当它们同名时，宏汇编程序则将它们一律处理成相应的宏扩展，而不管与它同名的指令或伪指令原来的功能如何。如要恢复原功能，可用取消宏定义伪指令 PURGE。

伪指令 PURGE 的格式：

```
PURGE  宏指令名［，宏指令名，…］
```

定义宏指令的最简单形式是用来缩写一段程序。例如某程序中要经常运行 9 号功能调用和 10 号功能调用。9 号功能调用和 10 号功能调用的指令完全相同，只是数据区的首址和功能调用号不同。可以将 9 号功能调用和 10 号功能调用定义成一条宏指令，将数据区首地址和功能调用号选定为形式参数。其宏定义为：

```
WRD      MACRO A，B
MOV DX，OFFSET B
MOV AH，A
INT 21H
ENDM
```

其中，形参 A 为功能调用号，形参 B 为数据区的变量名。

形式参数不仅可以出现在指令的操作数部分，也可以出现在指令的助记符部分。若形参前面有字符，则还应在形参前面加上符号“&”。如将任一寄存器或存储器进行算术右移、逻辑右移或算术/逻辑左移，因这三条指令的助记符的第一字符相同，其后的字符不同，故可将不同的字符部分定义为形参，而在第一字符后加符号“&”。若将这三条指令助记符中不同字符部分定义为形参 A，寄存器或存储器定义为形参 B，移位次数定义为 C，则该宏定义为：

```
SHIFT    MSCRO A，B，C
         MOV CL，C
         S&A B，CL
         ENDM
```

2．宏调用和宏扩展

宏指令名在源程序中的出现称为宏调用。

宏调用的格式：

宏指令名［实参］［，实参，…］

宏指令名必须与宏定义中的宏指令名一致，其后的实参可以是数字、字符串、符号名或尖括号括起来的带间隔符的字符串。实参在顺序、属性、类型上要同形参保持一致，个数与形参一般应相等。

实参代替形参并将宏体插到宏调用处称为宏扩展。宏扩展出的指令前用符号“+”标志。

宏调用 WRD 9，BUF1 的宏扩展是：

```
+        MOV DX，OFFSET BUF1
+        MOV AH，9
+        INT 21H
```

宏调用 WRD 10，BUF2 的宏扩展是：

```
+        MOV DX，OFFSET BUF2
+        MOV AH，10
+        INT 21H
```

宏调用 SHIFT AL，AX，4 的宏扩展是：

```
+        MOV CL，4
+        SAL AX，CL
```

宏调用 SHIFT HR，DX，6 的宏扩展是：

```
+        MOV CL，6
+        SHR DX，CL
```

宏调用 SHIFT AR，DX，10 的宏扩展是：

```
+        MOV CL，10
+        SAR DX，CL
```

3．宏体中的标号和变量

若宏体中定义了标号或变量，当该宏指令被多次调用时，就会产生多个重名的标号或变量，造成多重定义的错误。如有下宏定义：

```
CHANG        MACRO
```

```
            CMP AL，10
            JB NADD7
            ADD AL，7
NADD7：     ADD AL，30H
            ENDM
```

该宏定义的功能是将 AL 中的一位十六进制数（高 4 位为 0）转换为 ASCII 码。若某程序对此宏定义作两次调用：

```
        ⋮
        CHANGE
        ⋮
        CHANGE
        ⋮
```

宏汇编程序在汇编这两条宏指令时，所得到的宏扩展为：

```
        ⋮
+       CMP AL，10
+       JB NAAD7
+       ADD AL，7
+NADD7：ADD AL，30H
        ⋮
+       CMP AL，10
+       JB NADD7
+       ADD AL，7
+NADD7：ADD AL，30H
        ⋮
```

标号 NADD7 的定义出现重复。为解决这个问题，宏汇编提供了伪指令 LOCAL。

伪指令 LOCAL 的格式：

LOCAL 符号表

LOCAL 的功能是，在宏扩展时，宏汇编将按其调用顺序和符号表中的符号顺序自动为其后的符号指定特殊的符号(??0000～??FFFF)，并用这些特殊的符号替换宏体中相应的符号，从而避免了符号多重定义的错误。LOCAL 伪指令只能用在宏定义中，且必须是宏体中指令或伪指令的第一条。上面的宏定义可修改成以下形式：

```
CHANG       MACRO
            LOCAL NADD7
            CMP AL，10
            JB NADD7
            ADD AL，7
NADD7：     ADD AL，30H
            ENDM
```

两次宏调用后的宏扩展为：

```
           ⋮
+          CMP AL，10
+          JB ??0000
+          ADD AL，7
+??0000  ADD AL，30H
           ⋮
+          CMP AL，10
+          JB ??0001
+          ADD AL，7
+??0001：ADD AL，30H
           ⋮
```

4. 宏指令与子程序的区别

宏指令与子程序都可以用来处理程序中重复使用的程序段，缩短源程序的长度，使源程序结构简洁、清晰。但它们是两个完全不同的概念，有着本质的区别。其区别如下：

（1）处理的时间和方式不同。宏指令是在汇编期间由宏汇编程序处理的；宏调用是用宏体置换宏指令名、实参置换形参；汇编结束，宏定义也随之消失。而子程序是目标程序运行期间由 CPU 直接执行，子程序调用不发生代码和参数的置换，是 CPU 将控制由主程序转向子程序。

（2）目标程序的长度和执行速度不同。对每一次宏调用都要进行宏扩展，因而使用宏指令会导致目标程序长，占用内存空间大。而子程序的调用，无论多少次，子程序的目标代码只会出现一次，因此目标程序短，占用内存空间小。由于子程序调用需要 CPU 现实转返、需要保护现场和恢复现场、需要指令传递参数，而宏指令不存在这些额外的开销，因此宏指令的执行速度较子程序快。

（3）参数传递的方式不同。宏调用可以实现参数的代换，代换方法简单、方便、灵活，参数的形式也不受限制，可以是指令、寄存器、标号、变量、常量等。子程序传递的参数一般为地址或数据，传递方式由用户编程时具体安排，比较麻烦。

究竟是采用宏指令还是子程序，要权衡内存空间、执行速度、参数的多少。当重复的程序段不长时，速度是主要矛盾，通常用宏指令。而当程序段较长时，额外开销的时间就不明显了，节省内存空间是主要矛盾，则通常采用子程序。

3.6.2 条件汇编与宏库的使用

对于经常使用的宏指令，可将它们集中在一起，建成宏库供自己或他人随时调用。当程序中需要调用时，应使用伪指令 INCLUDE 将宏库加入自己的源文件中，然后按宏库中各宏指令的规定调用即可。

伪指令 INCLUDE 的格式：

```
INCLUDE 宏库名
```

该伪指令的功能是将宏库进行汇编，将宏库汇编完后再继续汇编后面的程序。由于宏指令要先定义后调用，所以该伪指令应放在源文件的首部。

宏汇编程序汇编源程序时要经过两遍扫描，第一遍是宏处理，第二遍是生成机器代码。因此第二遍可跳过宏定义，加快汇编速度。使用条件汇编即可达此目的，其使用格式是：

```
IF1
        INCLUDE  宏库名
ENDIF
```

上述条件汇编使得第一遍扫描时将宏库调入，以便完成宏扩展。第二遍扫描将跳过INCLUDE，从而加快汇编速度。

宏库中有多个宏定义，一个程序中不一定全部用得上。对于用不着的宏定义可以用伪指令 PURGE 取消，一旦取消宏汇编就不会处理它们，这样也加快了汇编的速度。

条件汇编还有其他应用，但在宏指令之外，仅有简单的应用。只有与宏指令结合起来使用，才显示出它的优越性。所以它的详细使用本书就不介绍了。

INCLUDE 伪指令可将任何文本文件加入源程序一起汇编，使用格式是用加入源程序的文本文件代替宏库名。但不能像宏库那样将加入操作限制在第一次扫描中。

3.6.3 宏功能程序设计举例

利用编辑程序建立宏库 MACRO.LIB 如下：

```
INIT    MACRO CSNAME SSNAME DSNAME ESNAME      ；初使化
        ASSUME CS：CSNAME，SS：SSNAME，DS：DSNAME，ES：ESNAME
        PUSH DS
        SUB AX，AX
        PUSH AX
        MOV AX，DSNAME
        MOV DS，AX
        MOV AX，ESNAME
        MOV ES，AX
        ENDM
STACK0  MACRO A                                ；定义堆栈段
STACK   SEGMENT STACK 'STACK'
        DW A DUP (0)
STACK   ENDS
        ENDM
WRD     MACRO B1，B2                           ；9 号或 10 号功能调用
        MOV DX，OFFSET B2
        MOV AH，B1
        INT 21H
        ENDM
OUT     MACRO C                                ；2 号功能调用
        MOV DL，C
```

```
         MOV AH，2
         INT 21H
         ENDM
ABCDCB   MACRO                          ；第 3.5.3 小节【例 3.29】
         LOCAL ABCDC1
         MOV AX，0
ABCDC1： PUSH CX
         MOV CX，10
         MUL CX
         AND BYTE PTR[SI]，0FH
         ADD AL，[SI]
         ADC AH，0
         INC SI
         POP CX
         LOOP ABCDC1
         ENDM
SHIFT    MACRO D1，D2，D3                ；将 D2 逻辑或算术移 D3 位
         MOV CL，D3
         S&D1 D2，CL
         ENDM
CHANGE   MACRO REG8                     ；将 REG8 的低 4 位转换为 ASCII 码
         LOCAL NADD7
         AND REG8，0FH
         CMP REG8，10
         JB NADD7
         ADD REG8，7
NADD7：  ADD REG8，30H
         ENDM
AXSDI    MACRO                          ；将 AX 右移 4 位后再将其低 4 位
         SHIFT HR，AX，4                 ；转换为 ASCII 码送 ES：[DI]
         PUSH AX
         CHANGE AL
         STOSB
         POP AX
         ENDM
```

【例 3.34】 利用上述宏库编程将键盘输入的十进制数（范围为–32768～32767）转换为十六进制数，并从显示器输出。

解：编写程序如下：

```
IF1
            INCLUDE MACRO. LIB
ENDIF
            STACK0 32
data        segment
IBUF        DB 7，0，7 DUP(0)
OBUF        DB '='，5 DUP(0)
data        ends
code        segment
begin       proc far
            INIT CODE，STACK，DATA，DATA
            OUT '>'
            WRD 10，IBUF                      ；键入
            MOV CL，IBUF+1                    ；键入字符数送 CX
            MOV CH，0
            MOV SI，OFFSET IBUF+2             ；建立键入字符的指针
            MOV AL，[SI]
            CMP AL，'-'                       ；判第一字符的符号是否为负
            PUSHF
            JNE PLUS
            DEC CX                            ；若为负，调整字符个数和地址指针
            INC SI
PLUS：      ABCDCB
            POPF
            JNZ NNEG
            NEG AX                            ；为负数则求其绝对值
NNEG：      STD
            MOV DI，OFFSET OBUF+5             ；DI 指向输出数据区尾部
            PUSH AX
            MOV AL，'$'                       ；$的 ASCII 码送入
            STOSB
            POP AX
            PUSH AX
            CHANGE AL
            STOSB
            POP AX
            AXSDI
            AXSDI
```

```
        AXSDI
        OUT 0AH                         ; 显示器换行
        WRD 9, OBUF                     ; 输出换行后的16进制数
        OUT 'H'
        ret
begin   endp
code    ends
        end begin
```

【例 3.35】 利用宏功能编制“镜子”程序。

解：编写程序如下：

```
IF1
        INCLUDE MACRO.LIB
ENDIF
        PURGE OUT, ABCDCB, SHIFT, CHANGE, AXSDI
        STACK0 32
data    segment
MEM1    DB '>', 0DH, 0AH, '$'
MEM2    DB 255, 256 DUP(0)
data    ends
code    segment
begin   proc far
        INIT CODE, STACK, DATA, DATA
        WRD 9, MEM1
        WRD 10, MEM2
        MOV AX, OFFSET MEM2+2
        MOV BX, OFFSET MEM2+1
        ADD AL, [BX]
        ADC AH, 0
        MOV BX, AX
        MOV BYTE PTR [BX], '$'
        WRD 9, MEM1+2
        WRD 9, MEM2+2
        ret
begin   endp
code    ends
        end begin
```

习 题 3

3.1 写出执行下列程序段的中间结果和最终结果。

(1) MOV AX，0809H

MUL AH ；AX=________

AAM ；AX=________

(2) MOV AX，0809H

MOV DL，5

AAD ；AX=________

DIV DL ；AX=________

MOV DL，AH

AAM ；AX=________，DL=________

(3) MOV AX，0809H

ADD AL，AH

MOV AH，0 ；AX=________

AAA ；AX=________

(4) MOV AX，0809H

MOV DL，10

XCHG AH，DL

MUL AH ；AX=________

AAM ；AX=________

ADD AL，DL ；AX=________

(5) MOV AL, 98H

MOV AH, AL

MOV CL, 4

SHR AH, CL

AND AL, 0FH

AAD ；AL=______H

(6) MOV CL, 248

XOR AX，AX

MOV CH, 8

AG：SHL CL，1

ADC AL，AL

DAA

ADC AH，AH

DEC CH

JNZ AG

结果：AX=________H

3.2　编写程序，将字节变量 BVAR 中的压缩 BCD 数转换为二进制数，并存入原变量中。

3.3　编写程序，求字变量 W1 和 W2 中的非压缩 BCD 数之差（W1−W2、W1≥W2），将差存到字节变量 B3 中。

3.4　编写求两个 4 位非压缩 BCD 数之和，将和送显示器显示的程序。

3.5　编写求两个 4 位压缩 BCD 数之和，将和送显示器显示的程序。

3.6　编写程序，将字节变量 BVAR 中的无符号二进制数（0～FFH）转换为 BCD 数，在屏幕上显示结果。

3.7　用查表法求任一输入自然数 N(0≤N≤40)的立方值送显示器显示，并将其存入一字变量中。

3.8　已知字变量 WA 中存放有 4 位十六进制数 a_3，a_2，a_1，a_0，现要求将 a_i（i 由键盘输入）存入字节变量 BA 的低 4 位，试编写该程序。

3.9　有一原码形式的双字符号数，试编制求其补码的程序。

3.10　设平面上一点 P 的直角坐标为(X，Y)，X，Y 为字符号数，试编制若 P 落在第 i 象限内，则令 k=i；若 P 落在坐标轴上，则令 k=0 的程序。

3.11　用某仪器对生产过程进行控制，该仪器检测的数据分为 16 类，根据数据类号进行 4 类处理，类号与处理程序号的对应关系是：类号/4=处理程序号，试编制该程序。

3.12　将键盘输入的十进制数（−128～127）转换为二进制数，以十六进制数形式在显示器上显示出来，试编写这一程序。

3.13　编程序将符号字数组 ARRAYW 中的正负数分别送入正数数组 PLUS 和负数数组 MINUS，同时把“0”元素的个数送入字变量 ZERON。

3.14　下列各数称为 Fibonacci 数，0，1，1，2，3，5，8，13，…这些数之间的关系是：从第 3 项起，每项都是它前面两项之和。若用 a_i 表示第 i 项，则有 $a_1=0$，$a_2=1$，$a_i=a_{i-1}+a_{i-2}$，… 试编写显示第 24 项 Fibonacci 数（两字节）的程序。

3.15　从键盘输入一字符串（字符数＞1），然后在下一行以相反的次序显示出来（采用 9 号和 10 号系统功能调用）。

3.16　编写求输入算式“加数 1+加数 2”的和并送显示的程序（加数及其和均为 4 位 BCD 数）。

3.17　编写程序将某字节存储区中的 10 个未压缩的 BCD 数以相反的顺序送到另一个字节存储区中，并将这两个存储区中的数字串分两行显示出来。

3.18　编写 ASCII 码的查询程序。要求该程序运行后显示提示信息：“The ASCII code of”，待查询者输入欲查字符后再显示“is”和该字符的 ASCII 码，换行后又输出提示信息“The ASCII code of”待查，如此不断循环。直至查询者输入回车符输出“is 0DH”后结束该程序的运行。

3.19　编写将符号字数组中的数据排序的程序。

3.20　编写将 26 个英文字母字符 “ABCD…Z”存到字节变量中去的程序。

3.21　已知 BUF1 中有 N1 个按从小到大的顺序排列且互不相等的字符号数，BUF2 中有 N2 个从小到大的顺序排列且互不相等的字符号数。试编写程序将 BUF1 和 BUF2 中的数合并到 BUF3 中，使在 BUF3 中存放的数互不相等且按从小到大的顺序排列。

3.22　在字节字符串 STR 中搜索子串“AM”出现的次数送字变量 W。试编写其程序。

3.23　设有一稀疏数组 ai(i=1,2,…，1000)存放在字变量 BUFA 的存储区中，现要求将数组加以压缩，使其中的非 0 元素仍按序存放在 BUFA 存储区中，而 0 元素不再出现。试编写实现上述功能的程序。

3.24　源程序如下，阅读后做如下试题：

（1）该程序共分 5 部分，在分号后给这 5 部分加上注释。

（2）列举具有代表性的 4 例，说明该程序的功能。

（3）画出上述 4 例的数据存储图。

```
stack   segment stack 'stack'
        dw 32 dup(0)
stack   ends
data    segment
IBF     DB 5,0,5 DUP(0)
OBF     DB 9 DUP(0)
data    ends
code    segment
begin   proc far
        assume ss:stack,cs:code,ds:data
        push ds
        sub ax,ax
        push ax
        mov ax,data
        mov ds,ax
        MOV DX,OFFSET IBF                    ;
        MOV AH,10
        INT 21H
        MOV BX,1                             ;
        MOV CH,IBF[BX]
        MOV CL,4
        XOR AX,AX
AGAIN:  INC BX
        SUB IBF[BX],30H
        CMP IBF[BX],0AH
        JB NS7
        SUB IBF[BX],7
NS7:    SHL AX,CL
        OR AL,IBF[BX]
        DEC CH
        JNZ AGAIN
        AND AH,AH                            ;
        JNZ NAP
        CBW
NAP:    MOV BX,OFFSET OBF+8
        MOV BYTE PTR[BX], '$'
        MOV CX,10
```

```
        AND AX,AX
        PUSHF
        JNS NNEG
        NEG AX
NNEG:   AND AX,AX
        JZ JOUT
        MOV DX,0
        DEC BX
        DIV CX
        ADD DL,30H
        MOV [BX],DL
        JMP NNEG
JOUT:   POPF                    ;
        JNS PLUS
        DEC BX
        MOV BYTE PTR[BX], '-'
PLUS:   DEC BX
        MOV BYTE PTR[BX], '='
        DEC BX
        MOV BYTE PTR[BX],0AH
        MOV DX,BX               ;
        MOV AH,9
        INT 21H
        ret
begin   endp
code    ends
        end begin
```

3.25 编制计算N个（N<50=偶数之和(2+4+6+…)的子程序和接收输入N及将结果送显示的主程序。要求用以下3种方法编写：（1）主程序和子程序在同一代码段；（2）在同一模块但不在同一代码段；（3）各自独立成模块。

3.26 编写程序，实现接收输入的一串以逗号分隔的十进制正数（十进制数均小于10000，个数不超过51个），并将其中的最大值送显示。要求把输入的ASCII码形式的十进制数转换为压缩BCD数、求十进制数的个数、求最大值的程序，分别编写为子程序。

3.27 编写程序，接收输入的一串以逗号分隔的十进制符号数，并按从小到大的顺序显示出来（仍以逗号分隔）。

3.28 源程序如下，阅读后做如下试题：

（1）在分号后给指令或（向下）给程序段加上注释（实质是做什么？例如，第1个注释若注为将2送BX，则视为非实质注释，不给分）。

（2）列举实例，说明该程序的功能（输入什么？显示什么？）。

（3）画出实例的数据存储图。

```
stack   segment stack 'stack'
        dw 32 dup(0)
stack   ends
data    segment
IBUF    DB    255,0,255 DUP(0)
ABCD    DB 0AH,'ABCD: ', 255 DUP(0)
MNOPQ   DB 0AH,0DH,'MNOPQ: ', 255 DUP(0)
data    ends
code    segment
begin   proc far
        assume cs:code,ss:stack,ds:data
        push ds
        sub ax,ax
        push ax
        mov ax,data
        mov ds,ax
        MOV DX,OFFSET IBUF
        MOV AH,10
        INT 21H
        MOV BX,2                              ;
        MOV SI,OFFSET ABCD+7
        MOV DI,OFFSET MNOPQ+9
AG1:    CMP IBUF[BX],'-'                      ;
        JNE P1
        CALL MP
AG2:    CMP IBUF[BX-1],0DH                    ;
        JE EXIT
        JMP AG1
P1:     XCHG SI,DI                            ;
        CALL MP
        XCHG SI,DI
        JMP AG2
EXIT:   MOV BYTE PTR[SI-1],'$'
        MOV BYTE PTR[DI-1],'$'
        MOV AH,9
        MOV DX,OFFSET ABCD
        INT 21H
        MOV DX,OFFSET MNOPQ
```

```
            INT 21H
            ret
begin       endp
MP          PROC
            MOV AL,IBUF[BX]
            MOV [DI],AL
            INC DI
            INC BX
            CMP IBUF[BX-1],0DH
            JE   BACK
            CMP IBUF[BX-1],','
            JNE MP
BACK:       RET
MP          ENDP
code        ends
            end begin
```

3.29 编写一宏定义 BXCHG，将一字节的高 4 位与低 4 位交换。

3.30 已知宏定义如下：

```
XCHG0       MACRO A，B
            MOV AL，A
            XCHG AL，B
            MOV A，AL
            ENDM
OPP         MACRO P1，P2，P3，P4
            XCHG0 P1，P4
            XCHG0 P2，P3
            ENDM
```

展开宏调用：OPP BH，BL，CH，CL

3.31 编写以下宏定义：

（1）IO 实现 9 号和 10 号系统功能调用。

（2）CRLF 实现输出回车换行。

（3）STACKM 实现堆栈段定义。

将以上宏定义建立一个宏库，利用该库编写“镜子”程序。

3.32 数据区中有 4 个升序排列的 4 字节无符号数，试利用上述各题中的宏定义，编写程序将它们以降序输出。

第4章　总　　线

4.1　总线概述

总线是一种数据通道，由系统中各部件所共享，或者说，是在部件与部件之间传送信息的一组公用信号线，是将发送部件发出的信息准确地传送给某个接收部件的信号通路。总线的特点在于其公用性，即它可同时挂接多个部件。总线上的任何一个部件发出的信息，计算机系统内所有连接到总线上的部件都可以接收到。但在进行信息传输时，每一次只能有一个发送部件可以利用总线给一个接收部件发送信息。

总线把微型计算机各主要部件连接起来，并使它们组成一个可扩充的计算机系统，因此总线在微型计算机的发展过程中起着重要的作用。总线不但和CPU、存储器一样关系到计算机的总体性能，而且也关系到计算机硬件的扩充能力，特别是扩充和增加各类外部设备的能力。因此，总线也随着CPU的不断升级和存储器性能的不断提高在不断地发展与更新。

1．总线分类

在计算机系统内拥有多种总线，它们在计算机系统内的各层次上，为各部件之间的通信提供通路。虽然总线有多种，但任何总线均包括有数据总线，地址总线和控制总线。按在PC微型计算机系统的不同层次和位置，总线可分为如下几类：

（1）内部总线与 CPU 总线。内部总线是处于微处理器芯片内部的总线，是用来连接片内运算器、寄存器各功能部件的信息通路。内部总线的对外引线就是 CPU 总线。CPU 总线用来实现 CPU 与主板上的存储器、输入/输出接口芯片等的信息传输。

（2）局部总线。局部总线是在印刷电路板上连接主板上各个主要部件的公共通路。PC主板上都有并排的多个插槽，这就是局部总线扩展槽。要添加某个外设来扩展系统功能时，只要在其中的任何一个扩展槽内插上符合该总线标准的适配器（或称接口卡），再连接此适配器相应的外设便可。通过局部总线的扩展槽可以连接各种接口卡，例如。显卡、声卡、网卡等。因此，局部总线是 PC 系统设计人员和应用人员最关心的一类总线。局部总线的类型很多，而且不断翻新。自 PC 问世以来，最先推出的局部总线是 ISA 总线。随着微型计算机机技术的迅猛发展，特别是高速硬盘，高分辨率彩显和高速网卡的出现，ISA 总线显得远不能满足使用要求。曾先后推出过 EISA 总线、MCA 总线、VESA 总线，只有 1992 年推出的外部设备互连 PCI（peripheral component interconnect）局部总线得到了几乎所有厂商的支持，成为目前使用最广泛的总线。之所以称为局部总线，是因为在高性能超级计算机系统中，还有更高层的总线作为系统总线。系统总线是多处理器系统即高性能超级计算机系统中连接各CPU 插件板的信息通道，用来支持多个 CPU 的并行处理。在 PC 中，一般不用系统总线。

（3）外部总线。外部总线又称为通信总线，它用于微型计算机系统与系统之间，微型计算机系统与外部设备，如打印机、磁盘设备或微型计算机系统仪器仪表之间的通信通道。这种总线数据的传送方式可以是并行或串行（数据传输率低）。对不同的设备所用总线标准也不同，常见的有串行总线 RS-232-C（见 8.3.1 小节），专用于硬盘连接的 IDE（integrated drive electronics）总线和 SCSI（small computer system interface）总线，用于与并行打印机连接的 Centronics 总线（参见 6.3.5 小节）以及最新的通用串行总线 USB（universal serial bus）等。

2. 总线操作

Pentium 微处理机系统中的各种操作本质上都是通过总线进行的信息交换,统称为总线操作。在同一时刻，总线上只能允许一对主控设备（master）和从属设备（slave）进行信息交换。一对主控设备和从属设备之间一次完成的信息交换，通常称为一个数据传送周期或一个总线操作周期。当有多个主控设备都要使用总线进行信息传送时，由它们向总线仲裁机构提出使用总线的请求，经总线仲裁机构仲裁确定，把下一个总线操作周期的总线使用权分配给其中哪一个主控设备。取得总线使用权的主控设备，通过地址总线发出本次要访问的从属设备的地址及有关命令，通过译码选中参与本次传送操作的从属设备，并开始数据交换。本次总线操作周期完成后主控设备和从属设备的有关信息均从总线上撤除，主控设备让出总线，以便其他主控设备能继续使用。只要包含有 DMA 控制器的多处理系统，就要有总线仲裁机构来受理请求和分配总线控制权。而对于只有一个主控设备的单处理机系统，不存在总线请求、分配和撤除问题，总线控制权始终归它所有，随时都可以进行数据传送。

4.2 8086/8088 的 CPU 总线

4.2.1 8086/8088 的引线及功能

8086 是 16 位微处理器；8088 是准 16 位微处理器，它对外的数据线是 8 位的。它们的地址线是 20 位的。8086/8088 均为 40 条引线、双列直插式封装。它们的 40 条引线排列如图 4-1 所示。为了能在有限的 40 条引线范围内进行工作，CPU 内部设置了若干个多路开关，使某些引线具有多种功能，这些多功能引线的功能转换分两种情况：一种是分时复用，在总线周期的不同时钟周期内引线的功能不同；另一种是按组态来定义引线的功能，在构成系统时 8086/8088 有最小和最大两种组态，在不同组态时有些引线的名称及功能不同（最小组态时的名称如图 4-1 括号中所示）。所有的微处理器都有以下几类引线用来输出或接收各种信号：地址线、数据线、控制线和状态线、电源和定时线。8086/8088 的 40 条引线包括以上 4 种信号，下面介绍各条引线的功能。

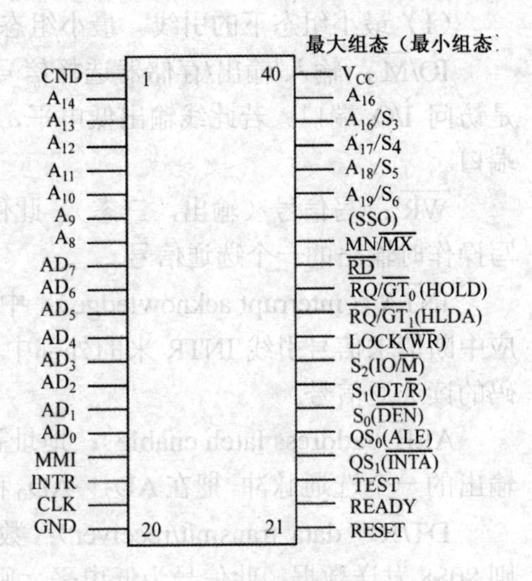

图 4-1　8086/8088 的引线排列

1. 8088 的地址和数据线

$AD_7 \sim AD_0$：地址/数据线（输入/输出，三态）。这些低 8 位地址/数据引线是多路开关的输出。由于 8088 只有 40 条引线，而它的数据线是 8 位的，地址线是 20 位的，因此引线的数量不能满足要求，于是在 8088 内部采用一些多路开关，把低 8 位地址线和 8 位数据线分时使用这些引线。通常当 CPU 访问存储器或外设时，先要送出所访问单元或外设端口的地址，然后才是读写所需的数据，地址和数据在时间上是可区分的。只要在外部电路中用一个地址锁存器，把在这些线上先出现的地址锁存下来就可以了。

A_{15}～A_8：地址线（输出，三态）。这 8 条地址线是在 8088 内部锁存的，在访问存储器或外设时输出 8 位地址。

8086 的地址/数据线是 AD_{15}～AD_0。

A_{19}～A_{16}/S_6～S_3：地址/状态线（输出，三态）。这 4 条引线用于输出存储器的最高 4 位地址 A_{19}～A_{16}，也分时用于 S_6～S_3 状态输出。故这些引线也是多路开关的输出，访问存储器时这些线上输出最高 4 位地址，这 4 位地址也需锁存器锁存。访问外设时，这 4 位地址线不用。在存储器的读/写和 I/O 操作时这些线又用来输出状态信息：S_6 始终为低；S_5 为标志寄存器的中断允许标志的状态位；S_4 和 S_3 用以指示是哪一个段寄存器正在被使用，其编码和使用的段寄存器如下：00 为 ES，01 为 SS，10 为 CS，11 为 DS。

2．8088 的控制和状态线

8088 的控制和状态线可以分成两种类型：一类是与 8088 的组态有关的引线，另一类是与 8088 的组态无关的引线。用 8088 微处理器构成系统时，根据系统所连接的存储器和外设的规模，8088 可以有两种不同的组态。当用 8088 微处理器构成一个较小的系统时，即所连的存储器容量不大，I/O 端口也不多，则系统地址总线可以由 8088 的 A_{19}～A_{16}，AD_7～AD_0 通过地址锁存器再输出，A_{15}～A_8 可以锁存或驱动，也可以直接输出。数据总线可以直接用 AD_7～AD_0，也可以通过总线驱动器增大数据总线的驱动能力。控制总线就直接用 8088 的控制线。这种组态就称为 8088 的最小组态。若要构成的系统较大，要求有较强的驱动能力，除了地址线和数据线都要锁存和驱动外，还要通过一个总线控制器来产生各种控制信号。这时 8088 的组态就是最大组态。8088 处于何种组态由引线 $MN/\overline{MX}$ 来规定，若把 $MN/\overline{MX}$ 引线接电源（+5V），则 8088 处于最小组态；若把它接地，则 8088 处于最大组态。

（1）最小组态下的引线。最小组态下的引线介绍如下。

$IO/\overline{M}$：输入/输出/存储器选择信号（输出，三态）。这条引线用以区分是访问存储器还是访问 I/O 端口。若此线输出低电平，则为访问存储器；若此线输出高电平，则为访问 I/O 端口。

$\overline{WR}$：写信号（输出，三态）。此信号低电平有效，是 8088 在执行存储器或 I/O 端口的写操作时输出的一个选通信号。

$\overline{INTA}$（interrupt acknowledge）：中断响应信号（输出）。此信号低电平有效，是 8088 响应中断请求信号引线 INTR 来的外部中断时输出的中断响应信号，它可以用做中断向量类型码的读选通信号。

ALE（address latch enable）：地址锁存允许信号（输出）。此信号高电平有效，是 8088 输出的一个选通脉冲，把在 AD_7～AD_0 和 A_{19}/S_6～A_{16}/S_3 上出现的地址锁存到地址锁存器中。

$DT/\overline{R}$（data transmit/receiver）：数据发送/接收信号（输出，三态）。此信号为高电平，则 8088 发送数据；此信号为低电平，则 8088 接收数据。在最小组态的系统中，为了增加数据总线的驱动能力，将 $AD_7 \sim AD_0$ 通过双向驱动器加以驱动，这时就需要用该信号来确定双向驱动器的数据传送方向。

$\overline{DEN}$（data enable）：数据允许信号（输出，三态）。该信号低电平有效。在使用双向驱动器以增强数据总线驱动能力的最小组态系统中，该信号用做双向驱动器的输出允许信号。

SSO（system status output）：系统状态输出信号（输出）。该信号与 $IO/\overline{M}$、$DT/\overline{R}$ 两信号一起，反映 8088 所执行的操作。8086 的该引出线是 BHE。

HOLD、HLDA: 保持请求（输入）和保持响应信号（输出）。这两个信号均为高电平有效。它们用于直接存储器存取（DMA）操作。当系统其他总线设备要求占用总线时，就向 8088 发出 HOLD 信号，请求接管 3 总线。8088 收到该信号后，就发出 HLDA 信号，同时使所有的 3 态总线处于高阻或浮空状态。此时由发出 HOLD 信号的总线设备控制总线，系统进行 DMA 传送。当 DMA 传送完后，接管总线的总线设备撤除 HOLD 信号。8088 也撤除 HLDA 信号，退出保持状态，又控制 3 总线，接着执行原来的操作。

（2）最大组态下的引线。最大组态下的引线介绍如下。

S_2、S_1、S_0：3 个状态信号（输出，三态）。8088 在最大组态下没有 $\overline{WR}$、$\overline{DEN}$、$IO/\overline{M}$、$DT/\overline{R}$ 等对存储器和 I/O 端口进行读/写操作的直接控制信号输出。这些读/写操作信号，由总线控制器 8288 根据 8088 提供的这 3 个状态信号译码后输出。3 个状态信号与 CPU 所执行的操作如表 4-1 所列。

表 4-1　状态信号与对应的操作

S_2	S_1	S_0	操　作
0	0	0	中断响应
0	0	1	读 I/O 端口
0	1	0	写 I/O 端口
0	1	1	暂停（HALT）
1	0	0	取 指
1	0	1	读存储器
1	1	0	写存储器
1	1	1	无 操 作

$\overline{RQ}/\overline{CT_0}$、$\overline{RQ}/\overline{CT_1}$（request/grant）：请求/允许信号（输入/输出）。这两个信号低电平有效，是最大组态下的 DMA 请求/允许信号。这两个信号是双向的，即向 CPU 的总线请求与 CPU 的总线允许信号均由请求/允许信号线传送。若 $\overline{RQ}/\overline{CT_0}$ 和 $\overline{RQ}/\overline{CT_1}$ 同时有总线请求，则 $\overline{RQ}/\overline{CT_0}$ 的请求首先被允许，即 $\overline{RQ}/\overline{CT_0}$ 的优先权高于 $\overline{RQ}/\overline{CT_1}$。这两条引线的内部有一个上拉电阻，若不用 DMA，可以不用连接它们。

$\overline{LOCK}$：锁定信号（输出，三态）。低电平有效。该信号由前缀指令“LOCK”使其有效，且在下一条指令完成之前保持有效。当其有效时，别的总线设备不能取得对系统 3 总线的控制权。该信号被送到总线仲裁电路，使在此信号有效期间的指令执行过程中不发生总线控制权的转让，保证这条指令连续地被执行完。

QS_0、QS_1（queue status）：队列状态信号（输出）。这两个信号用于提供 8088 指令队列状态。指令队列是一个 4 字节的空间，它用来存放等待执行指令的代码。

（3）与组态无关的信号线。与组态无关的信号线介绍如下。

$\overline{RD}$：读信号（输出，三态）。该信号低电平有效，是 CPU 发出的读选通信号。该信号有效，表示正在进行存储器或 I/O 端口的读操作。IBM PC XT 中未使用此信号。

READY：准备就绪信号（输入）。该信号高电平有效。它是 CPU 寻址的存储器或 I/O 设备送来的响应信号。8088 所寻址的存储器或 I/O 设备若没有准备就绪就将该信号置为低电平，8088 处于等待状态，直至它们准备就绪恢复该信号，8088 就完成同它们的数据传送。

$\overline{\text{TEST}}$：测试信号（输入）。该信号低电平有效。它是由 WAIT 指令测试的信号。若为低电平，执行 WAIT 指令后面的指令；若为高电平，CPU 就处于空闲等待状态，重复执行 WAIT 指令。

INTR（interrupt）：中断请求信号（输入）。该信号高电平有效，它是外设发来的可屏蔽中断请求信号。CPU 在每一条指令结束前均要采样该引线，以决定是否中断现行程序的执行，进入中断服务程序。该信号可以用标志寄存器中的中断允许标志位来屏蔽。

NMI（non-mask interrupt）：非屏蔽中断请求信号（输入）。该信号是一个边沿触发信号。这条线上的中断请求信号是不能屏蔽的，只要这条线上有由低到高的变化，就在现行指令结束之后中断现行程序的执行，进入非屏蔽中断服务程序。

RESET：复位信号（输入）。该信号由低变高时，8088 立即结束现行操作；当其返为低时，8088 将发生以下情况：

① 标志寄存器置成 0000H，其结果为禁止可屏蔽中断和单步中断。

② DS、SS、ES 和 IP 复位为 0000H。

③ CS 置成 FFFFH。8088 将从存储单元 FFFF0H 开始取指执行。

3．电源和定时线

CLK：时钟信号（输入）。该信号一般由时钟发生器 8284 输出，它提供 8088 的定时操作。8088 的标准时钟频率为 5MHz。

V_{CC}：电源线。要求加 5(1±10%)V 的电压。

GND：地线。8086/8088 有两条地线，这两条地线都要接地。

4.2.2 8088 的 CPU 系统

从 8088 的引线功能可以知道，8088 与系统总线之间需要附加地址锁存器、时钟发生器、数据总线驱动器、总线控制器等电路。因此，在介绍 8088 的 CPU 系统电路之前，将上述电路分别作简要的介绍。

1．地址锁存器

8088 在访问存储器或 I/O 设备时，首先将存储单元或 I/O 端口的地址发送到地址线上，随后才将要传送的数据送到数据线上。由于 8088 的低 8 位地址和数据共享着 AD_7～AD_0 这 8 条引线，所以 8088 无法在传送数据的同时又发送地址。若不将 8088 先送出的低 8 位地址锁存，它必然会丢失，从而造成 8088 不能对欲访问的存储单元或 I/O 端口传送数据的后果。A_{19}/S_6～A_{16}/S_4 这 4 条引线也同样存在着状态信号冲掉最高 4 位地址的情况。因此，用 8088 组建系统时，必须用地址锁存器。

用于地址锁存器的三态锁存器有 8282 和 74LS373。74LS373 的引线排列和功能如图 4-2 所示。当地址锁存允许信号 ALE 被送到 74LS 373 的选通端 G 上时，74LS373 就能锁存送到它的数据输入端上的数据。被锁存的数据并不立即从数据输出端输出，当把一个信号（低电平有效）送给输出允许端 $\overline{\text{OE}}$ 上时，74LS373 就把锁存的数据从数据输出端输出。

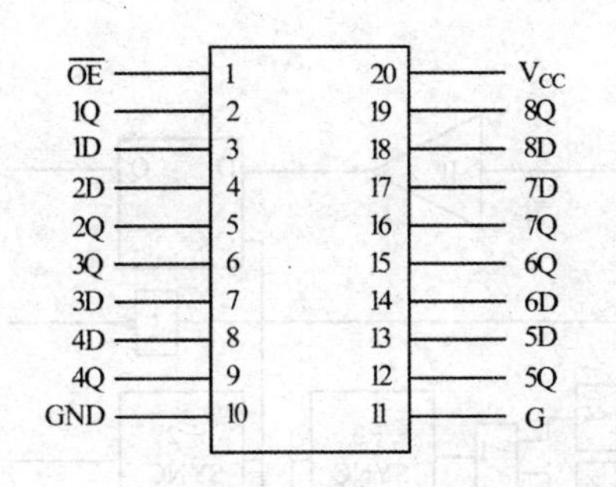

1D~8D	数据输入
1Q~8Q	数据输出
$\overline{OE}$	输出允许
G	选通

图 4-2　74LS373 的引线排列和功能

2．双向总线驱动器

8088 发送和接收数据的负载能力是有限的。为了增强 8088 的负载能力，尤其是组建较大系统，如 IBM PC XT 系统，在 8088 和系统数据总线间有必要使用双向总线驱动器。

用于双向总线驱动器的芯片有 8286 和 74LS245，74LS245 的引线排列和功能如图 4-3 所示。74LS245 有两组数据输入/输出引线，可以交换这两组引线的任务，以使数据按任一方向通过 74LS245。74LS245 也有两条控制引线：一条是输出允许引线 $\overline{G}$，它控制驱动器何时传送数据，当其输入有效电平（低电平）时数据端 A 和 B 接通；另一条是传送方向引线 DIR，它控制数据按哪个方向传送，当 DIR 输入高电平时，数据从 A 传向 B；当 DIR 输入低电平时，数据从 B 传向 A。

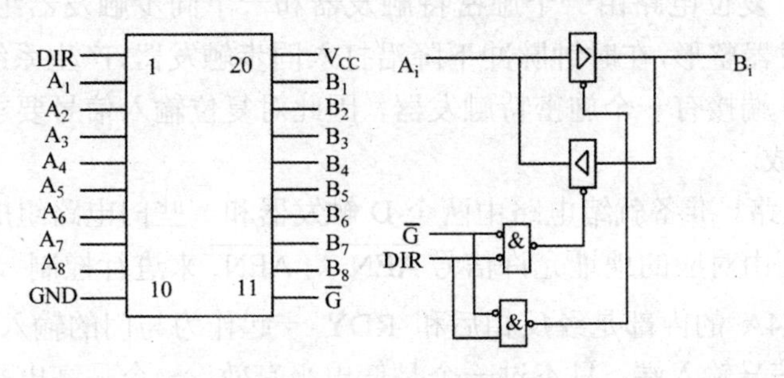

图 4-3　74LS245 的引线排列和功能

3．时钟发生器 8284A

8088 内部没有时钟发生电路。8284A 就是供 8086 系列使用的单片时钟发生器，它由时钟电路、复位电路、准备就绪电路 3 部分组成，其内部电路的框图如图 4-4 所示。

（1）时钟发生电路。8284A 内部有一个晶体振荡器，只需在晶体连接端 X_1、X_2 两端外接石英晶体即可。也可由外振源输入端 EFI 输入一个 TTL 电平的振荡信号为时钟源。由外振源/晶体端 F/$\overline{C}$ 来控制上述的两种选择。振荡信号经 3 分频后由 CLK 输出一个占空比为 1/3 的 MOS 时钟信号。CLK 信号再经二分频为供外部设备使用的外部时钟 PCLK，这是一个占空比为 1/2 的 TTL 电平信号。时钟同步输入端 CSYNC 是为多个 8284A 的时钟同步而设置的。在多个 8284A 同时工作时，如果要求同相位的时钟信号，则把这些 8284A 的 EFI 端接到同一个外振源，并用 CSYNC 信号来控制它们同步工作。当 CSYNC 为高电平时，8284A 的分频计数器复位；CSYNC 为低电平时，计数器才开始工作。使用晶体时，CSYNC 应接地。8284A

还把晶振频率从 OSC 端输出。

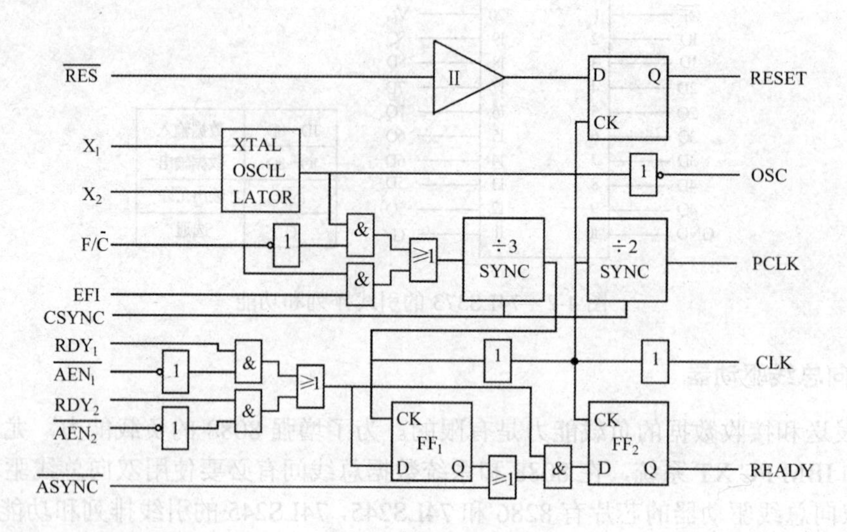

图 4-4 8284A 的框图

PC XT 微型计算机只使用一片 8284A，外接 14.31818MHz 的晶体（这是 IBM 彩色图形卡上必须使用的频率），OSC 端输出 14.32MHz 的振荡信号，CLK 端输出 4.77MHz 的时钟信号，PCLK 端输出 2.38MHz 的外部时钟信号。

（2）复位电路。复位电路由一个施密特触发器和一个同步触发器组成。复位输入信号 $\overline{RES}$ 经过施密特触发器整形，在时钟脉冲下降沿打入同步触发器，产生系统复位信号 RESET。由于在同步触发器 D 端接有一个施密特触发器，因此对复位输入信号要求不严格，由简单的 RC 放电回路即可生成。

（3）准备就绪电路。准备就绪电路由两个 D 触发器和一些门电路组成。准备就绪输入信号 RDY_1、RDY_2 分别由对应的地址允许信号 $\overline{AEN_1}$、$\overline{AEN_2}$ 来进行控制。$\overline{AEN}$ 虽然称为地址允许，但是它在 8284A 的内部是经反相后和 RDY 一起作为与门的输入端，因此，$\overline{AEN}$ 和 RDY 都是准备就绪信号输入端，只不过一个是低电平有效，一个是高电平有效。两组输入可仅使用一组，不用那组的 RDY 接地，$\overline{AEN}$ 接 V_{CC}。当准备就绪输入信号已和时钟同步时，可只使用一级同步方式，$\overline{ASYNC}$ 接高电平；否则应选用二级同步方式，$\overline{ASYNC}$ 接低电平。二级同步方式是在准备就绪输入信号有效后，首先在 CLK 的上升沿同步到触发器 1（FF_1），然后在 CLK 下降沿同步到 FF_2，使准备就绪信号 READY 有效（高电平）。准备就绪输入信号无效时，将直接在 CLK 下降沿同步到 FF_2，使 READY 无效。一级同步方式则是将准备就绪输入信号直接在 CLK 的下降沿同步到 FF_2。

4．总线控制器 8288

当 8088 工作在最大组态方式时，就需要使用 8288 总线控制器。在最大组态的系统中，命令信号和总线控制所需要的信号都是 8288 根据 8088 提供的状态信号 S_0、S_1、S_2 输出的。8288 的框图如图 4-5 所示。

（1）状态译码和控制逻辑。8288 总线控制器对 8088 的状态信号 S_0、S_1、S_2 进行译码产生内部所需要的信号，命令信号发生器和控制信号发生器再利用这些信号产生命令信号和总线控制信号。

8288 有系统总线方式和 I/O 总线方式两种工作方式，由 IOB 引线进行选择，IOB 接地时，8288 工作于系统总线方式；IOB 接高电平时，8288 工作于 I/O 总线方式。只把 8288 用于控制 I/O 设备时，才工作于 I/O 总线方式；通常情况下工作于系统总线方式，用做对存储器和 I/O 设备两方面的控制。8288 的工作和输出信号受地址允许信号 $\overline{AEN}$ 和命令控制信号 CEN 的控制。只有在输入的 $\overline{AEN}$ 信号有效（低电平）并延迟 115ns 后，8288 才能输出命令信号和总线控制信号。当 $\overline{AEN}$ 输入为无效时，8288 的命令输出立即进入高阻态。当 $\overline{AEN}$ 有效时，CEN 也有效（高电平），8288 处于正常工作状态；而 CEN 无效时，迫使 8288 的所有命令输出和 $\overline{AEN}$ 控制信号输出处于无效电平。IOB 和 CEN 是供多处理机系统使用的，在单处理机系统中 IOB 和 $\overline{AEN}$ 一般接地，CEN 接高电平。

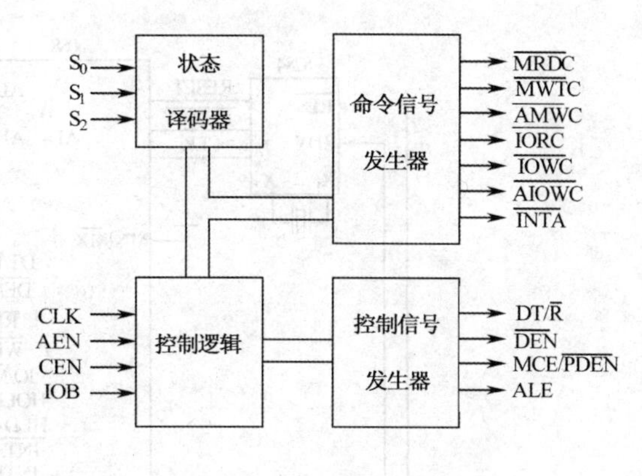

图 4-5　8288 的框图

时钟输入信号 CLK 从时钟发生器 8284A 来，与 8088CPU 的时钟频率相同，作为 8288 的基本时钟。

（2）命令信号。8288 要根据 8088 的 S_0、S_1、S_2 向存储器或 I/O 设备输出各种命令，进行读或写操作。这些命令都是低电平有效，它们是：

$\overline{MRDC}$：存储器读命令。此命令通知地址被选中的存储单元，把数据发送到数据总线上。

$\overline{MWTC}$：存储器写命令。此命令把在数据总线上的数据，写入地址被选中的存储单元。

$\overline{IORC}$：I/O 读命令。此命令通知被选中的 I/O 端口，把数据发送到数据总线上。

$\overline{IOWC}$：I/O 写命令。此命令把在数据总线上的数据，写入被选中的 I/O 端口。

$\overline{AMWC}$：存储器超前写命令。此命令同 $\overline{MWTC}$，超前 $\overline{MWTC}$ 1 个时钟脉冲。

$\overline{AIOWC}$：I/O 超前写命令。此命令同 $\overline{IOWC}$，超前 $\overline{IOWC}$ 1 个时钟脉冲。

$\overline{INTA}$：中断响应命令。

（3）总线控制信号。8288 输出的总线控制信号有地址锁存允许信号 ALE、数据允许信号 $\overline{DEN}$、数据发送接收信号 DT/$\overline{R}$ 和设备级联允许/外部数据允许信号 MCE/$\overline{RDEN}$。

在使用 8288 的 CPU 系统中，由 8288 发出的 ALE、$\overline{DEN}$ 和 DT/$\overline{R}$ 信号分别代替 8088 的这 3 个信号。MCE/$\overline{RDEN}$ 是双义的输出信号：当 8288 工作在系统总线方式时，它是 MCE，用于控制级联的中断控制器 8259；当 8288 工作在 I/O 总线方式时，它是 $\overline{RDEN}$，用于多总线结构中。在 IBM PC XT 中 8288 工作在系统总线方式，但是又只有一片 8259，即没有 8259 的级联，因此该信号未使用。

5．最小组态下的 8088 CPU 系统

典型的最小组态下的 8088 CPU 系统如图 4-6 所示。

8088 的地址线 A_{19}～A_{16}，A_7～A_0 为分时复用线，故必须把这 12 位地址用地址锁存器 74LS373 或 8282 锁存起来。A_{15}～A_8 这 8 位地址可以不锁存，也可以锁存。

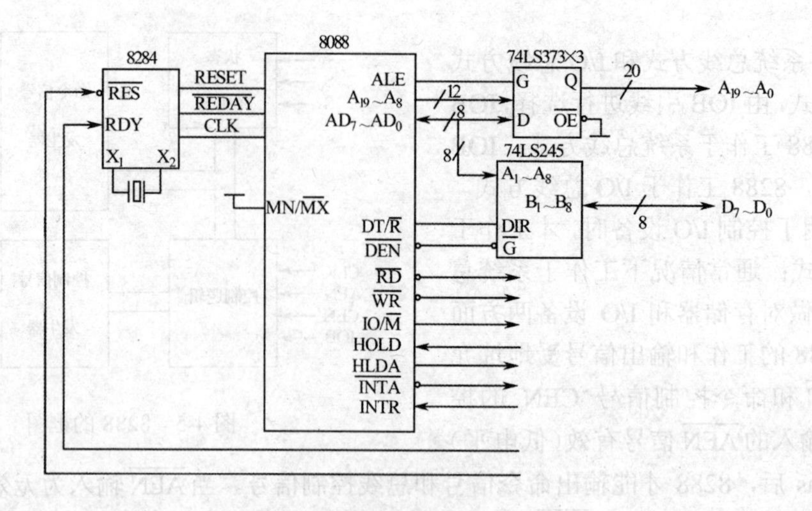

图 4-6 最小组态下的 8088 CPU 系统

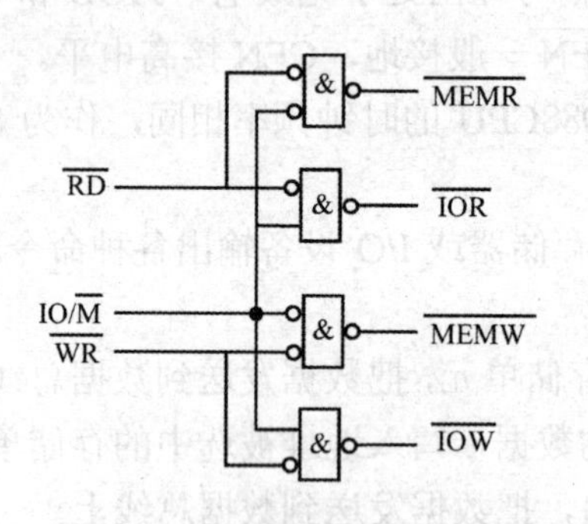

图 4-7 IO/$\overline{M}$ 和 $\overline{IOR}$、$\overline{IOW}$ 的逻辑组合

数据线可以用双向驱动器，也可以不用，视系统所连部件的多少而定。若使用双向驱动器 74LS245，则 74LS245 的 $A_8\sim A_1$ 与 $AD_7\sim AD_0$ 相连，$B_8\sim B_1$ 用于系统的数据总线。$\overline{OE}$ 与 8088 的 $\overline{REN}$ 相连，传送方向 DIR 与 8088 的 DT/$\overline{R}$ 相连。这样，当 8088 输出数据时，数据从 A 至 B；而输入时，数据从 B 至 A。8088 的控制线不需经驱动可以直接用做系统控制总线。IO/$\overline{M}$ 和 $\overline{RD}$、$\overline{WR}$ 3 个信号需经过如图 4-7 所示的组合才能得到存储器读信号 $\overline{MEMR}$，存储器写信号 $\overline{MEMW}$、I/O 读信号 $\overline{IOR}$ 和 I/O 写信号 $\overline{IOW}$。

6. 最大组态下的 8088 CPU 系统

IBM PC XT 机的 8088 工作在最大组态下，它的 CPU 系统除去协处理器 8087 后就是典型的最大组态下的 8088 CPU 系统（本书不讨论 8087，以后均为除去 8087 的 CPU 系统）。PC XT 的 CPU 电路如图 4-8 所示。它所使用的外围电路有：地址锁存器 74LS373、数据总线驱动器 74LS245、总线控制器 8288、时钟发生器 8284A 和中断控制器 8259（8259 见第 7 章）。

8288 的 IOB 引线接地，8288 工作在系统总线方式。8288 的 $\overline{AEN}$ 接至系统总线仲裁逻辑的 AEN BRD，CEN 接至系统总线仲裁逻辑的 $\overline{AEN}$（AEN BRD 的反相信号），74LS373 的 $\overline{OE}$ 也接至 $\overline{AEN}$。当总线设备进行 DMA 操作时，总线仲裁逻辑将 AEN BRD 置为高电平，于是 74LS373 的 $\overline{OE}$ 和 8288 的 $\overline{AEN}$、CEN 均无效。无效的 $\overline{OE}$ 信号使地址锁存器的输出为高阻浮空态，无效的 $\overline{AEN}$ 和 CEN 使 8288 的所有命令输出均为高阻浮空态，从而使数据总线驱动器 74LS245 的输入与输出，即 A 与 B 间不通。这样使得 8088 和系统总线脱开，由执行 DMA 操作的总线设备享用系统总线。通常情况下，总线仲裁逻辑使 AEN BRD 为低电平，由 8088 CPU 系统控制总线，8088 及其总线控制逻辑正常工作。

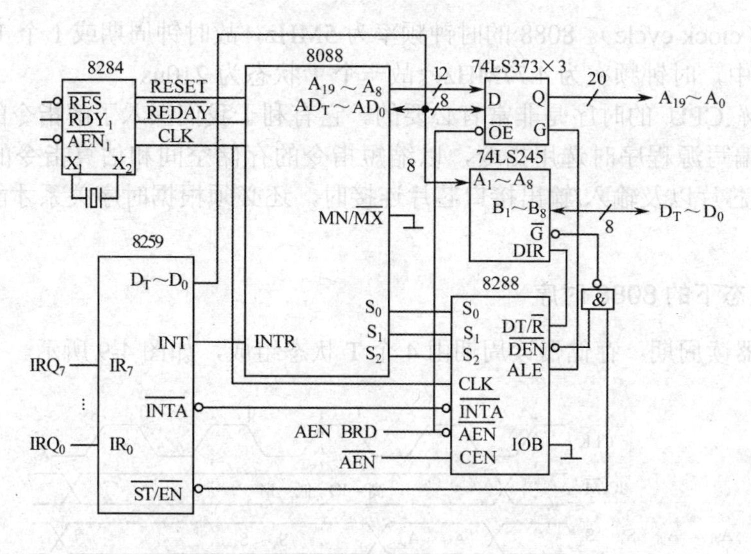

图 4-8　最大组态下的 8088 CPU 系统

中断控制器 8259 用来管理系统的中断。外部的硬件中断通过 8259 的 INT 引线向 8088 申请中断。仅当 8088 响应中断时，有效的 8259 $\overline{SP}/\overline{EN}$ 信号使 8088 的数据总线与系统的数据总线脱开，8259 把中断向量类型码送到 8088 的数据总线上供 8088 读取。

4.2.3　8088 的时序

1．指令周期、总线周期和 T 状态

众所周知，计算机是在程序的控制下工作的。我们先把程序放到存储器的某个区域，再命令机器运行，CPU 就发出读指令的命令，从指定的地址（由 CS 和 IP 给定）读出指令，它被送到指令寄存器中，再经过指令译码器分析指令，发出一系列控制信号，以执行指令规定的全部操作，控制各种信息在机器（或系统）各部件之间传送。简单地说，每条指令的执行由取指令（fetch）、译码（decode）和执行（execute）构成。对于 8088 CPU 来说，每条指令的执行有取指、译码、执行这样的阶段，但由于 CPU 内有总线接口部分 BIU 和执行部分 EU，所以在执行一条指令的同时（在 EU 中操作），BIU 就可以取下一条指令，它们在时间上是重叠的。上述的这些操作都是在时钟脉冲 CLK 的统一控制下一步一步进行的。它们都需要一定的时间（当然有些操作在时间上是重叠的）。

执行一条指令所需要的时间称为指令周期（instruction cycle）。但是，8088 中不同指令的指令周期是不等长的，因为，首先指令就是不等长的，最短的指令只需要 1 个字节，大部分指令是 2 个字节，最长的指令可能要 6 个字节。指令的最短执行时间是两个时钟周期，一般的加、减、比较、逻辑操作是几十个时钟周期，最长的为 16 位数乘除法指令约要 200 个时钟周期。

我们把指令周期划分为一个个总线周期（bus cycle）。基本的总线周期有存储器读或写周期、输入/输出端口的读或写周期和中断响应周期。每当 CPU 要从存储器或输入/输出端口存取一个字节就是一个总线周期；多字节指令，取指就需要若干个总线周期（当然，在 8088 中，它们可能与执行前面的指令在时间上重叠）。在指令的执行阶段，不同的指令也会有不同的总线周期，有的只需要一个总线周期，而有的可能需要若干个总线周期。

每个总线周期通常包含 4 个 T 状态（T state），T 状态是 CPU 处理动作的最小单位，它

就是时钟周期（clock cycle）。8088 的时钟频率为 5MHz，故时钟周期或 1 个 T 状态为 200ns。在 IBM PC XT 中，时钟频率为 4.77MHz，故一个 T 状态为 210ns。

学习和了解 CPU 的时序是非常有必要的。它有利于我们深入了解指令的执行过程，从而有助于我们编写源程序时选用指令，以缩短指令的存储空间和估算指令的执行时间。当 CPU 与存储器芯片以及输入/输出接口芯片连接时，还必须根据时序关系才能设计出正确的连接电路。

2. 最小组态下的 8088 时序

（1）存储器读周期。存储器读周期由 4 个 T 状态组成，如图 4-9 所示。

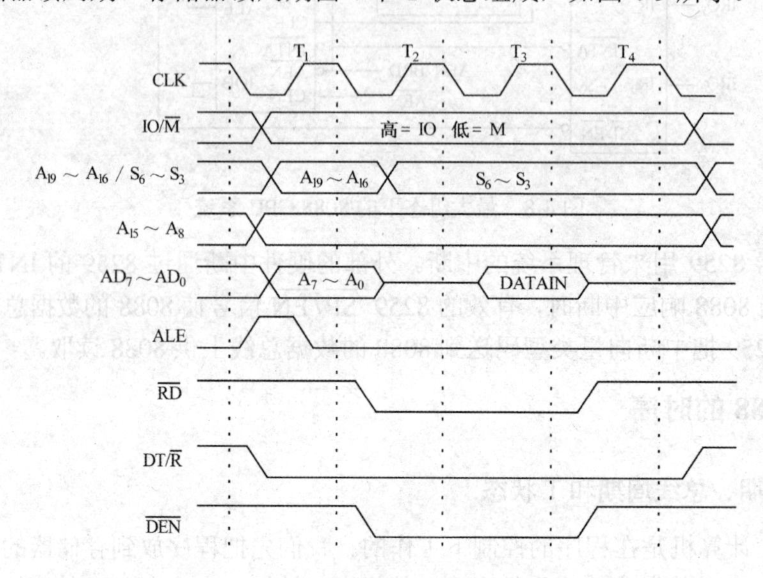

图 4-9　存储器读周期和输入周期时序

要从存储器的指定区域读出数据，首先需要由 $IO/\overline{M}$ 信号来确定是与存储器通信还是与外设通信。这个信号在 T_1 状态开始后就变为有效，若与存储器通信则它为低，而若与外设通信则它为高。

其次，要从指定单元读数据，则必须给出此单元的地址。8088 有 20 条地址线 A_{19}～A_0，但由于封装引线的限制，这些引线的用途不是单一的，而是由多路开关，按时间的先后，分成不同的用途。但从 T_1 状态开始，在这些线上出现的信号都是地址，地址信号由地址锁存允许信号 ALE 在 T_1 状态锁存到地址锁存器中。在 T_2 状态 A_{19}～A_{16} 线上的信号变为状态信号 S_6～S_3。而在 T_2 状态 A_7～A_0 变为三态，为以后读入数据做好准备。

再次，要读入数据就必须给出读命令，因此 $\overline{RD}$ 信号在 T2 状态起变为有效（此时 $\overline{WR}$ 信号为无效），用以控制数据传送的方向。于是所访问的存储器，已由地址信号经过译码，找到了指定的单元，由 $\overline{RD}$ 信号把指定单元的内容读出在引线 AD_7～AD_0 上。若在系统中，应用了数据发送接收芯片 8286 或 74LS245，则必须有控制信号 $DT/\overline{R}$ 和 $\overline{DEN}$。由于是读，故 $DT/\overline{R}$ 应为低电平 $\overline{DEN}$ 信号也在 T_2 状态有效，它作为 8286 或 74LS245 的选通信号。CPU 在 T3 状态的下降沿采样数据线，获取数据。

（2）存储器写周期。存储器写周期也由 4 个 T 状态组成，如图 4-10 所示。

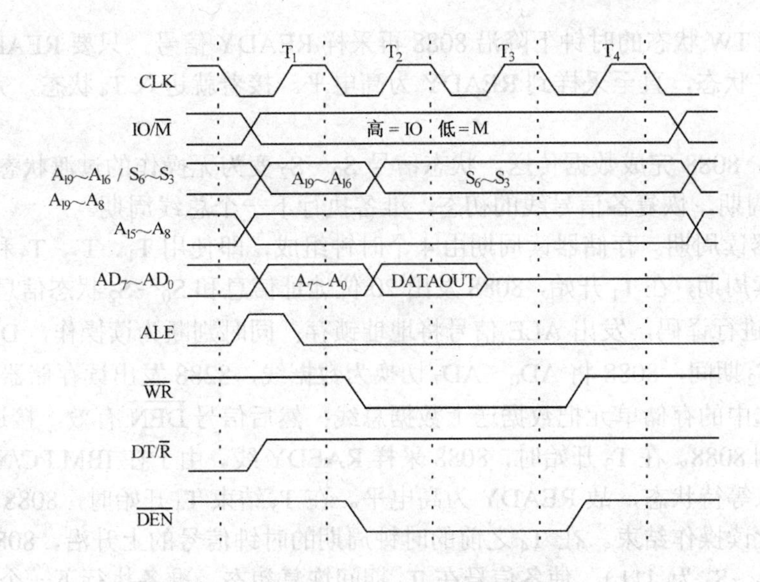

图 4-10 存储器写周期和输出周期时序

它与存储器读周期类似，首先也要有IO/$\overline{M}$信号来表示进行存储器操作。其次也要有写入单元的地址，以及 ALE 信号。不同的是要写入存储器的数据，在 T_2 状态，也即当 12 位地址线 $A_{19}\sim A_{16}$，$A_7\sim A_0$ 已由 ALE 锁存后，CPU 就把要写入的 8 位数据放至 $AD_7\sim AD_0$ 上。要写入，当然要由信号 $\overline{WR}$ 来代替 $\overline{RD}$ 信号，它也在 T_2 状态有效。因为要实现写入，故DT/$\overline{R}$信号应为高电平。

8088 在 T_4 状态后就使控制信号变为无效，所以实际上 8088 认为在 T_4 状态对存储器的写入过程已经完成。若有的存储器和外设来不及在指定的时间内完成写的操作，这时候也可以利用 READY 信号，使 CPU 插入 TW 状态，以保证时间配合。具有 TW 的写入时序与读时序类似，不再赘述。

3. 最大组态下的 8088 时序

在最大组态下 8088 的基本总线周期仍是由 4 个 T 状态组成的。在 T_1 状态时，8088 发出 20 位地址信号，同时送出状态信号 S_0、S_1、S_2 给总线控制器。总线控制器对 $S_0\sim S_2$ 进行译码，产生相应的命令控制信号。首先在 T_1 期间送出地址锁存允许信号 ALE，将 CPU 输出的地址信息锁存至地址锁存器中，再输出到系统地址总线上。

在 T_2 状态，8088 开始执行数据传送操作。此时，8088 内部的多路转换开关进行切换，将地址/数据线 $AD_0\sim AD_7$ 上的地址撤销，切换成数据线，为读/写数据做准备。发出数据允许信号 $\overline{DEN}$ 和数据发送/接收控制信号 DT/$\overline{R}$，允许数据收发器工作，使系统数据总线与 8088 的数据线接通，并控制数据传送的方向。同样，把地址/状态线 $A_{16}/S_3\sim A_{19}/S_6$ 切换成与总线周期有关的状态信息，指示若干与周期有关的情况。

在 T_3 周期开始的时钟下降沿上，8088 采样 READY 线。如果 READY 信号有效（高电平），则在 T_3 状态结束后进入 T_4 状态，在 T_4 状态开始的时钟下降沿，把数据总线上的数据读入 CPU 或写到地址选中的存储单元或外设，在 T_4 状态中结束总线周期。如果访问的是慢速存储器或外设接口，则应该在 T_1 输出的地址，经过译码选中某个单元或设备后，立即驱动 READY 信号到低电平。8088 在 T_3 的前沿采样到 READY 信号无效，就在 T_3 状态后插入等待周期 TW。在 TW 状态的时钟下降沿 8088 再采样 READY 信号，只要 READY 为低电平，就继续插入 TW 状态，直至采样到 READY 为高电平。接着就进入 T_4 状态，完成数据传送，结束总线周期。

在 T_4 状态，8088 完成数据传送，状态信号 S_0～S_2 变为无操作的过渡状态。在此期间，8088 结束总线周期，恢复各信号线的初态，准备执行下一个总线周期。

（1）存储器读周期。存储器读周期由 4 个时钟组成，即使用 T_1、T_2、T_3 和 T_4 4 个状态。

对存储器读周期，在 T_1 开始，8088 发出 20 位地址信息和 S_0～S_2 状态信息。总线控制器 8288 对 S_0～S_2 进行译码，发出 ALE 信号将地址锁存；同时判断为读操作，$DT/\overline{R}$ 信号输出为低电平。在 T_2 期间，8088 将 AD_0～AD_7 切换为数据线，8288 发出读存储器命令 $\overline{MRDC}$，此命令使地址选中的存储单元把数据送上数据总线；然后信号 $\overline{DEN}$ 有效，接通数据收发器，允许数据输入到 8088。在 T_3 开始时，8088 采样 RAEDY 线。由于在 IBM PC/XT 中所用的存储器不需要插入等待状态，故 READY 为高电平。在 T_3 结束 T_4 开始时，8088 读取数据总线上的数据，到此读操作结束。在 T_4 之前的时钟周期的时钟信号的上升沿，8088 就发出过渡的状态信息（S_0～S_2 为 111），使各信号在 T_4 期间恢复初态，准备执行下一个总线周期。存储器读周期的时序如图 4-11 所示。

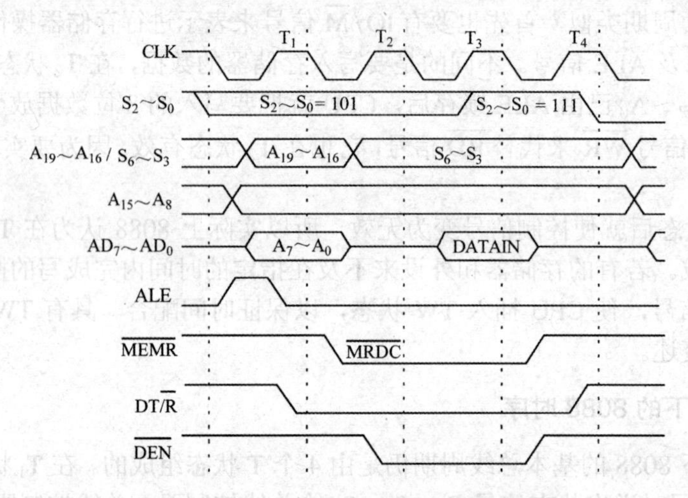

图 4-11　在最大组态时存储器读周期时序

（2）存储器写周期。存储器写周期由 4 个时钟组成，即使用 T_1、T_2、T_3 和 T_4 4 个状态。

存储器写周期，大部分过程与读周期类似，但执行的是写操作。T_1 期间 8088 发出 20 位地址信息和 S_0～S_2，8288 判断为写操作，则 $DT/\overline{R}$ 信号变为高电平。在 T_2 开始，8288 输出写命令 $\overline{AMWC}$，命令存储器把数据写入选中的地址单元中；同时 $\overline{DEN}$ 信号有效，使 8088 输出的数据马上经数据收发器送到数据总线上。T_3 开始，采样到 READY 为高电平，接着进入 T_4 状态，结束存储器写周期。存储器写周期的时序如图 4-12 所示。

由图中可看到在存储器写周期，8288 有两种写命令信号：存储器写命令 $\overline{MWTC}$ 和提前写命令 $\overline{AMWC}$，这两个信号大约差 200ns。

（3）I/O 读和 I/O 写周期。8088 的 I/O 总线周期时序与存储器读/写的时序是类似的。I/O 读/写周期和存储器读/写周期的时序基本相同，不同之点在于：

① 由于 I/O 接口的工作速度较慢，要求在 I/O 读写的总线周期中插入一个等待状态 TW，

所以，只要是 I/O 操作，等待状态控制逻辑就使 8088 插入一个等待状态 TW，即基本的 I/O 操作由 T_1、T_2、T_3、TW、T_4 组成，占用 5 个时钟周期。

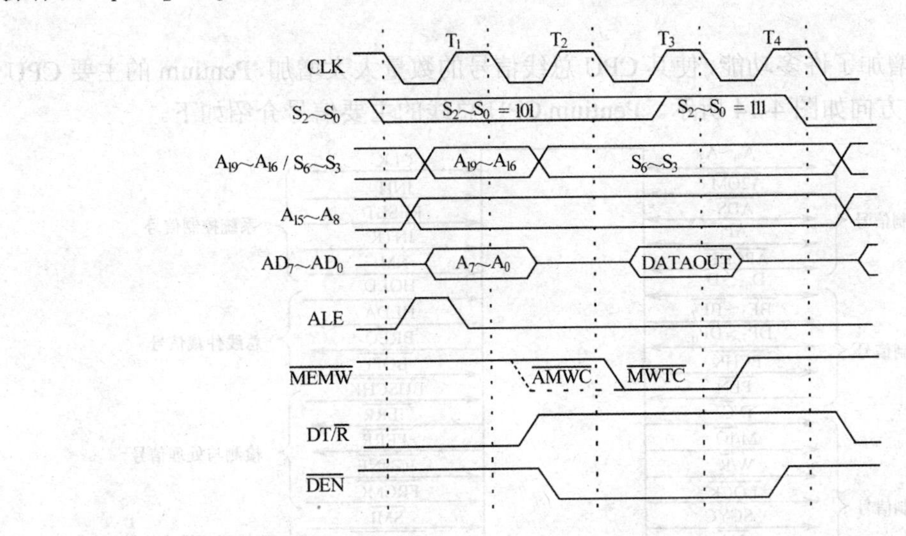

图 4-12　8088 在最大组态时存储器写周期时序

② T_1 期间 8088 发出 A_{15}～A_0 16 位地址信息，A_{19}～A_{16} 为 0。同时 S_0～S_2 的编码为 I/O 操作。

③ 在 T3 时采样到的 READY 为低电平，插入一个 TW 状态。

④ 8288 发出的读写命令是 $\overline{IORC}$ 和 $\overline{AIOWC}$（$\overline{IOWC}$ 未用）。

I/O 读和 I/O 写周期的时序如图 4-13 所示。

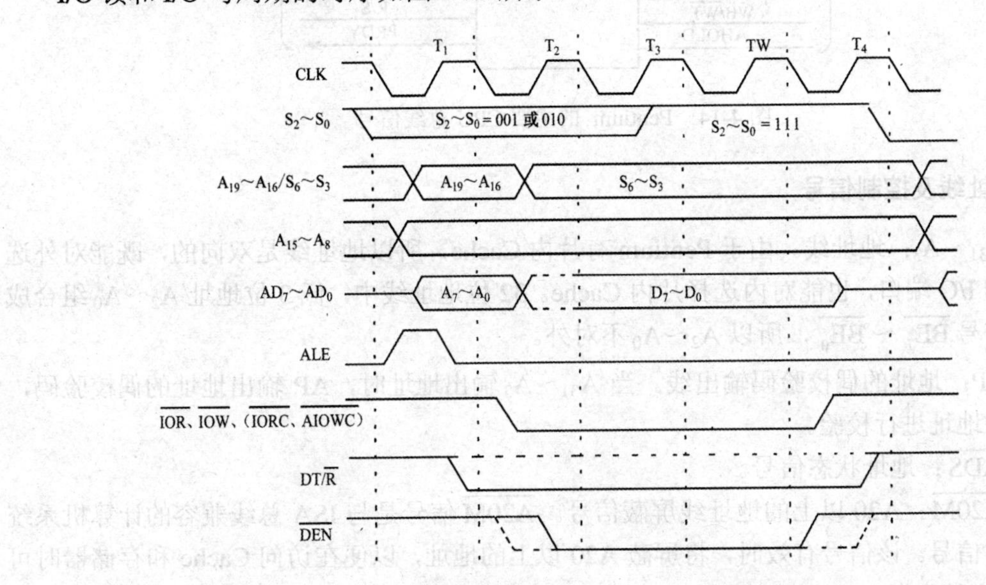

图 4-13　8088 在最大组态时的 I/O 读和 I/O 写周期的时序

4.3 Pentium 的 CPU 总线

Pentium 由于增加了许多功能，使其 CPU 总线信号的数量大大增加，Pentium 的主要 CPU 总线信号及其传输方向如图 4-14 所示。Pentium CPU 总线的主要信号介绍如下。

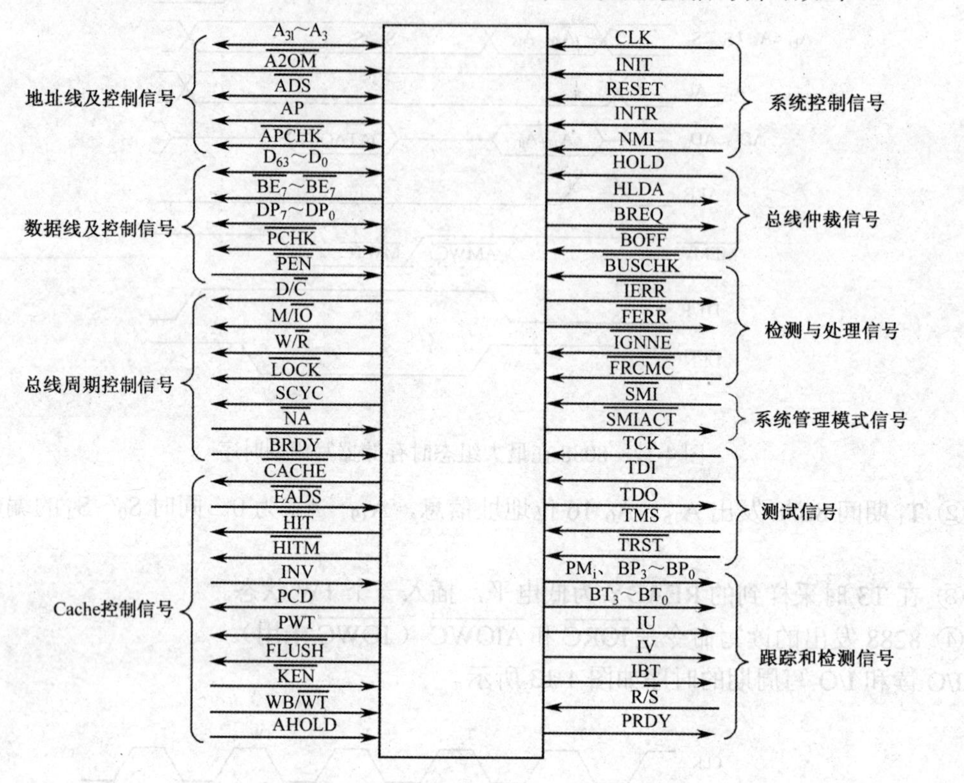

图 4-14　Pentium 的主要 CPU 总线信号

1．地址线及控制信号

（1）A_{31}～A_3：地址线。由于 Pentium 有片内 Cache，所以地址线是双向的，既能对外选择存储器和 I/O 端口，也能对内选择片内 Cache。32 位地址线中，低 3 位地址 A_2～A_0 组合成字节允许信号 $\overline{BE_7}$ ～ $\overline{BE_0}$，所以 A_2～A_0 不对外。

（2）AP：地址的偶校验码输出线。当 A_{31}～A_3 输出地址时，AP 输出地址的偶校验码，供存储器对地址进行校验。

（3）$\overline{ADS}$：地址状态信号。

（4）$\overline{A20M}$：A20 以上的地址线屏蔽信号。$\overline{A20M}$ 信号是与 ISA 总线兼容的计算机系统中必须有的信号。该信号有效时，将屏蔽 A20 以上的地址，以便在访问 Cache 和存储器时可仿真 1MB 存储空间。

（5）$\overline{APCHK}$：地址校验出错信号。在读取 Cache 时，Pentium 会对地址进行偶校验，如校验有错，则地址校验信号 $\overline{APCHK}$ 输出低电平。

2．数据线及控制信号

（1）D_{63}～D_0 数据线。

（2）$\overline{BE_7}$～$\overline{BE_0}$：字节允许信号。$\overline{BE_7}$～$\overline{BE_0}$：分别是 8 个字节（64 位数据）的允许信号。

（3）DP_7～DP_0：奇偶校验信号。在对存储器进行读操作或写操作时，每个字节产生 1 个校验位，通过 DP_7～DP_0 输出。

（4）$\overline{PCHK}$：读校验出错。在对存储器进行读操作出错时，该信号有效，以告示外部电路读校验出错。

（5）$\overline{PEN}$：奇偶校验允许信号。若该信号输入为低电平，则在读校验出错时处理器会自动作异常处理。

3．总线周期控制信号

（1）$D/\overline{C}$：数据/控制信号。该信号为高电平表示当前总线周期传输的是数据，为低电平则表示当前总线周期传输的是指令。

（2）$M/\overline{IO}$：储器/输入/输出访问信号。该信号为高电平时访问存储器，为低电平时则访问 I/O 端口。

（3）$W/\overline{R}$：读/写信号。该信号为高电平时表示当前总线周期进行写操作，为低电平时则是读操作。

（4）$\overline{LOCK}$：总线封锁信号。该信号为低电平时将锁定总线。$\overline{LOCK}$ 信号由 LOCK 指令前缀设置，总线被锁定时，其他总线主设备不能获得总线控制权，从而确保 CPU 完成当前的操作。

（5）$\overline{BRDY}$：突发就绪信号。该信号有效表示结束一个突发总线传输周期，此时外设处于准备好状态。

（6）$\overline{NA}$：下一个地址有效信号。该信号为低电平时，CPU 会在当前总线周期完成之前就将下一个地址送到总线上，从而开始下一个总线周期。

（7）SCYC：分割周期信号。该信号有效表示当前地址指针未对准字、双字或四字的起始字节，因此，要采用两个总线周期完成数据传输，即对周期进行分割。

4．Cache 控制信号

（1）$\overline{CACHE}$：Cache 控制信号。在读操作时，此信号有效表示主存中读取的数据正在送入 Cache；写操作时，此信号有效表示 Cache 中修改过的数据正写回到主存。

（2）$\overline{EADS}$：外部地址有效信号。此信号有效时外部地址有效，此时可访问片内 Cache。

（3）$\overline{KEN}$：Cache 允许信号。此信号确定当前存储器读周期传输的数据是否送到 Cache。如此信号有效，就会在存储器读周期中将数据复制到 Cache。

（4）$\overline{FLUSH}$：Cache 擦除信号。此信号有效时，CPU 强制对片内 Cache 中修改过的数据回写到主存，然后擦除 Cache。

（5）AHOLD：地址保持请求信号。该信号有效，Pentium 使地址处于高阻状态即无效状态，为 DMA 传输从地址线输入地址访问 Cache 做准备。

（6）PCD 和 PWT：片外 Cache 控制信号。PCD 为高电平时，当前访问的页面已在片内 Cache 中，所以不必访问片外 Cache。PWT 信号有效时，对片外 Cache 按通写方式操作，否则按回写方式操作。

（7）WB/$\overline{\text{WT}}$：片内 Cache 回写/通写选择信号。此信号为高电平时是回写方式；为 0 时则是通写方式。

（8）$\overline{\text{HIT}}$ 和 $\overline{\text{HITM}}$：Cache 命中信号和命中 Cache 的状态信号。$\overline{\text{HIT}}$ 为低电平时，表示 Cache 被命中；$\overline{\text{HITM}}$ 为低电平时，表示命中的 Cache 被修改过。

（9）INV：无效请求信号。此信号为高电平时，不能访问 Cache。

5．系统控制信号

（1）INTR：可屏蔽中断请求信号。

（2）NMI：非屏蔽中断请求信号。

（3）RESET：系统复位信号。

（4）INIT：初始化信号。

INIT 信号和 RESET 信号类似，都用于对 CPU 处理器进行初始化。但两者有区别，RESET 有效时，会使处理器在 2 个时钟周期内复位，而 INIT 有效时，处理器先将此信号锁存，直到当前指令结束时才执行复位操作。另外，用 INIT 信号复位时，只对基本寄存器进行初始化，而 Cache 和浮点寄存器中的内容不变。但不管是用 RESET 信号还是用 INIT 信号，系统复位以后，程序均从 FFFFFFFOH 处重新开始运行。

（5）CLK：系统时钟信号。

6．总线仲裁信号

（1）HOLD：总线请求信号。此信号是其他总线主设备请求 CPU 让出总线控制权的信号。

（2）HLDA 总线请求响应信号。此信号是对 HOLD 的应答信号，表示 CPU 已让出总线控制权。

（3）BREQ 总线周期请求信号。此信号是 CPU 向总线上其他拥有总线控制权的主设备提出的总线请求信号。此信号有效表示 CPU 当前已提出一个总线请求，并正在占用总线。

（4）$\overline{\text{BOFF}}$：强制让出总线信号。此信号有效时强制 CPU 让出总线控制权，CPU 接到此信号就立即放弃总线控制权，外部总线主设备用该信号可快速获得总线控制权。

7．检测与处理信号

（1）$\overline{\text{BUSCHK}}$：转入异常处理信号。当前总线周期未正常结束时 $\overline{\text{BUSCHK}}$ 信号有效，CPU 检测到此信号为低电平，便结束当前错误总线周期转入异常处理。

（2）$\overline{\text{FERR}}$：浮点运算出错的信号。

（3）$\overline{\text{IGNNE}}$：忽略浮点运算错误的信号。低电平有效，该信号有效时 CPU 会忽略浮点运算错误。

（4）$\overline{\text{FRCMC}}$ 和 $\overline{\text{IERR}}$：功能冗余校验信号和冗余校验出错信号。$\overline{\text{IERR}}$ 与 $\overline{\text{FRCMC}}$ 配合使用。$\overline{\text{FRCMC}}$ 信号有效，CPU 就进入冗余校验状态，如校验出错，则 $\overline{\text{IERR}}$ 输出低电平。

8. 系统管理模式信号

（1）$\overline{SMI}$：系统管理模式中断请求信号。

$\overline{SMI}$ 是进入系统管理模式的中断请求信号，用来进入系统管理模式。要退出系统管理模式时，可用 RSM 指令。

（2）$\overline{SMIACT}$：系统管理模式信号。该信号是对 $\overline{SMI}$ 信号的响应信号。$\overline{SMIACT}$ 有效表示系统管理模式中断请求成功，当前已处于系统管理模式。

9. 测试信号

（1）TCK：测试时钟输入。
（2）TDI：测试数据输入。
（3）TDO：测试数据输出。
（4）TMS：测试方式选择。
（5）$\overline{TRST}$：测试复位。

10. 跟踪和检测信号

（1）BP_3～BP_0 和 PM_1、PM_0：调试寄存器 DR3～DR0 中的断点匹配信号和性能监测信号。PM_1、PM_0 和 BP_1、BP_0 是复用的，由调试寄存器 DR_7 中的 GE 和 LE 两位确定，如 GE 和 LE 都为 1，则为 BP_1 和 BP_0，否则为 PM_1 和 PM_0。
（2）BT_3～BT_0：分支地址输出信号。
（3）IU：U 流水线完成指令的执行过程信号。
（4）IV：V 流水线完成指令的执行过程信号。
（5）IBT：指令发生分支信号。
IU、IV、IBT 都是输出信号，可通过对其电平的检测来跟踪指令的执行。
（6）$R/\overline{S}$：检测请求信号。
（7）PRDY：检测请求响应信号。

4.4 局部总线

4.4.1 ISA 局部总线

1. ISA（Industry standard architecture）局部总线扩充插座

Pentium 微型计算机采用 PCI 总线。早期的 Pentium 微型计算机的总线扩展槽包括 PCI 插槽和 ISA 插槽。在现今的 Pentium 微型计算机的主板上已经没有 ISA 插槽了。但是，通过 PCI 总线扩展卡及转换逻辑可将 PCI 总线信号转换为仿真 ISA 总线接口，可以基于该接口来学习常用接口芯片的接口方法。

ISA 总线是在原 PC XT 总线的基础上经过扩充修改而成的，原 PC XT 总线的信号线均不改变，只不过是在原 62 线的基础上再增加 36 根信号线，以适应 80286 系统的要求。ISA 总线的信号线共 98 根，其扩充插座的引脚也从 PC XT 的 62 个增加到 98 个。扩充插座分为两部分，前一部分为 62 脚（AB 槽）与 PC XT 总线插座完全相同，唯一的区别是 B_4 引脚的信号不同；PC XT 总线插座的信号是 IRQ_2，ISA 总线插座的信号是 IRQ_9；后一部分为 36 脚（CD 槽），全部是新增加的引脚。这 98 个引脚分为 A_1～A_{31}，C_1～C_{18} 和 B_1～B_{31}，D_1～D_{18}。ISA 总线的信号线与其扩展插座引脚的对应关系如图 4-15 所示。

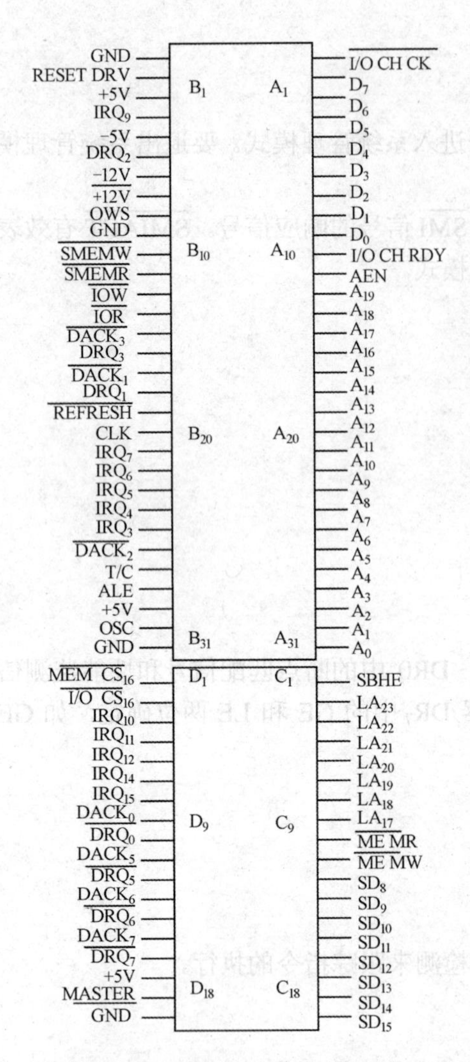

图 4-15　ISA 总线扩充插座引脚排列图

2. ISA 总线信号

ISA 总线的主要信号介绍如下。

（1）地址总线。A_{19}～A_0 这 20 条地址线可以寻址 1M 字节的存储空间。在存储器寻址时，可以使用全部 20 条线，在存储器读和存储器写周期，这些地址线都变为有效，指示存储器的地址。在端口访问时，只有 A_{15}～A_0 低 16 位有效，访问的端口数限制在 65636 个以内，这是 CPU 的限制，但在 PC 的设计中，仅使用了 A_9～$A_0$10 条地址线来寻址端口。因此，PC 总共可以访问的端口地址仅有 0～3FFH，总共 1024 个。

（2）数据总线。D_7～D_0 和 SD_{15}～SD_8 如 16 条数据线用于微处理器、存储器和 I/O 端口之间传输数据。在存储器读或写周期中，这 16 条数据线有效，将数据从源地址传送到目标地址。在存储器读周期，从存储器中读出数据送入数据总线，微处理器再从总线将数据读入；在存储器写周期，微处理器将数据送入数据总线，并将数据总线上的数据写入选中的存储器单元。在 I/O 端口的读或写操作时，同样利用 16 条数据线在端口与处理器之间传送数据。

（3）控制总线。

① $\overline{IOR}$：输入/输出读信号。该信号是低电平有效的输出信号，由 8288 总线控制器驱动。该信号有效表示当前的总线周期是一个 I/O 读周期，地址总线上的地址是一个 I/O 端口地址，接口电路应该把这一端口读入的数据送上数据总线供微处理器读取。

② $\overline{IOW}$：输入/输出写信号。该信号是低电平有效的输出信号，由 8288 总线控制器驱动。该信号有效表示当前的总线周期是一个 I/O 写周期，地址总线上有一个 I/O 端口地址，数据总线上人一个要写至该 I/O 端口的数据。接口电路应该利用这一信号将数据总线的数据写入输出寄存器寄存。

③ $\overline{MEMR}$ 和 $\overline{SMEMR}$：存储器读信号。该信号是低电平有效的输出信号，由 8288 总线控制器驱动。该信号有效表示当前的总线周期是一个存储器读周期，在地址总线上有一个有效的存储器读地址，指定的存储单元必须将其数据送上数据总线供微处理器读取。$\overline{MEMR}$

和$\overline{\text{SMEMR}}$是功能完全相同的两个信号，只是$\overline{\text{SMEMR}}$仅对低于1MB的存储地址有效。

④ $\overline{\text{MEMW}}$和$\overline{\text{SMEMW}}$存储器写信号。该信号是低电平有效的输出信号，由8288总线控制器驱动。该信号有效表示当前的总线周期是一个存储器写周期，在地址总线上有一个有效的存储器写地址，数据总线有一个数据要写至这个存储单元。$\overline{\text{MEMW}}$和$\overline{\text{SMEMW}}$同$\overline{\text{MEMR}}$和 $\overline{\text{SMEMR}}$一样，也是功能完全相同的两个信号，$\overline{\text{SMEMW}}$仅对低于1MB的存储地址有效。

⑤ ALE：地址锁存允许信号。这是由8288总线控制器驱动，高电平有效的输出信号。该信号有效表明一个总线周期开始了。该信号的下降沿用来锁存来自微处理器的地址线的地址信息。

⑥ AEN：地址允许信号。这是一个由DMA控制器发出的高电平有效信号，该信号有效表明系统正处于DMA总线周期。该信号用于由CPU控制的端口地址译码器，只有在该信号为低电平时，才对I/O端口地址进行译码，并由$\overline{\text{IOR}}$和$\overline{\text{IOW}}$控制I/O端口的读写。如果不使用该信号，则在DMA操作期间，由于$\overline{\text{IOR}}$或$\overline{\text{IOW}}$信号可能有效，它们与地址线一起可能会造成对端口品的误译码。

⑦ I/O CH RDY：I/O 通道就绪信号。该信号是用来表示I/O通道上的设备是否准备就绪的一个输入信号，用来延长总线周期，以适应慢速设备。如果I/O通道上的存储器或I/O端口要延长总线周期，那么在它译出其地址并接收到$\overline{\text{MEMR}}$、$\overline{\text{MEMW}}$、$\overline{\text{IOR}}$或$\overline{\text{IOW}}$信号时，就迫使I/O CH RDY电平变低，以插入等待状态。通过该线保持于无效电平（低电平）插入的等待状态可以将总线周期按210ns的增量延长到10个时钟周期。

⑧ $\overline{\text{I/O CH CK}}$：I/O 通道检测信号。该信号是一个低电平有效的输入信号。该信号一旦变为低电平，就会产生一次非屏蔽中断（NMI）。该信号一般用于提供关于存储器或I/O设备的奇偶校验信息。

⑨ IRQi：中断请求信号。这些信号直接送到主机板上的8259A中断控制器，如果IRQi未被屏蔽，该信号的上升沿就产生对微处理器的中断请求信号。

⑩ DRQi和$\overline{\text{DACK}_i}$：DMA请求信号和DMA响应信号。DRQi这几条信号线直接连到主机板上的DMA控制器，供I/O通道上的DMA控制器申请DMA周期。$\overline{\text{DACKi}}$则是由DMA控制器发出的与DRQi相应的响应信号，用来通知I/O通道，对应的DMA请求已被接受，DMA控制器将要开始处理所请求的DMA周期。

4.4.2 PCI局部总线

1. PCI（peripheral component interconnect）局部总线概述

PCI局部总线是Intel公司为适应奔腾高性能而开发的32/64位总线，它的总线时钟频率为系统主板时钟频率的1/2，是ISA总线的4倍。当系统主板时钟为66MHz时，PCI总线速率为33MHz。该总线最快时一个总线时钟即可实现32位即4个字节的传输，最大的数据传输速率可达33×4=132Mbps，是ISA总线的24倍。若数据总线为64位，则最大的数据传输速率可达264Mbps。

PCI总线是独立于处理器的，它不仅适用于Intel系列处理器，也适用于当今流行的其他处理器系列，如Alpha、Power PC、SPARC以及采用多处理器结构的下一代处理器。

PCI扩展总线除了上述的高速传输特性外,最突出的特点是实现了外部设备自动配置功能,按PCI总线规范设计的设备连入系统后能实现自动配置I/O端口寄存器地址、存储器缓存区、中断资源与自动检测诊断等一系列复杂而烦琐的操作，无须用户人工介入，真正做到设备即插即用（Plug & Play）。

2. PCI总线信号

PCI有120个引脚，大部分是双向的。PCI的分类信号以及各个引脚信号的命名、传输方向和有效电平如图4-16所示。图中左边的总线信号是32位总线必不可少的，右边则多数是扩展为64位总线时的信号。32位PCI总线有62对引脚位置，其中有两对用做定位缺口，故实际上只有60对引脚。

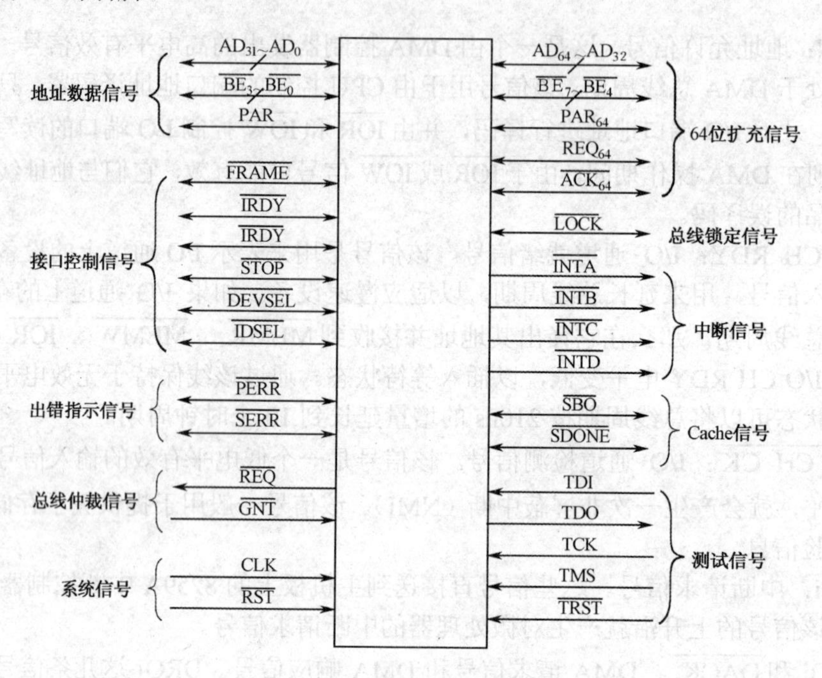

图4-16　PCI总线信号及分类

从众多的信号中，可以看出PCI控制器的复杂功能。使用PCI总线必须遵循PCI总线的传输协议，而PCI总线的传输协议的执行很复杂，给使用者带来一定的困难。为了推广PCI总线，降低PCI总线的使用难度，许多元件制造商纷纷推出PCI总线的传输协议控制芯片。AMCC公司生产的S5933和PLX Technology公司生产的PCI90×0就是这类芯片。PCI总线的传输协议控制芯片在PCI总线和用户应用电路之间完成PCI总线的传输协议的转换，使用户像使用SIA总线那样完成接口电路的设计。即使使用PCI总线的传输协议控制芯片，PCI板卡的开发也要比ISA板卡的开发复杂得多。因此，PCI总线的传输协议及其控制芯片的使用本书就不进行介绍了。

PCI总线设备有主控设备与从设备的区别。PCI总线信号介绍如下。

（1）地址和数据信号。

① AD_{31}～AD_0：地址/数据线。在PCI的同一个信号线上实现地址与数据的时分复用，一次总线传输由地址节拍与紧跟其后的一个或多个数据节拍所组成。地址节拍对应$\overline{FRAME}$信号开始生效的时钟周期，此时在AD_{31}～AD_0线上形成32位物理地址。对配置寄存器与存储器而言，32位地址全部有效。但对I/O端口而言，仅低16位地址有效，高16位默认为0。

在数据节拍期间，AD_7～AD_0 上传送最低位字节（LSB），AD31~AD24 上传送最高位字节（MSB），中间的字节依顺序对应。数据只能在 $\overline{IRDY}$ 与 $\overline{IRDY}$ 两个控制信号都有效时所对应的那些时钟周期内传输。

② $C/\overline{BE_3}$～$C/\overline{BE_0}$ 总线命令与字节使能复用信号。在 PCI 的同一个信号线上实现命令与字节使能的时分复用。在地址数据线处于地址节拍期间，$C/\overline{BE_3}$～$C/\overline{BE_0}$ 上传送总线命令；在地址数据线处在数据节拍的整个时期内传送字节使能信息。在 PCI 总线上不能简单地实现字节与字的传输。32 位的 PCI 总线通常每次传输 4 个字节，因而采用 $C/\overline{BE_3}$～$C/\overline{BE_0}$ 线的低电平使能信号来配合字节传输、字传输以及双字传输。即当地址/数据线处在数据节拍的整个时期内，用 $C/\overline{BE_3}$～$C/\overline{BE_0}$ 为低电平来表示哪几个字节传输的是有用数据，否则为无效字节。$C/\overline{BE_0}$ 对应第 1 个字节，即 AD7～AD0 8 条线上传送的数据；$C/\overline{BE_1}$ 对应第 2 个字节，即 AD_{15}～AD_8 8 条线上传送的数据；$C/\overline{BE_2}$ 对应第 3 个字节，即 AD_{23}～AD_{16} 8 条线上传送的数据；$C/\overline{BE_3}$ 则对应第 4 个字节，即 AD_{31}～AD_{24} 8 条线上传送的数据。因此在数据传输中，目标设备必须等待到 $C/\overline{BE_3}$～$C/\overline{BE_0}$ 信号有效时才能完成全部传输。

由 $C/\overline{BE_3}$～$C/\overline{BE_0}$ 这 4 根信号线组合的 12 种操作命令如表 4-2 所示。

表 4-2　PCI 总线命令

$C/\overline{BE_3}$～$C/\overline{BE_0}$	命　令	$C/\overline{BE_3}$～$C/\overline{BE_0}$	命　令
0000	中断响应	1000	保留
0001	特殊周期命令	1001	保留
0010	I/O 读命令	1010	读设备的配置空间
0011	I/O 写命令	1011	写设备的配置空间
0100	保留	1100	读多个 Cache 行
0101	保留	1101	传输 64 位地址
0110	存储器读命令	1110	读一个 Cache 行命令
0111	存储器写命令	1111	读多个 Cache 行命令

③ PAR：奇偶校验信号。它是对 AD31～AD0 与 $C/\overline{BE_3}$～$C/\overline{BE_0}$ 进行偶校验得到的校验码，即 32 根地址数据线上，4 根 $C/\overline{BE_3}$～$C/\overline{BE_0}$ 线上和 PAR 线上所有"1"的个数应等于某个偶数。读操作时校验码送往 CPU，写操作时校验码送往存储器或外设。

（2）接口控制信号。

① $\overline{FRAME}$：帧周期信号。该信号有效，表示正在进行一个数据传输总线周期。$\overline{FRAME}$ 信号触发之时即为数据传输开始时刻，并在传输期间保持低电平。

② $\overline{IRDY}$：主设备准备好信号。该信号有效，表示发起传输的主设备已能完成当前数据节拍的传输。$\overline{IRDY}$ 是与 $\overline{IRDY}$ 配合使用的，一个数据节拍必须在 $\overline{IRDY}$ 与 $\overline{IRDY}$ 两者都有效的时钟内进行。在读期间，$\overline{IRDY}$ 表示主设备正在接收数据；在写期间，则表示 AD31~AD0 总线上的数据有效。

③ $\overline{IRDY}$：从设备准备好信号。该信号有效，表示从设备已能完成当前数据节拍的传输。$\overline{IRDY}$ 是与 $\overline{IRDY}$ 配合使用的，一个数据节拍必须在 $\overline{IRDY}$ 与 $\overline{IRDY}$ 两者都有效的时钟内进行。在读期间，$\overline{IRDY}$ 表示 AD_{31}～AD_0 总线上的数据有效；在写期间，则表示从设备正在接

收数据。

④ $\overline{STOP}$：停止信号。从设备利用该信号向主设备请求停止当前的数据传输过程。

⑤ $\overline{DEVSEL}$：设备选择信号。主设备已经解码出当前要访问的目标地址时输出该信号；若为输入信号时则表示总线上的某一设备已经被选中。

⑥ $\overline{IDSEL}$：初始化设备选择信号。这是 PCI 总线对即插即用卡进行配置时的适配卡选择信号，每次只有一个 PCI 槽上的$\overline{IDSEL}$有效，以选中唯一的一个适配卡。

$\overline{FRAME}$、$\overline{IRDY}$、$\overline{IRDY}$和$\overline{STOP}$都是用来对总线进行控制的信号，前两个由主设备控制，后两个由从设备控制，这些都是为了防止某个设备长时间占用总线而设置的信号。

（3）出错指示信号。

① $\overline{PERR}$：数据奇偶校验出错信号。除特殊周期外，其他的 PCI 传输都有数据奇偶错误的报告功能。设备接收数据占用 2 个时钟，当检测到一个数据奇偶错误时，PERR 会被设备驱动到有效的低电平。

② $\overline{SERR}$：系统出错信号。该信号专门报告地址奇偶错误，特殊周期命令中的数据奇偶错误或者其他任何灾难性的系统错误，此时系统产生不可屏蔽中断 NMI。必须注意：$\overline{SERR}$需要通过微弱的上拉才能脱离有效电平，一般取 2～3 个时钟周期的微弱上拉就足以使$\overline{SERR}$复位而回到高电平。

（4）总线仲裁信号。

① $\overline{REQ}$：总线请求信号。表示驱动该信号的外部设备向仲裁方提出请求，希望使用总线。这是一个点对点的信号，每一个 PCI 主控设备都有自身的$\overline{REQ}$，当执行$\overline{RST}$时都处于高阻禁止状态。

② $\overline{GNT}$：总线请求允许信号。这是对总线请求信号的答应信号，表示允许提出申请的主设备使用总线。

当$\overline{RST}$有效时。仲裁方会撤销所有的$\overline{REQ}$信号，因为它们都是处在高阻状态而无法维持请求。在$\overline{RST}$操作结束后，仲裁方才能实施仲裁。同理，当$\overline{RST}$有效时，主控设备也必将撤销$\overline{GNT}$信号。

（5）系统信号。

① CLK：系统时钟信号。PCI 总线上所有操作的定时同步时钟,对任何 PCI 设备而言都是输入信号。PCI 总线一般在 33MHz 或 66MHz 时钟下工作。在 PCI 总线中，除$\overline{RST}$、$\overline{INTA}$、$\overline{INTB}$、$\overline{INTC}$和$\overline{INTD}$以外，所有其他的信号都是同步于时钟的上升沿，每个信号都有相对于该时钟沿的建立时间和保持时间，在此期间不允许有信号抖动。

② $\overline{RST}$复位信号。复位信号使用 PCI 总线信号进入初始化状态。复位时，PCI 的全部输出信号都处于无效或者高阻状态。RST 的 CLK 时钟可以不同步，但要保证信号边沿没有拉动。

（6）64 位扩充信号。

① AD_{63}～AD_{32}地址/数据扩充信号。当总线周期信号$\overline{FRAME}$有效时，这些引脚传输高 32 位地址，主设备准备好信号$\overline{IRDY}$和从设备准备好信号$\overline{IRDY}$都有效时，这些引脚传输高 32 位数据。

② $\overline{BE_7}$～$\overline{BE_4}$：总线命令/字节允许扩充信号。在总线传输地址时，这 4 个信号为 CPU

等总线主设备向从设备发出的命令，在总线传输数据时，这 4 个信号传输高 32 位数据的字节允许信号。

③ PAR_{64}：奇偶校验信号。这是对高 32 位地址和高 32 位数据的奇偶校验信号。

④ REQ_{64}：64 位传输请求信号。这是主设备要求进行 64 位数据传输的信号。

⑤ $\overline{ACK_{64}}$：64 位传输应答信号。这是对 REQ64 的应答信号。

（7）总线锁定信号。

$\overline{LOCK}$：总线锁定信号。$\overline{LOCK}$ 信号是 PCI 总线设备发出的并结合 $\overline{GNT}$ 信号的一个数据传输控制信号，其控制权只能属于主设备。此信号有效时阻止其他设备中断当前的总线周期，以保证总线主设备完成传输。

（8）中断信号

$\overline{INTA}$、$\overline{INTB}$、$\overline{INTC}$ 和 $\overline{INTD}$：从设备的中断请求信号。在 PCI 中，中断是可以灵活选择的。PCI 系统在自动配置时依据资源的分配情况，将相关中断引脚自动连接到系统中断控制器的某根中断请求线上，从而建立起请求中断的通道。对于单一功能的设备，只能使用 $\overline{INTA}$；而对于多功能的设备，4 个都可使用，且可以是任意的一个或者几个，这就是为 PCI 板卡的设计提供了很大的灵活性。

（9）Cache 信号。

① $\overline{SBO}$：测试 Cache 后返回信号。此信号有效表示对已修改 Cache 行查询测试命中，从而支持 Cache 的通写或回写操作。

② $\overline{SDONE}$：Cache 测试完成信号。此信号有效表示当前对 Cache 的查询测试周期已完成。

（10）测试信号。这一主信号在相应软件支持下可进行如下测试：

① TCK：对时钟信号进行测试。

② TDI：对输入数据进行测试。

③ TDO：对输出数据进行测试。

④ TMS：对模式选择进行测试。

⑤ $\overline{TRST}$：对复位信号 RESET 进行测试。

4.5 通用外部总线

IDE（EIDE）总线和 SCSI 总线都是并行外部总线，IDE（EIDE）总线价格便宜但速度较慢，SCSI 总线速度快但价格高。两者都用于主机和硬盘的连接，IDE（EIDE）用于微型计算机系统中，SCSI 主要用于高性能计算机、小型机、服务器和工作站中。USB 是当前通用的串行总线，广泛用于微型计算机系统中。

1. 并行外部总线 IDE 和 EIDE

IDE（integrated drive electronics）总线是 Compaq 公司联合 Westrn Digital 公司专门为主机和硬盘连接而设计的外部总线，也适用于光驱和软驱的连接，IDE 也称为 ATA（AT attachable）接口。当前，在微型计算机系统中，主机和硬盘之间都采用 IDE 或 EIDE 总线连接。

IDE 通过 40 芯扁平电缆将主机和磁盘子系统或光盘子系统相连，采用 16 位并行传输，其中，除了数据线外，还有DMA请求和应答信号、中断请求信号、输入/输出读信号、输入/输出写信号和复位信号等。IDE的传输速率为8.33MBps，每个硬盘的最高容量为528MB。一个IDE接口可连两个硬盘，硬盘的连接有三种模式。只连接一个硬盘时为Spare即单盘模式；连接两个硬盘时，其中一个为Master即主盘模式；另一个为Slave即从盘模式。使用时，模式可随需要而改变，这只要按盘面上的指示图改变跨接线即可。当前大多数微型计算机系统中设置了两个IDE接口，可连接4个硬盘或光驱。

增强型IDE即EIDE在IDE基础上进行了多方面的改进，尤其是采用了双沿触发技术（即上升沿和下降沿都作为有效触发信号），使其获得双数据率即DDR（double data rate），EIDE的传输速率为18MBps。EIDE后来称为ATA-2，在此基础上改进为ATA-3，在ATA-3的基础上，不久又推出了传输率更高的 ATA33 和 ATA66，它们的传输速率分别可达 33MBps 和66MBps。这就是当前微型计算机系统中广泛使用的磁盘连接总线。

2. SCSI总线

小型计算机系统接口SCSI（small computer system interface）是一个高速智能接口，可以作各种磁盘、光盘、磁带机、打印机、扫描仪条码阅读器以及通信设备的接口。SCSI 是处于主适配器和智能设备控制器之间的并行输入/输出接口，一块主适配器可以连接7台具有SCSI接口的设备。SCSI接口总线由8条数据线、一条奇偶校验线、9条控制线组成。SCSI可以采用单级和双级两种连接方式，单级连接方式就是普通的连接方式，最大传输距离可达6m，双级连接方式则是通过两条信号线传送差分信号，有较高的抗干扰能力，最大传输距离可达25m。

为了提高数据传输率，改善接口的兼容性，20世纪90年代又陆续推出了SCSI-2和SCSI-3标准。扩充了 SCSI 的命令集，提高了时钟速率和数据线宽度，使其最高数据传输率可达40MBps。另外还推出串行SCSI，使串行数据传输率达到640MBps（电缆）或1GBps（光纤）。

3. 通用串行总线USB

USB（universal serial bus）是Intel、DEC、Compaq、Microsoft和IBM等公司1996年共同制定的串行接口标准，其设计初衷是作为一种通用的串行总线，能够用一个USB端口连接所有不带适配卡的外设，提供所谓“万用”（one size fits all）连接功能。而且可以在不开机箱的情况下增减设备，支持即插即用功能。

USB的连接方式很简单，只用一条长度可达5m的4芯电缆（2根电源线，2根信号线以差分方式串行传输数据），不需要另加接口卡，便可把不同的接口统一起来。USB 可用菊花链式或集线器式两种方式连接多台设备，前者是链式扩展的，可连接多台外设，而后者是星形扩展的，可连接多达127台外设。

USB适用于不同的设备要求，既可用于连接低速的外围设备，如键盘、鼠标等，也可用于中速装置，如移动盘、Modem、扫描仪、数码相机和打印机等。USB可使中速、低速的串行外设很方便地与主机连接，不需要另加接口卡，并在软件配合下支持即插即用功能。不过，USB对硬件和软件两方面都提出了要求，硬件上，CPU必须为Pentium以上的芯片；软件上，必须为Windows 98以上的版本。1996年推出的是USB1.0版本规范，2000年4月又推出了USB2.0版，既支持更高性能的外设的连接，也支持低速外设的连接。现在的PC大多配备了USB 功能，而且市场上采用 USB 接口的外设越来越多，价格也较低廉。随着 USB2.0 输入/

输出带宽的显著提高，进一步刺激了USB外设的发展，随着新标准的推出，用户很快就可享受更快的宽带 Internet 接口、分辨率更高的电视会议摄影机、新一代打印机和扫描仪以及更快的外置存储设备。

USB之所以能被大家广泛接受，主要是其有以下主要特点：

（1）速度快。USB1.1 接口支持的数据传输率最高为 12Mb/s；USB2.0 接口支持的传输速度高达 480Mb/s。

（2）连接简单快捷，可进行热插拔。USB 接口设备的安装非常简单，在计算机正常工作时也可以进行安装，无须关机、重新启动或打开机箱等操作。

（3）无须外接电源。USB 提供内置电源，能向低压设备提供+5V 的电源，使得系统不用另外配备专门的交流电源以供新增外设使用。

（4）扩充能力强。USB 支持多设备连接，减少了 PCI/O 口的数量，避免了 PC 插槽数量对扩充外设的限制以及如何配置系统资源的问题。使用设备插架技术最多可扩充 127 个外围设备。

（5）具有高保真音频。在使用 USB 音箱时，由于是在计算机外生成 USB 的音频信息，从而减少了电子噪声对声音质量的干扰，使系统具有较高的保真度。

（6）良好的兼容性。USB 接口标准具有良好的向下兼容性，以 USB2.0 和 USB1.1 标准为例，USB2.0 标准就能很好的兼容以前的 USB1.1 的产品。系统在自动监测到 1.1 版本的接口类型时，会自动按照以前的低速 1.5Mbps 或中速 12Mbps 的速度进行传输，而其他的采用 USB2.0 标准的设备，并不会因为接入了一个 USB1.1 标准的设备，而减慢它们的速度，它们还是能以 USB2.0 标准所规定的高速进行传输。

4．视频接口 AGP

在 20 世纪 90 年代后期，计算机中的内存与图形适配器之间是用 PCI 总线连接的，其最大的数据传输率为 133MBps。同时，由于硬盘控制器、LAN 卡和声卡等都是通过 PCI 总线同内存交换数据的。因此，实际的数据传输率远低于 133MBps。而在三维图形数据处理时不仅要求惊人的数据量，而且要求更宽广的数据传输频宽。例如，对 640×480 的分辨率，要求全部的数据频宽高达 370 MBps；若分辨率提高到 800×600，总频宽流量为 580 MBps；若显示器分辨率提高到 1024×768，则总频宽要求更高。原有计算机中 133 MBps 数据传输率的 PCI 总线就成为高速传送视频数据的一大瓶颈。

加速图形端口 AGP（Accelerated Graphics Port）就是 Intel 公司于 1996 年 7 月开发的专为实现高速图形显示的视频接口，习惯上称其为总线。AGP 实际上是建立在 PCI 总线基础上为了加快三维图形处理的视频接口技术，它用一种超高速的连接机构连接内存和显示适配器，将显示适配器中的数据通道和内存直接连接，实现高速存取。另外 AGP 还利用双沿触发技术，使数据传输率提高一倍。当采用 AGP2.0 技术后，AGP 的时钟频率为 133MHz，有效频宽为 1GBps，是传统 PCI 的 8 倍。

AGP 不是像 PCI 总线那样将地址线和数据线设置在同一组引脚上分时复用，而是完全分开，这样就没有“切换”的开销，提高了随机访问内存时的性能。AGP 对内存实现流水线式的读/写，提高了数据传输速率。同时 AGP 是高速图形适配器的一条专用信息通道，不用与其他任何设备共享，任何时候想使用该信息通道都会立即得到响应，效率极高。另外，由于将图形适配器从 PCI 总线上分离出来，减轻了 PCI 总线的负担，使 PCI 总线上的其他设备的工作效率随之提高。

AGP 接口除可以采用直接存储器存取（direct memory access）方式传输视频数据外，还支持直接内存执行（direct memory execute）方式。DME 方式是通过硬件和软件互相配合进行调度的，它将内存的一部分作为显存来使用。因此，可以直接在系统内存中处理图形数据，而不再像传统机制中那样在内存和显存之间传输每一个视频数据，这样极大地减少了数据传输量，提高了性能。

4.6 Pentium 微型计算机系统

早期的 PC 微型计算机系统中，控制芯片配合 CPU 控制整个系统的运行。控制芯片是一个个独立的芯片，包括时钟发生器、总线控制器、计数器/定时器、DMA 控制器、并行接口、串行接口、Cache 控制器、各个芯片的片选信号发生器和逻辑电路等。当前的 Pentium 微型计算机系统中，通过 PCI 总线和总线扩展桥把各个控制芯片连接在一起，总线和控制系统的功能是由控制芯片组提供的。

最早的控制芯片组是 82C206 芯片组，这是伴随 80386 产生的，其中包括了 5 个芯片，主芯片就是 82C206，它集成了时钟发生器、总线控制器、计数器/定时器 8254、两级级联的中断控制器 82C59A 和两级级联的 DMA 控制器 8237A，以及存储器映像器，再加上 4 个含有串行接口、并行接口和逻辑电路的附加芯片，实现对整个微型计算机系统的控制和总线管理。

目前的控制芯片组一般只有 3 个芯片，而且可以实现更多的功能。至今为止，已经出现众多型号的控制芯片组，其中有代表性的是北桥-南桥控制芯片组和 MCH-ICH 集中式控制芯片组。

1．北桥-南桥式控制芯片组与微型计算机系统

北桥-南桥式控制芯片组由两个主控芯片和一个附加芯片组成，两个主控芯片称为北桥和南桥，附加芯片为 Super I/O，简称 SIO。

430/440/450 系列控制芯片组就是最广泛使用的北桥-南桥式控制芯片组，主要用于 Pentium Ⅰ和 Pentium Ⅱ系统中。构成系统时，两个主控芯片在主机板中按上北下南的分布位置分别称为北桥和南桥。

北桥芯片面向 CPU、Cache 和内存、显示部件，并且承担对 PCI 总线的部分管理，北桥是最靠近 CPU 的芯片，连接 CPU 总线和 PCI 总线，数据处理量和传输量非常大，所以北桥芯片需覆盖有散热片。

南桥芯片管理 PCI 总线，ISA（EISA）总线、IDE（EIDE）总线和 USB 总线，并且通过 SIO 芯片实现对众多外设的管理。南桥芯片位于下方，引出 PCI 总线插槽、ISA 总线插槽以及众多的 I/O 插槽。插槽是成组的，每一组插槽可能有多个，同一组中的插槽没有区别。比如，一块符合 PCI 总线标准的插件板可插在任何一个 PCI 插槽上。

以北桥和南桥芯片组构建的微型计算机系统的示意图如图 4-17 所示。

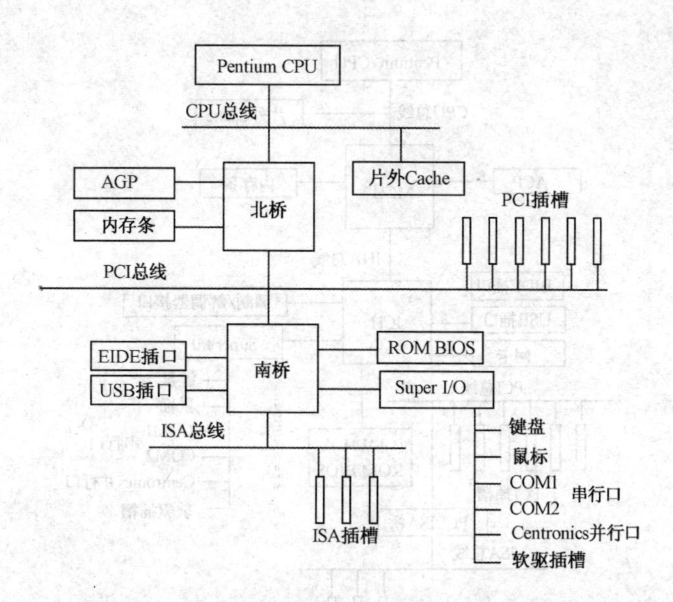

图 4-17　以北桥和南桥芯片组构建的微型计算机系统的示意图

2．MCH-ICH 集中式控制芯片组与微型计算机系统

随着微型计算机技术的发展，控制芯片组不断改进，继北桥-南桥芯片组之后，又出现了以 810/820/850/855/865/875/82915/82925 为代表的集中式控制芯片组，其中包括两个主控芯片 GMCH（graphics and memory controller hub）和 ICH（I/O controller hub），另外还有两个附加芯片 SIO 和 FWH（firm ware hub），GMCH 也常称为 MCH，主要用于 Pentium□系统中。

和北桥-南桥芯片组不同的是，集中式控制芯片组的两个主控芯片之间不通过 PCI 总线连接，而是用 IHA（Intel hub architecture）专用总线连接，片间的专用总线上不连任何其他部件。IHA 是 8 位总线，每个时钟周期进行 4 次传输，速度为 PCI 总线的两倍，IHA 总线因为是专用的，所以几乎没有干扰。这种设计方法使两个主控芯片之间的信息传输不再有瓶颈情况，而且使连接在 ICH 上的外设和 CPU 之间的通信状态也得到改善。

MCH 面向 CPU、Cache、内存和图形显示，ICH 面向 PCI 总线管理、IDE（EIDE）、USB 以及 SIO 和 FWH 芯片。

ICH 芯片提供对 PCI 总线的驱动和管理功能，由此引出多个 PCI 插槽，含有网卡和调制/解调器，并含有多个外设接口部件，提供 2 个 EIDE 接口和 4 个 USB 接口，此外，ICH 提供和 SIO 芯片的连接功能，通过 SIO 为慢速设备如软盘、键盘、鼠标提供接口，并为打印机等外设提供串行接口和并行接口。

FWH 是一个附加芯片，包含了主板 BIOS 和显示 BIOS 以及一个用于数字加密、安全认证等领域的硬件随机数发生器。

由于使用 ISA 总线的设备逐渐趋于淘汰，所以在 MCH-ICH 集中式芯片组架构中，不直接引出 ISA 插槽，必要时，通过 PCI/ISA 扩展桥（多功能外围接口芯片组 82371AB），再扩展出 ISA 总线。

当前最新的微型计算机系统多数使用 MCH-ICH 集中式控制芯片组。以 MCH-ICH 集中式控制芯片组构建的微型计算机系统的示意图如图 4-18 所示。

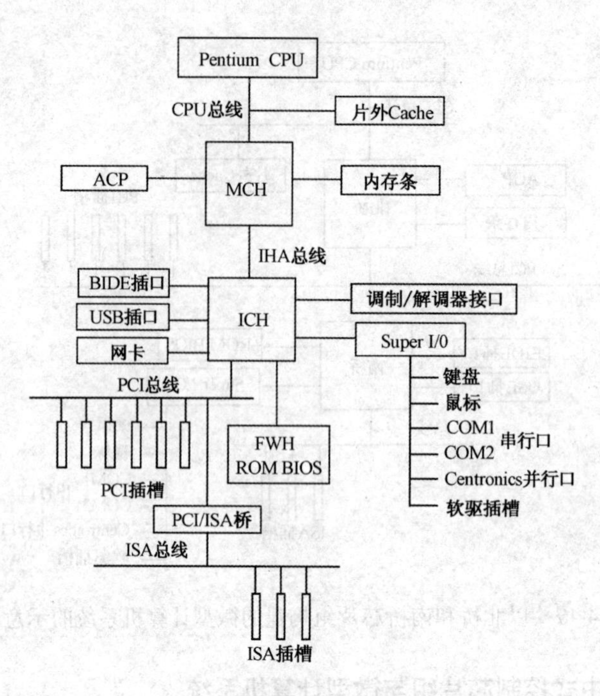

图 4-18　MCH-ICH 集中式控制芯片组构建的微型计算机系统的示意图

集中式控制芯片组的性能比北桥-南桥式有大幅度提高。MCH 和 CPU 之间的传输率可达 3.2GBps，连接的内存容量可达 3GB，支持 AGP 的传输率超过 1GBps；ICH 最多可支持 4 个 EIDE 总线通道，传输率达 100MBps，可支持 4 个 USB 接口，传输率达 24MBps，支持 100MBps 的网卡，支持 FWH 即 ROM BIOS 的容量可超过 4MB。

习　题　4

4.1　什么是总线？微型计算机内常有的总线有哪几类？

4.2　8086/8088 的最小组态和最大组态的区别何在？

4.3　8088 的 AD_7～AD_0 是何引线？在构成系统时，应如何处理？

4.4　RESET 信号来到后，8086/8088 CPU 的 CS 和 IP 分别等于多少？

4.5　IBM PC/XT 的控制核心有哪些部件？各自的作用是什么？

4.6　什么是指令周期、总线周期、机器周期和时钟周期？

4.7　为什么要学习和了解 8086/8088 CPU 的时序？

4.8　存储器读周期和存储器写周期的主要区别是什么？

4.9　I/O 周期与存储器读/写周期有何异同？8086/8088 CPU 发送和接收数据受什么信号控制？

4.10　ISA 总线中，$\overline{MEMR}$、$\overline{MEMW}$、$\overline{IOR}$ 和 $\overline{IOW}$ 信号的作用是什么？

4.11　PCI 总线信号可分为哪几类？

4.12　通用外部总线有哪几种？分别适合什么外部设备使用？

4.13　以北桥和南桥芯片组构建的微型计算机系统中的北桥和南桥各自有什么作用？

4.14　以 MCH-ICH 集中式控制芯片组构建的微型计算机系统中使用了哪几个芯片？各自有什么作用？

第 5 章　半导体存储器

5.1　存储器概述

存储器是计算机系统中的记忆装置，用来存放程序和数据。更确切地说，存储器是存放二进制编码信息的硬件装置。

1．存储器的类型

从不同角度出发，存储器有不同的分类方式。

（1）按工作时与 CPU 联系密切程度分类，可分为主存和辅存，或称为内存和外存。主存直接和 CPU 交换信息，且按存储单元进行读写数据。辅存则是作为主存的后援，存放暂时不执行的程序和数据，它只是在需要时与主存进行批量数据交换，因此辅存通常容量大，但存取速度慢。

（2）按存储元件材料分类，可分为半导体存储器、磁存储器及光存储器。半导体存储器主要用做主存，而磁和光材料主要作大容量辅存，如磁盘、磁带、光盘等。

（3）按存储器读/写方式分类，可分为随机存储器和只读存储器。随机存储器中任何存储单元都能随时读/写，即存取操作与时间、存储单元的物理位置顺序无关。而只读存储器中存储的内容是固定不变的，联机工作时只能读出不能写入。随机存储器通常记为 RAM（random access memory），只读存储器记为 ROM（read only memory）。

2．存储器的性能指标

存储器的主要性能指标有 5 项： 存储容量、存取速度、可靠性、功耗及性能价格比。

（1）存储容量。存储容量是存储器的一个重要指标。通常存储容量用其存储的二进制位信息量描述，用其存储单元数与存储单元字长乘积表示，即容量=字数×字长。例如，容量为 16K 字节即 16K×8，它表示存储器有 16×1024=16384 个存储单元，每个存储单元字长为 8 位。若容量为 4K×16，则表示存储器有 4096（4×1024）个存储单元，每个存储单元字长为 16 位。微型计算机中的存储器几乎都以字节进行编址的，即总认为一个字节是一个基本字长，所以常用存储器的字节数表示容量，例如，PC XT 内存为 256K、386 内存为 4M、486 内存为 8M，即为 256K 字节、4M 字节、8M 字节。

（2）存取速度。存取速度是指 CPU 从存储器存入或取出数据所需要的时间，存取时间又称为访问时间或读/写时间。读出时间是指从 CPU 向存储器发出有效地址和读信号开始，直到将被选中单元的内容送上数据总线为止所用的时间；写入时间是指从 CPU 向存储器发出有效地址和写信号开始，直到将 CPU 送上数据总线上的内容写入被选中单元为止所用的时间。显然，存入或取出数据所需要的时间越短，存取速度越快。

（3）可靠性。可靠性是指在规定的时间内，存储器无故障读/写的概率。通常用平均无故障时间来衡量存储器的可靠性 MTBF（mean time between failures）。MTBF 表示两次故障之间的平均时间间隔，时间越长说明存储器的可靠性越高。

（4）功耗。功耗反映存储器件耗电的多少，同时也反映了存储器件发热的程度。功耗越小，存储器件的工作稳定性越好。

（5）性能价格比。性能价格比是一个综合性指标，性能主要指上述 4 个，价格包括存储器芯片和外围电路的成本。

对存储器的要求是容量大、速度快、可靠性高、功耗低、性能价格比高，但在一个存储器中要求上述几项性能均佳是难以办到的，而有些指标要求本身就是互相矛盾的。为解决这一矛盾，目前在计算机系统中，采用了分级结构。

3. 存储器的分级结构

目前采用较多的是 3 级存储器结构，即高速缓冲存储器（Cache）、内存储器和辅助存储器。中央处理器 CPU 能直接访问的存储器有 Cache 和内存。CPU 不能直接访问辅存，辅存中的信息必须先调入内存才能由 CPU 进行处理。

高速缓存即 Cache，是一高速小容量的存储器，位于 CPU 和内存之间，其速度一般比内存快 5～10 倍。在微型计算机中，用 Cache 临时存放 CPU 最近一直在使用的指令和数据，以提高信息的处理速度。Cache 通常采用与 CPU 速度相当的静态随机存储器（SRAM）芯片组成，和内存相比，它存取速度快，但价格高，故容量较小。

内存用来存放计算机运行期间的大量程序和数据，它和 Cache 交换指令和数据，Cache 再和 CPU 打交道。目前内存多由 MOS 动态随机存储器（DRAM）芯片组成。

辅存目前主要使用的是磁盘存储器、磁带存储器和光盘存储器。磁盘存储器包括软磁盘和硬磁盘两种类型。磁带存储器有磁带机和盒式录音机。光盘存储器有只读光盘、追忆型光盘和可改写型光盘等 3 种类型。现在 PC 微型计算机上广泛使用的是只读光盘，即 CD-ROM（compact disc-Red only memory）光盘。辅存是计算机最常用的输入/输出设备，通常用来存放系统程序、大型文件及数据库等。

上述 3 种类型的存储器构成 3 级存储管理，各级职能和要求各不相同。其中 Cache 主要为获取速度，使存取速度能和中央处理器的速度相匹配；辅存追求大容量，以满足对计算机的容量要求；内存则介于两者之间，要求其具有适当的容量，能容纳较多的核心软件和用户程序，还要满足系统对速度的要求。

在最初的 32 位微型计算机中 Cache 在 CPU 片外；而目前大多数 CPU 还将 Cache 集成在片内，由于其时钟与 CPU 相同，进一步提高了信息的处理速度。形成速度较片外 Cache 快、容量较片外 Cache 小的一级 Cache。为更好地管理和改进各项指标，还在 CPU 内建立较多的通用寄存器组，形成速度更快、容量更小的一级；还有将辅存再分为脱机辅存和联机辅存两级。存储器的层次结构如图 5-1 所示。

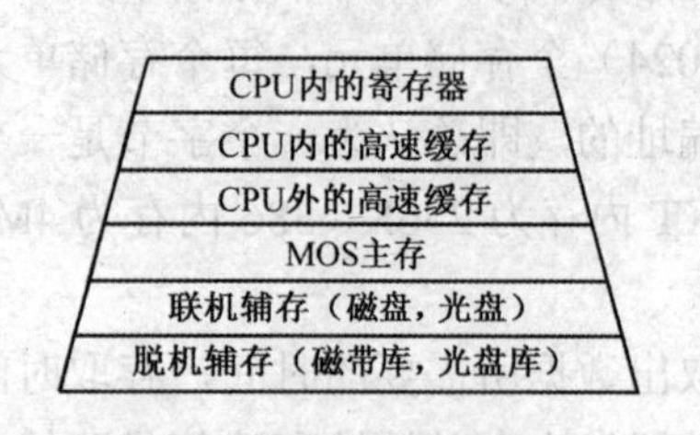

图 5-1　存储器的层次结构

5.2　常用的存储器芯片

5.2.1　半导体存储器芯片的结构

半导体存储器芯片通常由存储矩阵、地址译码器、控制逻辑和三态数据缓冲寄存器组成，如图 5-2 所示。

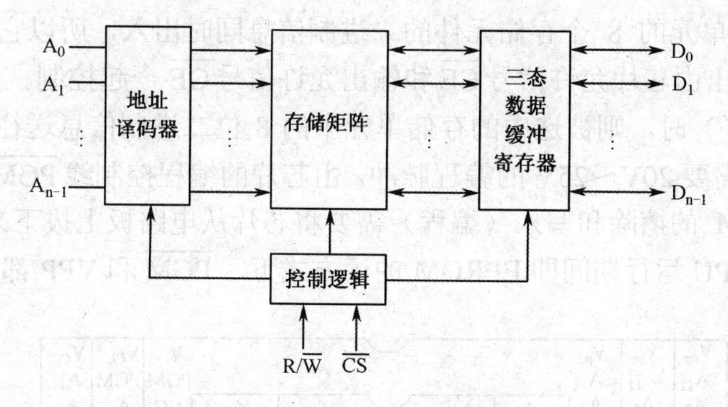

图 5-2　存储器芯片的组成

存储矩阵也称为存储体，是大量存储元件的有机组合。存储元件则是由能存储一位二进制代码（1 或 0）的物理器件构成的。N 个存储元件构成可并行存取，记忆 N 位代码的存储单元，犹如 N 个触发器构成一个 N 位数据寄存器一样。将存储矩阵中的全部存储单元赋予单元地址，由芯片内部的地址译码器实现按地址选择对应的存储单元。在 CPU 及其接口电路送来的芯片选择信号 $\overline{CS}$ 和读/写控制信号 R/$\overline{W}$ 的配合下，单方向打开三态缓冲器，将该存储单元中的 N 位代码进行读或写操作。在不进行读或写操作时，芯片选择信号 $\overline{CS}$ 无效，控制逻辑使三态缓冲器处于高阻状态，存储矩阵与数据线脱开。对半导体存储器芯片内部的结构无须详细了解，对外特性则要熟练掌握。容量为 2^n 个存储单元的存储矩阵，须有 n 条地址线选通对应的存储单元，若每个存储单元有 N 位代码（字长为 N），则有 N 条数据线，该存储体由 $2^n \times N$ 个存储元件组成。

5.2.2　只读存储器 ROM

只读存储器（read only memory）的特点是信息一经写入，存储单元里的内容就不能改变，即使在断电后也不会丢失，但只能读出。ROM 依写入情况可分为掩模 ROM，可编程 ROM（programmable ROM，PROM），紫外线擦除 PROM（erasable PROM, EPROM）和电擦除 PROM（electrically PROM, E^2PROM）4 类。掩模 ROM 的内容是由制造厂家在生产过程中按用户要求写入的，用户不可更改。PROM 的内容由用户自行写入，写入后就不可更改了。只能编程一次的 OTP（one time PROM）是一种新型的 PROM，它可用普通的 EPROM 编程器对其编程，它的引线分别与同容量的 EPROM 芯片的引线兼容。紫外线擦除 PROM（即 EPROM）的内容在使用前可由用户更改，在工作过程中只能读出不能再写入。而电擦除 PROM（即 E^2PROM）既可像 ROM 那样长期保存信息，断电后也不丢失信息，又像 RAM 那样可以随时进行读/写。类似于 EPROM 和 E^2PROM 的闪速存储器（flash memory）是性价比和可靠性最高的一种存储器。目前在微型计算机的应用系统中用得最多的 ROM 为 EPROM、E^2PROM 和闪速存储器。

1．EPROM

常用的 EPROM 芯片以 1 片 2716 为最基本容量，即 2K×8，而 2732、2764、27128 和 27256 的存储容量则逐次成倍递增为 4K×8，8K×8，16K×8 和 32K×8。它们的引线排列如图 5-3 所示。芯片内部的地址译码电路对其地址线进行译码，以便对其内部的存储单元进行选择，选中的存储单元的 8 个存储元件的二进制信息同时出入，所以它们都有 8 根数据线 D_7～D_0。数据的读出由芯片允许信号 $\overline{CE}$ 和输出允许信号 $\overline{OE}$ 一起控制。当 $\overline{CE}$ 和 $\overline{OE}$ 有效（即 $\overline{CE}$、$\overline{OE}$ 为低电平）时，则被选中的存储单元中的 8 位二进制信息送往数据线 D_7～D_0。数据的写入（编程）需要 20V～25V 的编程脉冲，由芯片的编程控制线 $\overline{PGM}$ 和编程电源线 VPP 一起控制。EPROM 的擦除和写入（编程）需要将芯片从电路板上拔下来在专用的擦除器和编程器进行。在 CPU 运行期间即 EPROM 的读方式下，$\overline{PGM}$ 和 VPP 都接 V_{CC}。

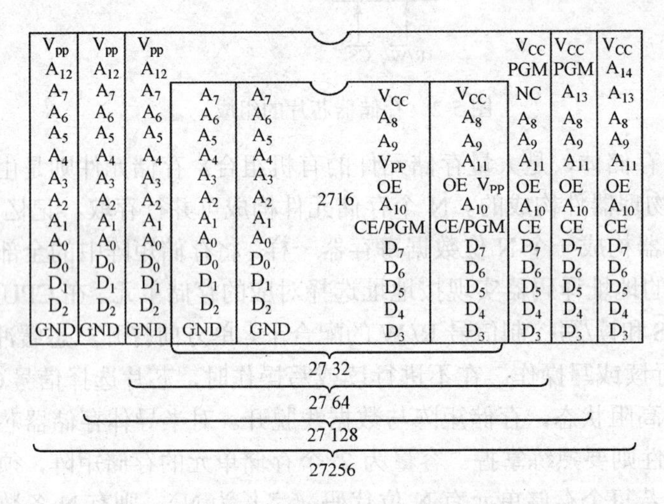

图 5-3　2716 等紫外线擦除只读存储器芯片的引线排列

2．E^2PROM

E^2PROM 的使用简单方便，具有在线编程的独特功能，擦除和写入次数为 1 万次，信息保持时间为 10 年。芯片内部有电压提升电路，无论读出还是写入（擦除后再写入）都只需在单一的+5V 电压下进行。数据在提升电压的作用下写入存储单元，如同使用 SRAM 一样，因而它的应用范围日渐扩大，成为 ROM 器件的佼佼者。常用的 E^2PROM 芯片有 2816（2K×8）、2817(2K×8)和 2864(8K×8)。2816 和 2864 的引线排列也与相同容量的 SRAM 6116 和 6264 兼容，2817 和 2864A 的引线排列如图 5-4 所示。

$\overline{CE}$、$\overline{WE}$ 和 $\overline{OE}$ 分别为芯片允许信号、写允许信号和输出允许信号。当 $\overline{CE}$ 和 $\overline{WE}$ 为低电平且 $\overline{OE}$ 为高电平时，进行擦写操作；当 $\overline{CE}$ 和 $\overline{OE}$ 为低电平且 $\overline{WE}$ 为高电平时，进行读操作。RDY/$\overline{BUSY}$ 为 2817 和 2864A 的擦写状态信号线。当 2817 和 2864A 进行擦除和写入操作时，将 RDY/$\overline{BUSY}$ 置为高电平；写入操作完成后，再将 RDY/$\overline{BUSY}$ 置为低电平。CPU 可以通过检测 RDY/$\overline{BUSY}$ 的状态，来控制 2817 和 2864A 的擦写操作。

2816、2817 和 2864 的主要性能指标基本相同：读取时间 250ns、写入时间 10ns（2816 为 15ns）、字节擦除时间 10ns（2816 为 15ns）、读操作电压 5V、擦写操作电压 5V、操作电流 110mA。

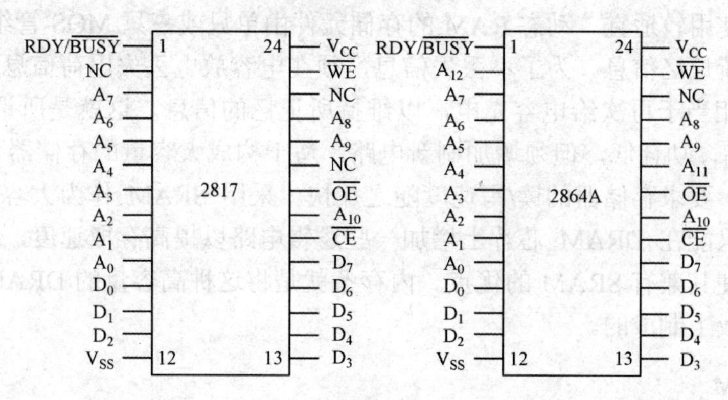

图 5-4 2817 和 2864A 的引线排列

3．闪速存储器

闪速存储器与一般 E^2PROM 不同之处在于，闪速存储器芯片为整体电擦除并需要为其提供 12V 编程电压。但它的擦除和编程速度高、集成度高、可靠性高、功耗低、价格低，其整体性能优于一般 E^2PROM。ATMEL 公司生产，容量为 32K×8、64K×8、128K×8 和 256K×8 的芯片分别是 AT29C256、AT29C512、AT29C010 和 AT29C020。AMD 公司生产的芯片命名为 AM28F×××。容量为 256K×8 芯片的引线排列如图 5-5 所示。这些闪速存储器芯片的引线都为 32 条，其差别在地址线的条数，如容量为 32K×8 芯片的 A_{17}～A_{15} 为 NC（内部无连接）。

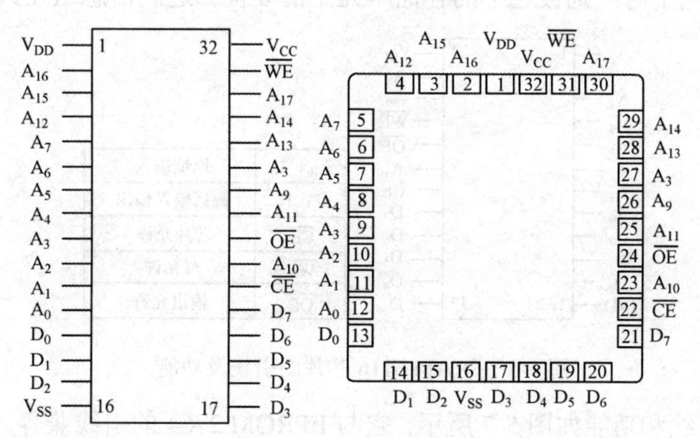

图 5-5 256K×8 闪速存储器芯片的引线排列

5.2.3 随机读写存储器 RAM

随机读写存储器简称随机存储器。随机存储器 RAM 可分为双极型和 MOS 型两种。目前双极型 RAM 主要用在高速微型计算机中，而在微型计算机中广泛使用的是 MOS 型 RAM。

MOS 型 RAM 分为静态 RAM（static RAM）和动态 RAM（dynamic RAM）两种。静态 RAM 的存储元件是 6 管 MOS 型触发器，每个存储元件中包括的 MOS 管很多，存储容量有限。与动态 RAM 相比，静态 RAM 功耗也较大，但它不需要刷新，电路设计较简单，故在存储容量较小的系统中使用较适宜。动态 RAM 的存储元件由单只或三只 MOS 管组成，依靠 MOS 管栅极电容的电荷记忆信息。为了不丢失信息，须在电容放电丢失电荷信息之前，把数据读出来再写进去，相当于再次给电容充电，以维持所记忆的信息，这就是所谓的“刷新”。动态 RAM 集成度高，功耗低，但须增加刷新电路，适于构成大容量的存储器系统。随着 CPU 速度的不断提高，要求存储器的读/写速度随之加快。采用 SRAM 作为大容量的主内存，其成本太高；因此只能在 DRAM 芯片上增加一些逻辑电路以提高存取速度，并将动态刷新电路集成在片内，使其兼有 SRAM 的优点。内存条就是将这种高容量的 DRAM 芯片多片装配在条状印刷线路板上制成的。

1. 静态 RAM

常用的静态 RAM（SRAM）芯片有 6116、6264、62128、62256 等。它们分别与 EPROM 2716、2764、27128 和 27256 的引线兼容。下面对 6116 和 6264 芯片作简单的介绍。

6116 芯片的引线和功能如图 5-6 所示。它与 EPROM 2716 的引线兼容，这在使用上是很有利的。它的存储容量为 2K 字节，即一片 6116 芯片包含 16384 个存储元件。这 16384 个存储元件以 128×128 的矩阵排列。用 A10～A0 11 根地址线对其进行行/列地址译码，以便对 2048 个存储单元进行选择，选中的存储单元的 8 个存储元件的二进制信息同时出入，所以 6116 有 8 根数据线 D7～D0。数据是读出还是写入，由芯片允许信号 $\overline{CE}$、写允许信号 $\overline{WE}$ 及输出允许信号 $\overline{OE}$ 一起控制。当 $\overline{CE}$、$\overline{WE}$ 有效（即 $\overline{CE}$、$\overline{WE}$ 为低电平）时，数据线上的信号写入被选中的存储单元（一次写入 8 位二进制信息）；若 $\overline{CE}$、$\overline{OE}$ 有效（即 $\overline{CE}$、$\overline{OE}$ 为低电平）且 $\overline{WE}$ 为高电平时，则被选中的存储单元中的 8 位二进制信息送往数据线 D_7～D_0。

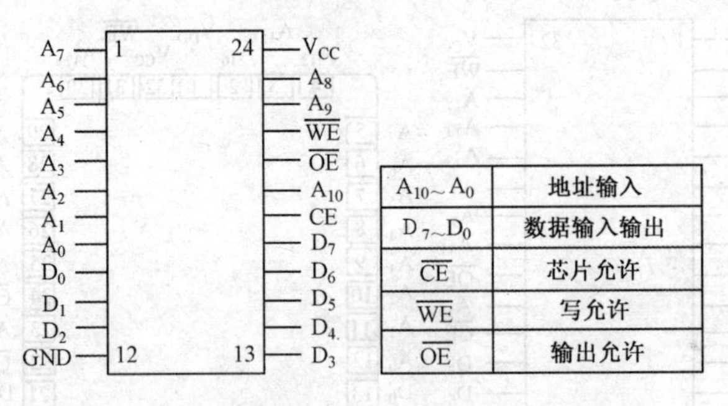

A_{10}～A_0	地址输入
D_7～D_0	数据输入输出
$\overline{CE}$	芯片允许
$\overline{WE}$	写允许
$\overline{OE}$	输出允许

图 5-6　SRAM 6116 芯片的引线及功能

6264 芯片的引线和功能如图 5-7 所示，它与 EPROM 2764 的引线兼容。它的存储容量为 8K 字节。它有两个芯片允许信号 $\overline{CE_1}$ 和 CE_2，$\overline{CE_1}$ 为低电平选中该芯片，CE2 为高电平选中该芯片，这为使用带来方便：一个接控制信号，另一个接其有效电平。

2. 动态 RAM 和内存条

（1）动态 RAM。常用的动态 RAM（DRAM）芯片有 64K×1、64K×4、1M×1、1M×4 等。下面对 64K×1 的 2164A 芯片为例介绍 DRAM 的工作原理。

2164A 芯片的引线和功能如图 5-8 所示。4 个 128×128 的存储矩阵、128 选 1 行译码器、128 选 1 列译码器、行地址锁存器、列地址锁存器、"4 选 1"I/O 控制门和多路开关。

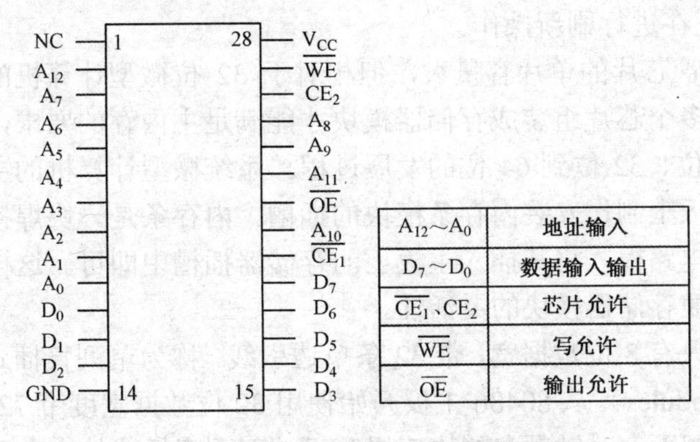

图 5-7　SRAM 6264 芯片的引线及功能

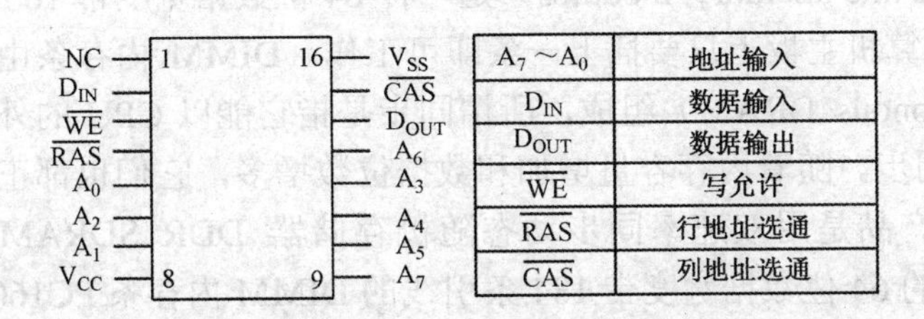

图 5-8　DRAM 2164A 芯片的引线及功能

DRAM 2164A 芯片的 64K（65536）存储体由 4 个 128×128（128×128×4=65536）的存储矩阵组成，每个存储矩阵由 7 条行地址线和 7 条列地址线进行选择。7 条行地址线经过 128 选 1 行译码器产生 128 条行选择线，7 条列地址线经过 128 选 1 列译码器产生 128 条列选择线，分别选择 128 行和 128 列。由于 DRAM 2164A 芯片的每个存储单元只有 1 位，若要构成 64KB 即 64K×8 的存储器需要 8 片 2164A。要对 64K 存储单元的寻址需要 16 条地址线，而 2164A 芯片只有 8 条地址线，因此该芯片采用行地址和列地址分时工作的方式。利用芯片内部的地址锁存器和多路开关，先由行地址选通信号 $\overline{RAS}$ 把 8 位地址送到行地址锁存器锁存，然后由列地址选通信号 $\overline{CAS}$ 把后送来的 8 位地址送到列地址锁存器锁存。锁存在行地址锁存器中的低 7 位行地址同时加到 4 个 128×128 存储矩阵上，在每个存储矩阵中选中一行；锁存在列地址锁存器中的低 7 位列地址同时加到 4 个 128×128 存储矩阵上，在每个存储矩阵中选中一列。于是每个存储矩阵的行与列的交点处的单元被选中。被选中 4 个单元再经过行地址和列地址的最高位控制的"4 选 1"I/O 门控电路选中其中一个单元进行读/写。

DRAM 2164A 芯片中的数据是分开读出和写入的，由写允许信号 $\overline{WE}$ 控制。当 $\overline{WE}$ 为高电平时读出数据；当 $\overline{WE}$ 为低电平时写入数据。芯片进行刷新时，不加写允许信号 $\overline{WE}$ 和列地址选通信号 $\overline{GAS}$，只加行地址选通信号 $\overline{RAS}$。把地址加到行地址译码器上，使选定的 4 行存储单元被刷新。

还有芯片内部集成了刷新电路的动态 RSM（iRAM），其使用如同静态 RAM 一样，访问速度也与静态 RAM 相当。Intel 公司生产的 CMOS 集成 RAM51C86（8K×8）就是这种内部集成了刷新电路的动态 RAM，此外内部还集成了地址锁存器，其引线与静态 RAM6264 兼容。

与51C86相似，iRAM2186的引线出与静态RAM6264兼容。它的第1根引线是RDY（静态RAM6264的第1根引线是NC），通过检测RDY可以查看2186是否在进行刷新操作。RDY为低电平表示2186正在进行刷新操作。

（2）内存条。尽管芯片的单片容量大，但相对于32位微型计算机的主存储器空间而言并不算大，必须使用多个芯片组装成存储器模块才能满足主内存的要求，这种模块称为内存条。内存条经历过8位、32位到64位的发展过程。系统微型计算机的主内存通常不直接焊在主板上，而是在主板上制作安装内存条模块的插槽。内存条是一块焊接了多片存储器并带接口引脚的小型印刷电路板，将其插入主板上的存储器插槽中即可。这样就使得主板具有配置不同容量与不同品质存储器模块的灵活性。

最早期的内存条只有8位数据宽，带32条单边引线，称为单列直插式存储器模块SIMM（single in-memory modules）。从80486主板开始使用32位数据宽度带72条引线的SIMM内存条，由于访问速度跟不上时钟频率的快速提升已被双列直插式的内存条DIMM淘汰。

DIMM（dual in-line memory modules）是一种64位数据宽度带168条引线的内存条，Pentium系列微型计算机主板上只要插上一条即可工作。DIMM内存条由同步动态随机存储器SDRAM（synchronous DRAM）组成，所谓同步是指它能以CPU的外部总线时钟速率传输数据，即与时钟同步。随着内存容量增加和数据位数增多，它们也都正走向淘汰。现在市场上的主流内存条产品是用双速率同步动态随机存储器DDR SDRAM（double data rate SDRAM）芯片制作的64位数据宽度带184条引线的DIMM内存条PC1600/PC2100，由于该存储器芯片利用总线时钟的上升沿与下降沿在同一个时钟周期内传送两个字节数据，从而使得该内存条的传输速率达到1600MBps（外部总线时钟频率为100MHz）或者2133MBps（外部总线时钟频率为133MHz）。用新一代双速率同步动态随机存储器DDR SDRAM芯片制作的64位数据宽度带240条引线的DIMM内存条PC3200，在同一个时钟周期内传送4次数据，传输速率又提高了一倍。在100MHz时钟频率下PC3200内存条的传输带宽可达到3.2GBps。

DIMM内存条由8片8位数据宽度的同型号IC芯片组成，有的则由9片组成，增加的1片作校验位用。有的DIMM内存条的边角上还附有一块小芯片，这是一片串行接口的E^2PROM，称为串行在片检测（serial presence detect）。芯片中存放着生产厂家写入的有关该内存条结构与工作模式等技术参数，系统读出这些参数后即可准确识别此内存条并配以相应的驱动方式，使系统的性能得到优化。

3．非易失性随机存储器 NVRAM（non volatile RAM）

非易失性随机存储器NVRAM是一种断电后信息不丢失的RAM。目前NVRAM主要有两种形式：电池式NVRAM和形影式NVRAM。

电池式NVRAM由静态随机存储器SRAM、备用电池和切换电路组成。备用电池在外接电源断开或下降至3V时自动接入电路继续供电，以免信息丢失。电池式NVRAM芯片的引线排列与SRAM芯片兼容。

形影式NVRAM由SRAM和E^2PROM组成。SRAM和E^EPROM的存储容量相同，且逐位一一对应。E^2PROM中的信息必须调出后存放到SRAM中（有些芯片上电后自动电池）才能与CPU交换信息。在正常运行时对形影式NVRAM的读或写操作只与SRAM交换信息。SRAM中的信息也可以存入E^2PROM中，但在外接电源断开或发生故障时，它可以立即把

SRAM 中的信息保存到 E^2PROM 中，使信息得到自动保护。形影式 NVRAM 芯片的引线排列与 SRAM 芯片不兼容。

5.3 存储器与 CPU 的接口

在介绍了存储器芯片的结构及具体芯片的使用后，进一步了解如何在微型计算机系统中实现存储器与 CPU 的接口是十分必要的。连接时具体考虑的问题是，根据系统要求的存储容量选择相应的存储器芯片、存储器芯片与微型计算机系统的地址总线、数据总线和控制总线的具体连接方法以及如何对存储器的存储单元进行地址分配等。

在微型计算机中，CPU 对存储器进行读/写操作，首先要由地址总线给出地址信号，然后要发出存储器读或写控制信号，最后才能在数据总线上进行信息交换。所以，存储器与 CPU 的连接，主要是地址线的连接、数据线的连接和存储器读或写控制线的连接。

1. 存储器芯片与地址总线的连接

计算机应用系统的存储器通常都是由多片存储器芯片组成的。芯片内部都自带有地址译码电路，芯片内部的存储单元由芯片内部的译码电路对芯片的地址线输入的地址进行译码来选择，这称之为字选。字选只要从地址总线的最低位 A0 开始，把它们与存储器芯片的地址线依次相连即可完成。而存储器芯片则由地址总线中剩余的高位线来选择，这就是片选。片选是研究的主要问题。

地址线数与存储单元数间的关系是：

存储单元=2^x（x 为地址线数 ）

即每增加 1 根地址线，其中所含的存储单元数就在原基础上翻一倍，如表 5-1 所列。

表 5-1 地址线数与存储单元数的关系

地址线数	1	2	3	4	…	8	9	10	11	12	13	14	15	16
单元数	2	4	8	16	…	256	512	1K	2K	4K	8K	16K	32K	64K

（1）存储器芯片的地址线与地址总线的连接。存储器芯片的地址线与地址总线的连接即字选原则是，从地址总线的最低位 A0 开始，把它们与存储器芯片的地址线依次相连。

（2）存储器芯片的片选线与地址总线的连接。存储器芯片的片选线与地址总线的连接即片选有如下两种方法：

① 线选法。所谓线选法，是直接以系统的高位地址作为存储器芯片的片选信号，为此只需把用到的地址线与存储器芯片的片选端直接连接即可。线选法连接的特点是简单明了，且不需要另外增加电路。但这种连接方法对存储空间的使用是断续的，不能充分有效地利用地址空间，只适用于存储器芯片较少的存储器。

② 译码法。所谓译码法就是使用译码器对系统总线中字选余下的高位地址线进行译码，以其译码输出作为存储器芯片的片选信号。这是一种最常用的地址译码方法，能有效地利用地址空间，适用于大容量多芯片的连接。译码电路可以使用现有的译码器芯片。常用的译码芯片有 74LS139（双 2-4 译码器），74LS138（3-8 译码器）和 74LS154（4-16 译码器）等。

下面仅介绍 74LS138 译码器。

74LS138 是 3-8 译码器，它有 3 个输入端、3 个控制端及 8 个输出端，引线及功能如图 5-9 所示。74LS138 译码器只有当控制端 G1、$\overline{G_{2B}}$、$\overline{G_{2A}}$ 为 100 时，才会在输出的某一端（由输入端 C、B、A 的状态决定）输出低电平信号，其余的输出端仍为高电平。

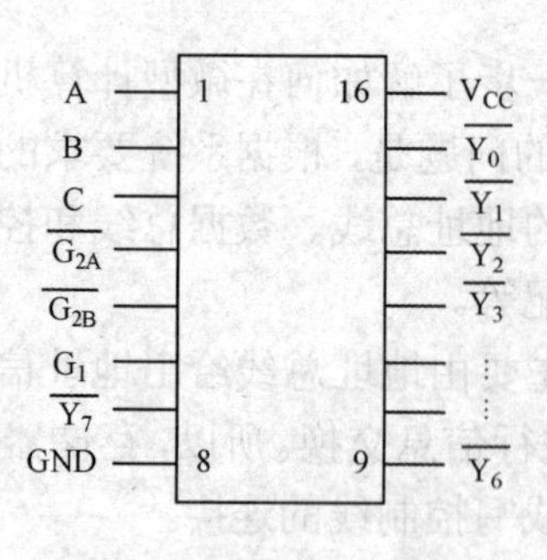

控制端			输入端			输出端							
G_1	$\overline{G_{2B}}$	$\overline{G_{2A}}$	C	B	A	$\overline{Y_7}$	$\overline{Y_6}$	$\overline{Y_5}$	$\overline{Y_4}$	$\overline{Y_3}$	$\overline{Y_2}$	$\overline{Y_1}$	$\overline{Y_0}$
			0	0	0	1	1	1	1	1	1	1	0
			0	0	1	1	1	1	1	1	1	0	1
			0	1	0	1	1	1	1	1	0	1	1
1	0	0	0	1	1	1	1	1	1	0	1	1	1
			1	0	0	1	1	1	0	1	1	1	1
			1	0	1	1	1	0	1	1	1	1	1
			1	1	0	1	0	1	1	1	1	1	1
			1	1	1	0	1	1	1	1	1	1	1

图 5-9　74LS138 引线与功能

【例 5.1】 用译码法连接容量为 64K×8 的存储器，若用 8K×8 的存储器芯片，共需多少片？共需多少根地址线？其中几根作字选线？几根作片选线？试用 74LS138 画出译码电路，并标出其输出线的选址范围。若改用线选法能够组成多大容量的存储器？试写出各线选线的选址范围。

分析：64K×8/8K×8=8，即共需要 8 片存储器芯片。$64K=65536=2^{16}$，所以组成 64K 的存储器共需要 16 根地址线。

$8K=8192=2^{13}$ 即 13 根作字选线，选择存储器芯片片内的单元。16-13=3 即 3 根作片选线，选择 8 片存储器芯片

芯片的 13 根地址线为 A12～A0，余下的高位地址线是 A15～A13，所以译码电路对 A15～A13 进行译码，译码电路及译码输出线的选址范围如图 5-10 所示。

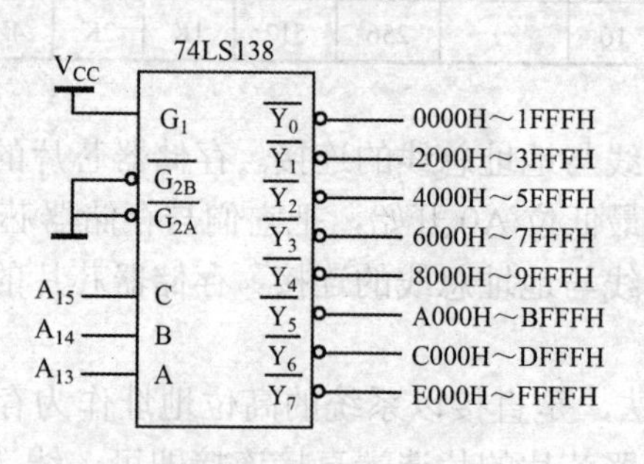

图 5-10　【例 5.1】的译码电路

A_{15}～A_{13} 3 根地址线各选一片 8K×8 的存储器芯片，故仅能组成容量为 24K×8 的存储器，A_{15}、A_{14} 和 A_{13} 所选芯片的地址范围分别为：6000H～7FFFH、A000H～BFFFH 和 C000H～DFFFH。

2．存储器芯片与数据总线的连接

存储器芯片有 1 位、4 位和 8 位等不同的结构，对应其芯片的数据线分别为 1 根、2 根

和 8 根不等。在与 8088 的 8 根数据线相连时，就要采用并联的方式。具体的连接方法是：1 位的存储器芯片，则要用 8 片芯片，将每片的 1 根数据线分别与数据总线的 8 根数据线相连，8 片芯片的地址相同。4 位的存储器芯片，则要用 2 片，将每片的 4 根数据线分别与数据总线的高 4 位和低 4 位相连，2 片的地址也相同。8 位的存储器芯片，则将它的 8 根数据线分别与 8 根数据线相连即可。

3．存储器芯片与控制总线的连接

存储器芯片与控制总线的连接比较简单，仅有输出允许线 $\overline{OE}$（或 $\overline{RD}$）和写允许线 $\overline{WE}$（或 $\overline{WE}$）这两个信号的连接。若为只读存储器，则将它的输出允许线 $\overline{OE}$ 直接与 8088 的存储器读信号 $\overline{MEMR}$ 相连即可。若为静态随机读写存储器则只要将各芯片的输出允许线 $\overline{OE}$（或 $\overline{RD}$）和写允许线 $\overline{WE}$（或 $\overline{WR}$）分别并联后再分别与 8088 的存储器读信号 $\overline{MEMR}$ 和存储器写信号 $\overline{MEMW}$ 相连。

4．连接举例

下面将举例说明如何连接以及连接中应考虑的一些问题。

【例 5.2】 1K 静态 RAM 的数据线和地址线的连接。

分析：静态 RAM 芯片具有 1 位、4 位和 8 位等不同的结构。如 1K 位存储器芯片，有 1024×1 位、256×4 位和 128×8 位等不同结构。因此与 8088 的 8 位数据总线相连时，应在字向和位向两方面采用地址串联和位并联的方法来满足存储器需要的容量和位数。如要组成 1K×8 位的存储器，可以采用图 5-11 的 1024×1 位的存储器芯片，也可采用图 5-12 的 256 ×4 位的存储器芯片。

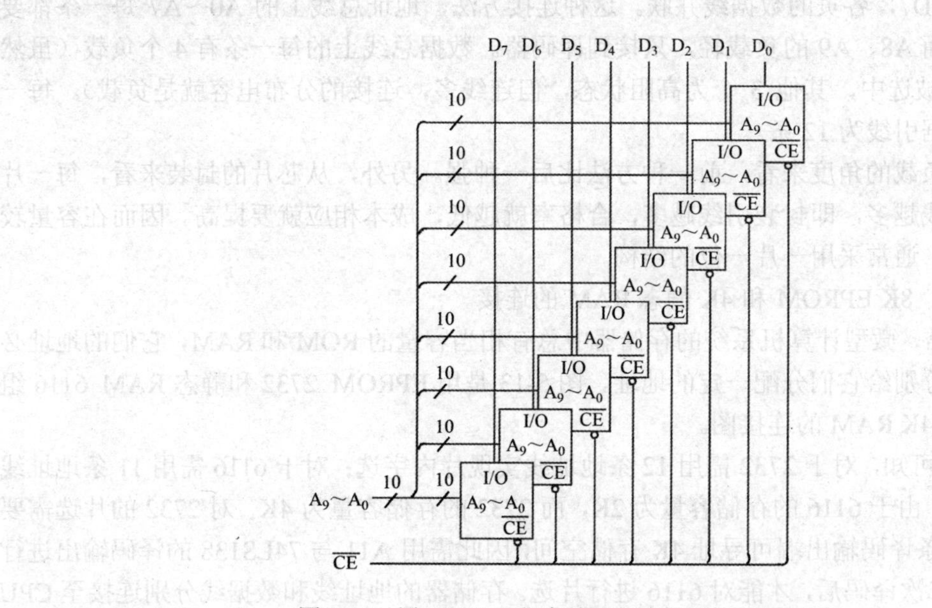

图 5-11 用 1024×1 位存储器芯片组成的 1K RAM

在图 5-11 中，每一片是 1024×1，故芯片上地址线为 10 条，数据线为 1 条。每一单元对应于一位，故只要把它们分别接到数据总线上的相应位即可。这种连接方法，每一条地址总线接有 8 个负载，而每一条数据总线只接有一个负载，每一片共有 11 条地址和数据连线。

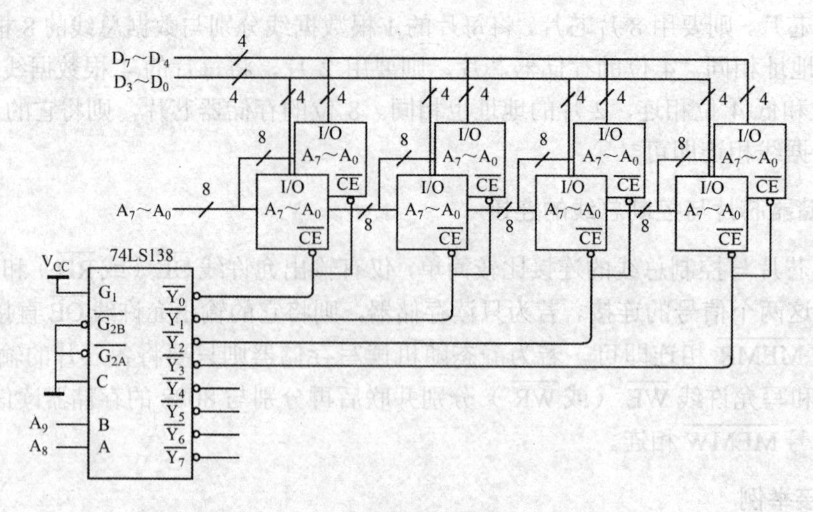

图 5-12　用 256×4 位存储器芯片组成的 1K RAM

在图 5-12 的电路中，每一片为 256×4，故芯片上的地址线为 8 条，数据线为 4 条。因此，1K 存储容量就要分成 4 部分（或称为页，0～255 为第 1 页；256～511 为第 2 页；512～767 为第 3 页；768～1023 为第 4 页）。用地址总线上的 A0～A7 直接与每片芯片的地址输入端相连，可寻址 256，即实现页内寻址。由 A8 和 A9 经过译码输出 4 条线，分别寻址 1K 的 4 页，实现页的寻址。因为每一片上的数据为 4 位（4 条数据线），用 2 片可组成一页，故 4 条页寻址线的每一条同时接两片。一页内两片的数据线，一片接到数据总线的 D0～D3，另一片接到 D4～D7，各页的数据线并联。这种连接方法，地址总线上的 A0～A7 每一条都要接 8 个负载。而 A8、A9 的负载轻，只接到译码器。数据总线上的每一条有 4 个负载（虽然每次只有 1 个被选中，其他 3 个为高阻状态，但连线多，连接的分布电容就是负载）。每一片的地址和数据引线为 12 条。

可见，从负载的角度来看，前一种方法比后一种强。另外，从芯片的封装来看，每一片的地址数据引线越多，即封装引线越多，合格率就越低，成本相应就要提高。因而在容量较大的存储器中，通常采用一片一位的结构。

【例 5.3】　8K EPROM 和 4K 静态 RAM 的连接。

分析：通常，微型计算机系统的存储器中总有相当容量的 ROM 和 RAM，它们的地址必须一起考虑，分别给它们分配一定的地址。图 5-13 是用 EPROM 2732 和静态 RAM 6116 组成 8K ROM 和 4K RAM 的连接图。

由图 5-13 可知，对于 2732 需用 12 条地址线实现片内字选；对于 6116 需用 11 条地址线实现片内字选。由于 6116 的存储容量为 2K，而 2732 的存储容量为 4K，对 2732 的片选需要 74LS 138 的每条译码输出端可寻址 4K 存储空间，因此需用 A11 与 74LS138 的译码输出进行逻辑组合，即二次译码后，才能对 6116 进行片选。存储器的地址线和数据线分别连接至 CPU 的地址总线和数据总线上。存储器的输出允许端 $\overline{OE}$ 连接到存储器读控制信号 $\overline{MEMR}$；RAM 的写允许端 $\overline{WE}$ 连接到存储器写控制信号 $\overline{MEMW}$。

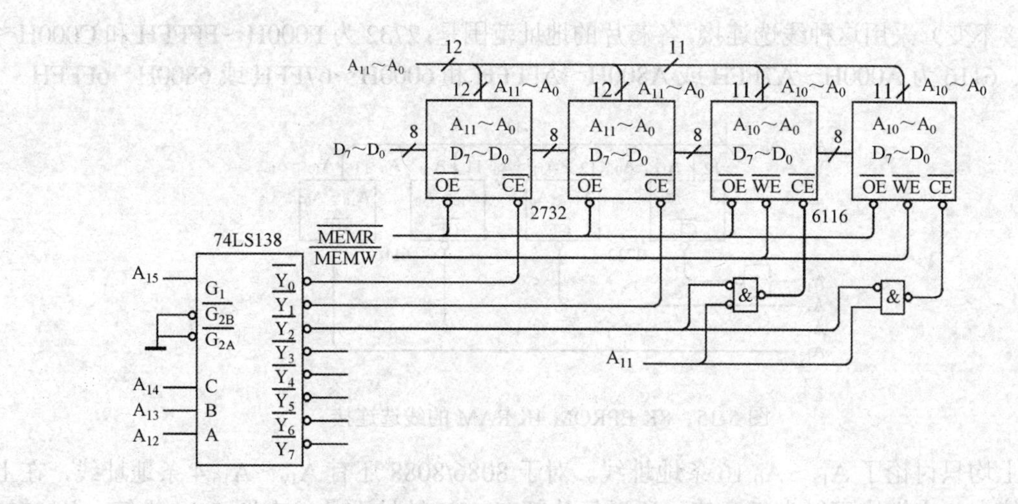

图 5-13 8K ROM 和 4K RAM 的连线图

该存储器系统各存储器芯片的地址范围是：EPROM 2732 为 8000H～8FFFH 和 9000H～9FFFH。静态 RAM 6116 为 A000H～A7FFH 和 A800H～AFFFH。图 5-13 中译码器 74LS138 的输出端仅用了 $\overline{Y_0}$、$\overline{Y_1}$ 和 $\overline{Y_2}$，多余 5 条输出端未用。在译码器的输出端有富余的情况下，可以不用二次译码而将其输出端接 6116 的芯片允许端 $\overline{CE}$ 实现对 6116 的片选。若将 138 的 $\overline{Y_2}$ 和 $\overline{Y_3}$ 改接 6116 的 $\overline{CE}$，则 6116 的地址就会有重叠区，即容量为 2K 的 6116 的每一片均占有 4K 地址，但在实际使用时，只要我们了解这一点是不妨碍使用的。这样改接后，两片 2732 的地址范围不变，两片 6116 的地址范围分别是 A000H～AFFFH 和 B000H～BFFFH（A11 可为任意值）。

图 5-13 中所示译码器 74LS138 是按大容量芯片连接的，也可以按小容量芯片连接——A11 参加 74LS138 译码。这时，EPROM 2732 就要占用译码器 74LS138 的两根输出线，如图 5-14 所示。

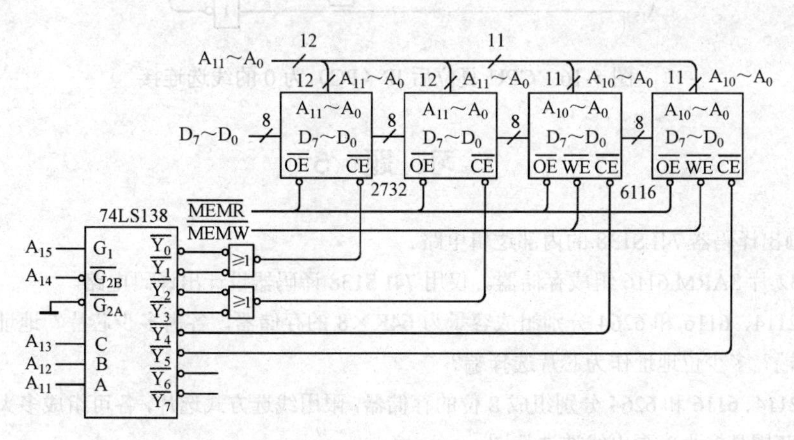

图 5-14 8K EPROM 4K RAM 按小容量芯片连接的地址译码

若用上述 EPROM 和 SRAM 构成微型计算机应用小系统，则可以不用译码器对高位地址进行译码，而用高位地址中的某些位来控制存储器芯片的片选端。在该例中用 A_{12}～A_{15} 4 位来控制它们，如图 5-15 所示（仅画出了存储器的地址线、芯片允许端与 CPU 的地址总线的连接，其他连接不变)。采用这种线选连接，各芯片的地址范围是：2732 为 F000H～FFFFH 和 C000H～CFFFH、6116 为 A000H～A7FFH 或 A800H～AFFFH 和 6000H～67FFH 或 6800H～6FFFH。

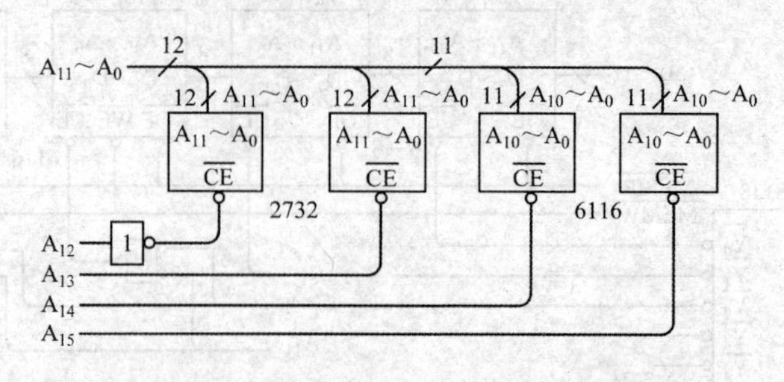

图 5-15 8K EPROM 4K RAM 的线选连接

以上均只讨论了 A_{15}～A_0 16 条地址线。对于 8086/8088 还有 A_{19}～A_{16} 4 条地址线，在上述的连接中，它们均可以为任意值，所以每片都有 64K 地址重叠，在图 5-14 中第一片 2732 的地址范围是 XF000H～XFFFFH，复位后 CS 为 FFFFH，IP 为 0000H，CPU 开始取指的地址 FFFF0H 在其地址范围内，能保证该系统正常工作。但是，对于复位后 IP 或称程序计数器 PC（program counter）被置“0”的 CPU，CPU 从 0000H 开始取指执行程序，则不能如图 5-15 那样连接，而要把 0000H 地址分配给 ROM，正确的连接方法如图 5-16 所示。其地址范围是：2732 为 0000H～0FFFH 和 3000H～3FFFH，6116 为 5000H～57FFH 或 5800H～5FFFH 和 9000H～97FFH 或 9800H～9FFFH。

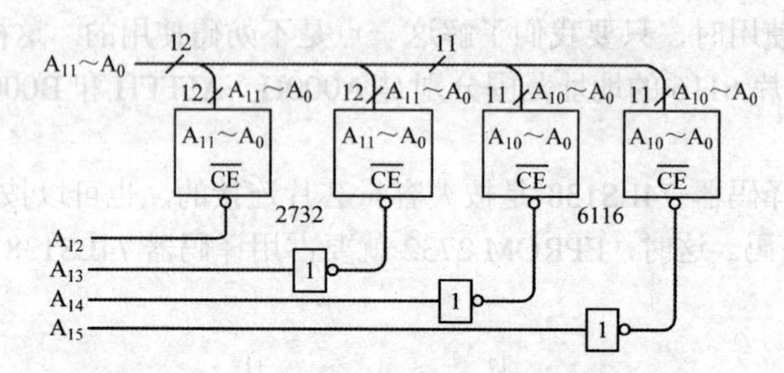

图 5-16 CPU 复位后 IP（PC）为 0 的线选连接

习 题 5

5.1 试画出译码器 74LS138 的内部逻辑电路。

5.2 用 32 片 SARM 6116 组成存储器。仅用 74LS138 译码器设计出译码电路。

5.3 用 2114、6116 和 6264 分别组成容量为 64K×8 的存储器，各需多少芯片？地址需要多少位作为片内地址选择端？多少位地址作为芯片选择端？

5.4 用 2114、6116 和 6264 分别组成 8 位的存储器，限用线选方式选片，各可组成多大容量的存储器？各芯片的地址范围是多少？画出线选选片图。

5.5 用 EPROM 2764 和 SRAM 6264 各一片组成存储器，其地址范围为 FC000H～FFFFFH，试画出存储器与 8088 的连接图（限用 138 译码）。

5.6 若用 EPROM 2716 和 SRAM 2114（1K×4）分别代替题 5.5 中 2764 和 6264，试画出存储器与 8088 的连接图。

第 6 章　输入/输出和接口技术

输入/输出（I/O）是指微型计算机与外界的信息交换，即通信（communication）。微型计算机与外界的通信，是通过输入/输出设备进行的，通常一种 I/O 设备与微型计算机连接，就需要一个连接电路，我们称之为 I/O 接口。存储器也可以看作是一种标准化的 I/O 设备。

接口是用于控制微型计算机系统与外设或外设与系统设备之间的数据交换和通信的硬件电路。接口设计涉及两个基本问题，一是中央处理器如何寻址外部设备，实现多个设备的识别；二是中央处理器如何与外设连接，进行数据、状态和控制信号的交换。

现代微型计算机系统，都是由大规模集成电路 LSI 芯片为核心部分构成的大板级插件，多个插件板与主机板共同构成系统。如 80x86 系列微型计算机就是由系统板、显示卡和磁盘驱动器插件板等共同构成整个系统的。构成系统的各插件板，以及插件板上的 LSI 芯片之间的连接和通信是通过系统总线完成的。经过标准化的总线电路提供通用的电平信号来实现电路信号的传递。

本章介绍接口的基本原理、I/O 寻址方式和 I/O 指令以及数据通道和模拟通道的接口技术。

6.1　接口的基本概念

6.1.1　接口的功能

1. 接口的一般定义

接口是一组电路，是中央处理器与存储器、输入/输出设备等外设之间协调动作的控制电路。从更一般的意义上说，接口是在两个电路或设备之间，使两者动作条件相配合的连接电路。接口电路并不局限在中央处理器与存储器或外设之间，也可在存储器与外设之间，如直接存储器存取 DMA 接口就是控制存储器与外设之间数据传送的电路。

2. 接口电路的功能

接口电路的作用就是将来自外部设备的数据信号传送给处理器，处理器对数据进行适当加工，再通过接口传回外部设备。所以，接口的基本功能就是对数据传送实现控制，具体包括以下 5 种功能：地址译码、数据缓冲、信息转换、提供命令译码和状态信息以及定时和控制。

不同的接口芯片用于不同的控制场合，因此其功能也各有特点。如并行接口不要求数据格式转换功能，来自总线的并行数据就可直接传送到并行外设中；而串行通信接口就必须具备将并行数据转换为串行数据的功能。

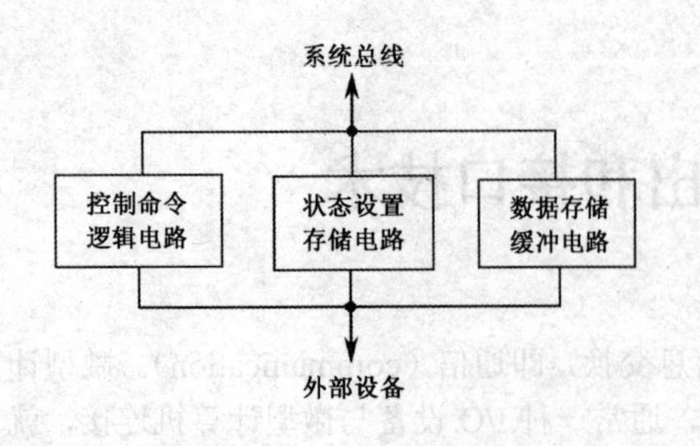

图 6-1　接口基本结构框图

3．接口电路的基本结构

根据接口的基本功能要求，实现数据传送的接口电路主要由控制命令逻辑电路、状态设置和存储电路、数据存储和缓冲电路 3 部分组成，如图 6-1 所示。其中控制命令逻辑电路一般由命令字寄存器和控制执行逻辑组成，这一部分是接口电路的“中央处理器”，用来完成全部接口操作的控制。状态设置和存储电路主要由一组数据寄存器构成，中央处理器和外设就是根据状态寄存器的内容进行协调动作的。数据存储和缓冲电路也是一组寄存器，用于暂存中央处理器和外设之间传送的数据，以完成速度匹配工作。

一般接口的结构都由上述 3 部分组成，但也有些智能接口的控制部分由纯粹的微处理器担当。

6.1.2　接口控制原理

由于接口是用来控制数据传送的，所以接口控制即是接口电路对处理器与外设之间数据传送的控制。

1．数据传送方式

无论通用接口还是专用接口，就数据传送方式而言只有两种：串行传送和并行传送。

（1）并行数据传送。在微型计算机系统内，如大系统部件之间的数据传送都采用并行数据传送方式。并行数据的每一位都对应独立的传输线路，所以数据传送速度快，但线路多，一般只用于较短距离的数据传送。例如，8 位并行单方向数据传送，除需要 8 位数据线外，至少还需要一条地线和一条数据准备好状态线。地线提供电路电平信号参考点，确定各数据线的逻辑状态。数据准备好状态线是把数据送上数据线后请求传送的信号。如果是双向并行传送，还附加表示传送方向的信号线等。本书主要介绍并行数据传送。

（2）串行数据传送。串行数据传送是将构成字符的每个二进制数据位，按一定的顺序逐位进行传送的方式。串行数据传送主要用于远程终端或经过公共电话网的计算机之间的通信。远距离数据传送采用串行方式比较经济。单向传送只需一根数据线、一根信号地线和一根应答线等，但串行数据传送比并行数据传送控制复杂，其原因是计算机内部处理都采用并行方式，所以串行传送前后都要进行串并行数据转换。另外，由于采用同一根信号线串行传送每一位信号，就需要定时电路协调收发设备，确保正确传送。这就要求收发双方遵从统一的通信协议，下面介绍 PC 系列微型计算机采用的异步串行通信协议。

异步串行通信协议规定字符数据的传送格式，每个数据以相同的位串形式传送，但数据间隔脉冲不定。如图 6-2 所示，每个串行数据由起始位、数据位、奇偶校验位和停止位组成。

① 起始位。在通信线上没有数据被传送时处于逻辑 1 状态。当发送设备要发送一个字符数据时，首先发出一个逻辑低电平信号，这个逻辑低电平就是起始位。起始位通过通信线

传向接收设备，接收设备检测到这个逻辑低电平后，就开始准备接收数据位信号。起始位所起的作用就是使设备同步，通信双方必须在传送数据位前协调同步。

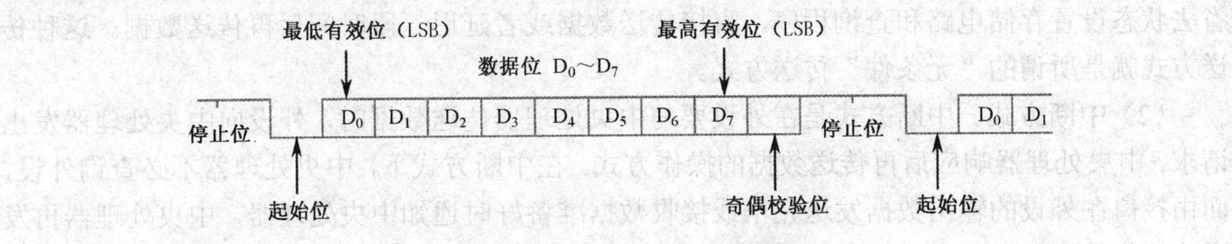

图 6-2　串行数据位串定义

② 数据位。在起始位后，紧接着就是数据位。数据位的个数可以是 5、6、7 或 8 个，IBM PC 中经常采用 7 位或 8 位数据传送。这些数据位被移位寄存器构成传送数据字符。在字符数据传送过程中，数据位从最低有效位开始发送，依此顺序在接收设备中被转换为并行数据。

③ 奇偶校验位。数据位发送完之后，可以发送奇偶校验位。奇偶校验用于有限差错检测，通信双方约定一致的奇偶校验方式。如果选择偶校验，那么组成数据位和奇偶位的逻辑 1 的个数必须是偶数；如果选择奇校验，那么逻辑 1 的个数必须是奇数。

④ 停止位。在奇偶位或数据位（当无奇偶校验时）之后发送的是停止位。停止位是一个字符数据的结束标志，可以是 1 位、1.5 位或 2 位的高电平。接收设备收到停止位之后，通信线便又恢复逻辑 1 状态，直至下一个字符数据的起始位到来。

通信线上传送的所有位信号都必须保持一致的持续时间。每一位的宽度都由数据传送速度确定，而传送速度是以每秒多少个二进制位来度量的。这个速度叫波特率。如果数据以每秒 300 个二进制位在通信线上传送，那么这个传送速度为 300 波特。波特率的计算公式如下：

波特率=1/信号持续时间

总之，在异步串行通信中，接收设备和发送设备必须保持相同的传送波特率，并与每个字符数据的起始位同步。起始位、数据位、奇偶校验位和停止位的约定，在同一次传送过程中必须保持一致，这样才能成功地传送数据。

2．传送控制方式

接口电路控制数据信号的传送，这种传送操作是在中央处理器监控下实现的。对中央处理器而言，数据传送就是输入/输出操作，中央处理器可以采用查询、中断和 DMA 3 种方式控制接口的传送操作。

（1）查询方式。查询方式是中央处理器在数据传送之前通过接口的状态设置存储电路询问外设，待外设允许传送数据后才传送数据的操作方式。在查询方式下，中央处理器需要完成下面一些操作：

① 中央处理器向接口发出传送命令，输入数据或输出数据。

② 中央处理器查询外设是否允许传送（输出数据发送完否或输入数据准备好否）？若不允许传送，则继续查询外设，直至允许传送（输出数据发送完或输入数据准备好）才传送数据。在查询方式下，中央处理器需要花费较多的时间去不断地“询问”外设，外设的接口电路处于被动状态。

有些输出设备随时可以接收数据，如发光二极管的亮或灭、电机的启动或停止；还有些输出设备在接收一个数据后需要过一段时间才能接收下一个数据，如 D/A 转换器。有些输入设备准备数据的时间是已知的，如 A/D 转换器。对于这类外部设备，就可以简化接口设计，省去状态设置存储电路和查询程序，直接传送数据或者延迟一段时间后再传送数据。这种传送方式就是所谓的“无条件”传送方式。

（2）中断方式。中断方式是在外设要与中央处理器传送数据时，外设向中央处理器发出请求，中央处理器响应后再传送数据的操作方式。在中断方式下，中央处理器不必查询外设，而由接口在外设的输出数据发送完毕或接收数据准备好时通知中央处理器，中央处理器再发送或接收数据。中断方式提高了系统的工作效率，但中央处理器管理中断的接口比管理查询复杂。

（3）直接存储器存取（DMA）方式。DMA 方式是数据不经过中央处理器在存储器和外设之间直接传送的操作方式。DMA 方式是这 3 种方式中效率最高的一种传送方式，DMA 方式控制接口也最复杂，需要专用的 DMA 控制器。Intel 8237 和 8257 就是专用的 DMA 控制器芯片。在 DMA 方式下，先由存储器或者外设向 DMA 控制器发出 DMA 请求，DMA 控制器响应后再向中央处理器发出总线请求，中央处理器响应后就让 DMA 控制器接管 3 总线。3 总线在 DMA 控制器的管理下完成存储器和存储器之间或存储器和外设之间或者外设和外设之间的数据传送。DMA 方式适合数据量较大的传送，如存储器与磁盘之间的数据传送。

6.1.3 接口控制信号

无论采用什么样的控制方式，在电路实现上都是通过控制信号的交换来完成接口对数据传送的控制，现代微型计算机系统都是采用总线接口方式，因此，接口控制信号可分为两类：总线控制信号和输入/输出控制信号，如图 6-3 所示。

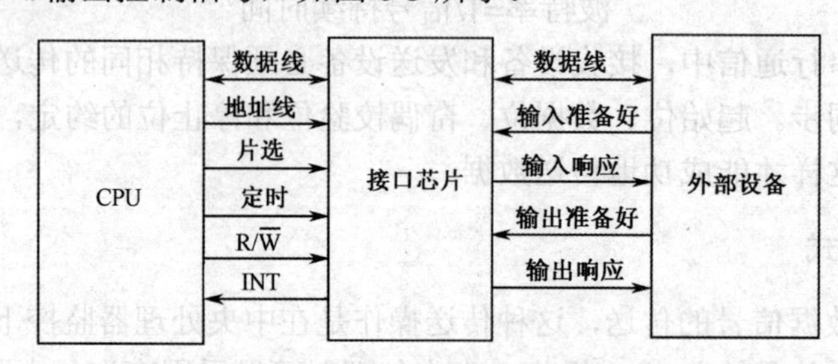

图 6-3 接口控制信号图

总线控制信号包括数据线、地址线、$\overline{IOR}$、$\overline{IOW}$ 等。

输入/输出控制信号比较复杂，不同控制方式的接口信号不同，一般包括数据线、输入/输出应答信号等。中断接口和 DMA 接口的控制信号更复杂一些，通常由接口芯片提供专用控制信号来完成数据传送控制。

6.2 I/O 指令和 I/O 地址译码

微处理器进行 I/O 操作时，对 I/O 接口的寻址方式与存储器寻址方式相似，即必须完成两种选择：一是选择出所选中的 I/O 接口芯片（称为片选）；二是选择出该芯片中的某一寄存器（称为字选）。

通常有两种I/O接口结构：一种是标准的I/O结构，另一种是存储器映象I/O结构（memory mapped I/O）。与之对应的有两种I/O寻址方式。

1. 标准的I/O寻址方式

标准的I/O寻址方式也称为独立的I/O寻址方式或称为端口（port）寻址方式。它有以下3个特点：

（1）I/O设备的地址空间和存储器地址空间是独立的、分开的，即I/O接口地址不占用存储器的地址空间。

（2）微处理器对I/O设备的管理是利用专用的IN（输入）和OUT（输出）指令来实现数据传送的。

（3）CPU对I/O设备的读/写控制是用I/O读/写控制信号（$\overline{\text{IOR}}$、$\overline{\text{IOW}}$）。

采用标准的I/O寻址方式的微型计算机处理器有Intel 8080A/8085A、80x86、Zilog Z80等。

应当指出，标准的I/O寻址方式是以端口（port）作为地址的单元，因为一个外设往往不仅有数据寄存器，还有状态寄存器和控制寄存器，它们各用一个端口才能区分，故一个外设常有若干个端口地址。

2. 存储器映象I/O寻址方式

存储器映象I/O寻址方式又称为存储器对应I/O寻址方式，它也有以下3个特点：

（1）I/O接口与存储器共用同一个地址空间，即在系统设计时指定存储器地址空间内的一个区域供I/O设备使用，故I/O设备的每一个寄存器占用存储器空间的一个地址。这时，存储器与I/O设备之间的唯一区别是其所占用的地址不同。

（2）CPU利用对存储器的存储单元进行操作的指令来实现对I/O设备的管理。

（3）CPU用存储器读/写控制信号（$\overline{\text{MEMR}}$、$\overline{\text{MEMW}}$）对I/O设备进行读/写控制。

MC6800微处理器是采用存储器映象I/O寻址的典型例子。80x86采用端口寻址方式。当然，采用端口寻址方式的微处理器，也可以采用存储器映象I/O寻址方式。

存储器映象I/O寻址方式的优点是：

（1）CPU对外设的操作可使用全部的存储器操作指令，故指令多，使用方便，如可对外设中的数据（存于外设的寄存器中）进行算术和逻辑运算，进行循环或移位等。

（2）存储器和外设的地址分布图是同一个。

（3）不需要专门的输入/输出指令。

其缺点是：外设占用了内存单元，使内存容量减小；存储器操作指令通常要比I/O指令的字节多，故加长了I/O操作的时间。

3. 输入/输出指令

（1）输入指令IN Acc，Port或IN Acc，DX。输入指令是把一个字节或一个字由输入端口传送至AL（8位Acc）、AX（16位Acc）或EAX（32位Acc）。端口地址若是由指令中的

port 所规定，则只可寻址 0～255。端口地址若用寄存器 DX 间址，则允许寻址 64K 个输入端口。累加器 Acc 选用 AL、AX 或 EAX 中的哪一个，取决于外设端口的宽度。如端口宽度只有 8 位，则只能选用 AL 进行字节传送。

（2）输出指令 OUT Port，Acc 或 OUT DX，Acc。输出指令是把在 AL 中的一个字节或在 AX 中的一个字或者在 EAX 中的一个双字，传送至输出端口。端口寻址方式及累加器 Acc 的选用与 IN 指令相同。

4．I/O 接口的端口地址译码

80x86 和 Pentium 微处理器都由低 16 位地址线寻址 I/O 端口，故可寻址 64K 个 I/O 端口，但在实际的 PC 中，只用了最前面的 1K 个端口地址，也即只寻址 1K 范围内的 I/O 空间。因此仅使用了地址总线的低 10 位，即只有地址线 A_9～A_0 用于 I/O 地址译码。PC 微型计算机系统在进行 DMA 操作时，DMA 控制器控制了系统总线。DMA 控制器在发出地址的同时还要发出地址允许信号 AEN，所以还必须将 DMA 控制器发出的地址允许信号 AEN 也参加端口地址的译码，用 AEN 限定地址译码电路的输出。当 AEN 信号有效（高电平）即 DMA 控制器控制系统总线时，地址译码电路无输出；当 AEN 信号无效（低电平）时，地址译码电路才有输出。

无论是大规模集成电路的接口芯片，还是基本的输入/输出缓冲单元，都是由一个或多个寄存器加上一些附加控制逻辑构成的。对这些寄存器的寻址就是对接口的寻址。通常采用两级译码方法，译码地址的高位组确定一个地址区域，作为组选信号；低位组地址直接接到芯片的地址输入端，选择芯片内各寄存器。

在 PC 微型计算机系统中采用了多种多样的译码电路。在这些译码电路中采用了大量 74 系列集成电路芯片，本书不一一详述，请参阅有关手册。

（1）直接地址译码。直接地址译码是一种局部译码方法，按照系统分配给某接口的地址区域，对地址总线的某些位进行译码，产生对该接口包含的缓冲器和寄存器的组选信号，再由低位地址线对组内缓冲器和寄存器译码寻址。

图 6-4 是采用直接地址译码寻址端口的电路。其中通过 8 与非门 74LS30 产生的是组选择信号，地址范围为 2F8H～2FFH。地址线 A_3～A_7、A_9 直接接到 8 与非门 74LS30 的输入端。由 DMA 控制器发出的地址允许信号 AEN 和地址线 A_8 反相后接到 74LS30 的输入端。最低 3 位地址线 A_2～A_0 通过两个 3-8 译码器 74LS138 译码，与 I/O 读/写信号 $\overline{IOW}$、$\overline{IOR}$ 配合对组内两组地址相同的寄存器和缓冲器寻址。A_2～A_0 在 000～111 之间变化，由 I/O 写信号控制的是写寄存器地址 2F8H～2FFH，由 I/O 读信号控制的是读缓冲器地址 2F8H～2FFH。

图 6-4 所示的直接地址译码电路的输出线分别用于输入和输出。图 6-5 所示的直接地址译码电路的输出线既可以用于输入也可以用于输出。

在 IBM PC 的系统板上各接口芯片的译码电路如图 6-6 所示。高位地址线 A_5～A_9 和 DMA 控制器发出的地址允许信号 AEN 都接在 3-8 译码器 74LS138 的输入端和使能端上。输出对 8237 直接存储器存取（DMA）接口芯片、8259 中断控制器接口芯片、8253 计数器/定时器芯片和 8255 并行接口芯片的片选信号。至于芯片内各寄存器，则由低位地址线直接与各接口芯片的内部寄存器选择线相连来选择。

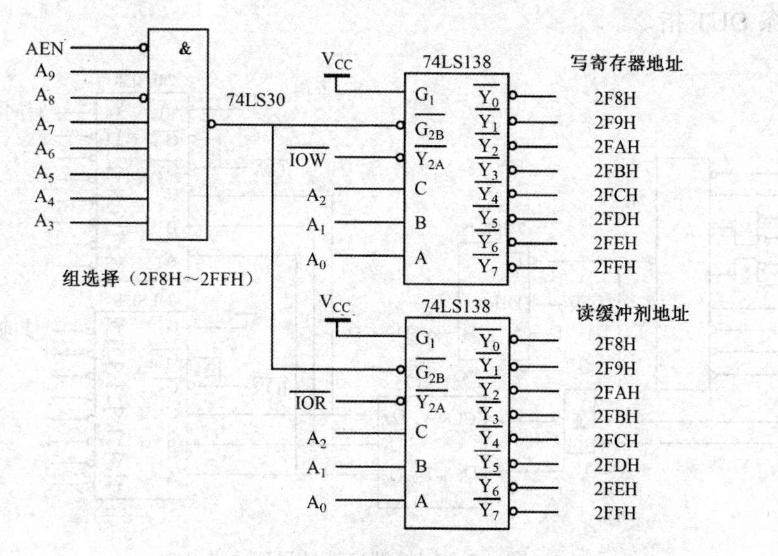

图 6-4　分别用于输入和输出的直接地址译码

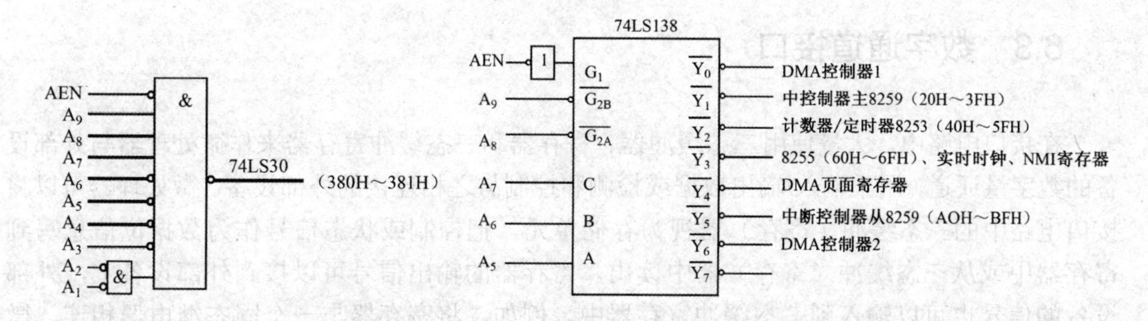

图 6-5　既可输入也可输出的直接地址译码电路　　　图 6-6　PC 微型计算机接口芯片的译码电路

（2）间接端口地址译码。间接端口地址译码仅使用两个端口地址就可以对多个端口进行寻址，第一个端口地址指向地址寄存器，第二个端口地址指向数据寄存器。端口寄存器的地址都要先送到地址寄存器，然后再根据地址寄存器的内容来选择端口寄存器。从处理器看来，系统只需对地址寄存器和数据寄存器进行寻址即可，对端口各寄存器的第二次寻址由地址寄存器的内容确定。

图 6-7 就是间接端口译码电路图。地址线 A1～A9 经或非门 74LS02、非门 74LS04 和 8 与非门 74LS30 译码，其输出信号作为数据端口地址直接与数据总线驱动器 74LS245 的使能端 $\overline{G}$ 相连；该输出又经反向后，与低位地址 A_0、输入/输出写信号 $\overline{IOW}$ 相与，产生地址寄存器 74LS175 的写入信号。当 A0 为 1 时，地址寄存器 74LS175 的时钟端才有由低到高的写入信号，把数据线上的 3 位地址数据写入 74LS175 锁存。而当 A0 为 1 或者为 0 时，数据总线驱动器 74LS245 的使能端 $\overline{G}$ 都有低电平，所以把数据端口和地址寄存器的端口地址分别定为 210H 和 211H。该电路使用地址寄存器的 3 位输出作为 2 级地址，这 3 位 2 级地址与 I/O 写信号 $\overline{IOW}$ 、I/O 读信号 $\overline{IOR}$ 配合，经 3-8 译码器 74LS138 译码再产生写间接端口和读间接端口两组端口地址。

这种译码电路节省了系统地址空间，但在寻址时必须把间接地址作为数据输出，这样就多使用了一条 OUT 指令。

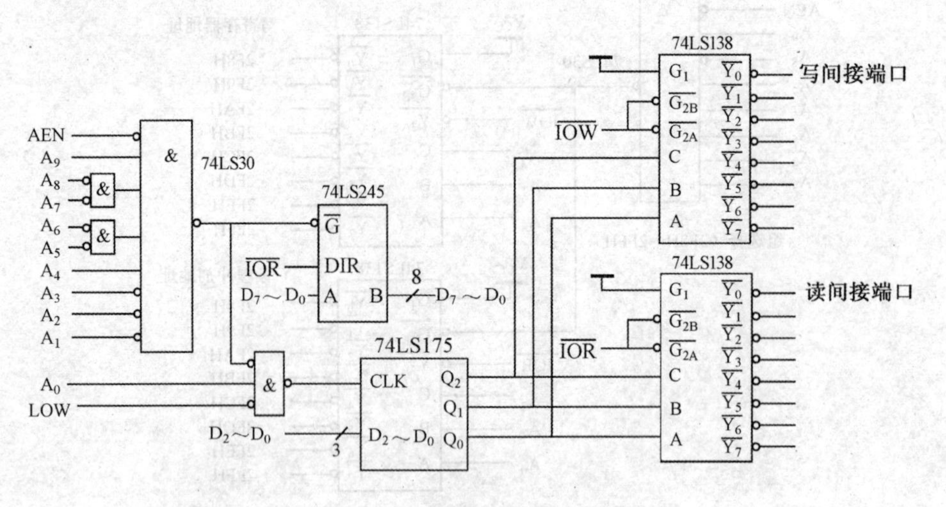

图 6-7　间接端口地址译码电路

6.3　数字通道接口

在接口电路中，大量使用三态缓冲器、寄存器和三态缓冲寄存器来作微处理器与外部设备的数字量通道，用来输入/输出数据或检测和控制与之相连接的外部设备。微处理器可以将接口电路中的三态缓冲（寄存）器视为存储单元，把控制或状态信号作为数据位信息写到寄存器中或从三态缓冲（寄存）器中读出。寄存器的输出信号可以接到外部设备上，外部设备的信号也可以输入到三态缓冲寄存器中。例如，将寄存器与一个固态继电器相连，微处理器通过向寄存器写 0 或 1，可以使继电器合上或释放。如果要检测某个开关的状态，就可以把开关接到三态缓冲器，微处理器通过三态缓冲器可以读入开关的状态，了解该开关的通断情况。

一般说来，微处理器都是通过三态缓冲（寄存）器检测外设的状态，通过输出寄存器发出控制信号。

6.3.1　数据输出寄存器

数据输出寄存器用来寄存微处理器送出的数据和命令。常用的寄存器有 74LS175（4 位）、74LS174（6 位）和 74LS273（8 位）。8D 触发器 74LS273 如图 6-8 所示。8 个数据输入端 1D～8D 与微型计算机的数据总线相连，8 个数据输出端 1Q～8Q 与外设相连。加到 74LS273 时钟端 CLK 的脉冲信号的上升沿将出现在 1D～8D 上的数据写入该触发器寄存。该触发器寄存的数据可由 $\overline{CLR}$ 上的脉冲的下降沿清除。该触发器寄存数据的过程是微处理器执行 OUT 指令完成的。执行 OUT 指令时，微处理器发出写寄存器信号，该信号通常是端口地址和 I/O 写信号 $\overline{IOW}$ 相负与产生的。将写寄存器信号接至 74LS273 的 CLK 端。OUT 指令就把累加器 AL 中的数据通过数据总线送至该触发器寄存。

74LS273 可以用做无条件传送的输出接口电路。

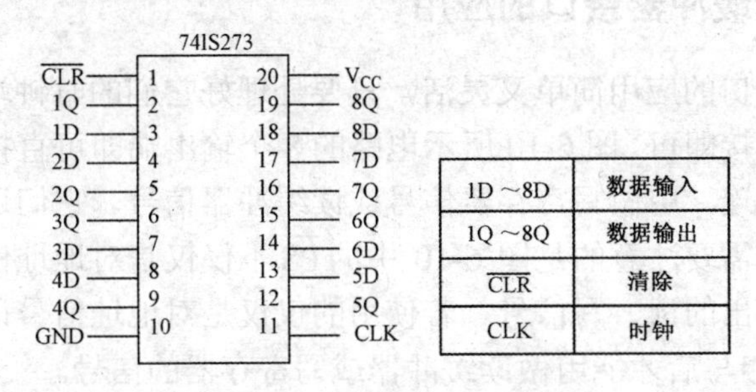

图 6-8　74LS273 8D 触发器

6.3.2　数据输入三态缓冲器

外设输入的数据和状态信号，通过数据输入三态缓冲器经数据总线传送给微处理器。74LS244 8 位三态总线驱动器如图 6-9 所示。8 个数据输出端 1Y1～1Y4、2Y1～2Y4 与微型计算机的数据总线相连，8 个数据输入端 1A1～1A4、2A1～2A4 与外设相连。加到输出允许 $\overline{1G}$ 和 $\overline{2G}$ 的负脉冲将数据输入端的数据送至数据输出端。执行 IN 指令时，微处理器发出读寄存器信号，该信号通常是端口地址和 I/O 读信号 $\overline{IOR}$ 相负与产生的。将读寄存器信号接至 74LS244 的输出允许端，IN 指令就把三态缓冲器 74LS244 数据输入端的数据，经数据总线输入累加器 AL 中。

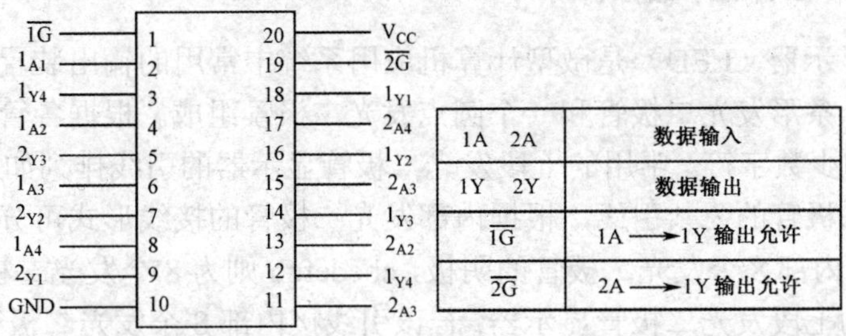

图 6-9　74LS244 三态总线驱动器

74LS244 可以用做无条件传送的输入接口电路。

6.3.3　三态缓冲寄存器

三态缓冲寄存器是三态缓冲器和寄存器组成的。数据进入寄存器寄存后并不立即从寄存器输出，要经过三态缓冲才能输出。三态缓冲寄存器既可以作数据输入寄存器，又可以作数据输出寄存器。寄存器既可以由触发器构成，也可以由锁存器构成。触发器与锁存器是有差别的。锁存器有一锁存允许信号端，当加到该端的信号为有效电平时，Q 端随 D 端变化，这时锁存器好比一“直通门”。当锁存允许信号变为无效时，锁存器将此变化前一瞬间 D 端的输入信号锁存起来，此后 D 端的变化不再影响 Q 端。将三态缓冲锁存器的锁存允许端接有效电平，三态缓冲锁存器即为三态缓冲器；将三态缓冲锁存器的输出允许端接有效电平，三态缓冲锁存器即为锁存器。第 4 章第 4.2.2 节介绍的 74LS373 就是三态缓冲锁存器。74LS374 是三态缓冲触发器，它的引线排列与 74LS373 相同。

6.3.4 寄存器和缓冲器接口的应用

寄存器和缓冲器接口的应用简单又灵活，只要处理好它们的时钟端（选通端）或输出允许端与微型计算机的连接即可。图 6-10 所示电路的 8 个输出端即可直接与寄存器或缓冲器的时钟端或输出允许端相连，用做写寄存器信号或读缓冲器信号。它们还可以用做其他输入和输出接口的片选信号。需要注意的是图 6-10 中的 $\overline{PS}$ 不仅仅是对地址信号译码的输出信号，其中也包含有输入和输出的读、写信号。若使用的仅仅是对地址信号译码的输出信号，则要将它和 $\overline{IOR}$ 或者 $\overline{IOW}$ 相与后才能用做读缓冲器或写寄存器的信号。

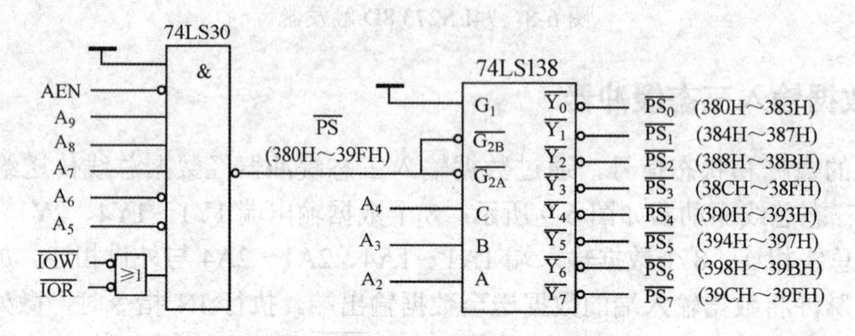

图 6-10 读缓冲器和写寄存器信号

1. 七段发光二极管显示器接口

发光二极管显示器（LED）是微型计算机应用系统中常用的输出装置。七段发光二极管显示器内部由 7 个条形发光二极管和一个圆点发光二极管组成。根据各管的亮暗组合成十六进制数、小数点和少数字符。常用的七段发光二极管显示器的引线排列如图 6-11 所示。其中 com 为 8 个发光二极管的公共引线，根据内部发光二极管的接线形式可分成共阴极型和共阳极型。若该引线接内部 8 个发光二极管的阴极，abcdefgh 则为 8 个发光二极管的阳极的引线，这就是共阴极型的七段发光二极管显示器；若该引线接内部 8 个发光二极管的阳极，abcdefgh 则为 8 个发光二极管的阴极的引线，这就是共阳极型的七段发光二极管显示器。下面以共阴极型为例，说明其接口方法。

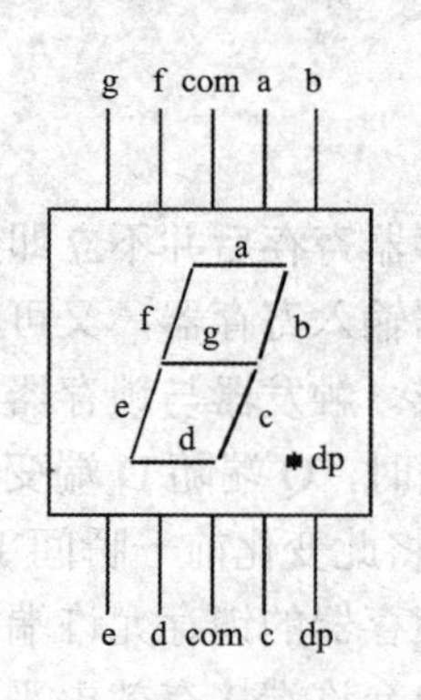

图 6-11 七段显示器的引线排列

计算机与七段发光二极管显示器的接口，分成静态显示接口和动态显示接口。七段发光二极管显示器的静态接口是每个七段发光二极管显示器的阳极单独用一组寄存器控制，并将其公共点接地。七段发光二极管显示器的动态接口使用两组寄存器。几个七段发光二极管显示器的阳极共用一组寄存器，该寄存器称为段选寄存器。另一组寄存器控制这几个七段发光二极管显示器的公共点，控制这几个显示器逐个循环点亮。适当选择循环速度，利用人眼“视觉暂留”效应，使其看上去好像这几个七段发光二极管显示器同时在显示一样。控制公共点的寄存器称为位选寄存器。

采用动态控制 6 个七段发光二极管显示器与 PC 的接口电路如图 6-12 所示。图中所有显示器相同的段选端并接在一起，由一组 7 位寄存器控制，每个显示器的 com 端分别由一组 6 位寄存器的某一位控制。反相器和与非门是为了增加驱动电流。根据图 6-12 的连接，要使七段发光二极管显示器的某一段亮，应使该段相连的段选寄存器的 Q 端输出为 0，同时使其他段相连的段选寄存器的 Q 端输出为 1。例如，要显示数字 5，则应使段选寄存器输出为 0010010。若用一个字节表示该字形代码，则为 12H。10 个十进制数的字形代码分别是 40H，79H，24H，30H，19H，12H，02H，78H，00H，18H。要使 6 位中的某一位亮，其他 5 位灭，应使与该位相连的位选寄存器的 Q 端输出为 1，其他各位为 0。

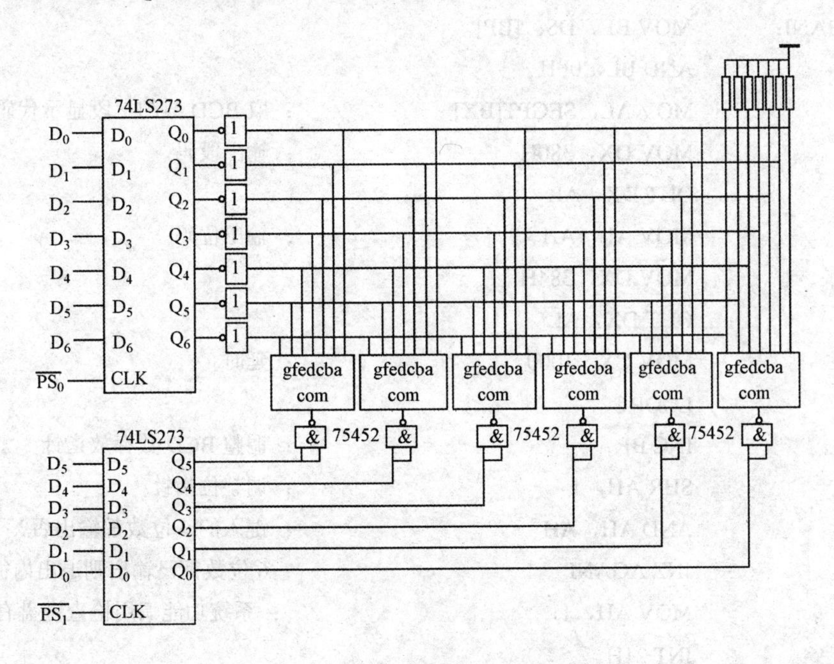

图 6-12　七段显示器动态显示接口

把从 PC 键盘输入的六位十进制数送图 6-12 的七段显示器显示的程序如下：

```
stack       segment stack 'stack'
            dw 32 dup(0)
stack       ends
data        segment
IBF         DB 7，0，7 DUP(0)
SEGPT       DB 40H，79H，24H，30H，19H，12H，2，78H，0，18H
data        ends
code        segment
start       proc far
            assume  ss：stack，cs：code，ds：data
            push ds
            sub ax，ax
            push ax
            mov ax，data
```

```
        mov ds，ax
        MOV DX，OFFSET IBF          ；输入
        MOV AH，10
        INT 21H
AGANO:  MOV BP，OFFSET IBF+2        ；建立指针
        MOV AH，20H                 ；位指针代码
        MOV BH，0                   ；将键入数的ASCII码变为BCD数
AGANI:  MOV BL，DS：[BP]
        AND BL，0FH
        MOV AL，SEGPT[BX]           ；取BCD数的七段显示代码
        MOV DX，380H                ；输出段码
        OUT DX，AL
        MOV AL，AH                  ；输出位码
        MOV DX，384H
        OUT DX，AL
        MOV CX，1000                ；延时
        LOOP $
        INC BP                      ；调整BCD数存放指针
        SHR AH，1                   ；调整位指针
        AND AH，AH                  ；键入的6位数都输出否?
        JNZ AGANI                   ；6位数都已输出则退出内循环
        MOV AH，11                  ；系统功能调用检查键盘有无输入
        INT 21H
        CMP AL，0                   ；键盘有输入AL=0FFH，无输入AL=0
        JE AGANO                    ；有键入结束程序运行，无键入循环
        ret
start   endp
code    ends
        end start
```

2. 键盘接口

这里介绍的键盘是由若干个按键组成的开关矩阵，用于向计算机输入数字、字符等代码，是最常用的输入电路。在键盘的按键操作中，其开或闭均会产生 10～20ms 的抖动，可能导致一次按键被计算机多次读入的情况。通常采有 RC 吸收电路或 RS 触发器组成的闩锁电路来消除按键抖动；也可以采用软件延时的方法消除抖动。这里设开关为理想开关即没有抖动。

图 6-13 是一个 4×4 键盘及其接口电路，用它向计算机输入 0～F 16 个十六进制数码。图中寄存器 74LS273 的输出接键盘矩阵的行线，缓冲器 74LS244 的输入接键盘矩阵的列线。列线还通过电阻接高电平。若将寄存器 74LS273（端口地址 380H）全部输出低电平，从缓冲器 74LS244（端口地址 384H）读入键盘的开关的状态为 1111，则无键闭合；否则有键闭合。

有键闭合后，再逐行逐列检测，确定是哪个键闭合。确定的方法是：将按键的位置按行输出值和列输入值进行编码。编码（十六进制数）与按键的位置关系对应如下：

77	B7	D7	E7
7B	BB	DB	EB
7D	BD	DD	ED
7E	BE	DE	EE

若把该键盘矩阵的按键定义为十六进制数：

7	8	9	A
4	5	6	B
1	2	3	C
0	F	E	D

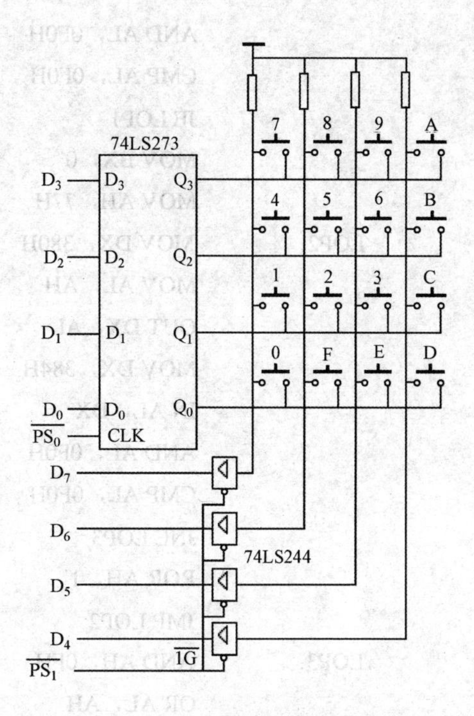

图 6-13　4×4 键盘及其接口电路

按上述定义的对应关系和十六进制数的顺序，将按键的编码排成数据表，放在数据区中。再根据这种编码规则将扫描键盘的列值和行值组合成一代码。将该代码与数据区中的数据表比较，即可确定闭合键。按上述思路确定闭合键所代表的十六进制数字，并将其送 PC 的显示器显示的程序如下：

```
stack       segment stack 'stack'
            dw 32 dup(0)
stack       ends
data        segment
KEYTAB      DB 7EH，7DH，0BDH，0DDH，7BH，0BBH，0DBH，77H
            DB 0B7H，0D7H，0E7H，0EBH，0EDH，0EEH，0DEH，0BEH
data        ends
code        segment
start       proc far
            assume   ss：stack，cs：code，ds：data
            push ds
            sub ax，ax
            push ax
            mov ax，data
            mov ds，ax;
LOP1：      MOV DX，380H                    ；检测全键盘
            MOV AL，0
            OUT DX，AL
            MOV DX，384H
            IN AL，DX
```

```
        AND AL，0F0H
        CMP AL，0F0H
        JE LOP1
        MOV BX，0              ；数据区的位移量送 BX
        MOV AH，77H            ；检测键盘的行的输出值（1110B）
LOP2:   MOV DX，380H           ；检测键盘的一行
        MOV AL，AH
        OUT DX，AL
        MOV DX，384H
        IN AL，DX
        AND AL，0F0H
        CMP AL，0F0H
        JNE LOP3
        ROR AH，1              ；该行无键闭合检测另一行
        JMP LOP2
LOP3:   AND AH，0FH
        OR AL，AH              ；闭合键的列值与行值组合编码
LOP4:   CMP AL，KEYTAB[BX]     ；将闭合键的编码转换为该键代表的
        JE LOP5                ；十六进制数字
        INC BX
        JMP LOP4
LOP5:   ADD BL，30H            ；将十六进制数字转换为 ASCII 码
        CMP BL，3AH
        JC LOP6
        ADD BL，7
LOP6:   MOV DL，BL             ；将闭合键代表的数送显示
        MOV AH，2
        INT 21H
        ret
start   endp
code    ends
        end start
```

3. BCD 码拨盘及其接口

拨盘种类很多，使用最方便的是十进制数输入，BCD 码输出的 BCD 码拨盘。这种拨盘具有 0～9 等 10 个位置，每个位置都有相应的数字显示，代表拨盘输入的十进制数。每片拨盘都有 5 个接点，其中 A 为输入控制线，另外 4 个接点 8、4、2、1 是 BCD 码输出信号线。拨盘拨到不同位置时，输入控制线 A 分别与 BCD 码输出线中某根或某几根接通。例如，拨盘拨到 0，A 与 4 根线都不通；拨到 1，A 与输出线 1 接通；拨到 2，A 与输出线 2 接通；拨

到 3，A 与输出线 2 和 1 接通；……拨到 9，A 与输出线 8 和 1 接通。从此可看出，若将拨盘的 A 接高电平，则输出线输出的即是 8421 码。图 6-14 是 2 位十进制数输入拨盘组及其接口电路。图 6-15 是 8 位十进制数输入拨盘组及其接口电路。

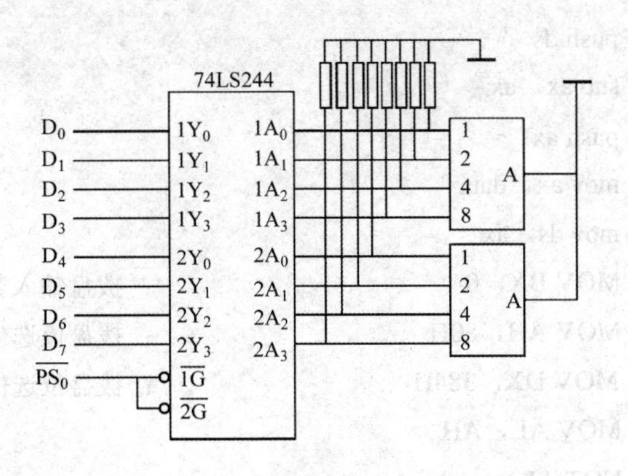

图 6-14　2 位拨盘组及其接口电路

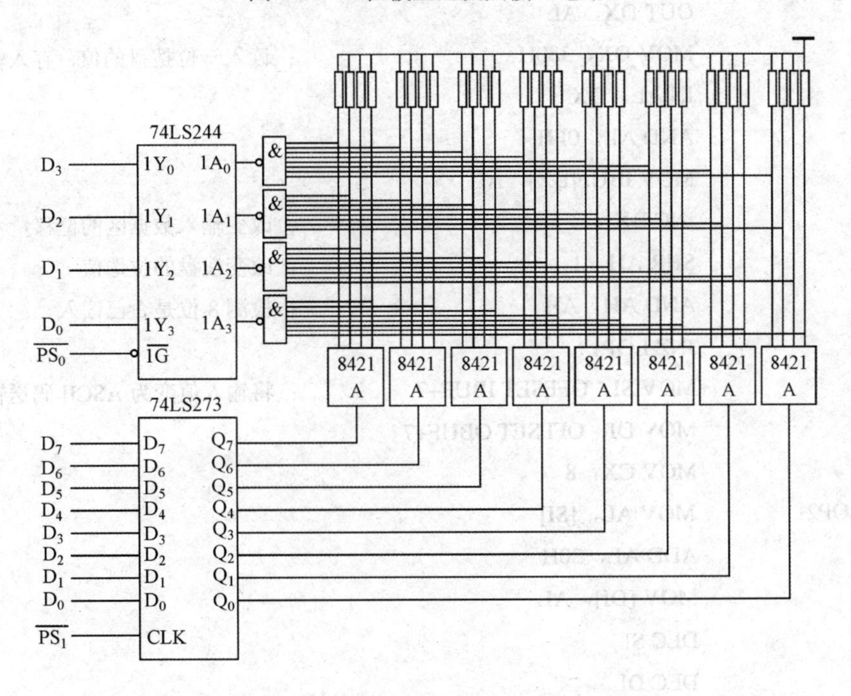

图 6-15　8 位拨盘组及其接口电路

将图 6-15 拨盘组输入的 8 位十进制数读入数据区并送 PC 的显示器显示的程序如下：

```
stack       segment stack 'stack'
            dw 32 dup(0)
stack       ends
data        segment
KEYTAB      DB 7EH，7DH，0BDH，0DDH，7BH，0BBH，0DBH，77H
            DB 0B7H，0D7H，0E7H，0EBH，0EDH，0EEH，0DEH，0BEH
data        ends
```

```
code        segment
start       proc far
            assume  ss: stack, cs: code, ds: data
            push ds
            sub ax, ax
            push ax
            mov ax, data
            mov ds, ax
            MOV BX, 0                         ; 拨盘输入数据区的位移量
            MOV AH, 80H                       ; 拨盘位选值
LOP1:       MOV DX, 384H                      ; 拨盘位选值输出
            MOV AL, AH
            NOT AL
            OUT DX, AL
            MOV DX, 380H                      ; 读入一位拨盘的值，存入输入数据区
            IN AL, DX
            AND AL, 0FH
            MOV IBUF[BX], AL
            INC BX                            ; 改变输入数据区的位移量
            SHR AH, 1                         ; 改变拨盘的位选值
            AND AH, AH                        ; 检测8位是否已读入
            JNZ LOP1
            MOV SI, OFFSET IBUF+7             ; 将输入值变为ASCII码送输出数据区
            MOV DI, OFFSET OBUF+7
            MOV CX, 8
LOP2:       MOV AL, [SI]
            ADD AL, 30H
            MOV [DI], AL
            DEC SI
            DEC DI
            LOOP LOP2
            MOV OBUF+8, '$'
            MOV DX, OFFSET OBUF               ; 将8位拨盘值送显示器显示
            MOV AH, 9
            INT 21H
            ret
start       endp
code        ends
            end start
```

6.3.5 打印机适配器

较早期的打印机适配器是以板卡形式插在主机板的总线槽中的，随着芯片集成度的提高，主机板集成了越来越多的部件和相应功能，打印机适配器也因此作为一个部件集成于主机板中，但原理和对外信号连接仍然相同。本节介绍较早期的打印机适配器的工作原理，该适配器不仅可以用做连接打印机的接口电路，也可以作为通用输入/输出接口。较早期的打印机适配器有两种，一种是独立的打印机适配器板卡，该板卡有两组端口地址 378H～37AH 和 278H～27AH；另一种是和显示器适配电路组合在一起的打印机适配器，该板卡的端口地址为 3BCH～3BEH。这两种板卡上的打印机适配电路相同，两者的差别仅在于端口地址不同。现在集成于主机板上的打印机适配器只有一个并行口（25 芯 D 型连接器），该并行口可以使用其中的任意一组端口地址。

打印机适配器由输入电路、输出电路、地址译码电路和数据总线隔离电路 4 部分组成。

1．地址译码电路和数据总线隔离电路

打印机适配器的地址译码电路和数据总线隔离电路如图 6-16 所示。打印机适配器的译码电路采用直接译码与跳线开关相结合的方法提供两个地址区域的端口地址，其地址为 378H～37FH 和 278H～27FH（两个地址区域的区别仅在于 A_8 的变化，A_2 未参加译码）。地址线 A_9～A_3 和地址允许信号 AEN 经 8 输入的与非门 74LS30 与译码器 74LS155 相连，地址线 A1 和 A0 直接与译码器 74LS155 相连。译码器 74LS155 为双 2-4 译码器，输入/输出读写控制信号 $\overline{IOR}$ 、$\overline{IOW}$ 以及组选输入与译码器 74LS155 的使能端相连，以选择地址为 378H～37FH 或 278H～27FH 的读或写寄存器。$\overline{WPA}$ 和 $\overline{WPC}$ 是两个写寄存器选通信号，$\overline{RPA}$ 、$\overline{RPB}$ 和 $\overline{RPC}$ 是三个读寄存器选通信号。

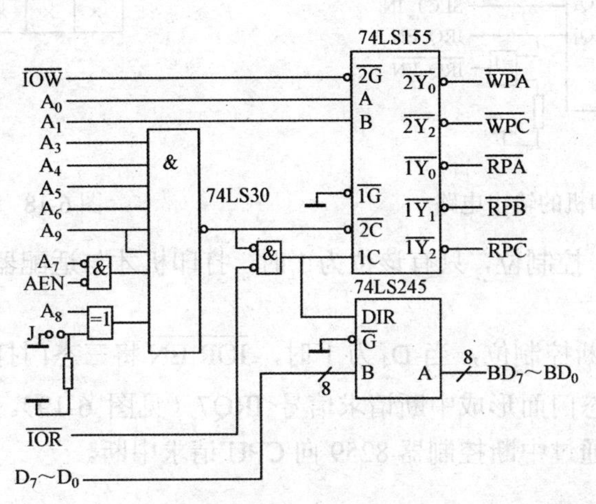

图 6-16 打印机的地址译码电路和数据总线隔离电路

数据总线隔离电路使用的是双向总线驱动器 74LS245，74LS245 的输入由地址译码电路的输出信号和 $\overline{IOR}$ 控制，仅在对端口 378H～37FH 或 278H～27FH 进行输入或输出操作时，74LS245 才将双向三态门单方向打开。

2．输出电路和命令字

打印机适配器的输出电路包括数据输出电路和命令输出电路，如图 6-17 所示。数据输出电路由 74LS374 组成，地址译码电路的 $\overline{WPA}$ 将打印数据送到外部数据线 $DATA_7$～$DATA_0$。命令输出电路由输出控制字寄存器 74LS174 组成，地址译码电路的 $\overline{WPC}$ 将打印机适配器的输出控制字送输出控制字寄存器 74LS174 锁存。

输出控制字寄存器 74LS174 只有 5 位有效信号，这 5 位信号与控制命令字各位一一对应，如图 6-18 所示。控制字各位的意义如下。

（1）D_0 为选通控制位，由此位向打印机发出选通脉冲，该脉冲将打印机适配器的数据寄存器 74LS374 锁存的数据送往打印机。

（2）D_1 为自动换行控制位，当 D_1 为 1 时，打印机适配器会在每个回车符后面自动加一个换行符。若 D_1 为 0 时，则没有这个功能。

（3）D_2 为初始化控制位，当 D_2 为 0 时，打印机进入复位状态，这时打印机内部的打印行缓冲器被逐字节清除。

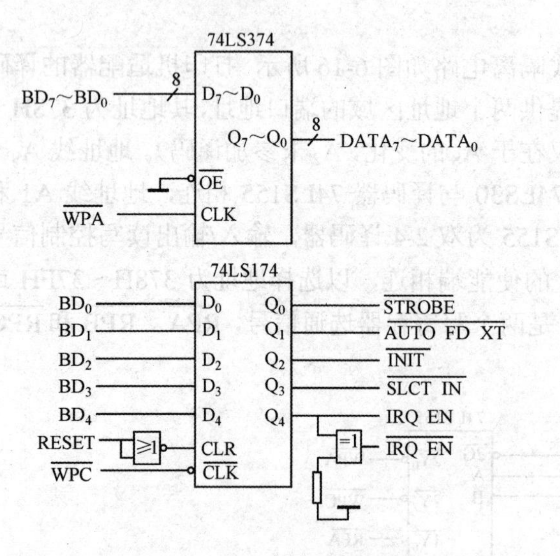

图 6-17　打印机的输出电路

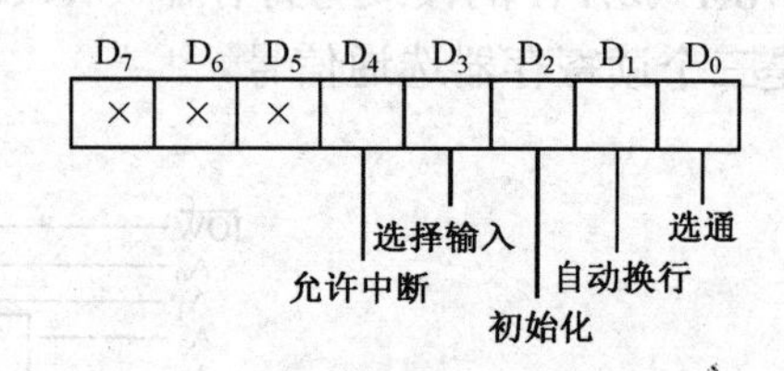

图 6-18　打印机的控制命令字

（4）D_3 为选择输入控制位，只有该位为 1 时，打印机才与适配器接通，此时适配器才可以和打印机交换信息。

（5）D4 为允许中断控制位，当 D_4 为 1 时，$\overline{IOR\ EN}$ 将三态门打开，从打印机来的应答信号（$\overline{ACK}$）通过三态门而形成中断请求信号 IRQ7（见图 6-19）。在这种情况下，有效的应答信号（$\overline{ACK}$）会通过中断控制器 8259 向 CPU 请求中断。

3．输入电路和状态字

输入电路包括状态输入电路、命令输入电路和数据回送电路，如图 6-19 所示。数据 $DATA_7$～$DATA_0$ 通过 74LS244 回送，由 $\overline{RPA}$ 选通。而状态信号和回送命令都通过 74LS240 送到数据线 BD_7～BD_0 上，状态信号由 $\overline{RPB}$ 选通输入，命令由 $\overline{RPC}$ 选通回送。5 位状态信号与状态输入字各位一一对应如图 6-20 所示。状态字各位的意义如下。

（1）D_7是打印机忙（$\overline{\text{BUSY}}$）状态位，$\overline{\text{BUSY}}$为 0，表示打印机处于忙状态，不能接收新的数据。只有当$\overline{\text{BUSY}}$为 1 时，计算机才能对$\overline{\text{STROBE}}$置位，从而使数据由打印机适配器送到打印机。以下几种原因都会使打印机处于忙状态：打印机适配器正在往打印机送字符；打印机正在打印；打印机处于脱机状态（SLCT 为 0）；打印出错。

（2）D_6为打印机应答（$\overline{\text{ACK}}$）信息位，$\overline{\text{ACK}}$为 0，表示打印机接收或打印了刚才送来的字符，现在可以接收新的字符。每接收一个字符，打印机都会发一个$\overline{\text{ACK}}$，$\overline{\text{ACK}}$的上升沿使$\overline{\text{BUSY}}$成为低电平。

（3）D_5是表示打印机纸用完（PE）的状态位，该位为 1 表示打印机当前没有打印纸。

（4）D_4表示打印机是否处于联机（SLCT）状态 ，该位为 1 表示打印机处于联机状态；该位为 0 表示打印机处于脱机状态。

（5）D_3是打印出错（$\overline{\text{ERROR}}$）位，该位为 0 表示打印机工作不正常，其中包括纸用完和打印机处于脱机状态两种情况。若该位为 1，则表示打印机工作正常。

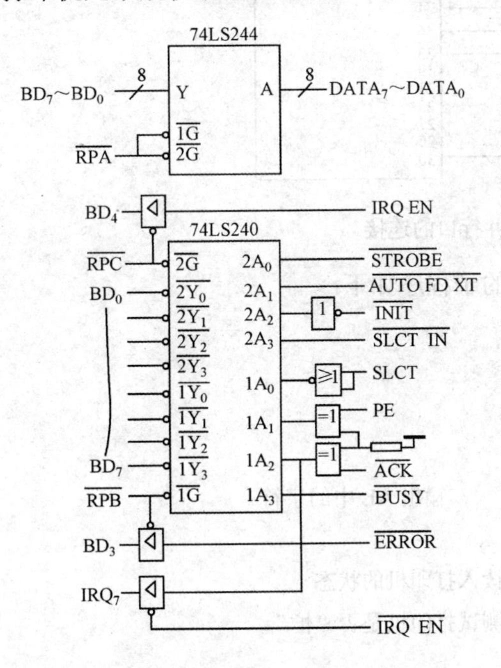

图 6-19　打印机的输入电路

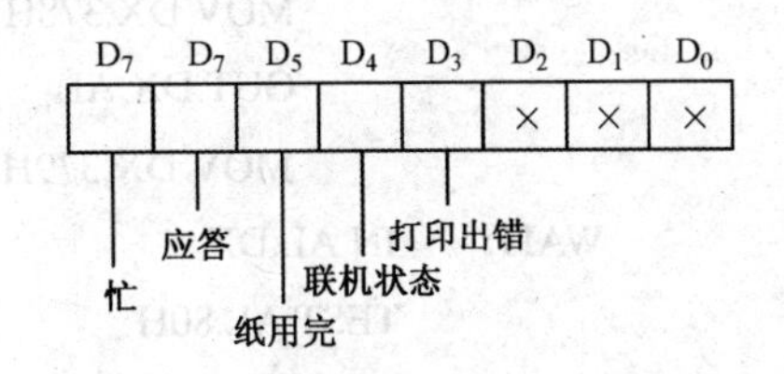

图 6-20　打印机的状态输入字

4．打印机适配器与打印机的连接

打印机适配器通过并行口（25 芯 D 型插座）与打印机（36 芯 D 型插座）的连接如图 6-21 所示。

5．打印机的操作过程

计算机往打印机输出字符可以采用中断方式和查询方式两种形式。采用中断方式输出字符时，打印机每接收一个字符，便发送应答（$\overline{\text{ACK}}$）信号给打印机适配器，$\overline{\text{ACK}}$信号经输入电路向计算机发出中断请求。计算机收到此信号后，若计算机处于开中断状态，则在执行完本条指令之后，响应中断，从而往打印机发送下一个字符。采用查询方式输出字符时，计算机要不断地测试打印机的忙（$\overline{BUSY}$）信号，当$\overline{BUSY}$为 0 时，说明打印机处于忙状态，即打印机正在接收字符或者正在打印字符，此时计算机必须等待。当忙信号消失即$\overline{BUSY}$为 1 时，计算机便往打印机发送一个字符。

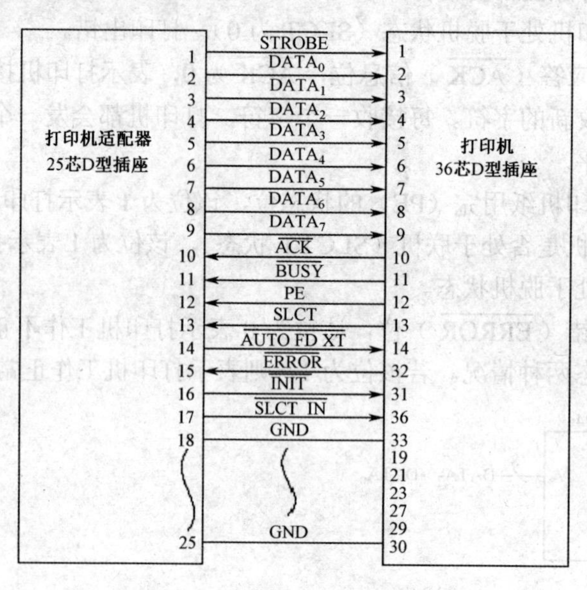

图 6-21　打印机与并行口的连接

采用查询方式打印寄存器 AL 内的一个字符的子程序如下：

```
PRINT    PROC
         PUSH AX
         PUSH DX
         MOV DX,378H
         OUT DX,AL                ；输出 AL 中的字符
         MOV DX,379H
WAIT:    IN AL,DX                 ；读入打印机的状态
         TEST AL,80H              ；测试打印机是否“忙”
         JZ WAIT
         MOV DX,37AH
         MOV AL,0DH               ；输出 0DH 和 0CH，即为一个选通脉冲
         OUT DX,AL
         MOV AL,0CH
         OUT DX,AL
         POP DX
         POP AX
         RET
PRINT    ENDP
```

在微型计算机系统中，由 BIOS 用 INT 17H 形式提供了打印机服务程序，该服务程序的调用方法请见 2.5.3 节。

6.4　模拟通道接口

微型计算机只能处理数字形式的信息，但是在实际工程中大量遇到的是连续变化的物理量，例如，温度、压力、流量、光通量、位移量以及连续变化的电压、电流等。对于非电信号的物理量，必须先由传感器（transducer）进行检测，并且转换为电信号，然后经过放大器放大为 0～5V 电平的模拟量。模拟通道接口的作用就是实现模拟量和数字量之间的转换。模/数（A/D）转换就是把输入的模拟量变为数字量，供微型计算机处理。数/模（D/A）转换就是将微型计算机处理后的数字量转换为模拟量输出。

本节着重介绍 D/A、A/D 与微型计算机的接口以及它们的使用。A/D 和 D/A 的重要技术指标有以下几项。

1．分辨率（resolution）

分辨率是指转换器对输出的数字量与输入的模拟量或输出的模拟量与输入的数字量的分辨能力，通常用二进制数的位数来表示转换器的分辨率，如 8 位、10 位、12 位等。位数越多分辨率也就越高。对于 n 位转换器，其分辨率为整个模拟量的 $1/2^n$。

2．转换时间

转换时间指转换器完成一次模拟量与数字量转换所花的时间。这个参数直接影响到系统的速度。

3．量化误差

量化误差是指实际输出值与理论值之间的误差，量化误差是转换器的转换分辨率直接造成的。

具有 8 位分辨率的 A/D 转换器，当输入 0～5V 电压时，对应的数字输出为 00H～FFH，即输入每变化 0.0196V 时，输出就变化 1。由于输入模拟量是连续变化的，只有当它的值为 0.0196V 的整数倍时，模拟量值才能准确转换成对应的数字量，否则模拟量将被“四舍五入”后由相近的数字量输出。例如，0.025V 被转换成 01H 输出，0.032V 被转换成 02H 输出，最大误差为 1/2 个最低有效位，这就是量化误差。

6.4.1　数/模转换器及其与微型计算机的接口

由于 D/A 转换器与微型计算机接口时，微型计算机是靠输出指令输出数字量供 DAC 转换之用，而输出指令送出的数据在数据总线上的时间是短暂的（不足一个输出周期），所以 DAC 和微型计算机间，需有数据寄存器来保持微型计算机输出的数据，供 DAC 转换用。目前生产的 DAC 芯片可分为两类。一类芯片内部设置有数据寄存器，不需外加电路就可直接与微型计算机接口。另一类芯片内部没有数据寄存器，输出信号（电流或电压）随数据输入线的状态变化而变化，因此不能直接与微型计算机接口，必须通过并行接口与微型计算机接口。下面分别介绍这两类 DAC 芯片与微型计算机的接口方法。

1．8 位数/模转换器 DAC0832

（1）DAC0832 的结构。DAC0832 是具有 20 条引线的双列直插式 CMOS 器件，它内部具有两级数据寄存器，完成 8 位电流 D/A 转换。其结构框图及信号引线如图 6-22 所示。各引线信号可分为：

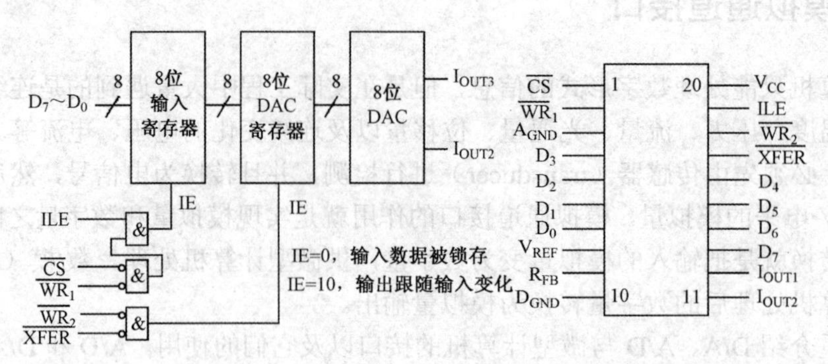

图 6-22　DAC0832 内部结构框图和引线

① 输入、输出信号。

$D_0 \sim D_7$：8 位数据输入线。

I_{OUT1} 和 I_{OUT2}：I_{OUT1} 为 DAC 电流输出 1，I_{OUT2} 为 DAC 电流输出 2，I_{OUT1} 与 I_{OUT2} 之和为一常量。

R_{FB}：反馈信号输入端，反馈电阻在片内。

② 控制信号。

ILE：允许输入锁存信号，高电平有效。

$\overline{WR_1}$ 和 $\overline{WR_2}$：写信号，低电平有效。$\overline{WR_1}$ 为锁存输入数据的写信号，$\overline{WR_2}$ 为锁存从输入寄存器到 DAC 寄存器数据的写信号。

$\overline{XFER}$：传送控制信号，低电平有效。

$\overline{CS}$：片选信号，低电平有效。

③ 电源和地。

V_{CC}：主电源，其范围为+5～+15V。

V_{REF}：参考输入电压，其范围为−10～+10V。

A_{GND} 和 D_{GND}：地线，A_{GND} 为模拟信号地；D_{GND} 为数字信号地，通常将 A_{GND} 和 D_{GND} 相连。

（2）DAC0832 与微型计算机的接口。由于 DAC0832 内部有输入寄存器和 DAC 寄存器，所以它不需要外加其他电路便可以与微型计算机的数据总线直接相连。根据 DAC0832 的 5 个控制信号的不同连接方式，使得它可以有以下 3 种工作方式。

① 直通方式。将 $\overline{WR_1}$、$\overline{WR_2}$、$\overline{XFER}$ 和 $\overline{CS}$ 接地，ILE 接高电平，就能使得两个寄存器跟随输入的数字量变化，DAC 的输出也同时跟随变化。直通方式常用于连续反馈控制的环路中。

② 单缓冲工作方式。将其中一个寄存器工作在直通状态，另一个处于受控的锁存器状态。在实际应用中，如果只有一路模拟量输出，或虽有几路模拟量但并不要求同步输出，就可采用单缓冲方式。

单缓冲方式连接如图 6-23 所示。为使 DAC 寄存器处于直通方式，应使 $\overline{WR_2}$ =0 和 $\overline{XFER}$ =0。为此把这两个信号固定接地。为使输入寄存器处于受控锁存方式，应把 $\overline{WR_1}$ 接 $\overline{IOW}$，ILE 接高电平。此外还应把 $\overline{CS}$ 接高位地址线或译码器的输出，并由此确定 DAC0832 的端口地址为 380H。输入数据线直接与数据总线相连。将数据区 BUFF 中的数据转换为模拟电压输出的程序如下：

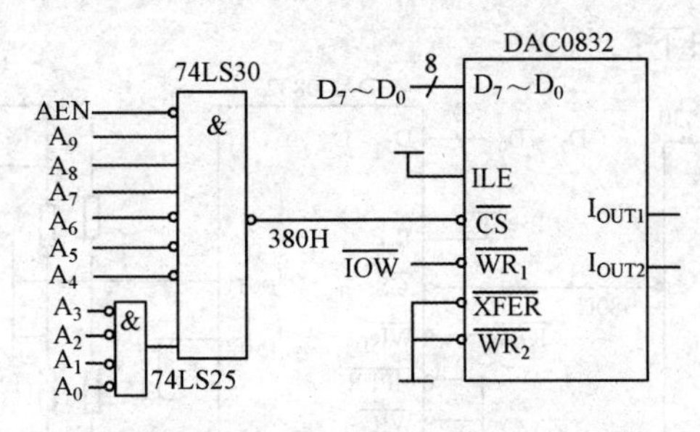

图 6-23　DAC0832 的单缓冲方式连接

```
stack       segment stack 'stack'
            dw 32 dup(0)
stack       ends
data        segment
BUF         DB 23，45，67，……
COUNT       EQU $-BUF
data        ends
code        segment
start       proc far
            assume  ss：stack，cs：code，ds：data
            push ds
            sub ax，ax
            push ax
            mov ax，data
            mov ds，ax
            MOV BX，OFFSET BUF
            MOV CX，COUNT
AGAIN:      MOV DX，380H
            MOV AL，[BX]
            OUT DX，AL
            INC BX
            MOV AX，1000                ；等待 DA 转换结束
HERE:       DEC AX
            JNZ HERE
            LOOP AGAIN
            ret
start       endp
code        ends
            end start
```

【例 6.1】　产生锯齿波。

分析：在许多应用中，要求有一个线性增长的锯齿波电压来控制检测过程、移动记录笔

或移动电子束等。对此可通过 DAC0832 的输出端接运算放大器来实现，其电路连接如图 6-24 所示。产生锯齿波的程序如下：

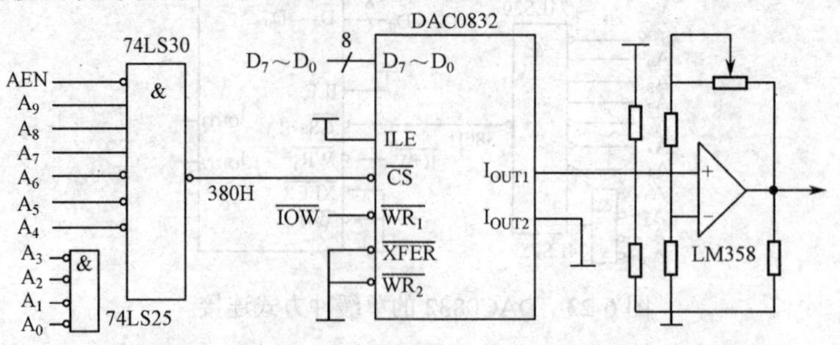

图 6-24　锯齿波产生电路

```
stack       segment stack 'stack'
            dw 32 dup(0)
stack       ends
code        segment
start       proc far
            assume  ss：stack，cs：code
            push ds
            sub ax，ax
            push ax
            MOV DX，380H
AGAIN:      INC AL
            OUT DX，AL
            LOOP $
            PUSH AX
            MOV AH，11                  ；11 号功能调用
            INT 21H
            CMP AL，0                   ；有输入 AL=FFH，无输入 AL=0
            POP AX
            JE AGAIN                    ；无输入继续
            ret
start       endp
code        ends
            end start
```

从锯齿波产生的程序可看出：

- 程序每循环一次 DAC0832 的输入数字量增 1，因此实际上锯齿波的上升是由 256 个小阶梯构成的，但由于阶梯很小，所以宏观上看就是线性增长的锯齿波。
- 可通过循环程序段的机器周期数计算出锯齿波的周期，并可根据需要，通过延时的办法来改变锯齿波的周期。当延迟时间较短时，可用指令 LOOP $来实现；当延迟时间较长时，可以使用一个延时子程序，也可以使用定时器来定时。

- 通过 DAC0832 输入数字量增量，可得到正向的锯齿波；如要得到负向的锯齿波,改为减量即可实现。
- 程序中数字量的变化范围是从 0 到 255，因此得到的锯齿波是满幅度的。如果要得到非满幅度的锯齿波，可通过计算求得数字量的初值和终值，然后在程序中通过置初值判终值的办法即可实现。

③ 双缓冲工作方式。两个寄存器都处于受控方式。为了实现两个寄存器的可控，应当给它们各分配一个端口地址，以便能按端口地址进行操作。数/模转换采用两步写操作来完成。可在 DAC 转换输出前一个数据的同时，将下一个数据送到输入寄存器，以提高 D/A 转换速度。还可用于多路数/模转换系统，以实现多路模拟信号同步输出的目的。

图 6-25 为 DAC0832 与微型计算机接口的双缓冲方式连接电路。这时，输入寄存器和 DAC 寄存器分别控制器，故占用两个端口地址：380H 和 384H。380H 选通输入寄存器，384H 选通 DAC 寄存器。

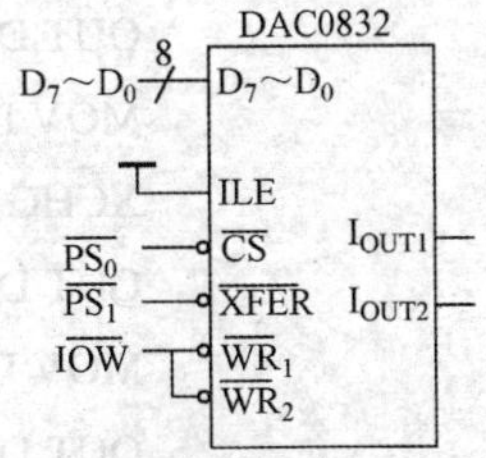

图 6-25　DAC0832 的双缓冲连接方式

【例 6.2】　用 DAC0832 控制绘图仪。

分析：X-Y 绘图仪由 X、Y 两个方向的电机驱动，其中一个电机控制绘图笔沿 X 方向运动，另一个电机控制绘图笔沿 Y 方向运动，从而绘出图形。因此对 X-Y 绘图仪的控制有两点基本要求：一是需要两路 D/A 转换器分别给 X 通道和 Y 通道提供模拟信号，二是两路模拟量要同步输出。

两路模拟量输出是为了使绘图笔能沿 X-Y 轴作平面运动，而模拟量同步输出则是为了使绘制的曲线光滑，否则绘制出的曲线就是台阶状的。为此就要使用两片 DAC0832，并采用双缓冲方式连接，如图 6-26 所示。两片 DAC0832 共占据 3 个端口地址，其中两个输入寄存器各占一个地址，而两个 DAC 寄存器则合用一个地址。X 方向 DAC0832 输入寄存器的端口地址为 380H，Y 方向 DAC0832 输入寄存器的端口地址为 384H，两个 DAC 寄存器公用的端口地址为 388H。

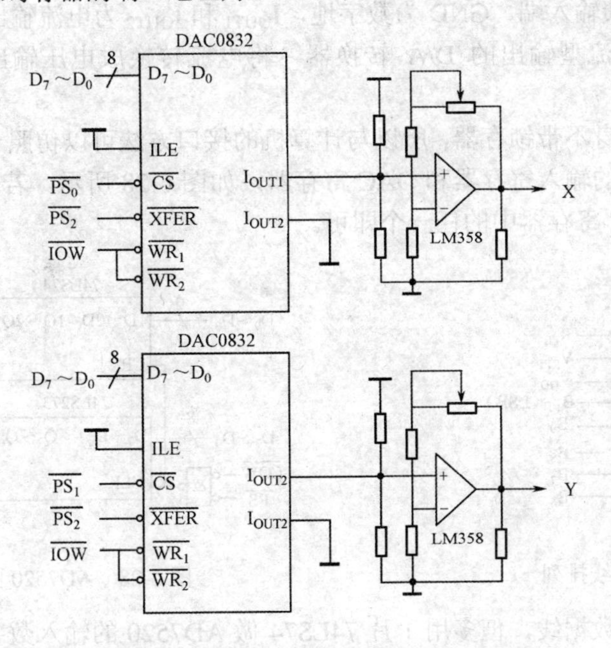

图 6-26　DAC0832 控制绘图仪的接口电路

程序中，先使用一条输出指令把 X 坐标数据送到 X 向转换器的输入寄存器。然后又用一条输出指令把 Y 坐标数据送到 Y 向转换器的输入寄存器。最后再用一条输出指令将前面两次写入输入寄存器的数据，同时打入两个转换器的 DAC 寄存器，进行数/模转换。即可实现 X 和 Y 两个方向坐标量的同步输出。X 向坐标数据和 Y 向坐标数据存于 AX 中，则绘图仪的驱动子程序如下：

```
HTY     PROC
        PUSH CX
        PUSH DX
        MOV DX，380H
        OUT DX，AL              ；输出 X
        MOV DX，384H
        XCHG AH，AL
        OUT DX，AL              ；输出 Y
        MOV DX，388H            ；X、Y 送 DAC 寄存器
        OUT DX，AL
        LOOP $                  ；等待转换
        POP DX
        POP CX
HTY     ENDP
```

2．10 位 DA 转换器 AD7520

AD7520 为不带数据锁存器的 10 位数/模转换电路，其外部引线如图 6-27 所示。

B_1～B_{10} 为数据输入线，B_1 为 MSB，B_{10} 为 LSB。V_{DD} 为电源端（5V～15V），V_{REF} 为基准电压端，R_{FE} 为反馈输入端，GND 为数字地，I_{OUT1} 和 I_{OUT2} 为电流输出端。

AD7520 也是电流型输出的 D/A 转换器，将电流转换成电压输出的原理及电路均与 DAC0832 相同。

由于 AD7520 自身不带锁存器，所以与计算机的接口方法可以仿照 DAC0832，用数据输出寄存器做 AD7520 的输入寄存器和 DAC 寄存器，如图 6-28 所示。若为单缓冲方式，则只需输入寄存器和 DAC 寄存器中的任一个即可。

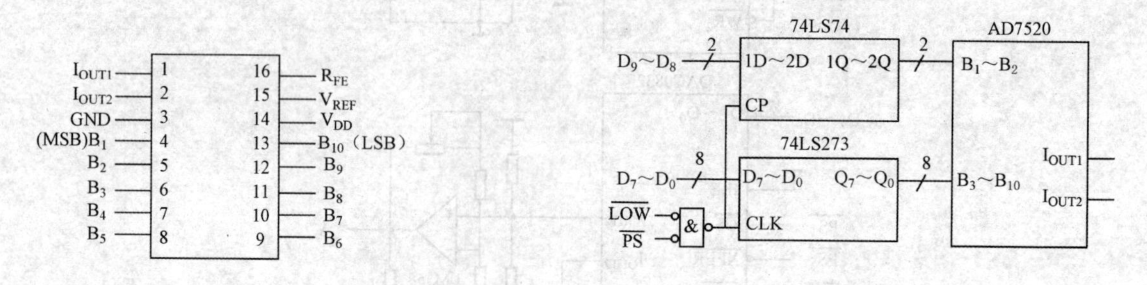

图 6-27　AD7520 的引线排列

图 6-28　AD7520 的接口电路

还可以只用 8 位数据线，但多用 1 片 74LS74 做 AD7520 的输入数字量接口，如图 6-29

所示。74LS74（1）的端口地址为 380H，74LS74（2）和 74LS273 的端口地址为 384H。先将 10 位数字量的高 2 位写入端口地址为 380H 的 74LS74（1）锁存，然后将低 8 位数字量写入端口 384H 由 74LS273 锁存，与此同时把先写入 74LS74（1）中的高 2 位写入 74LS74（2）锁存，10 位数字量同时到达 AD7520 的数据输入线，供 AD7520 和运算放大器转换为电压输出。若待转换的 10 位数据在 AX 中，则完成一次 DA 转换的程序段如下：

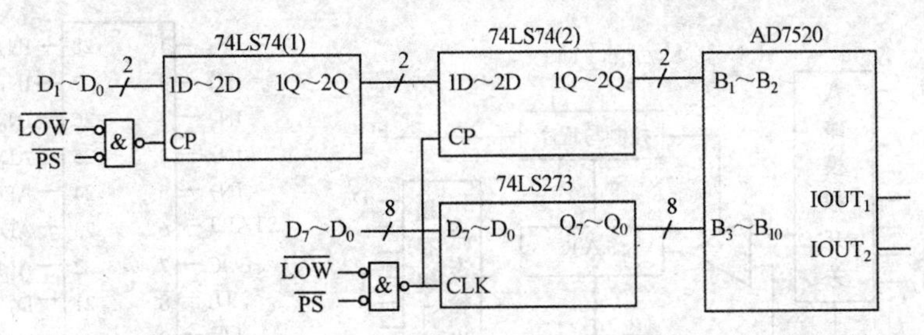

图 6-29　只用 8 位数据线与 AD7520 的接口电路

```
MOV DX，380H
XCHG AH，AL
OUT DX，AL
XCHG AH，AL
MOV DX，384H
OUT DX，AL
```

6.4.2　模/数转换器 ADC 及其与微型计算机的接口

各种型号的 ADC 芯片都具有如下的信号线：数据输出线 D0～D7（8 位 ADC），启动 A/D 转换信号 SC 与转换结束信号 EOC。首先计算机启动 A/D 转换；转换结束后，ADC 送出 EOC 信号通知计算机；计算机用输入指令从 ADC 的数据输出线 D0～D7 读取转换数据。ADC 与微型计算机的接口就是要正确处理上述 3 种信号与微型计算机的连接问题。ADC 的数据输出端的连接要视其内部是锁存器还是三态输出锁存缓冲器。若是三态输出锁存缓冲器，则可直接与微型计算机的数据总线相连；若是锁存器，则应将其数据输出端通过三态缓冲器与数据总线相连。

1．8 位逐次逼近式 A/D 转换器 ADC0808

（1）ADC0808 的内部结构。ADC0808 系列包括 ADC0808 和 ADC0809 两种型号的芯片。该芯片是用 CMOS 工艺制成的双列直插式 28 引线的 8 位 A/D 转换器。片内有 8 路模拟开关及地址锁存与译码电路、8 位 A/D 转换和三态输出锁存缓冲器，如图 6-30 所示。各引线信号意义如下：

① ADDA、ADDB、ADDC：模拟通道选择线。

② IN_0～IN_7：8 路模拟通道输入，由 ADDA、ADDB 和 ADDC 3 条模拟通道选择线选择。

③ DB_0～DB_7：数据线，三态输出，由 OE 输出允许信号控制。

④ OE：输出允许，该引线上的高电平，打开三态缓冲器，将转换结果放到 DB0～DB7 上。

⑤ ALE：地址锁存允许，其上升沿将 ADDA、ADDB 和 ADDC 3 条引线的信号锁存，经译码选择对应的模拟通道。ADDA、ADDB 和 ADDC 可接计算机的地址线，也可接数据线。ADDA 接低位线，ADDC 接高位线，它们的状态即与模拟通道输入 IN0～IN7 对应。

⑥ START：转换启动信号，在模拟通道选通之后，由 START 上的正脉冲启动 A/D 转换过程。

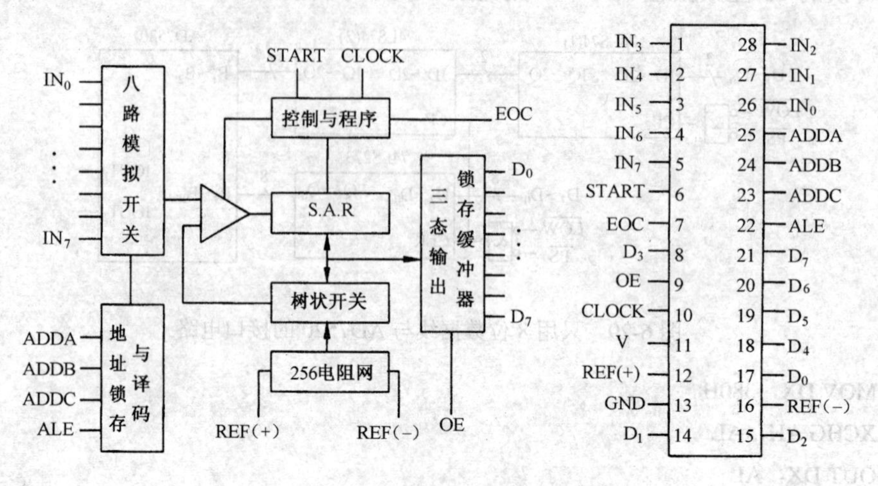

图 6-30　ADC0808 内部结构框图和引线

⑦ EOC（end of conversion）：转换结束信号，在 START 信号之后，A/D 开始转换，EOC 变为低电平，表示转换在进行中。当转换结束，数据已锁存在输出锁存器之后，EOC 变为高电平。EOC 可作为被查询的状态信号，亦可用来申请中断。

⑧ REF(＋)、REF(－)：基准电压输入。

⑨ CLOCK：时钟输入，时钟频率为 640kHz。

（2）ADC0808 与微型计算机的接口。由于 ADC0808 芯片内部集成了数据锁存三态缓冲器，其数据输出线可以直接与计算机的数据总线相连。所以，设计 ADC0808 与微型计算机的接口，主要是对模拟通道的选择、转换启动的控制和读取转换结果的控制等方面的设计。

可以用中断法传送，也可以用查询法传送，还可以用无条件传送。无条件传送即启动转换后等待 100μs（ADC0808 的转换时间）再读取转换结果的接口较简单。用 ADC0808 对 8 路模拟信号进行循环采集，各采集 100 个数据分别存入 8 个数据区中的无条件传送的接口电路如图 6-31 所示。无条件传送的采集程序如下：

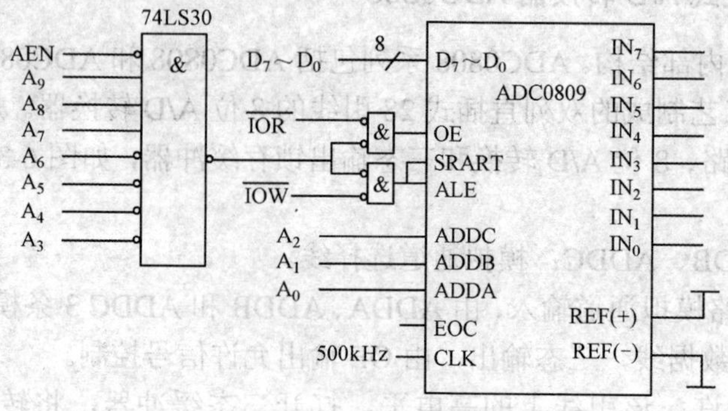

图 6-31　ADC0808 与微型计算机的接口

```
stack      segment stack 'stack'
           dw 32 dup(0)
stack      ends
data       segment
COUNT      EQU 100
BUFF       DB COUNT×8 DUP(0)
data       ends
code       segment
start      proc far
           assume  ss：stack，cs：code，ds：data
           push ds
           sub ax，ax
           push ax
           mov ax，data
           mov ds，ax
           MOV BX，OFFSET BUFF
           MOV CX，COUNT
OUTLP:     PUSH BX
           MOV DX，380H                   ；指向 0 通道地址
INLOP:     OUT DX，AL                     ；启动转换，锁存模拟通道地址
           MOV AX，50000                  ；延时，等待转换结束
WT:        DEC AX
           JNZ WT
           IN AL，DX                      ；读取转换结果
           MOV [BX]，AL
           ADD BX，COUNT                  ；指向下一通道的存放地址
           INC DX                         ；指向下一通道的地址
           CMP DX，388H                   ；8 个通道都采集了吗？
           JB INLOP
           POP BX                         ；0 通道存放地址弹出
           INC BX                         ；指向 0 通道的下一存放地址
           LOOP OUTLP
           ret
start      endp
code       ends
           end start
```

2. 12 位逐次比较式数模转换芯片 AD574

AD574 系列包括 AD574、AD674、AD774 和 AD1674 等型号的芯片。AD574 的转换时间为 15～35μs，典型值为 25μs。AD674 和 AD774 的转换时间分别为 15μs 和 8μs，AD1674 的转换时间为 10μs，且内含取样保持器。片内具有三态输出锁存缓冲器和时钟信号。AD574

是 AD 公司生产的 12 位逐次逼近型 ADC，由于它性能优良，在国内应用很广。

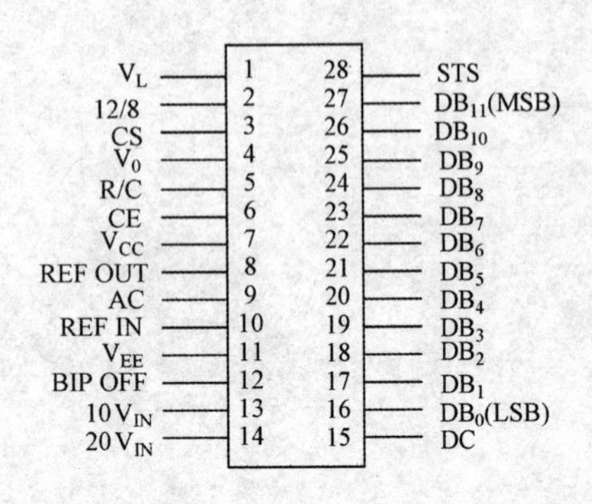

图 6-32 AD574 引线图

（1）芯片引线。AD574 系列芯片的引线排列及功能完全相同，其引线如图 6-32 所示，各引线的功能如下：

① 模拟信号输入及输入极性信号。

$10V_{IN}$：0～+10V 的单极性或–5～+5V 的双极性输入线。

$20V_{IN}$：0V～+20V 的单极性或–10～+10V 双极性输入线。

REF OUT：片内基准电压输出线。

REF IN：片内基准电压输入线。

BIP OFF：极性调节线。

模拟量从 $10V_{IN}$ 或 $20V_{IN}$ 输入，输入极性由 RE FIN，REF OUT 和 BIP OFF 的外部电路确定，如图 6-33 所示。不论输入模拟量是单极性还是双极性，均按从小到大的顺序将输入模拟量变换为数字量 000H～FFFH。所以若是单极性的模拟量，则所转换结果为一无符号数；若是双极性的模拟量，则需把转换结果减去 800H，从而得到与模拟量极性与大小完全对应的数字量。

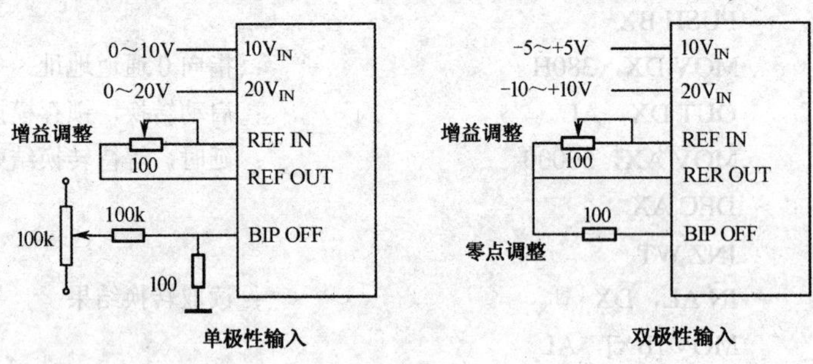

图 6-33 输入与输出极性的外部电路

② AD574 与微型计算机的接口信号。

$12/\overline{8}$：12 位转换或 8 位转换线。12 位转换的转换结果即 12 位二进制数既可以同时输出，又可以分为高 8 位和低 4 位两次输出。

$\overline{CS}$：片选线，低电平选通芯片。

A_0：端口地址线。启动 12 位转换，A_0 输入 0；启动 8 位转换，A_0 输入 1。输出高 8 位数据，A_0 输入 0；输出低 4 位数据，A_0 输入 1。

$R/\overline{C}$：读结果/启动转换线，高电平读结果，低电平启动转换。

CE：芯片允许线，高电平允许转换。

这 5 个信号之间的逻辑关系如表 6-1 所列，它是接口设计的主要依据。

表 6-1 AD574 的真值表

CE	$\overline{CS}$	$R/\overline{C}$	$12/\overline{8}$	A_0	工作状态
0	×	×	×	×	不允许转换
×	1	×	×	×	未选通芯片
1	0	0	×	0	启动 12 位转换

续表

CE	$\overline{CS}$	$R/\overline{C}$	$12/\overline{8}$	A_0	工 作 状 态
1	0	0	×	1	启动 8 位转换
1	0	1	接+5V	×	12 位数据并行输出
1	0	1	接地	0	输出高 8 位数据
1	0	1	接地	1	输出低 4 位数据

STS 转换状态指示，转换期间为高电平，转换结束后输出变为低电平。

各信号之间的时序关系如图 6-34 所示。

③ 电源与地线。

V_L：+5V 电源。

V_{CC}：12V/15V 参考电压源。

V_{EE}：−12V/−15V 参考电压源。

DC：数字地。

AC：模拟地。

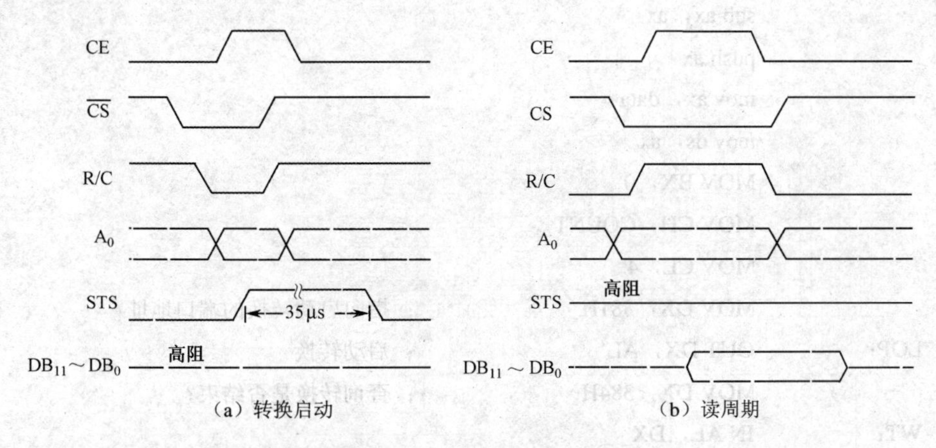

图 6-34　AD574 的时序图

（2）AD574 与微型计算机的接口。AD574 与 16 位数据线的接口是较方便的，下面介绍 AD574 与 8 位数据线的接口。根据 AD574 的真值表和时序图，采用查询方式设计的 AD1674 与微型计算机的接口电路如图 6-35 所示。启动转换的端口地址为 381H，查询的端口地址为 384H，读取高 8 位数据的端口地址为 380H，读取低 4 位数据的端口地址为 381H。

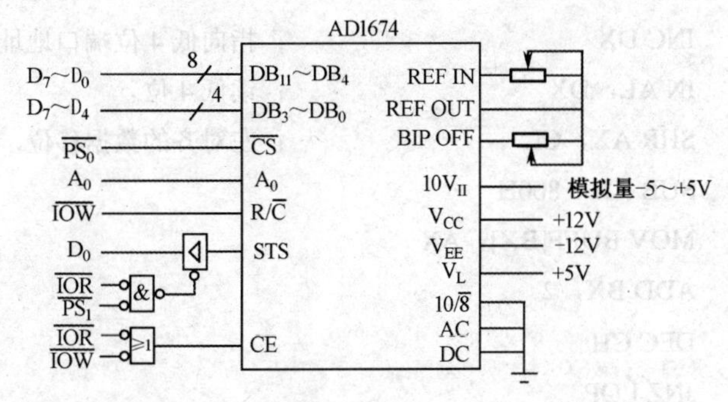

图 6-35　AD574 与微型计算机的接口电路

由于读取的数据是向左对齐的，故要将其进行移位操作，使其向右对齐。又由于是双极性输入，所以还要将转换结果减去 800H。采集 100 个数据，并将其送数据区 BUFF 存放的程序如下：

```
stack       segment stack 'stack'
            dw 32 dup(0)
stack       ends
data        segment
COUNT       EQU 100
BUFF        DW COUNT DUP(0)
data        ends
code        segment
start       proc far
            assume  ss：stack，cs：code，ds：data
            push ds
            sub ax，ax
            push ax
            mov ax，data
            mov ds，ax
            MOV BX，0
            MOV CH，COUNT
            MOV CL，4
            MOV DX，381H                ；指向启动转换的端口地址
LOP:        OUT DX，AL                  ；启动转换
            MOV DX，384H                ；查询转换是否结束？
WT:         IN AL，DX
            TEST AL，1
            JNZ WT
            MOV DX，380H                ；转换结束，指向高 8 位端口地址
            IN AL，DX                   ；读取转换结果的高 8 位
            MOV AH，AL
            INC DX                      ；指向低 4 位端口地址
            IN AL，DX                   ；读低 4 位
            SHR AX，CL                  ；左对齐的数据移位，使其向右对齐
            SUB AX，800H
            MOV BUFF[BX]，AX
            ADD BX，2
            DEC CH
            JNZ LOP
            ret
```

```
start          endp
code           ends
               end start
```

习　题　6

6.1　试画出 8 个 I/O 端口地址 260H～267H 的译码电路（译码电路有 8 个输出端）。

6.2　CPU 要实现对 16 个 I/O 端口 380H～38FH 的寻址，试画出地址译码电路。

6.3　设某接口要求端口地址的范围为 2A0H～2BFH，试仅用 138 译码器设计端口译码电路，并写出各输出端的地址。

6.4　试用输入/输出端口译码电路对 A_9～A_5 译码的输出信号 $\overline{PS}$、输入/输出读信号 $\overline{IOR}$、写信号 $\overline{IOW}$ 和 A_4～A_0 实现对 SRAM 6116 芯片的 2048 个单元的读和写，设计接口电路图和控制程序。

6.5　用一片 74LS244 做 ASCII（七位二进制数）的输入接口，输入 100 个字符在显示器上显示出来。试设计接口电路和控制程序。

6.6　设计接口电路和控制程序，将 8 个理想开关输入的十进制数（0～255）送显示器显示。

6.7　将键盘输入的十进制数（0～255）转换为二进制数，在 8 只发光二极管上显示出来。试设计这一输出的接口电路和控制程序。

6.8　用一片 74LS244 做 ASCII（七位二进制数）的输入接口，输入十六进制字符，在由一片 74LS273 静态控制的七段显示器上显示出来。试设计接口电路（包括地址译码电路，要求 244 和 273 的端口地址均为 380H）和控制程序。

6.9　设计一监视两台设备状态的接口电路和监控程序：若发现某一设备状态异常（由低电平变为高电平），则发出报警信号（指示灯亮），一旦状态恢复正常，则将其报警信号撤除。

6.10　设计接口电路和控制程序，用 8 个理想开关输入二进制数，8 只发光二极管显示二进制数。设输入的二进制数为原码，输出的二进制数为补码。

6.11　设计一个由 64 个按键组成的键盘及其接口。画出该接口电路的原理图，并编写用查询方式扫描键盘得到某一按下键的行和列值的程序。

6.12　用代表 A、B、…、H 的 8 只理想按键和 1 只七段显示器分别输入和显示 A、b、C、d、E、F、g、H 等 8 个字符，当其中 1 只按键按下后立即更新显示器的显示。请设计接口电路和控制程序。

6.13　从端口 260H 和 261H 分别读入某数字仪表给出的两位压缩 BCD 数，进行减法运算，结果从端口 263H 以同样的 BCD 形式输出。用 74LS244 作输入口，用 74LS273 作输出口，用 74LS138 译码，试设计其接口电路和控制程序段。

6.14　一片内没有数据锁存器 8 位 D/A 接口芯片的 I/O 端口地址为 260H，画出接口电路图（包括地址译码电路）编写输出 15 个台阶的正向阶梯波的控制程序。

6.15　利用 DAC 0832 输出周期性的方波、、三角波、正弦波，画出原理图并写出控制程序。

6.16　12 位 D/A 接口芯片 DAC1210 的工作原理与 DAC0832 基本相似，其内部结构如图 6-36 所示。画出 DAC1210 与 8 位数据线的接口电路图，写出输出周期性锯齿波的程序。

6.17　A/D 芯片 ADC 0816 与 ADC 0808/0809 基本相似，但 ADC 0816 为 16 个模拟输入通道（通道选择引线为 ADDD～ADDA）。请用查询方式设计一数据采集接口电路，并编写对 16 路模拟量循环采样一遍的程序，采集数据存入数据区 BUFF 中。要求设计地址译码电路，I/O 端口地址为 260H～26FH。

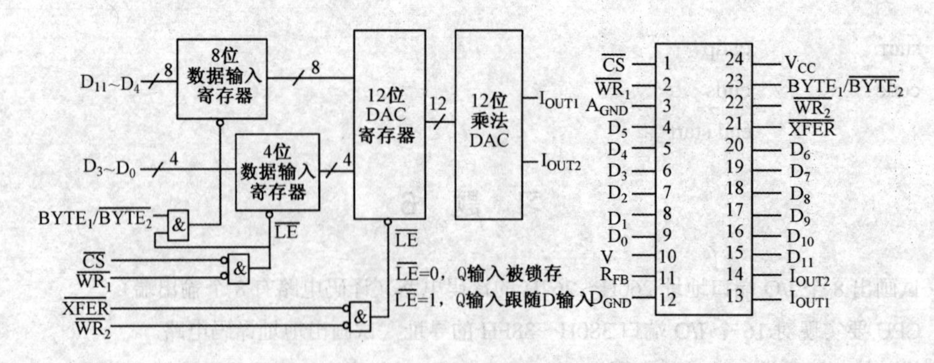

图 6-36　DAC1210 的内部结构

6.18　ADC1210 是片内没有三态输出缓冲器的 12 位 A/D 芯片，引线如图 6-37 所示。D_{11}～D_0 为数字量输出引线，它们输出锁存在输出锁存器中的转换结果，但输出锁存器不带三态缓冲器。CLK 为时钟信号输入端，其最高频率可达 260kHz，转换速度为 100μs。$\overline{SC}$ 是转换启动信号，低电平有效。$\overline{CC}$ 是转换结束信号，转换期间为高电平，转换结束后输出变为低电平。当 R25 和 R26 输入的模拟电压的范围为 0～VREF 时，V+和 R27 接+5V~+15V；V−、R28 和 GND 接地。请采用查询方式设计 ADC1210 与 8088 的接口电路以及采集 100 个数据，并将其送数据区 BUFF 存放的控制程序。

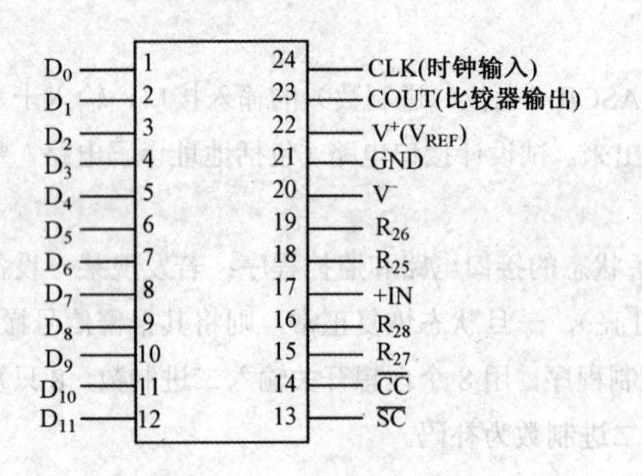

图 6-37　ADC1210 引线图

第7章 中 断 技 术

7.1 中断和中断系统

7.1.1 中断的概念

早期的计算机没有中断功能，CPU 和外设之间的信息交换采用的是查询方式，CPU 的大部分时间都浪费在反复查询上，这就妨碍了计算机高速性能的充分发挥，产生了快速的 CPU 与慢速的外设之间的矛盾，这也是计算机在发展过程中遇到的严重问题之一。为解决这个问题，一方面要提高外设的工作速度；另一方面引入了中断。所谓中断，是指计算机在正常运行的过程中，由于种种原因，使 CPU 暂时停止当前程序的执行，而转去处理临时发生的事件，处理完毕后，再返回去继续执行暂停的程序。也就是说，在程序执行过程中，插入另外一段程序运行，这就是中断。使用中断技术，使得外部设备与 CPU 不再是串行工作，而是分时操作，从而大大提高了计算机的效率。所以在微型计算机中，利用中断来处理外部设备的数据传送。随着计算机的发展，中断被不断赋予新的功能。例如，计算机的故障检测与自动处理，人机联系，多机系统，多道程序分时操作和实时信息处理等，这些功能均要求 CPU 具有中断功能，能够立即响应加以处理。这样的及时处理在查询的工作方式下是做不到的。

计算机所具有的上述功能，称之为中断功能。为了实现中断功能而设置的各种硬件和软件，统称为中断系统。高效率的中断系统，能以最少的响应时间和内部操作去处理所有外部设备的服务请求，使整个计算机系统的性能达到最佳状态。中断系统已成为现代计算机不可缺少的组成部分。

7.1.2 中断源

引起中断的原因或发出中断申请的来源称为中断源。通常中断源有以下几种：

（1）一般的输入、输出设备。如键盘、打印机等。

（2）数据通道中断源。如磁带等。

（3）定时时钟。在控制中，常要遇到时间控制，若用 CPU 执行一段程序来实现延时的方法，则在这段时间内 CPU 不能干别的工作，降低了 CPU 的利用率，所以常用外部时钟电路。当需要定时时，CPU 发出命令，命令时钟电路（这样的电路的定时时间通常是可编程的，即可用程序来确定和改变的）开始工作，待规定的时间到了后，时钟电路发出中断申请，由 CPU 加以处理。

（4）故障源。例如电源掉电，就要求把正在执行的程序的状态——IP、CS、各个寄存器的内容和标志位的状态保留下来，以便重新供电后能从断点处继续运行。另外，目前绝大部分微型机，RAM 是使用半导体存储器，故电源掉电后，必须接入备用的电池供电电路，以保护存储器中的信息。所以在直流电源上并联大电容，使其因掉电、电压下降到一定值时就发出中断申请，由计算机的中断系统执行上述的各项操作。

（5）为调试程序而设置的中断源。一个新的程序编好以后，必须经过反复调试才能可靠地工作。在程序调试时，为了检查中间结果，或为了寻找故障所在，往往要求在程序中设置断点或进行单步操作（一次只执行一条指令），这些就要由中断系统来实现。

7.1.3 中断系统的功能

为了满足上述各种情况下的要求，中断系统应具有如下功能：

（1）实现中断及返回。当某一中断源发出中断申请时，CPU 能决定是否响应这个中断请求。当 CPU 在执行更紧急、更重要的工作时，可以暂不响应中断；若允许响应这个中断请求，CPU 必须在现行的指令执行完后，把断点处的 IP 和 CS 值（即下一条应执行的指令的地址）及各个寄存器的内容和标志位的状态，推入堆栈保留下来，称保护断点和现场，然后才能转到需要处理的中断源的服务程序（Interrupt Service Routine）的入口，同时清除中断请求触发器。当中断处理完后，再恢复被保留下来的各个寄存器和标志位的状态（称为恢复现场），最后恢复 IP 和 CS 值（称为恢复断点），使 CPU 返回断点，继续执行被中断的程序。

（2）实现优先权排队。通常，在系统中有多个中断源，会出现两个或多个中断源同时提出中断请求的情况，这样就必须要求设计者事先根据轻重缓急给每个中断源确定一个中断级别，即优先权（Priority）。当多个中断源同时发出中断申请时，CPU 能找到优先权级别最高的中断源，响应它的中断请求；在优先权级别高的中断源处理完了以后，再响应级别较低的中断源。

（3）高级中断源能中断低级的中断处理。当 CPU 响应某一中断请求，在进行中断处理时若有优先权级别更高的中断源发出中断申请，则 CPU 要能中断正在进行的中断服务程序，保留这个程序的断点和现场（类似于子程序嵌套），响应高级中断，在高级中断处理完以后，再继续执行被中断的中断服务程序。而当发出新的中断申请的中断源的优先级别与正在处理的中断源同级或更低时，CPU 就先不响应这个中断申请，直至正在处理的中断服务程序执行完以后才去响应这个新的中断申请。

7.2 中断的处理过程

7.2.1 CPU 对中断的控制

1. 设置中断请求触发器

由于每个中断源向 CPU 发出中断请求信号是随机的，而大多数 CPU 都是在现行指令周期结束时，才检测有无中断请求信号发生。故在现行指令执行期间，必须把随机输入的中断请求信号锁存起来，并保持至 CPU 响应后才可以清除。因此，要求每一个中断源有一个中断请求触发器，如图 7-1 所示。

2. 设置中断屏蔽触发器

因为在实际系统中往往有多个中断源，为了增加控制的灵活性，在每一个中断源的中断请求电路中，增加一个中断屏蔽触发器，只有当此触发器为“1”（Q 端控制）或“0”（Q 端控制）时，外设的中断请求才能被送出至CPU，如图7-2所示。可把8个外设的中断屏蔽触发器组成一个端口，用输出指令来控制它们的状态。

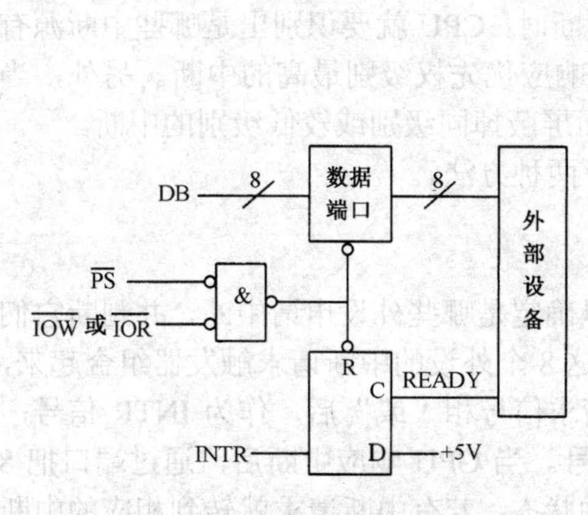

图7-1　设置中断请求的电路

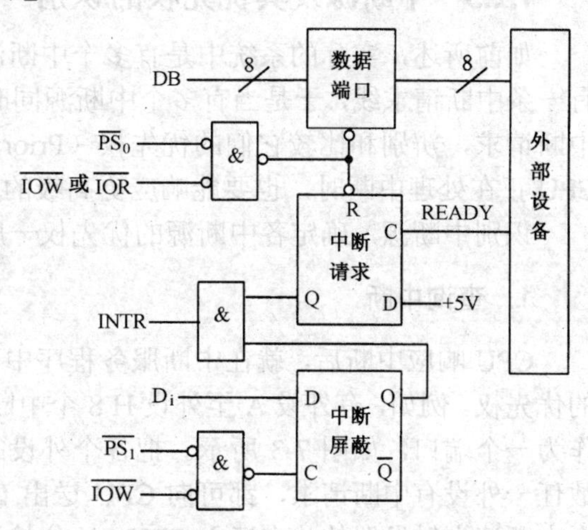

图7-2　具有中断蔽屏的中断请求电路

3. 中断允许触发器——开/关中断

在CPU内部有一个中断允许触发器，只有当其为“1”（即开中断）时，CPU才能响应中断；若为“0”（即关中断）时，即使CPU的INTR线上有中断请求，CPU也不响应。而这个触发器的状态可由STI和CLI指令来改变。当CPU复位时，中断允许触发器为“0”，即关中断，所以必须要用STI指令来开中断。当中断响应后，CPU就自动关中断，CPU不再响应中断。若允许中断嵌套，就必须在中断服务程序中用STI指令来开中断。

7.2.2　CPU对中断的响应及中断过程

CPU在现行指令结束后响应中断，即运行到最后一个机器周期的最后一个T状态时，CPU才检测INTR线。若发现有中断请求，CPU就响应中断，转入中断响应周期。在中断响应周期，CPU做以下几件事：

（1）关中断。在CPU响应中断后，发出中断响应信号$\overline{INTA}$的同时，内部自动地关中断。

（2）保留断点。CPU响应中断后把IP和CS推入堆栈保存，以备中断处理完毕后，能返回被中断程序。

（3）保护现场。为了使中断处理程序不影响被中断程序的运行，故要把断点处的有关的各个寄存器的内容和标志位的状态推入堆栈保护起来。80x86是由软件（即在中断服务程序中）把要用到的寄存器的内容用PUSH指令推入堆栈，而标志位的状态是在保留断点的同时由硬件推入堆栈的。

（4）给出中断入口地址，转入相应的中断服务程序。80x86是根据中断源提供的中断向量类型码读取中断向量表得到中断服务程序入口地址的。

（5）恢复现场。把所保存的各个内部寄存器的内容和标志位的状态，从堆栈弹出，送回CPU中的原来位置。这个操作是用POP指令来完成的。80x86的标志位的状态由硬件恢复。

（6）中断返回。在中断服务程序的最后要安排一条中断返回指令，将堆栈内保存的IP和CS值弹出，运行就转移到被中断程序。80x86的中断返回指令还将堆栈内保存的标志状态弹出给标志寄存器，使系统恢复中断前的开中断状态。

7.2.3 中断源及其优先权的识别

如前所述，实际的系统中是有多个中断源的，但是，由于 CPU 引脚的限制，往往就只有一条中断请求线，于是当有多个中断源同时请求中断时，CPU 就要识别出是哪些中断源有中断请求，辨别和比较它们的优先权（Priority），先响应优先权级别最高的中断。另外，当 CPU 正在处理中断时，也要能响应更高级的中断，而屏蔽掉同级别或较低级别的中断。

识别中断源，确定各中断源的优先权一般用以下两种方法。

1．查询中断

CPU 响应中断后，就在中断服务程序中查询，以确定是哪些外设申请中断，并判断它们的优先权。例如，有外设 A 至外设 H 8 个中断源，把这 8 个外设的中断请求触发器组合起来，作为一个端口，如图 7-3 所示。把各个外设的中断请求信号相“或”后，作为 INTR 信号，故任一外设有中断请求，都可向 CPU 送出 INTR 信号。当 CPU 响应中断后，通过端口把 8 个中断请求触发器的状态读入 CPU，逐位检测它们的状态。若有中断请求就转到相应的中断服务程序。其流程如图 7-4 所示。

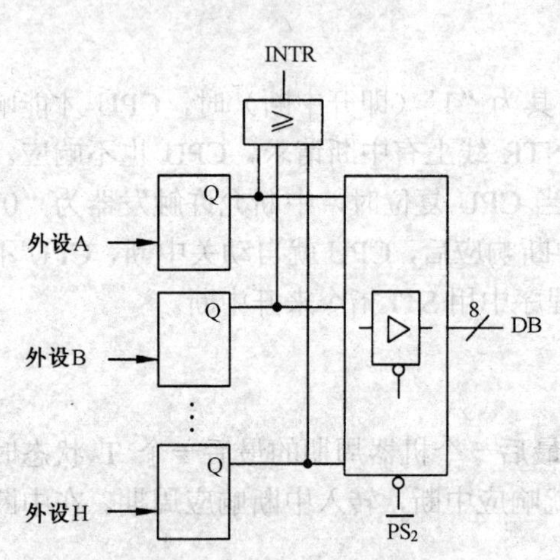

图 7-3　软件查询方式的接口电路

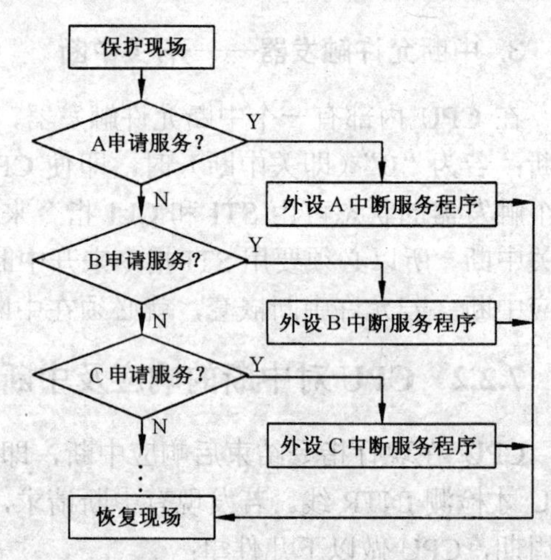

图 7-4　软件查询的流程图

查询程序有以下两种安排方式。

（1）屏蔽法。

```
MOV DX，380H
IN AL，DX                ；输入中断请求触发器的状态
TEST AL，80H             ；检查最高位（外设 A）是否有请求
JNZ AIS                  ；有，转至外设 A 服务程序
TEST AL，40H             ；否，检查外设 B 是否有请求
JNZ BIS                  ；有，转至外设 B 服务程序
TEST AL，20H             ；否，检查外设 C 是否有请求
JNZ CIS                  ；有，转至外设 C 服务程序
⋮
```

（2）位移法。

```
MOV DX，380H
IN AL，DX
RCL AL，1
JC AIS
RCL AL，1
JC BIS
RCL AL，1
JC CIS
⋮
```

采用查询中断，对应的中断输入线有一个固定的中断入口地址，进入中断服务程序后首先就是查询中断源。查询的次序即是优先权的次序。显然，最先被查询的，优先权的级别最高。

2．向量中断（Vectored Interrupt）

在具有向量中断的微型计算机系统中，每个 I/O 设备都预先指定一个中断向量（注意这个中断向量与该设备的端口地址是不同的）。当 CPU 识别出某个 I/O 设备请求中断并予以响应时，控制逻辑就将该 I/O 设备的中断向量送入 CPU，CPU 根据中断向量得到相应的中断服务程序的入口地址，转入中断服务。如果说查询中断确定中断源的方法主要是由软件实现的话，那么向量中断确定中断源的方法则主要是由硬件来实现的。当发生中断时，向量中断不必去查询中断，而是直接转到相应的地址单元，执行相应的中断服务程序。因而，向量中断比查询中断能更快地得到响应。

图 7-5 所示是实现向量中断的一种基本电路。假定 2 号设备是请求中断的设备，在响应中断请求时，“中断响应”信号使三态缓冲器 IC_1 开放，将 2 号设备的中断向量送到数据总线，这样就确定了请求中断的设备 2，并使程序转移到相应的中断服务程序。执行这一服务程序，可使设备选择线 2 有效，同时再用输入选通信号（“读”命令）将三态缓冲器 IC_2 开放，使该设备的数据经数据总线送入累加器，从而完成数据传送。

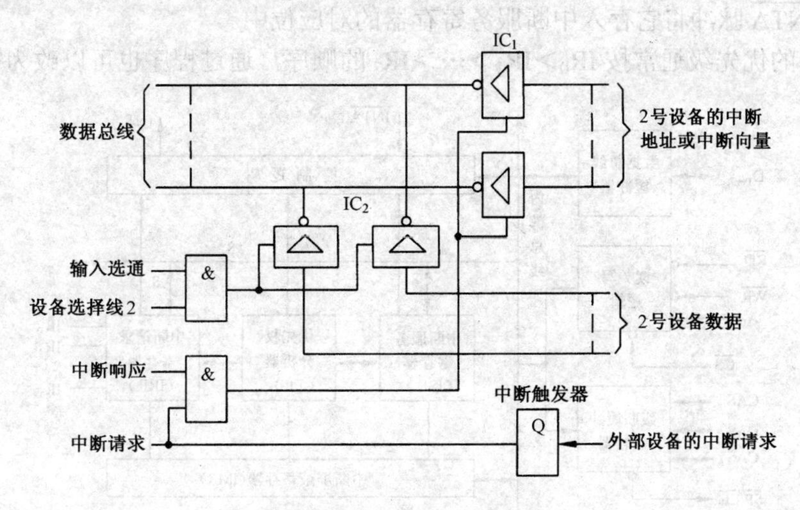

图 7-5　向量中断传送电路

向量中断的硬件复杂，但因其响应速度快，所以目前大多数微处理器都采用向量中断。目前，有许多接口芯片提供向量中断的逻辑电路以及中断的优先权电路，同时还有实现多重中断的逻辑。该逻辑保证CPU响应中断后，比该中断源的优先权级别高的中断请求能送出，而比该中断源优先权级别低和与其同级别的中断源的中断请求不能送出。所以当CPU执行中断服务程序时，检测到的中断请求必比该中断源的优先权级别高，CPU就响应此中断请求而挂起正在处理的中断，待优先权级别高的中断服务程序处理完后，再返回到刚才被中断的那一级中断服务程序继续执行，这就是多重中断或称中断嵌套。

7.3 中断控制器8259A

Intel 8259A是8080/8085序列以及80x86序列兼容的可编程的中断控制器，80x86是通过它来管理中断的。它具有8级优先权控制，通过级联可扩展至64级优先权控制。每一级中断都可以屏蔽或允许。在中断响应周期，8259A可提供相应的中断向量，从而能迅速地转至中断服务程序。

7.3.1 8259A的组成和接口信号

8259A是28条引线双列直插式封装的芯片，其内部组成如图7-6所示。各引线及电路的功能如下。

1. 中断请求寄存器（IRR）和中断服务寄存器（ISR）

在中断输入线IR_7～IR_0上的中断请求，由两个相级联的寄存器——中断请求寄存器和中断服务寄存器来管理。IRR用来寄存正在请求服务的所有中断，而ISR则用来寄存已响应的正在服务中和被挂起的中断。

2. 优先权电路

这个逻辑部件确定中断请求寄存器中的各个中断请求位的优先权，选择出优先权最高的中断，并由$\overline{\text{INTA}}$脉冲将它存入中断服务寄存器的对应位中。

IR_7～IR_0的优先级通常按IR_0＞IR_1＞…＞IR_7的顺序，通过程序也可以改为循环方式。

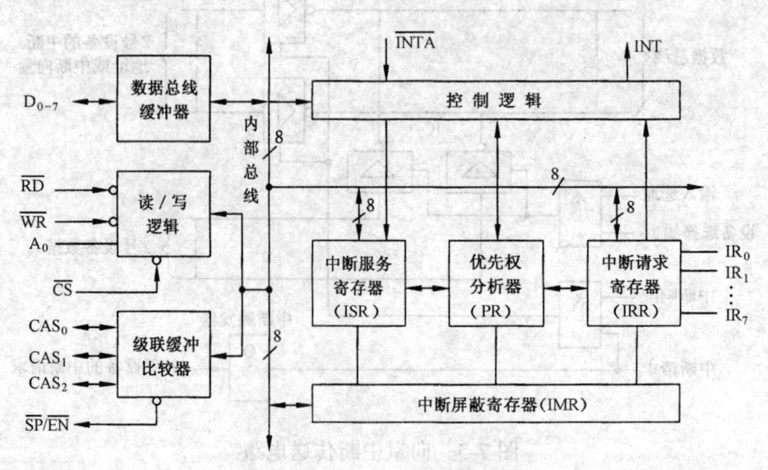

图7-6 8259A的内部组成

3. 中断屏蔽寄存器（IMR）

中断屏蔽寄存器的每一位对中断请求寄存器中相应的中断请求位的中断进行屏蔽，被屏蔽了的位对应的中断请求就不能送入优先权判定电路。

4. INT 中断

这个输出端直接送到 CPU 的中断请求输入端，向 CPU 请求中断。

5. $\overline{INTA}$ 中断响应

系统送来的中断响应信号 $\overline{INTA}$ 将使 8259A 向数据总线上送出中断向量（类型码）。

6. 数据总线缓冲器

数据总线缓冲器是三态、双向、8 位的缓冲器，用来连接 8259A 和系统数据总线。控制字和状态信息都通过数据总线缓冲器进行传输。

7. 读/写控制逻辑

这个部件的功能是接收来自 CPU 的输出命令。它包含有初始化命令字寄存器和操作命令字寄存器，这两组寄存器用来寄存操作的各种控制字。这种功能也允许把 8259A 的状态传送到数据总线上。

A_0 这根输入信号线配合 $\overline{RD}$、$\overline{WR}$ 向各个命令寄存器写入命令，也用来读取该片中各个状态寄存器。可将该线直接连到一根地址线上。

$\overline{CS}$ 片选信号线。该信号有效选中 8259A。

8. 级联缓冲/比较器

这个功能块寄存并比较在系统中所使用的全部 8259A 的级联地址。在 8259A 作为主片使用时，CAS_2～CAS_0 作为输出端使用，输出级联地址；而当 8259A 作为从片使用时，CAS_2～CAS_0 则作为输入端使用，输入级联地址。这 3 条线与 $\overline{SP}/\overline{EN}$（控制器程序控制/允许）相配合，实现 8259A 的级联，此时 $\overline{SP}/\overline{EN}$ 为输入线，用来区分主/从芯片。在带总线缓冲器的系统中，$\overline{SP}/\overline{EN}$ 为输出线，用于开启总线缓冲器。

7.3.2 8259A 处理中断的过程

8259A 每次处理中断包括下述过程：

（1）在中断请求输入端 IR_7～IR_0 上接受中断请求。

（2）中断请求锁存在 IRR 中，并与 IMR 相“与”，将未屏蔽的中断送给优先级判定电路。

（3）优先级判定电路检出优先级最高的中断请求位，并置位该位的 ISR。

（4）控制逻辑接受中断请求，输出 INT 信号。

（5）CPU 接受 INT 信号，进入连续两个中断响应周期。单片使用或是由 CAS_2～CAS_0 选择的从片 8259A，就在第 2 个中断响应周期，将中断类型向量从 D_7～D_0 线输出；如果是作主片使用的 8259A，则在第 1 个中断响应周期，把级联地址从 CAS_2～CAS_0 送出。

（6）CPU 读取中断向量，转移到相应的中断处理程序。

（7）中断的结束是通过向 8259A 送一条 EOI（中断结束）命令，使 ISR 复位来实现的。在中断服务过程中，在 EOI 命令使 ISR 复位之前，不再接受由 ISR 置位的中断请求。

7.3.3 8259A 的级联连接

8259A 单片使用，如图 7-7 所示，在 IR_7～IR_0 上输入中断请求，INT 和 $\overline{INTA}$ 与 CPU 相连接，这时中断请求输入共计有 IR_0～IR_7，共 8 个级别。

8259A 可以进行级联连接，图 7-8 为 8259A 的级联连接方法。在级联连接中，把一个 8259 作为主控制器芯片，该芯片的 IR_i 端连到从属控制器 8259A 的 INT 输出端。没有连接从属控制器的主控制器的 IR_i 输入端，可以直接作为中断请求输入端使用。一个主控制器最多可以连接 8 个从属控制器，中断请求最多可为 8×8=64 级。

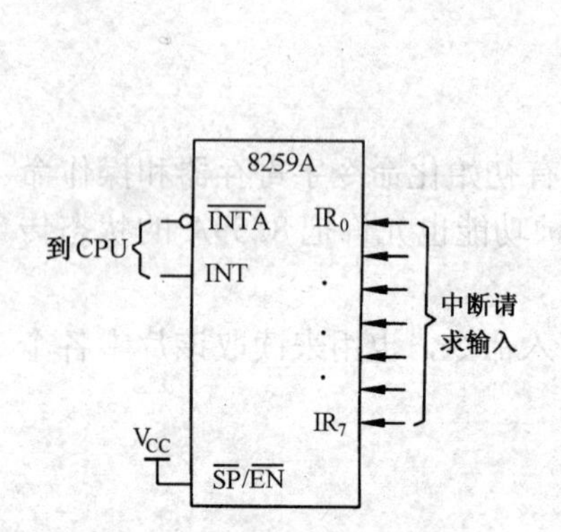

图 7-7 8259A 单独使用情况

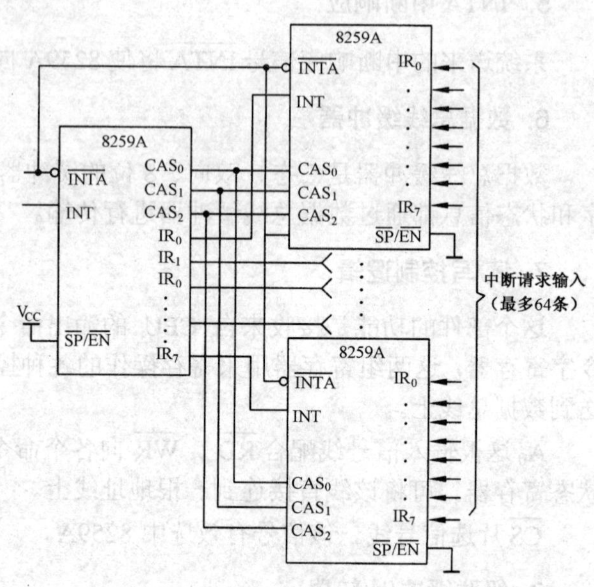

图 7-8 8259A 的级联连接

7.3.4 8259A 的命令字

8259A 的命令字包括初始设定的初始化命令字 ICW 和操作过程中给出的操作命令字 OCW。

1. 初始化命令字

初始化命令字 ICW 包括 ICW_1～ICW_4 4 个命令字，用于设定 8259A 的工作方式、中断类型码等。对于 80x86 CPU，ICW 命令字设置过程如图 7-9 所示。无论 8259A 处于什么状态，只要命令字的 D_4 位为“1”，地址位 A_0 为“0”，就是 ICW_1 命令字。而且将下面的 1～3 字节的命令作为 ICW_2～ICW_4 命令字，完成初始化设定操作。
图 7-9 中，LTIM：1 为电平触发中断，0 为边沿触发中断。

SNGL：1 为单独使用，0 为级联使用。

IC_4：1 为设置 IC_4，0 为不设置 IC_4。

T_7～T_3：中断类型码高 5 位（低 3 位为 8259 的 IR_7～IR_0 编码后的值）。

ID_2～ID_0：从片的识别地址（存放 IR_7～IR_0 编码后的值），从片使用。

S_7～S_0：主片的 IR_7～IR_0 上连接从片 8259A 时，相对应的位为 1，主片使用。

SFNM：1 为特殊全嵌套方式，0 为全嵌套方式。

AEOI：1 为自动结束中断方式，0 为非自动结束中断方式。

BUF：1 为缓冲方式，0 为非缓冲方式。

M/S：1 为主片，0 为从片。

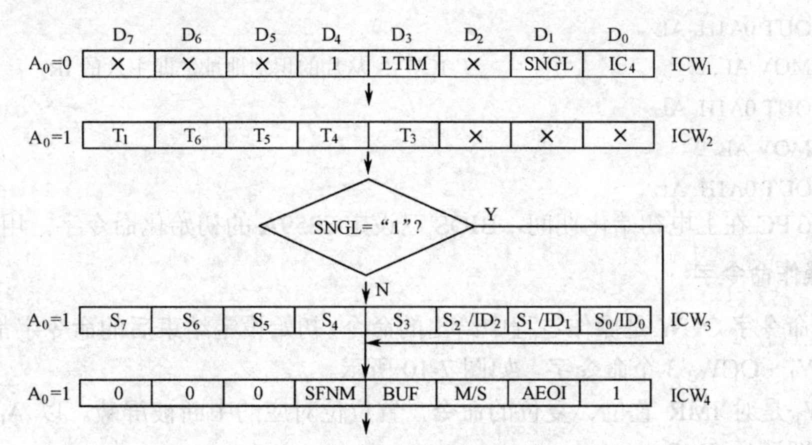

图 7-9　8259A 的 ICW 设置过程

【例 7.1】　试按照如下要求对 8259A 设置初始化命令字：系统中仅用一片 8259A，中断请求信号采用边沿触发方式；中断类型码为 08H～0FH；用全嵌套、缓冲、非自动结束中断方式。8259A 的端口地址为 20H 和 21H。

解：该片 8259A 的初始化设置的程序段如下：

```
MOV AL，13H            ；ICW1：边沿触发，单片，设置 IC4
OUT 20H，AL
MOV AL, 8              ；ICW2：中断类型码为 8～FH
OUT 21H, AL
MOV AL, 0DH            ；ICW4：全嵌套、缓冲、非自动结束中断方式
OUT 21H, AL
```

【例 7.2】　试对一个主从式 8259A 进行初始化命令字的设置。从片的 INT 与主片的 IR_2 相连。从片的中断类型码为 70H～77H，端口地址为 A0H 和 A1H；主片的中断类型码为 08H～0FH，端口地址为 20H 和 21H。中断请求信号采用边沿触发，采用全嵌套、缓冲、非自动结束中断方式。

解：主片初始化程序段如下：

```
MOV AL, 11H            ；ICW1
OUT 20H, AL
MOV AL, 8              ；ICW2：中断类型码为 08H～0FH
OUT 21H, AL
MOV AL, 4              ；ICW3：IR2 上连接从片
OUT 21H, AL
MOV AL, 0DH            ；ICW4
OUT 21H, AL
```

从片初始化程序段如下：

```
MOV AL, 11H
OUT 0A0H, AL
MOV AL, 70H                ；ICW2：中断类型码为 70H～77H
OUT 0A1H, AL
MOV AL, 2                  ；ICW3：从片的识别地址，即主片的 IR2
OUT 0A1H, AL
MOV AL, 9
OUT 0A1H, AL
```

80x86 PC 在上电初始化期间，BIOS 已设定 8259A 的初始化命令字，用户不必设定。

2. 操作命令字

操作命令字 OCW 是操作过程中给出的命令，初始设定结束后的命令字都是 OCW。OCW 包括 OCW_1～OCW_3 3 个命令字，如图 7-10 所示。

OCW_1 是对 IMR 置位、复位的命令，置位位对应的中断被屏蔽。以 A_0=1 读/写 OCW_1 命令字，即读/写 IMR。

OCW_2 是中断结束（EOI）的命令字，用于复位 ISR 及改变优先级，以 A_0=0 写 OCW_2 命令字。EOI 命令有 2 个，一个是一般 EOI，对正在服务的 ISR 复位，其命令字是 20H；另一个是指定 EOI，对 L_2～L_0 指定的 ISR 复位。对 8259A 的 IR_7～IR_0 对应的 ISR 复位的命令字分别是 67H～60H。

OCW_3 是读 ISR 和 IRR 以及指定设置特殊屏蔽方式的命令，以 A_0=0 进行写入，由 D_4D_3 两位特征位来区别，00 为 OCW_2，01 为 OCW_3（注意，只要命令字的 D_4 位为"1"，地址位 A_0 为"0"，就是 ICW_1 命令字。所以，特征位若为 1×则是 ICW_1）。以 A_0=0 来读 ISR 和 IRR 及中断状态。

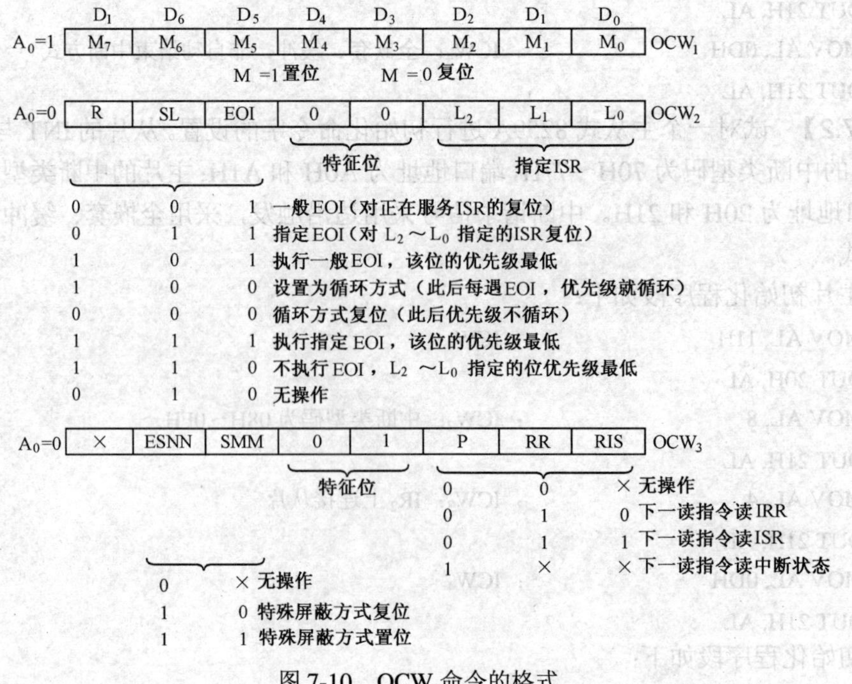

图 7-10 OCW 命令的格式

在通常方式的中断服务过程中，ISR 设置期间对优先级更低的中断请求不响应。特殊屏蔽方式是可以解除这种禁止中断状态的方式。在这种方式时，除了由 ISR 设置的位和由 IMR 屏蔽的位对应的中断外，其他所有级别的中断均可响应。

7.4 80x86 PC 机的中断系统和中断指令

80x86 中断系统的功能极强，其结构简单而且灵活。它可以处理 256 种不同类型的中断，其中每一种中断都规定了一个惟一的中断类型编码，即中断向量。CPU 根据中断类型编码来识别中断源。80x86 有两类中断：内部（软件）中断，即由指令的执行所引起的中断；外部（硬件）中断，即由外部（主要是外设）的请求引起的中断。

7.4.1 外部中断

80x86 微处理器芯片均有两条外部中断请求线：NMI（Non Maskable Interrupt，非屏蔽中断）和 INTR（INTer Rupt，可屏蔽中断）。

1. 可屏蔽中断

出现在 INTR 线上的请求信号是电平触发的，它的出现是异步的，在 CPU 内部是由 CLK 的上沿来同步的。在 INTR 线上的中断请求信号（即有效的高电平）必须保持到当前指令的结束。在这条线上出现的中断请求，CPU 是否响应要取决于标志位 IF 的状态，若 IF=1，则 CPU 就响应，此时 CPU 是处在开中断状态；若 IF=0，则 CPU 就不响应，此时 CPU 是处在关中断状态。而 IF 标志位的状态，可以用指令 STI 使其置位，即开中断；也可以用 CLI 指令来使其复位，即关中断。

要注意：在系统复位以后，标志位 IF=0；另外，任一种中断（内部中断、NMI、INTR）被响应后，IF=0。所以，若允许中断嵌套，就必须在中断服务程序中用 STI 指令开中断。

CPU 是在当前指令周期的最后一个 T 状态采样中断请求线，若发现有可屏蔽中断请求，且中断是开放的（IF 标志为“1”），则 CPU 转入中断响应周期。80x86 CPU 进入两个连续的中断响应周期，每个响应周期都由 4 个 T 状态组成，而且都发出有效的中断响应信号。请求中断的外设，必须在第二个中断响应周期的 T_3 状态，把中断向量（类型码）送到数据总线（通常通过 8259A 传送）CPU 在 T_4 状态的前沿采样数据总线，获取中断向量，接着就进入了中断处理程序。

2. 非屏蔽中断

出现在 NMI 线上的中断请求，不受标志位 IF 的影响，在当前指令执行完以后，CPU 就响应。NMI 线上的中断请求信号是边沿触发的，它的出现是异步的，由内部把它锁存。要求 NMI 上的中断请求脉冲的有效宽度（高电平的持续时间）要大于两个时钟周期。

非屏蔽中断的优先权高于可屏蔽中断。CPU 采样到有非屏蔽中断请求时，自动给出中断向量类型码 2，而不经过上述的可屏蔽中断那样的中断响应周期。

这两条中断请求线是远不能满足实际需要的。80x86 微处理器用 8259A 作为外设向 CPU 申请中断和 CPU 对中断进行各种控制的接口，它把 80x86 的一条可屏蔽中断线 INTR 扩展成

8～64 条中断请求线。

7.4.2 内部中断

对于某些重要的中断事件，CPU 通过自己的内部逻辑，调用相应的中断服务程序，而不是由外部的中断请求来调用。这种由 CPU 自己启动的中断处理过程，称为内部中断。80x86 的内部中断有如下 3 种。

1. 除法错误中断——类型 0 中断

在执行除法指令时，若发现除数为 0 或商超过了目的寄存器所能表达的范围，则立即产生一个类型为 0 的内部中断。

2. 软件中断和中断指令

80x86 设置的中断指令和中断返回指令如下：
指定类型中断指令：INT N
溢出中断指令：INTO
中断返回指令：IRET

当程序需要转移到某一指定的中断服务程序时，可以设置一条中断指令，使程序转移到所指定的中断服务程序，通过中断指令实现的中断称为软件中断。

（1）INT N 指令中断——类型 N 中断。这条指令的执行引起中断，而且中断类型由指令中的 N 加以指定。

（2）INTO 指令中断——类型 4 中断。若上一条指令执行的结果，使溢出标志位 OF=1，则 INTO 指令引起类型为 4 的内部中断。否则，此指令不起作用，程序执行下一条指令。

（3）IRET 是中断返回指令，它的作用与 RET 指令类似，都是使控制返回主程序，但是 IRET 是远返回，且除了从堆栈中弹出偏移地址（给 IP）和段地址（给 CS）外，还弹出中断时进栈保护的标志寄存器的内容（给 F）。

3. 单步中断——类型 1 中断

若标志位 TF=1，则 CPU 在每一条指令执行完以后，引起一个类型为 1 的中断。这可以做到单步执行程序，是一种强有力的调试手段。

80x86 规定这些中断的优先权次序为：内部中断、NMI、INTR。优先权最低的是单步中断。

7.4.3 中断向量表

80x86 有一个简便而又多功能的中断系统。上述的任何一种中断，CPU 响应以后，都要保护标志寄存器的所有标志位和断点（现行的代码段寄存器 CS 和指令指针 IP），然后转入各自的中断服务程序。在 80x86 PC 机中各种中断如何转入各自的中断服务程序呢？

80x86 在内存的前 1K 字节（地址 00000H～003FFH）中建立了一个中断向量表，可以容纳 256 个中断向量（中断类型），每个中断向量占有 4 个字节。中断类型码 n 占有 4n、4n+1 和 4n+2、4n+3 四个字节单元或 4n 和 4n+2 两个字单元。在这 4 个字节中，存放着中断向量对应的中断源的服务程序的入口地址——前两个字节放服务程序的偏移地址 IP，后两个字节放服务程序的段地址 CS，如图 7-11 所示。

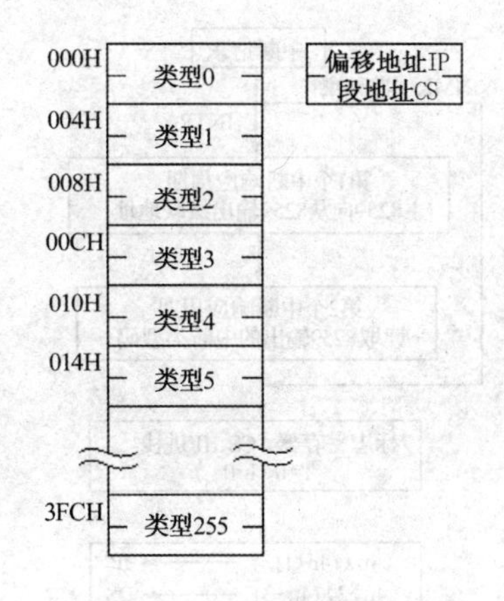

图 7-11　中断向量表

中断向量表中前 5 个中断向量（或中断类型）由 Intel 专用，系统又保留了若干个中断向量，余下的就可以由用户使用，可作为外部中断源的向量。外部中断源，只要先将中断服务程序的入口地址填入中断向量表，在第二个中断响应周期，向数据总线送出一个字节的中断类型码 N，即可以转至该中断源的中断服务程序。

【例 7.3】　若 80x86 系统采用的 8259A 的中断类型码为 88H，试问这个中断源的中断请求信号应连向 8259A 的哪个中断输入端？中断服务程序的段地址和偏移地址应分别填入哪两个字单元？

解：根据图 7-9 所示的 ICW_2 可知，中断类型码的低 3 位即是 8259A IR_i 的 i 值，而 88H 的低 3 位为 000，故中断源的中断请求信号连接到 8259A 的 IR_0 输入端。

中断服务程序的偏移地址和段地址分别填入 4n 和 4n+2 两个字单元，而 4×88H=220H，故段地址填入 00222H 字单元（即 00222H 和 00223H 两个字节单元），偏移地址填入 00220H 字单元（即 00220H 和 00221H 两个字节单元）。

7.4.4　中断响应和处理过程

80x86 对各种中断的响应和处理过程是不相同的，其主要区别在于如何获取相应的中断类型码（向量）。

对于硬件（外部）中断，CPU 是在当前指令周期的最后一个 T 状态采样中断请求输入信号。如果有可屏蔽中断请求，且 CPU 处在开中断状态（IF 标志为 1），则 CPU 转入两个连续的中断响应周期，在第二个中断响应周期的 T_4 状态前沿，读取数据线获取由外设输入的中断类型码。若是非屏蔽中断请求，则 CPU 不经过上述的两个中断响应周期，而在内部自动产生中断类型码 2。

软件（内部）中断的响应过程与非屏蔽中断类似，中断类型码也是自动形成的。软件中断的类型码及中断功能见表 7-1。

表 7-1　软件中断的类型码及中断功能

中断类型码	中 断 功 能
0	除法错误中断
1	单步中断
4	INTO 中断
N	INT N 中断

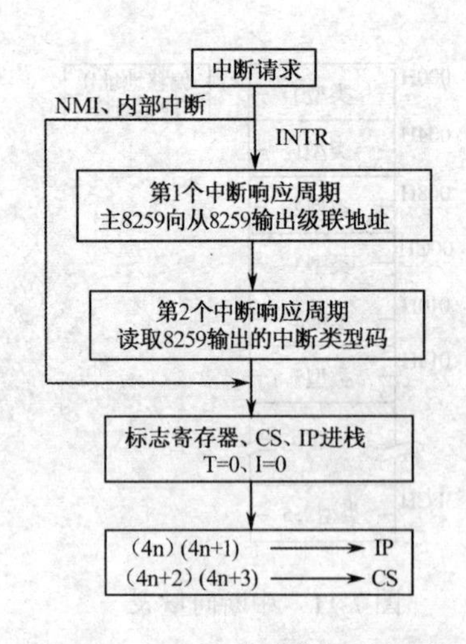

图 7-12 80x86 的中断响应过程

80x86 CPU 在取得了类型码后的处理过程是一样的，其顺序为：

（1）将类型码乘 4，作为中断向量表的指针。

（2）把 CPU 的标志寄存器进栈，保护各个标志位，此操作类似于 PUSH 指令。

（3）清除 IF 和 TF 标志，屏蔽 INTR 中断和单步中断。

（4）保存被中断程序的断点，即把被中断程序断点处的 CS 和 IP 推入堆栈保护，先推入 CS，再推入 IP。

（5）从中断向量表中取中断服务程序的入口地址，分别送至 CS 和 IP 中。

（6）进入被响应中断的中断服务程序。

80x86 的中断响应过程如图 7-12 所示。

7.5 可屏蔽中断服务程序的设计

外部设备的中断请求信号是由中断控制器 8259A 转发给 CPU 的，转发过程为：外部设备的中断请求信号由 8259A 的中断输入线 IR_7～IR_0 进入 8259A 的中断请求寄存器 IRR 寄存，经过 8259A 的优先权分析器和中断屏蔽寄存器的分析处理，由 8259A 的中断输出线 INT 输出给 80x86 的 INTR 线，向 80x86 CPU 申请中断。CPU 响应中断后，向 8259A 发回中断响应信号 $\overline{INTA}$ 并读取 8259A 送出的中断类型码。所以 80x86 PC 机的可屏蔽中断服务程序的设计主要有两个方面：第一，根据 8259A 中断输入线对应的中断类型码，将中断服务程序的入口地址填入中断向量表；第二，向 8259A 写入操作命令字（初始化命令字系统已设置），对中断屏蔽与中断结束进行处理。

7.5.1 中断服务程序入口地址的装入

根据中断类型码将其中断服务程序入口地址装入中断向量表中，有直接装入和调用系统功能调用装入两种方法。下面以 PC XT 机为例说明装入的方法。PC XT 微机系统仅使用 1 片 8259A，它的 8 个中断输入端 IR_0～IR_7 分别定义为 IRQ_0～IRQ_7。PC XT 机留给用户使用的可屏蔽中断为 IRQ_2，从其总线插座的 B_4 引出。PC XT 机初始化 8259A 时写入的中断类型码为 08H～0FH，分别对应 IRQ_0～IRQ_7，所以 IRQ_2 的中断类型码为 0AH。

1. 直接装入

假定中断服务程序为 INT-SUB，直接装入程序段为：

```
SUB AX，AX
MOV ES，AX                    ；中断向量表的段地址为 0
MOV AX，OFFSET INT-SUB
MOV ES：28H，AX               ；IRQ2 的中断类型码为 0AH，
MOV AX，SEG INT-SUB           ；0AH×4=28H
MOV ES：2AH，AX
```

2. 系统功能调用装入

功能调用号为 25H，入口参数为 AL 置中断类型码，DS：DX 置入口地址。装入程序段如下：

```
MOV AX，SEG INT-SUB
MOV DS，AX
MOV DX，OFFSET INT-SUB
MOV AX，250AH
INT 21H
```

7.5.2 中断屏蔽与中断结束的处理

8259A 内有一个中断屏蔽寄存器 IMR，它的每一位对应着一个中断输入线，即 M_i 与 IR_i 对应：当 M_i=1 就屏蔽对应的 IR_i，禁止它的输入信号产生中断输出信号 INT；M_i=0 则允许对应的 IRi 的中断输入信号产生中断输出信号 INT，向 CPU 申请中断。80x86 PC 机为了系统的工作稳定，在初始化 8259A 即送完 ICW 后，写入了中断屏蔽操作控制字 OCW_1，将它自身没有用的 8259A 的中断输入线全部屏蔽。因此在中断前后要修改 80x86 PC 机系统设置的中断屏蔽字，中断后应恢复系统原来设置的中断屏蔽字。修改和恢复的方法是用奇地址读取中断屏蔽寄存器 IMR 的内容，将所用的中断输入线 IR_i 的对应位 M_i 置 0（修改）或者置 1（恢复）后，再用奇地址写入中断屏蔽寄存器。修改和恢复时，不要改变 IMR 其他位的状态，故只能用与操作置 0，用或操作置 1。

80x86 PC 机对机内的 8259A 都初始化为非自动结束中断方式，该方式要求 CPU 发出中断结束命令使 8259A 中的中断服务寄存器 ISR 中的对应位复位。中断结束命令有一般结束命令和指定结束命令两种，具体内容请看第 7.3.4 节 8259A 的命令字 OCW_2。

IBM PC 机系统是开中断的，80x86 微处理器响应中断时会自动关中断，并将中断前的标志寄存器进栈保护，中断返回时又会恢复它。所以若不需要中断嵌套，在用户程序中就可以不使用开中断指令 STI 和关中断指令 CLI。

7.5.3 中断服务程序设计举例

编写中断服务程序与一般（子）程序的编写步骤基本一致。下面举例说明设计的方法。

【例 7.4】 时钟程序。

分析：该程序将 IMB PC XT 机转变成一台式时钟，显示格式为 HH：MM：SS。启动程序后，提示用户输入当前的时间，键入的格式与显示格式相同，即时、分、秒三者间要用“：”分隔。

本程序使用系统的时钟 18.2Hz，即 8253 计数器 0 的输出，因此每秒钟会发生 18 次 IRQ_0 中断，中断类型码为 8。修改中断向量表，使该中断服务程序 TIMER 得到该类中断的控制权。该中断服务程序使用一软件计数器，其计数值保存在字节变量 COUNT 中，其初值为 18，每中断一次其值减 1，当该变量的值减为 0 时，再将其置为 18，并调整一次时钟。其程序如下：

```
stack    segment stack 'stack'
         dw 32 dup（0）
```

```
stack    ends
data     segment
COUNT    DB 18
ECT      DB 'ENTER CURRENT TIEM：$'
BUFFER   DB 9，0
TENHO    DB '0'
HOUR     DB '0：'
TENMIN   DB '0'
MINUTE   DB '0：'
TENSEC   DW '0'
SECOND   DB '0'，0DH，'$'
STORE    DW 0，0
data     ends
code     segment
main     proc far
         assume cs：code，ds：data，ss：stack
         push ds
         mov ax，0
         push ax
         MOV ES，AX
         mov ax，data
         mov ds，ax
         MOV DI，OFFSET STORE          ；保存系统时钟的中断服务程序
         MOV AX，ES：20H               ；入口地址
         MOV  [DI]，AX
         INC DI
         INC DI
         MOV AX，ES：22H
         MOV  [DI]，AX
         MOV DX，OFFSET ECT            ；显示“ENTER CURRENT TIME：”
         MOV AH，9
         INT 21H
         MOV DX，OFFSET BUFFER         ；键入当前时间
         MOV AH，0AH
         INT 21H
         MOV BH，70H                   ；清屏（显示器的软中断服务程序）
         MOV CH，0
         MOV CL，0
         MOV DH，24
```

```
        MOV DL，79
        MOV AL，0
        MOV AH，7
        INT 10H
        MOV DI，20H                  ；中断程序入口地址送中断向量表
        MOV AX，OFFSET TIMERX
        MOV ES：[DI]，AX
        INC DI
        INC DI
        MOV AX，CS
        MOV ES：[DI]，AX
FOREVE：MOV AH，2                    ；置光标位置（显示器的软中断服务程序）
        MOV BH，0
        MOV DH，12
        MOV DL，24
        INT 10H
        MOV AH，9                    ；显示时：分：秒
        MOV DX，OFFSET TENHO
        INT 21H
        MOV AL，SECOND               ；等待1秒钟
HERE：  CMP AL，SECOND
        JE HERE
        MOV AH，0BH                  ；检查键盘，若有键入则返回
        INT 21H
        INC AL
        JNZ FOREVE
        MOV DI，20H                  ；恢复系统时钟的中断向量表
        MOV AX，STORE
        MOV ES：[DI]，AX
        INC DI
        INC DI
        MOV AX，STORE+2
        MOV ES：[DI]，AX
        ret
main    endp
TIMERX  PROC FAR
        DEC COUNT                    ；软件计数器减1
        JNZ TIMER                    ；不到1秒，退出中断
        MOV COUNT，18                ；已到1秒，恢复软件计数器
```

```
        INC SECOND              ；秒加 1
        CMP SECOND，'9'         ；十秒位是否增 1
        JLE TIMER               ；否，退出中断
        MOV SECOND，'0'         ；秒位置 0
        INC TENSEC              ；十秒位加 1
        CMP TENSEC，'6'         ；满 1 分否？
        JL TIMER                ；否，退出中断
        MOV TENSEC，'0'         ；满，分加 1
        INC MINUTE
        CMP MINUTE，'9'
        JLE TIMER
        MOV MINUTE，'0'
        INC TENMIN
        CMP TENMIN，'6'         ；满 1 小时否
        JL TIMER
        MOV TENMIN，'0'         ；满，小时加 1
        INC HOUR
        CMP HOUR，'9'
        JA ADJHO
        CMP HOUR，'3'
        JNZ TIMER
        CMP TENHO，'1'
        JNZ TIMER
        MOV HOUR，'1'
        MOV TENHO，'0'
        JMP TIMER
ADJHO： INC TENHO
        MOV HOUR，'0'
TIMER： MOV AL，20H             ；中断结束命令
        OUT 20H，AL
        IRET
TIMERX  ENDP
code    ends
        end main
```

【例 7.5】 由 PC XT 机外部产生中断请求的简单中断程序。

分析：系统将 8259A 的中断输入线 IR_0～IR_7 初始化为由低变高的边沿触发，通过一开关（单稳、防抖）将中断请求信号接到 PC XT 总线的引脚 B_4，即 IRQ_2 上。该开关先输出低电平，运行程序显示提示信息“WAIT INTERRUPT”后再将开关输出高电平，使 IRQ_2 的电平由低变高，于是向 8259A 的中断输入线发出了中断请求信号，成功后再将开关返回到低电平。

该程序可以用到任何可以产生中断请求信号的外设接口的电路上。

如前所述，PC XT 机已对 8259A 进行了初始化操作，故只需进行操作命令字的设定，8259A 的端口地址为 20H 和 21H。要使用的命令字有屏蔽字 OCW_1 和中断结束命令字 OCW_2。程序中用 JMP $ 指令来等待中断，若程序中不改变屏蔽字开放 IRQ_2 中断，则扳动开关后，程序总处于等待状态，不进入中断。因为 JMP $ 指令执行之后才响应中断，所以响应中断时进入堆栈保护的断点地址仍是 JMP $ 指令的地址。故中断返回前应修改返回地址，以便返回后跳过该指令，执行 JMP $ 指令的下一条指令。JMP $ 指令是近跳转的 2 字节指令（指令的机器码为 EBFEH），故修改返址是将返回地址加 2。其程序如下：

```
stack   segment stack 'stack'
        dw 32 dup（0）
stack   ends
data    segment
DA1     DB 'WAIT INTERRUPT'，0AH，0DH，'$'
DA2     DB 'INTERRUPT PROCESSING'，0AH，0DH，'$'
DA3     DB 'PROGRAM TERMINATED NORMALLY'，0AH，0DH，'$'
data    ends
code    segment
start   proc far
        assume ss：stack，cs：code，ds：data
        push ds
        sub ax，ax
        push ax
        MOV AX，SEG IRQ2IS        ；中断程序入口地址送中断向量表
        MOV DS，AX
        MOV DX，OFFSET IRQ2IS
        MOV AX，250AH
        INT 21H
        mov ax，data
        mov ds，ax
        MOV DX，OFFSET DA1
        MOV AH，9
        INT 21H
        IN AL，21H                ；读屏蔽字
        AND AL，0FBH              ；改变屏蔽字，允许IRQ2中断
        OUT 21H，AL
        JMP $                     ；等待中断，JMP $等价于 HERE：JMP HERE
        MOV DX，OFFSET DA3
        MOV AH，9
        INT 21H
```

```
          RET
IRQ2IS:   MOV DX，OFFSET DA2
          MOV AH，9
          INT 21H
          MOV AL，20H              ；一般中断结束命令
          OUT 20H，AL
          IN AL，21H               ；恢复屏蔽字，禁止 IRQ2 中断
          OR AL，04H
          OUT 21H，AL
          POP AX                   ；修改返址
          INC AX
          INC AX
          PUSH AX
          IRET
start     endp
code      ends
          end start
```

【例 7.6】 286、386、486、Pentium PC 机的外部中断程序。

分析：在 PC XT 微机系统中使用一片 8259A；在 PC AT 微机系统中使用 2 片 8259A；而在 386、486、Pentium 等微机系统中，其外围控制芯片（82C206 等）都集成有与 AT 机的 2 片 8259A 相当的中断控制器电路。2 片 8259A 的级联连接如图 7-13 所示。2 片 8259A 中，主片的端口地址和中断类型码与 PC XT 微机系统相同，分别为 20H、21H 和 08H～0FH；从片的端口地址为 A0H 和 A1H，中断类型码为 70H～77H。在 ISA 总线 B_4 引脚上连接的是 IRQ_9。在 286、386、486、Pentium PC 机上与 PC XT 机（例 7.5）上相同功能的程序如下：

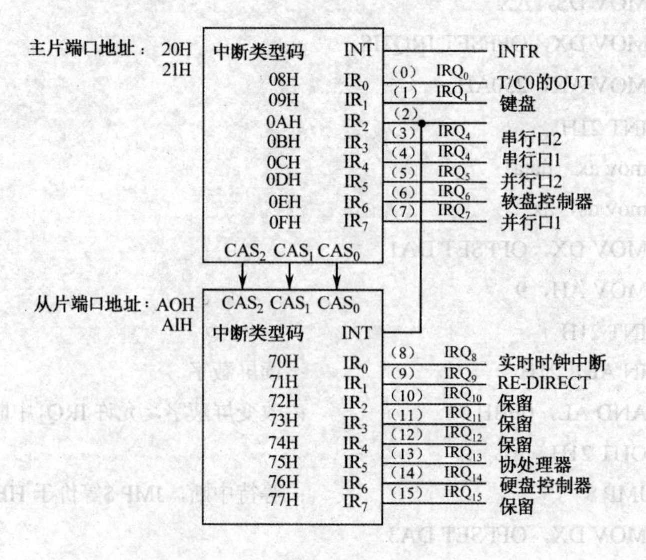

图 7-13　80x86 机的硬中断结构

```
stack     segment stack 'stack'
          dw 32 dup（0）
stack     ends
data      segment
DA1       DB 'WAIT INTERRUPT'，0AH，0DH，'$'
DA2       DB 'INTERRUPT PROCESSING'，0AH，0DH，'$'
DA3       DB 'PROGRAM TERMINATED NORMALLY'，0AH，0DH，'$'
data      ends
code      segment
start     proc far
          assume ss：stack，cs：code，ds：data
          push ds
          sub ax，ax
          push ax
          MOV ES，AX
          mov ax，data
          mov ds，ax
          MOV AX，SEG IRQ9IS          ；中断服务程序入口地址送中断向量表
          MOV ES：1C6H，AX
          MOV AX，OFFSET IRQ9IS
          MOV ES：1C4H，AX
          MOV DX，OFFSET DA1
          MOV AH，9
          INT 21H
          IN AL，0A1H                 ；读屏蔽字
          AND AL，0FDH                ；改变屏蔽字，允许IRQ9中断
          OUT 0A1H，AL
          JMP $                       ；等待中断（请见例7.5的说明）
          MOV DX，OFFSET DA3
          MOV AH，9
          INT 21H
          ret
IRQ9IS：  MOV DX，OFFSET DA2
          MOV AH，9
          INT 21H
          MOV AL，61 H                ；指定中断结束命令
          OUT 0A0H， AL
          MOV AL，62H
          OUT 20H，AL
```

```
          IN AL，0A1H              ；恢复屏蔽字，禁止IRQ9中断
          OR AL，2
          OUT 0A1H，AL
          POP AX                   ；修改返址
          INC AX
          INC AX
          PUSH AX
          IRET
start     endp
code      ends
          end start
```

习 题 7

7.1 什么叫中断？采用中断有哪些优点？

7.2 什么叫中断源？微型计算机中一般有哪几种中断源？识别中断源一般有哪几种方法？

7.3 中断分为哪几种类型？它们的特点是什么？

7.4 什么叫中断向量、中断优先权和中断嵌套？

7.5 CPU 响应中断的条件是什么？CPU 如何响应中断？

7.6 如果在中断处理时要用不能破坏的寄存器应如何处理？

7.7 TF=0 时，将禁止什么中断？编写程序段将 TF 置 0。

7.8 中断返回指令的功能是什么？

7.9 试叙述 INT N 指令的执行过程。

7.10 已知中断向量表中，001C4H 中存放 2200H，001C6H 中存放 3040H，则其中断类型码是_____H，中断服务程序的入口地址的逻辑地址和物理地址分别为________H:______H 和____________H。

7.11 中断向量表的功能是什么？如何利用中断向量表获得中断服务程序的入口地址？

7.12 自定义一个类型码为 79H 的软中断完成 ASCII 码到 BCD 数的转换。编写程序将键入的一串十进制数存放到以 BCDMM 为首地址的存储区中。

7.13 为什么 INTR 中断有两个中断响应周期，而 NMI 和内部中断却没有中断响应周期？

7.14 请用中断方式设计一数据采集接口电路，并编写对 ADC 0808/0809 的 8 路模拟量循环采样一遍的程序，采集数据存入数据区 BUFF 中。

第 8 章　常用可编程接口芯片

随着大规模集成电路技术的发展，接口电路也被集成在单一的芯片上，许多接口芯片可以通过编程方法设定其工作方式，以适应多种功能要求，这种接口芯片被称为可编程接口芯片。

IBM PC 系列微机不仅采用了功能强大的微处理器 80x86 作为其中央处理器，还使用了多种接口芯片以提高系统性能。除了上章介绍的可编程中断控制器 8259A 外，还有可编程并行接口 8255，可编程计数/定时器接口 8253，可编程异步串行接口 8250 和可编程 DMA 控制器 8237 等。本章介绍 8255、8253 和 8250 及其在 PC 机中的应用，还介绍常用的键盘显示器接口芯片 8279。

8.1　可编程并行接口 8255

Intel 8255 是为 8080、8085 和 8088 微型机系统设计的并行 I/O 接口芯片。

8.1.1　8255 的组成与接口信号

8255 的引线与内部组成如图 8-1 所示。它由以下几部分组成。

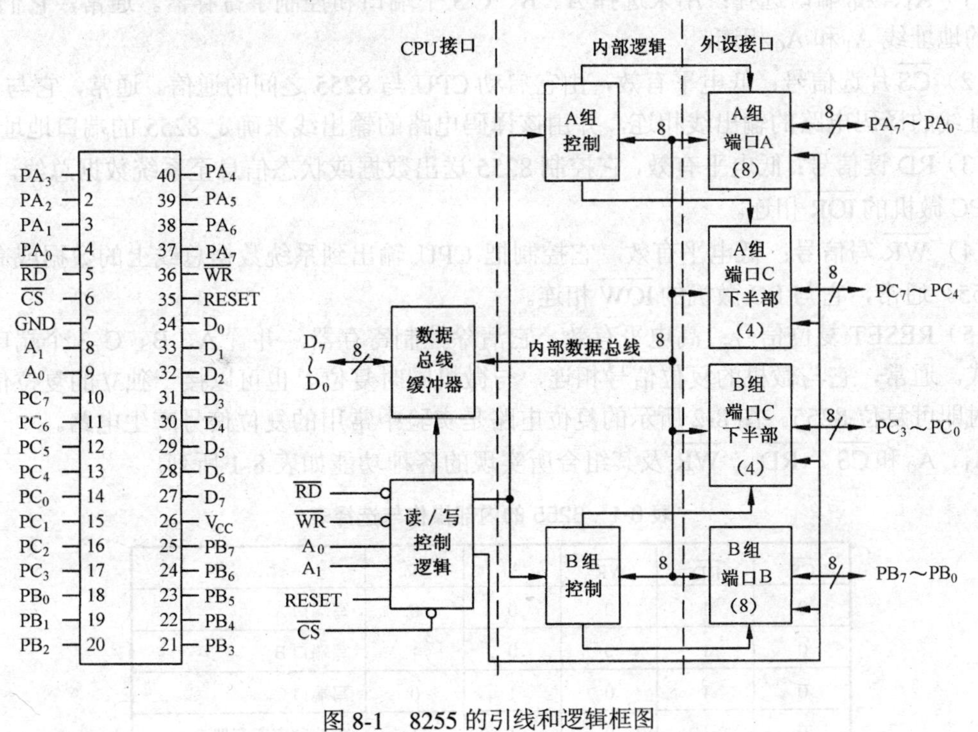

图 8-1　8255 的引线和逻辑框图

1. 端口A、端口B和端口C

端口A（Port A）、端口B（Port B）和端口C（Port C）都是8位的端口，都可以选择作为输入或输出。还可以将端口C的高4位和低4位分开使用，分别作为输入和输出。当端口A和端口B作为选通输入或输出的数据端口时，端口C的指定位与端口A和端口B配合使用，用作控制信号或状态信号。

2. A组和B组控制电路

这是两组根据CPU的方式命令字控制8255工作方式的电路。它们的控制寄存器，接收CPU输出的方式命令字，由该命令字决定两组（3个端口）的工作方式，还可根据CPU的命令对端口C的每一位实现按位复位或置位。

A组控制电路控制端口A和端口C的上半部（PC_7～PC_4）。

B组控制电路控制端口B和端口C的下半部（PC_3～PC_0）。

3. 数据总线缓冲器

这是一个三态双向的8位缓冲器，它是8255与系统数据总线的接口。输入输出的数据以及CPU发出的命令控制字和外设的状态信息，都是通过这个缓冲器传送的。

4. 读/写控制逻辑

它与CPU的地址总线中的A_1、A_0以及有关的控制信号（$\overline{RD}$、$\overline{WR}$、RESET）相连，由它控制把CPU的控制命令或输出数据送至相应的端口；也由它控制把外设的状态信息或输入数据通过相应的端口送至CPU。这些控制信号是：

（1）A_1、A_0端口选择：用来选择A、B、C 3个端口和控制字寄存器。通常，它们与PC微机的地址线A_1和A_0相连。

（2）$\overline{CS}$片选信号：低电平有效，由它启动CPU与8255之间的通信。通常，它与PC微机地址线的译码电路的输出线相连，并由该译码电路的输出线来确定8255的端口地址。

（3）$\overline{RD}$读信号：低电平有效，它控制8255送出数据或状态信息至系统数据总线。通常，它与PC微机的$\overline{IOR}$相连。

（4）$\overline{WR}$写信号：低电平有效，它控制把CPU输出到系统数据总线上的数据或命令写到8255。通常，它与PC微机的$\overline{IOW}$相连。

（5）RESET复位信号：高电平有效，它清除控制寄存器，并置A、B、C 3个端口为输入方式。通常，它与微机的复位信号相连，与微机同时复位。也可以接一独立的复位信号，必要时即可复位8255。图8-2所示的复位电路是实验中常用的复位信号产生电路。

A_1、A_0和$\overline{CS}$、$\overline{RD}$、$\overline{WR}$及其组合所实现的各种功能如表8-1所列。

表8-1　8255的内部操作与选择表

$\overline{CS}$	$\overline{RD}$	$\overline{WR}$	A_1	A_0	操　作
0	1	0	0	0	写端口A
0	1	0	0	1	写端口B
0	1	0	1	0	写端口C
0	1	0	1	1	写控制字寄存器

续表

$\overline{CS}$	$\overline{RD}$	$\overline{WR}$	A_1	A_0	操　　作
0	0	1	0	0	读端口A
0	0	1	0	1	读端口B
0	0	1	1	0	读端口C
0	0	1	1	1	无操作

8255 与 PC 微机的连接如图 8-2 所示。

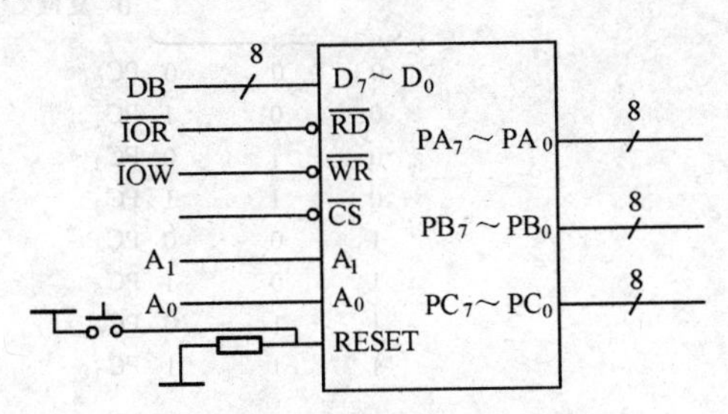

图 8-2　8255 与 PC 微机的连接

8.1.2　8255 的工作方式与控制字

8255 有 3 种工作方式，由方式选择控制字来选用：

（1）方式 0（Mode 0）——基本输入输出。

（2）方式 1（Mode 1）——选通输入输出。

（3）方式 2（Mode 2）——双向传送。

1. 方式选择控制字

8255 的工作方式可由 CPU 写一个方式选择控制字到 8255 的控制字寄存器来选择。控制字的格式如图 8-3 所示，可以分别选择端口 A、端口 B 和端口 C 上下两部分的工作方式。端口 A 有方式 0、方式 1 和方式 2 共 3 种，端口 B 只能工作于方式 0 和方式 1，端口 C 仅工作于方式 0。

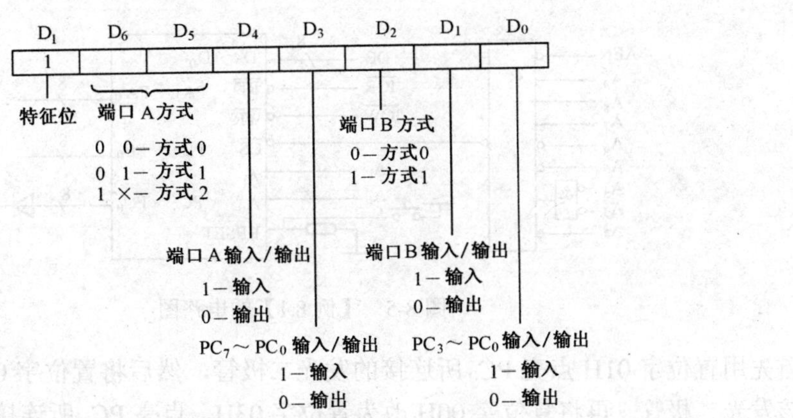

图 8-3　8255 的方式选择控制字

2. 按位置位/复位控制字

端口 C 的 8 位中的任一位，可用按位置位/复位控制字来置位或复位（其他位的状态不变）。这个功能主要用于控制。能实现这个功能的控制字如图 8-4 所示。

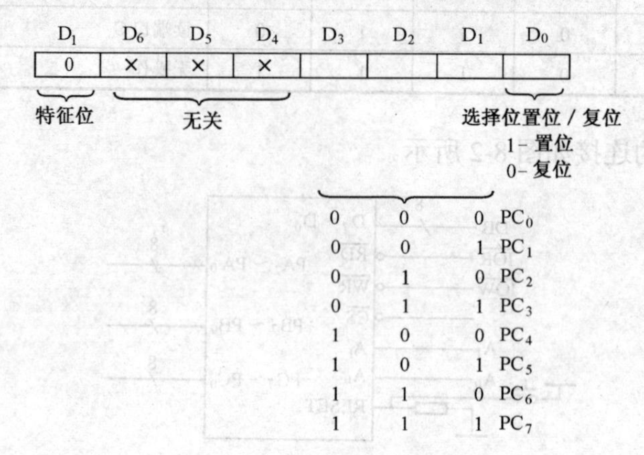

图 8-4　端口 C 按位置位/复位控制字

若要使端口 C 的 D_3（PC_3）置位的控制字为 00000111B（07H），而使它复位的控制字为 00000110B（06H）。

应注意的是，C 端口的按位置位/复位控制字须跟在方式选择控制字之后写入控制字寄存器。即使仅使用该功能，也应先选写入方式控制字。

【例 8.1】　将 8255 C 端口的 8 根 I/O 线接 8 只发光二极管的正极（八个负极均接地），用按位置位/复位控制字编写使这 8 只发光二极管依次亮、灭的程序。设 8255 的端口地址为 380H～383H。

分析：8255 与 PC 微机的连接及 8255 C 端口与 8 只发光二极管的连接如图 8-5 所示。本程序要使用 8255 的 2 个控制字——方式选择字和按位置位/复位字。这 2 个控制字都写入 8255 的控制字寄存器，由它们的 D_7 位为 1 或 0 来区别写入的字是方式选择字还是置位/复位字。8255 的控制字寄存器的端口地址为 383H。方式选择字只写入一次，其后写入的都是置位/复位字。

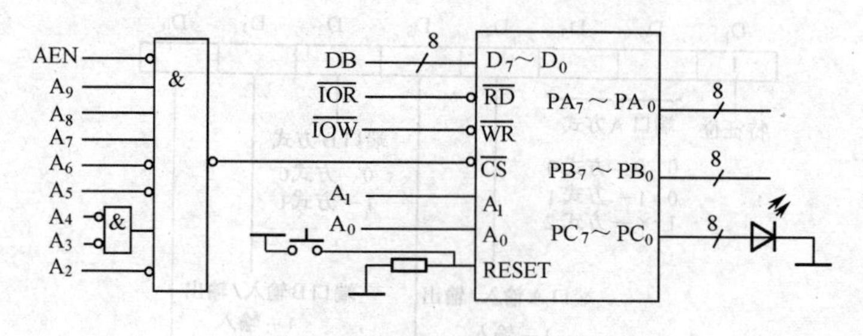

图 8-5　【例 8.1】的电路图

首先用置位字 01H 点亮 PC_0 所连接的发光二极管，然后将置位字 01H 改为复位字 00H，熄灭该发光二极管。再将复位字 00H 改为置位字 03H，点亮 PC_1 所连接的发光二极管，又将置位字 03H 改为复位字 02H，熄灭该发光二极管。置位字和复位字就这样交替变化如下：01H

→00H→03H→02H→05H→04H→07H→06H→……→OFH→OEH→O1H→……。置位字和复位字周而复始地不断循环，即可使 8 只连接在 PC 端口的发光二极管依次亮、灭。每一位的置位字改为复位字仅需将 D_0 位由 1 变为 0，这可用屏蔽 D_0 位的逻辑与指令完成。把 PC_i 的复位字改为 PC_i+1 的置位字，要将 D_0 位由 0 变为 1，同时还要将 D_3～D_{13} 位加 1，即要将 D_3～D_0 4 位加 3，这可以用加 3 的指令实现。这样不断地加 3，其进位一定会使 D_7 也变为 1，致使置位字变成方式字，为了避免出现此情况，所以加 3 后还要将置位字的 D_7 位或高 4 位清 0，即与 0FH 逻辑与。据此分析，该程序的框图如图 8-6 所示，程序如下：

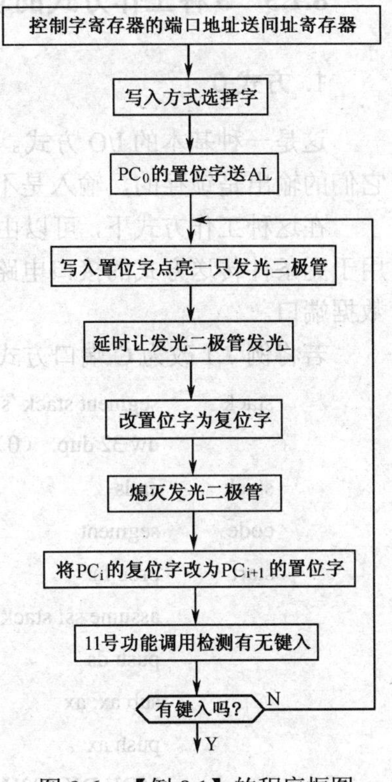

图 8-6 【例 8.1】的程序框图

```
stack           segment stack 'stack'
        dw 32 dup （0）
stack   ends
code    segment
start   proc far
        assume ss: stack, cs: code
        push ds
        sub ax, ax
        push ax
        MOV DX，383H        ；383H 为控制字
                            ；寄存器的端口地址
        MOV AL,80H          ；方式选择字
        OUT DX，AL
        MOV AL,1            ；PC0 的置位控制字
AGAIN:  OUT DX,AL           ；点亮一只发光二极管
        LOOP $              ；延时
        LOOP $
        AND AL,0FEH         ；置位字改为复位字
        OUT DX,AL           ；熄灭点亮的发光二极管
        ADD AL,3            ；PCi→PCi+1，复位字改为下一位的置位字
        AND AL,0FH          ；保持 D7 为 0
        PUSH AX
        MOV AH,11           ；检查键盘有无输入
        INT 21H             ；无 0 送 AL，有-1 送 AL
        INC AL
        POP AX
        JNZ AGAIN
        ret
```

```
start      endp
code       ends
           end start
```

8.1.3 3种工作方式的功能

1. 方式0

这是一种基本的I/O方式。在这种工作方式下，3个端口都可由程序选定作输入或输出。它们的输出是锁存的，输入是不锁存的。

在这种工作方式下，可以由CPU用简单的输入或输出指令来进行读或写。因而当方式0用于无条件传送方式的接口电路时是十分简单的，这时不需要状态端口，3个端口都可作为数据端口。

若将例7.1改为C端口方式0输出，则控制程序为：

```
stack      segment stack 'stack'
           dw 32 dup （0）
stack      ends
code       segment
start      proc far
           assume ss: stack, cs: code
           push ds
           sub ax, ax
           push ax
           MOV DX,383H
           MOV AL,80H
           OUT DX,AL
           MOV DX,382H                ；C端口的端口地址送DX
           MOV AL,1                   ；C端口的输出值
AGAIN:     OUT DX,AL
           LOOP $                     ；延时
           LOOP $
           PUSH AX
           MOV AH,11                  ；11号功能调用：检查键盘有无输入
           INT 21H                    ；无0送AL，有-1送AL
           INC AL                     ；有键入，AL=-1，AL增1，AL=0
           POP AX
           JZ BACK
           ROL AL,1                   ；改变C端口的输出值
           JMP AGAIN
BACK:      ret
```

```
start      endp
code       ends
           end start
```

方式 0 也可作为查询式输入或输出的接口电路，此时端口 A 和 B 分别可作为一个数据端口，而取端口 C 的某些位作为这两个数据端口的控制和状态信息。

2. 方式 1

这是一种选通的 I/O 方式。它将 3 个端口分为 A、B 两组，端口 A 和端口 C 中的 PC_3～PC_5 或 PC_3、PC_6、PC_7 3 位为 A 组；端口 B 和端口 C 的 PC_2～PC_0 3 位为 B 组。端口 C 中余下的两位，仍可作为输入或输出用，由方式控制字中的 D_3 来设定。端口 A 和 B 都可以由程序设定为输入或输出。此时端口 C 的某些位为控制状态信号用于联络和中断，其各位的功能是固定的，不能用程序改变。

方式 1 输入的状态控制信号及其时序关系如图 8-7 所示。各控制信号的作用及意义如下：

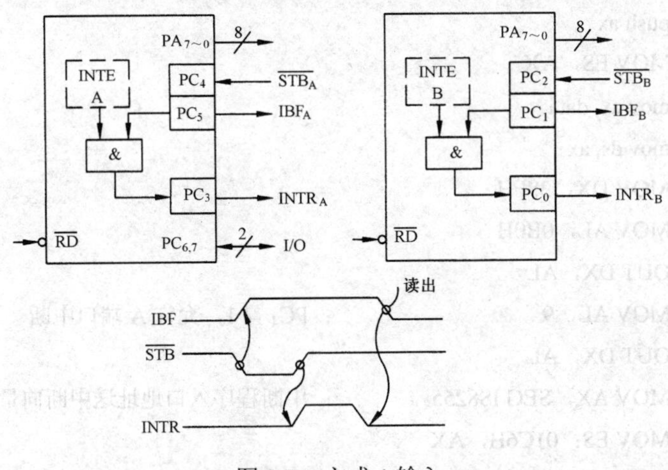

图 8-7 方式 1 输入

（1）$\overline{STB}$（Strobe）选通信号，低电平有效。这是由外设发出的输入信号，信号的前沿（下降沿）把输入装置送来的数据送入输入缓冲器；信号的后沿（上升沿）使 INTR 有效（置 1）。

（2）IBF（Input Buffer Full）输入缓冲器满信号，高电平有效。这是 8255 输出给外设的联络信号。外设将数据送至输入缓冲器后，该信号有效；$\overline{RD}$ 信号的上升沿将数据送至数据线后，该信号无效。

（3）INTR（Interrupt Request）中断请求信号，高电平有效。这是 8255 的一个输出信号，可用作向 CPU 申请中断的请求信号，以要求 CPU 服务。当 IBF 为高和 INTE（中断允许）为高时，由 $\overline{STB}$ 的上升沿（后沿）使其置为高电平。由 $\overline{RD}$ 信号的下降沿（CPU 读取数据前）清除为低电平。

（4）INTE（Interrupt Enable）中断允许信号，端口 A 中断允许 $INTE_A$ 可由用户通过对 PC_4 的按位置位/复位来控制，而 $INTE_B$ 由 PC_2 的置位/复位控制。INTE 置位允许中断，INTE 复位禁止中断。

【例 8.2】 用选通输入方式从 A 端口输入 100 个 8 位二进制数。

分析：实现该功能的原理图如图 8-8 所示，控制程序如下：

```
stack      segment stack 'stack'
           dw 32 dup （0）
stack      ends
data       segment
BUF        DB 100 DUP （?）
data       ends
code       segment
start      proc far
           assume ss: stack, cs: code, ds: data
           push ds
           sub ax, ax
           push ax
           MOV ES，AX
           mov ax, data
           mov ds, ax
           MOV DX，38FH
           MOV AL，0B0H
           OUT DX，AL
           MOV AL，9                    ；PC4 置 1，允许 A 端口中断
           OUT DX，AL
           MOV AX，SEG IS8255           ；中断程序入口地址送中断向量表
           MOV ES：01C6H，AX
           MOV AX，OFFSET IS8255
           MOV ES：01C4H，AX
           MOV CX，100
           MOV BX，0
           MOV DX，38CH
           IN AL，0A1H                  ；读屏蔽字
           AND AL，0FDH                 ；改变屏蔽字，允许 IRQ9 中断
           OUT 0A1H，AL
ROTT：     JMP $
           LOOP ROTT
           IN AL,0A1H                   ；恢复屏蔽字，禁止 IRQ9 中断
           OR AL,2
           OUT 0A1H,AL
           ret
IS8255：   IN AL,DX
```

```
        MOV BUF[BX],AL
        INC BX
        MOV AL,61H                ；指定中断结束命令
        OUT 0A0H,AL
        MOV AL,62H
        OUT 20H,AL
        POP AX                    ；修改返址
        INC AX
        INC AX
        PUSH AX
        IRET
start   endp
code    ends
        end start
```

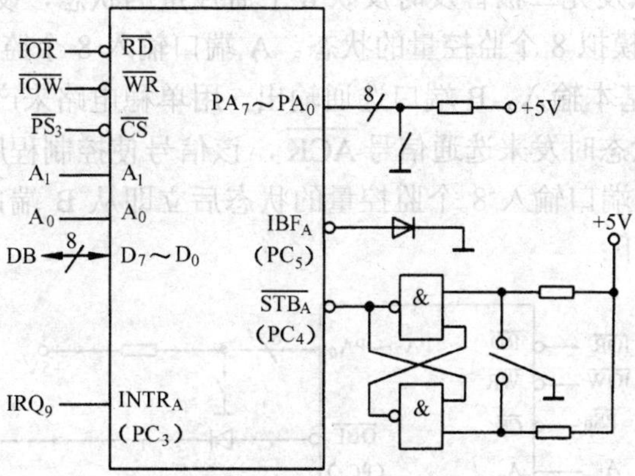

图 8-8　端口 A 选通输入

方式 1 输出的状态控制信号及其时序关系如图 8-9 所示。各控制信号的作用及意义如下：

（1）$\overline{OBF}$ 输出缓冲器满信号，低电平有效。这是 8255 输出给外设的一个联络信号。CPU 把数据写入指定端口的输出锁存器后，该信号有效，表示外设可以把数据取走。它由 $\overline{ACK}$ 的前沿（下降沿）即外设取走数据后，使其恢复为高。

（2）$\overline{ACK}$（Acknowledge）低电平有效。这是外设发出的响应信号，该信号的前沿取走数据并使 $\overline{OBF}$ 无效，后沿使 INTR 有效。

（3）INTR 中断请求信号，高电平有效。当输出装置已经接受了 CPU 输出的数据后，它用来向 CPU 提出中断请求，要求 CPU 继续输出数据。$\overline{OBF}$ 为"1"（高电平）和 INTE 为"1"（高电平）时，由 $\overline{ACK}$ 的后沿（上升沿），使其置位（高电平），$\overline{WR}$ 信号的前沿（下降沿）使其复位（低电平）。

（4）$INTE_A$ 由 PC_6 的置位/复位控制，而 $INTE_B$ 由 PC_2 置位/复位控制。INTE 置位允许中断。

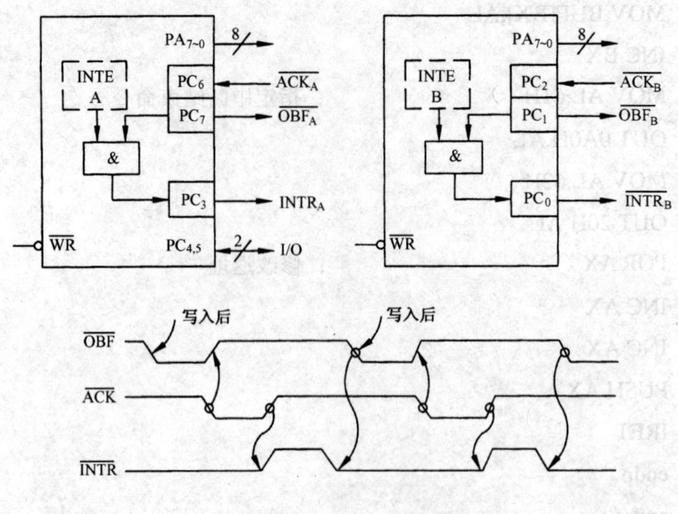

图 8-9　方式 1 输出

【例 8.3】　用 8 只发光二极管及时反映 8 个监控量的状态，设计接口电路和控制程序。

分析：用 8 个开关模拟 8 个监控量的状态。A 端口输入 8 个监控量的状态，B 端口接 8 只发光二极管。A 端口基本输入，B 端口选通输出，用单稳电路来产生选通信号 $\overline{ACK}$。当需要了解 8 个监控量的状态时发来选通信号 $\overline{ACK}$，该信号使控制程序进入中断服务程序。在中断服务程序中，从 A 端口输入 8 个监控量的状态后立即从 B 端口输出。实现的电路如图 8-10 所示，控制程序如下：

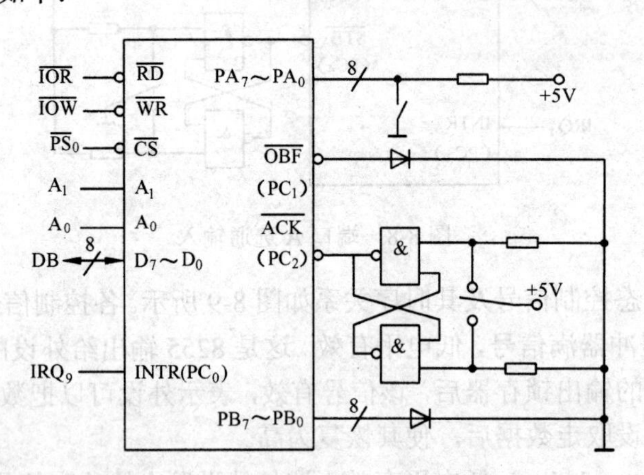

图 8-10　A 端口基本输入、B 端口选通输出

```
stack    segment stack 'stack'
         dw 32 dup（0）
stack    ends
data     segment
DA1      DB 'WAIT INTERRUPT', 0DH, 0AH, '$'
data     ends
code     segment
```

```
start      proc far
           assume ss: stack, cs: code, ds: data
           push ds
           sub ax, ax
           push ax
           MOV ES,AX
           mov ax, data
           mov ds, ax
           MOV DX,383H
           MOV AL,94H
           OUT DX,AL
           MOV AL,5                    ；PC2 置 1，允许 B 端口中断
           OUT DX,AL
           MOV AX,SEG IO8255           ；中断程序入口地址送中断向量表
           MOV ES:01C6H,AX
           MOV AX,OFFSET IO8255
           MOV ES:01C4H,AX
           IN AL,0A1H                  ；读屏蔽字
           AND AL,0FDH                 ；改变屏蔽字，允许 IRQ9 中断
           OUT DX,AL
ROTT:      MOV DX,OFFSET DA1
           MOV AH,9
           INT 21H
           JMP $
           MOV AH,11
           INT 21H
           CMP AL,0
           JE ROTT
           IN AL,0A1H                  ；恢复屏蔽字，禁止 IRQ9 中断
           OR AL,2
           OUT 0A1H,AL
           ret
IO8255:    MOV DX,380H
           IN AL,DX
           INC DX
           OUT DX,AL
           MOV AL,61H                  ；指定中断结束命令
           OUT 0A0H,AL
           MOV AL,62H
           OUT 20H,AL
```

```
              POP AX                          ；修改返址
              INC AX
              INC AX
              PUSH AX
              IRET
start         endp
code          ends
              end start
```

3. 方式 2

这种工作方式，使外设可在单一的 8 位数据总线上，既能发送，又能接收数据（双向总线 I/O）。方式 2 只限于 A 组使用，它用双向总线端口 A 和控制端口 C 中的 5 位进行操作，此时，端口 B 可用于方式 0 或方式 1。端口 C 的其他 3 位作 I/O 用或作端口 B 控制状态信号线用。

方式 2 控制字和状态控制信号如图 8-11 所示，各信号的作用及意义与方式 1 相同。

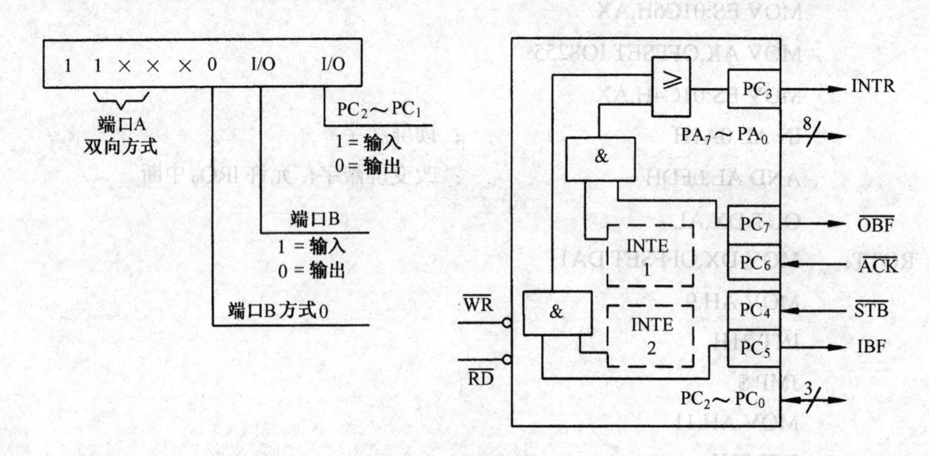

图 8-11　8255 方式 2

$INTE_1$：是输出的中断允许信号，由 PC_6 的置位/复位控制。

$INTE_2$：是输入的中断允许信号，由 PC_4 的置位/复位控制。

其他信号的作用及意义与方式 1 相同。

8.1.4　8255 在 IBM PC XT 系统中的应用

8255 芯片在 IBM PC XT 系统中的工作方式为方式 0——基本输入/输出方式。端口 A 和端口 C 设为输入，端口 B 设为输出。端口 A 有两个作用：读取键盘扫描码和系统配置状态。端口 B 用于输出控制信号。端口 C 用于输入系统配置状态和其他数据。8255 在 IBM PC XT 机的系统上的连接如图 8-12 所示，其中左边的信号来自系统总线，包括对 I/O 接口的读写控制信号 $\overline{IOR}$ 和 $\overline{IOW}$ 复位信号 RESET、数据总线信号 D_7～D_0，8255 芯片的片选信号和 8255 端口寻址信号 A_1 和 A_0。当 I/O 端口地址为 60H～6FH 时，CPU 可以访问 8255。在 BIOS 中使用其中的 60H～63H，所以端口 A 的 I/O 口地址是 60H，端口 B 的 I/O 口地址是 61H，端口 C 的 I/O 口地址是 62H，控制字寄存器的口地址是 63H。因此，BIOS 对 8255 的初始化程序段是：

```
MOV AL，99H
OUT 63H，AL
```

IBM PC XT 的系统配置是可以改变的，例如，磁盘驱动器的数目、插在 I/O 通道即扩充槽上的 RAM 大小、视频显示器的种类、主机板上 RAM 的大小，这些都是可以改变的。因此硬件应该提供一些信息给软件，以便它能按当前系统的配置正确运行。这样就不会出现软件去读磁盘机 B 而系统却只有一个磁盘机的情况，或是软件进行彩色绘图而系统却没有彩显接口卡的情况等等。该信息是由两个 DIP 开关提供的。

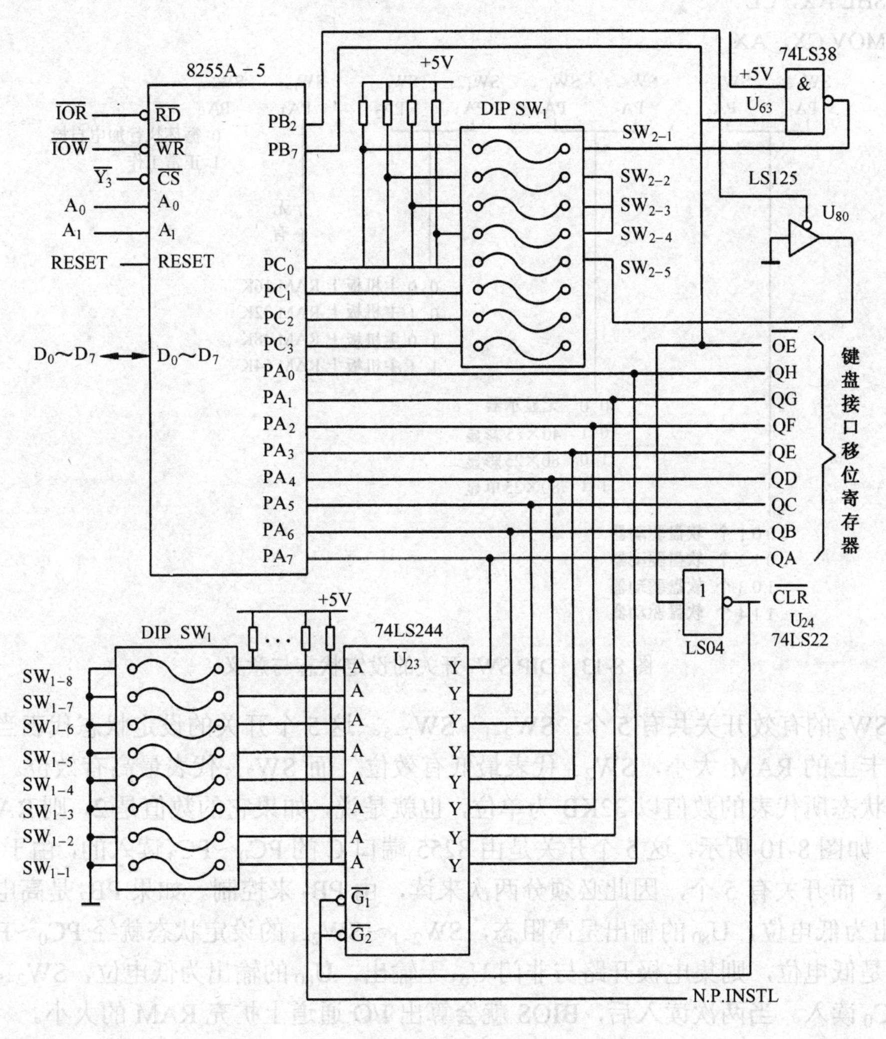

图 8-12　系统上的 8255 和 DIP 开关电路

由图 8-12 可见，PB_7 的状态决定了输入端口 A 的数据来源。如果 PB_7 输出高电位，U_{24} 的 $\overline{OE}$ 无效，而经反相器输出给 U_{23} 的 $\overline{1G}$ 和 $\overline{2G}$ 以及 U_{24} 的 $\overline{CLR}$ 均是低电位，这时 U_{24} 的输出 QA～QH 均呈高阻状态，而 U_{23} 的 A 输出端与 Y 输出端连通，此时 DIP SW_1 的设定状态就可以由 8255 的端口 A 读入。反之，假如 PB_7 是低电位，U_{24} 的 $\overline{OE}$ 有效，而送给 U_{23} 和 U_{24}

的$\overline{1G}$、$\overline{2G}$端和$\overline{CLR}$端就是高电位，U_{23}的 Y 输出端则变为高阻状态，此时端口 A 就由U_{24}的输出 QA～QH 提供数据。DIP SW_1中每一个开关的设置状态及意义如图 8-13 所示。通过读取端口 A 可以确定系统的基本配置情况。例如，计算主板上 RAM 容量的程序段如下：

```
MOV AL，80H
OUT 61H，AL
IN AL，60H          ；读取 DIP SW1 的状态
AND AL，0CH
ADD AL，4
MOV CL，12
SHL AX，CL
MOV CX，AX
```

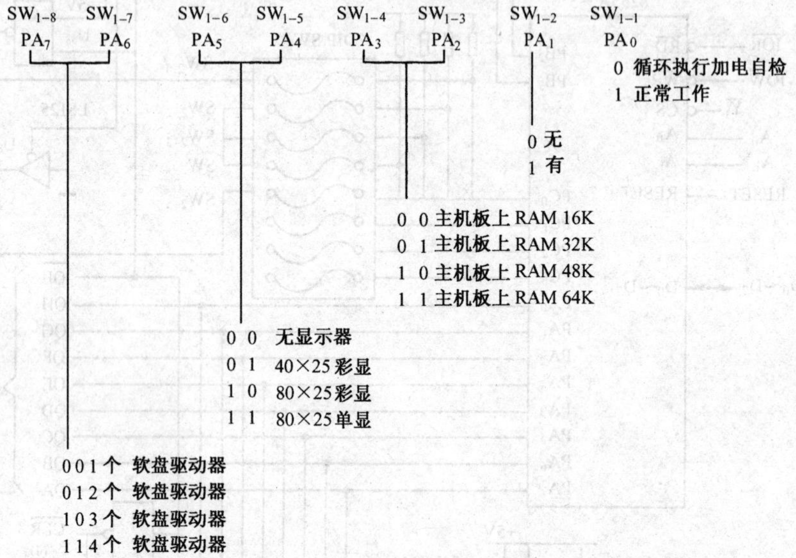

SW_{1-8} SW_{1-7} SW_{1-6} SW_{1-5} SW_{1-4} SW_{1-3} SW_{1-2} SW_{1-1}

PA_7 PA_6 PA_5 PA_4 PA_3 PA_2 PA_1 PA_0

0 循环执行加电自检
1 正常工作

0 无
1 有

0 0 主机板上 RAM 16K
0 1 主机板上 RAM 32K
1 0 主机板上 RAM 48K
1 1 主机板上 RAM 64K

0 0 无显示器
0 1 40×25 彩显
1 0 80×25 彩显
1 1 80×25 单显

0 0 1 个 软盘驱动器
0 1 2 个 软盘驱动器
1 0 3 个 软盘驱动器
1 1 4 个 软盘驱动器

图 8-13 DIP SW_1开关的设定状态与意义

DIP SW_2的有效开关共有 5 个：SW_{2-1}～SW_{2-5}。这 5 个开关的设定状态代表当前插在扩充槽接口卡上的 RAM 大小，SW_{2-1}代表最低有效位，而SW_{2-5}代表最高有效位。这 5 个开关的设定状态所代表的数值以 32KB 为单位，也就是说，如果它的数值是 2，则 RAM 的大小为 64KB。如图 8-10 所示，这 5 个开关是由 8255 端口 C 的PC_0～PC_3读入的，由于PC_0～PC_3只有 4 位，而开关有 5 个，因此必须分两次来读，由PB_2来控制。如果PB_2是高电位的话，U_{63}的输出为低电位，U_{80}的输出呈高阻态，SW_{2-1}～SW_{2-4}的设定状态就经PC_0～PC_3读入。如果PB_2是低电位，则集电极开路与非门U_{63}无输出，U_{80}的输出为低电位，SW_{2-5}的设定状态就经PC_0读入。当两次读入后，BIOS 就会算出 I/O 通道上扩充 RAM 的大小。

8.2 可编程计数器/定时器 8253

在控制系统中，常常要求有一些实时时钟以实现定时或延时控制，如定时中断、定时检测、定时扫描等等，也往往要求有计数器能对外部事件计数。

要实现定时或延时控制，有 3 种主要方法：软件定时、不可编程的硬件定时和可编程计数器/定时器。

1．软件定时

即让机器执行一个程序段，这个程序段本身没有具体的执行目的，但由于执行每条指令都需要时间，则执行一个程序段就需要一个固定的时间。通过正确地挑选指令和安排循环次数很容易实现软件定时，但软件定时占用 CPU，降低了 CPU 利用率。

2．不可编程的硬件定时

可以采用如小规模集成电路器件 555 外接定时部件（电阻和电容）构成。这样的定时电路简单，而且通过改变电阻和电容，可以使定时在一定的范围内改变。但是这种定时电路在硬件连接好以后，定时值及定时范围不能由程序（软件）来控制和改变，由此就产生了可编程的定时器电路。

3．可编程计数器/定时器

是为方便微型计算机系统的设计和应用而研制的，很容易和系统总线连接。它的定时值及其范围可以很容易地由软件来确定和改变，能够满足各种不同的定时和计数要求，因而在微型计算机系统的设计和应用中得到广泛的应用。

Intel 系列的计数器/定时器电路为可编程序间隔定时器 PIT（Programmable Interval Timer），型号为 8253，改进型为 8254。8253 具有 3 个独立的功能完全相同的 16 位计数器，每个计数器都有 6 种工作方式，这 6 种工作方式都可以由其控制字设定，因而能以 6 种不同的工作方式满足不同的接口要求。CPU 还可以随时更改它们的方式和计数值，并读取它们的计数状态。

8.2.1 8253 的组成与接口信号

8253 是 24 条引线双列直插式封装的芯片，其外部引线和内部结构如图 8-14 所示，各电路及引线的功能如下。

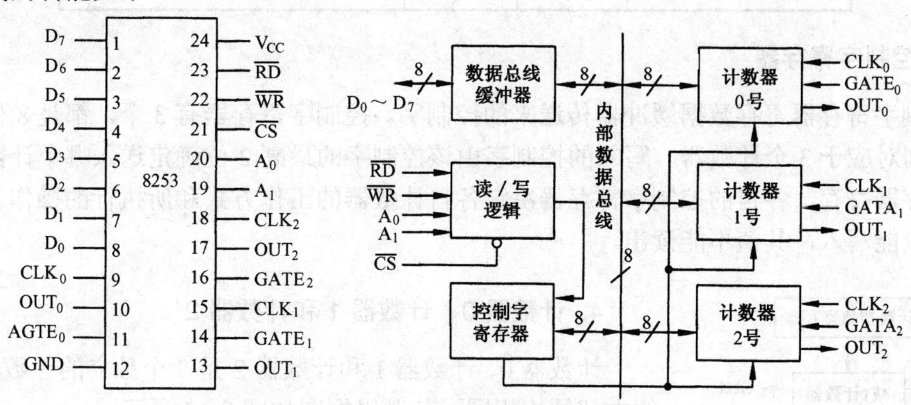

图 8-14 8253 的引线和内部结构

1. 数据总线缓冲器

数据总线缓冲器是三态、双向、8 位的缓冲器。这个数据总线缓冲器用作系统总线和 8253 的接口，缓冲器根据 CPU 的输入或输出指令实现数据传送。这个数据缓冲器具有下面 3 个基本功能。

（1）CPU 向 8253 所写的控制字经数据总线缓冲器和 8253 的内部数据总线传送给控制字寄存器寄存。

（2）CPU 向某计数器所写的计数初值经它和内部总线送到指定的计数器。

（3）CPU 读取某个计数器的现行值时，该现行值经内部总线和缓冲器传送到系统的数据总线上，被 CPU 读入。

2. 读/写逻辑

读/写逻辑接收系统总线的 5 个输入信号，根据这 5 个信号产生整个器件操作的控制信号。通过片选信号 $\overline{CS}$ 来控制读/写逻辑的工作，在没有被系统逻辑选中时，读/写逻辑操作功能不会发生变化。根据 A_1、A_0 的输入选择 3 个计数器和控制字寄存器，通过 $\overline{RD}$ 或 $\overline{WR}$ 完成指定的读或写操作。

$\overline{CS}$、$\overline{RD}$、$\overline{WR}$、A_1 和 A_0 组合起来所产生的选择与操作功能如表 8-2 所列。

表 8-2　8253 的内部操作与选择表

$\overline{CS}$	$\overline{RD}$	$\overline{WR}$	A_1	A_0	操　作
0	1	0	0	0	写计数器 0
0	1	0	0	1	写计数器 1
0	1	0	1	0	写计数器 2
0	1	0	1	1	写控制字寄存器
0	0	1	0	0	读计数器 0
0	0	1	0	1	读计数器 1
0	0	1	1	0	读计数器 2
0	0	1	1	1	无操作

3. 控制字寄存器

控制字寄存器寄存数据缓冲器传送来的控制字。控制字寄存器有 3 个，都是 8 位的寄存器，分别对应于 3 个计数器。写入的控制字由该控制字的最高 2 位确定送入哪个计数器的控制字寄存器寄存，各自的控制字寄存器决定各自计数器的工作方式和所执行的操作。控制字寄存器只能写入，其值不能读出。

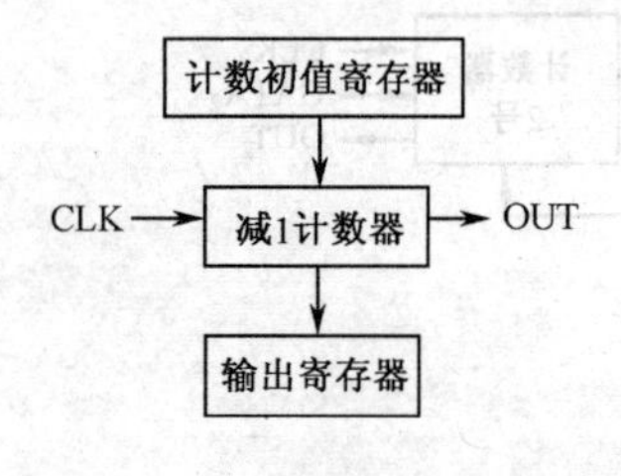

图 8-15　计数器的内部结构

4. 计数器 0、计数器 1 和计数器 2

计数器 0、计数器 1 和计数器 2 是 3 个独立的计数器，它们的内部结构相同，其逻辑框图如图 8-15 所示。

写入计数器的初始值保存在计数初值寄存器中，由 CLK 脉冲的一个上升沿和一个下降沿将其装入减 1 计数器。减 1 计数器在 CLK 脉冲（GATE 允许）作用下进行递减计数，直至计数值为 0，输出 OUT 信号。输出寄存器的值跟随减 1 计数器变化，仅当写入锁存控制字时，它锁存减 1 计数器的当前计数值（减 1 计数器可继续计数），CPU 读取后，它自动解除锁存状态，又跟随减 1 计数器变化。所以在计数过程中，CPU 随时可以用指令读取任一计数器的当前计数值，这一操作对计数没有影响。计数初值寄存器、减 1 计数器和输出寄存器都可看作是 8 位的寄存器对。

每个计数器都是对输入的 CLK 脉冲按二进制或十进制的预置值开始递减计数。若输入的 CLK 是频率精确的时钟脉冲，则计数器可作为定时器。在计数过程中，计数器受门控信号 GATE 的控制。计数器的输入 CLK 与输出 OUT 以及门控信号 GATE 之间的关系取决于计数器的工作方式。

8.2.2 计数器的工作方式及其与输入/输出的关系

8253 的计数器有 6 种工作方式：

（1）方式 0——计数结束中断。

（2）方式 1——硬件触发单拍脉冲。

（3）方式 2——频率发生器。

（4）方式 3——方波发生器。

（5）方式 4——软件触发选通。

（6）方式 5——硬件触发选通。

1. 计数器的输出 OUT

计数器的输出与工作方式有关，6 种方式的输出信号波形如图 8-16 所示。

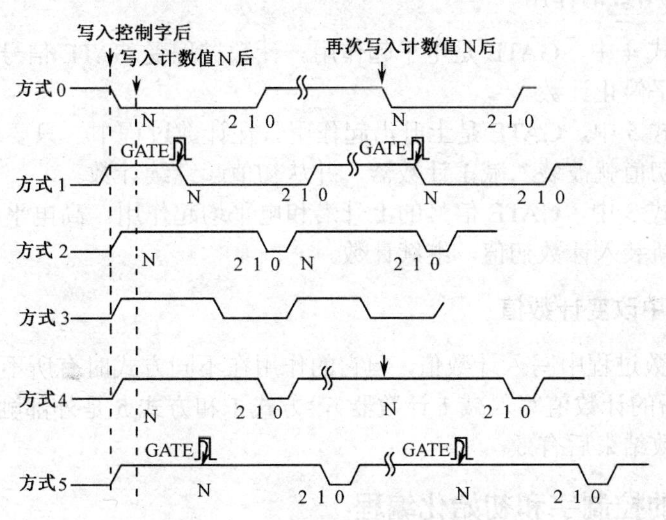

图 8-16　6 种工作方式的输出信号

由图 8-16 可知，在 6 种工作方式中，只有方式 0 在写入控制字后输出为低，其他 5 种方式都是在写入控制字后输出为高。

方式 2、4、5 的输出波形是相同的，都是宽度为一个 CLK 周期的负脉冲。但方式 2 是连续工作，方式 4 由软件（设置计数值）触发启动，而方式 5 由门控脉冲触发启动。

方式 5 与方式 1 的工作方式基本相同，但输出波形不同，方式 1 的输出为宽度是 N 个 CLK 脉冲的低电平脉冲（计数过程中输出为低），而方式 5 的输出为宽度是 1 个 CLK 脉冲的负脉冲（计数过程中输出为高）。

方式 3 和方式 2 的输出都是周期性的，它们的主要区别是，方式 2 在计数过程中输出始终为高，直至计数器减到 1 时， 输出一个 CLK 负脉冲后又恢复为高；方式 3 在计数过程中输出有一半时间为高，另一半时间为低。所以，若计数值为 N，则方式 3 的输出为周期是 N 个 CLK 脉冲的方波。如果计数值 N 是奇数，则输出（N+1）/2 个 CLK 脉冲周期为高，（N-1）/2 个脉冲周期为低，即 OUT 为高，将比其为低多一个 CLK 周期时间。

方式 0 之所以称之为计数结束中断，是因为方式 0 是专为 8253 工作在中断方式而设计的，它的输出 OUT 一经确定方式以后就马上变低，直到计数到 0 才变高，而其他方式的输出就不是这种情况。8253 用于中断方式并不仅限于方式 0，其他方式也是可以用于中断方式的。8253 内部没有中断控制电路，也没有专用的中断请求引线，所以若要用于中断，则可用 OUT 信号作为外部中断请求信号。

2. 计数器的工作与启动

任一种方式，只有写入计数值后才能开始计数，方式 0、2、3 和 4 都是在写入计数值后，计数过程就开始了，而方式 1 和方式 5 需要外部触发启动，才开始计数。

6 种方式中，只有方式 2 和方式 3 是连续计数，其他 4 种方式都是一次计数，要继续工作需要重新启动，方式 0、方式 4 由写入计数值（软件）启动，方式 1、方式 5 要由外部信号（硬件）启动。

3. 门控信号 GATE 的作用

在方式 0 和方式 4 中，GATE 是电平起作用。计数过程受 GATE 信号的控制，GATE 为高电平计数，低电平停止计数。

在方式 1 和方式 5 中，GATE 是上升沿起作用。在计数过程中，只要 GATE 出现由低到高的跳变，计数的初值就被装入减 1 计数器，并从初值起继续计数。

在方式 2 和方式 3 中，GATE 信号的上升沿和电平均起作用。高电平计数，低电平停止计数。上升沿则重新装入计数初值，继续计数。

4. 在计数过程中改变计数值

8253 可以在计数过程中写入计数值，但它的作用在不同方式时有所不同。方式 0 和方式 4 是立即有效（即新的计数值写入减 1 计数器），方式 1 和方式 5 是外部触发后有效，方式 2 和方式 3 是本次计数结束后有效。

8.2.3 8253 的控制字和初始化编程

8253 的工作方式由 CPU 向 8253 的控制字寄存器写入控制字来规定，其格式如图 8-17 所示。

1. 计数器选择（D_7、D_6）

控制字的最高两位决定这个控制字是哪一个计数器的控制字。由于三个计数器的工作是完全独立的，所以每个计数器都有一个控制字。而三个控制字都由同一地址（控制字寄存器地址）写入，因而由控制字的 D_7、D_6 两位来指定该控制字是哪个计数器的控制字。在控制字中的计数器选择与计数器的地址是两回事，不能混淆。计数器的地址用作 CPU 向计数器写初值，或从计数器读取计数器的当前值。

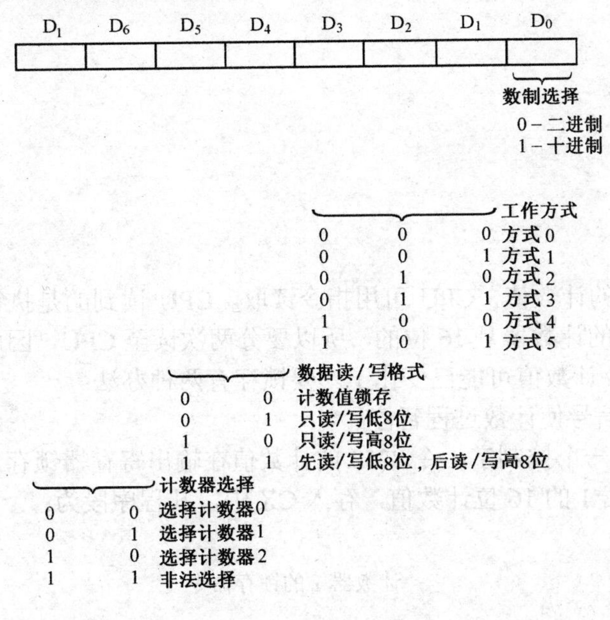

图 8-17　8253 的控制字

2. 数据读/写格式（D_5、D_4）

CPU 向计数器写入初值和读取它们的当前状态时，有几种不同的格式。读/写数据时，是读/写 8 位数据还是 16 位数据；若是 8 位数据，可以令 D_5D_4=01 只读/写低 8 位，则高 8 位自动置 0；若是 16 位数据，而低 8 位为 0，则可令 D_5D_4=10，只读/写高 8 位，低 8 位就自动为 0；若令 D_5D_4=11 时，就先读/写低 8 位，后读/写高 8 位。在读取 16 位计数值时，可令 D_5D_4=00，则把写控制字时的计数值锁存，以后再读取。

3. 工作方式（D_3、D_2、D_1）

8253 的每个计数器的 6 种不同的工作方式由这 3 位决定。

4. 数制选择（D_0）

8253 的每个计数器有两种计数制：二进制和十进制，选用哪种进制由这位决定。在二进制计数时，写入的初值的范围为 0000H～FFFFH，其中 0000H 是最大值，代表 65536。在十进制计数时，写入的初值的范围为 0000H～9999H，其中 0000H 是最大值，代表 10000。

要使用 8253 必须首先进行初始化编程，初始化编程的步骤为先写入计数器的控制字，然后写入计数器的计数初值。控制字和计数初值是通过两个不同的端口地址写入的。任一计数器的控制字都是写入控制字寄存器的端口地址，由控制字中的 D_7、D_6 来确定是哪一个计数器的控制字；而计数初值是由各个计数器的端口地址写入的。一片 8253 具有 4 个端口地址，由 8253 的 A_1 和 A_0 两根引线来区别：A_1、A_0 为 11 是控制字寄存器的端口地址，00、01 和 10 则分别是计数器 0、计数器 1 和计数器 2 的端口地址。

例如，用计数器 0，工作在方式 1，按十进制计数，计数值为 5080。若该片 8253 的端口地址为 388H～38BH，则初始化程序段为：

```
MOV DX,38BH
MOV AL,33H
OUT DX,AL
MOV DX,388H
MOV AL,80H
OUT DX,AL
MOV AL,50H
OUT DX,AL
```

8253 任一计数器的计数值，CPU 可用指令读取。CPU 读到的是执行读取指令瞬间计数器的现行值。但 8253 的计数器是 16 位的，所以要分两次读至 CPU，因此，若不设法锁存的话，则在读数过程中，计数值可能已变化了。要锁存有两种办法：

（1）利用 GATE 信号使计数过程暂停。

（2）向 8253 输送一个控制字，令 8253 的计数值在输出寄存器锁存。

例如，读取计数器 1 的 16 位计数值，存入 CX 中，其程序段为：

```
MOV DX,38BH
MOV AL,40H                  ；计数器 1 的锁存命令
OUT DX,AL
MOV DX,389H
IN AL,DX
MOV CL,AL
IN AL,DX
MOV CH,AL
```

8.2.4　8253 的应用

【例 8.4】　8253 在 IBM PC XT 中的应用。

分析：8253 芯片在 IBM PC XT 微型计算机系统中的连接如图 8-18 所示。由译码电路可知计数器和控制字寄存器的端口地址为 40H～5FH，BIOS 取为：计数器 0 为 40H，计数器 1 为 41H，计数器 2 为 42H，控制字寄存器为 43H。

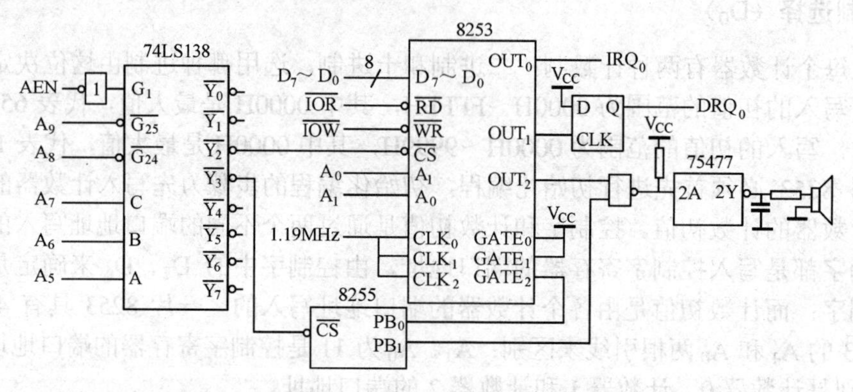

图 8-18　IBM PC XT 微型计算机中 8253 的部分线路

3 个计数器的输入时钟频率均为 1.19MHz。

计数器 0 输出作为 18.2Hz 方波发生器，用来输出方波作为中断控制器 8259 的第 0 号中断信号线（IRQ0）的输入，其作用是提供 IBM PC XT 系统计时器的基本时钟。计数器 0 的计数值为：

$$1.19M/18.2=65384=2^{16}$$

亦即送 16 位的 0，故其控制字为 36H。对计数器 0 初始化的程序段如下：

```
MOV AL，36H
OUT 43H，AL
MOV AL，0
OUT 40H，AL
OUT 40H，AL
```

计数器 1 输出间隔为 15μs 的负脉冲，该脉冲的上升沿触发 D 触发器，使它对 DMA 控制器 8237 的第 0 号 DMA 请求信号线 DRQ_0 发出 DMA 请求信号，8237 则依据这个请求信号对动态 RAM 进行刷新。计数器 1 的计数值为：

$$1.19\times10^6/（1/15）\times10^{-6}=18$$

故其控制字为 54H。对计数器 1 的初始化程序段如下：

```
MOV AL，54H
OUT 43H，AL
MOV AL，18
OUT 41H，AL
```

计数器 2 输出不同频率的方波，经电流驱动器 75477 放大，推动扬声器发出不同频率的声响。计数器 2 的计数值为可变值。随蜂鸣器声响频率的高低而变，程序设计中让它的取值范围由 1 到 65535，即 16 位二进制数，故其控制字为 B6H。

下面是 IBM PC XT 机 BIOS 中的开机诊断子程序。该子程序让蜂鸣器鸣一声长音（3 秒）和一声短音（0.5 秒），以指出系统板或 RAM 模块或者 CRT 显示器有错。

```
entry parameters:
DH= Number of long tones to beep
DL= Number of short tones to beep
err-beep    proc
            PUSHF                        ；保存所有的标志位
            CLI                          ；关中断
            PUSH DS
            MOV AX，DATA                 ；DS 指向数据段
            MOV DS，AX
            OR DH，DH                    ；是否要鸣长音
            JZ G3                        ；不鸣长音，去鸣短音
G1:         MOV BL，6                    ；蜂鸣常数，一次鸣响延续时间 0.5BL 秒
            CALL BEEP                    ；调用鸣响子程序
G2:         LOOP G2                      ；鸣响间隔，等待 500ms
            DEC DH
```

```
        JNZ G1                      ；长音没鸣响完，继续
        CMP MFG-TST，1              ；为制造测试模式吗
        JNZ G3                      ；为制造测试模式，继续鸣响短音
        MOV AL，0DH                 ；停止 LED 闪烁
        OUT PORT-B，AL              ；PORT-B=61H，即 8255B 端口
        JMP G1
G3  :   MOV BL，1                   ；短音鸣响时间为 0.5×1=0.5s
        CALL BEEP
G4：    LOOP G4
        DEC DL
        JNZ G3                      ；短音没鸣响完，继续
G5：    LOOP G5                     ；短音鸣响完，延迟 1s 返回
G6：    LOOP G6
        POP DS
        POPF
        RET
err-beep endp
```

鸣响子程序

```
beep    proc
        MOV AL，0B6H                ；计数器 2 的控制字
        OUT 43H，AL
        MOV AX，533H                ；1000Hz 分频值，分高低字节两次送入
        OUT 42H，AL
        MOV AL，AH
        OUT 42H，AL
        IN AL，61H                  ；读取 8255B 端口的状态
        MOV AH，AL
        OR AL，3
        OUT 61H，AL                 ；打开蜂鸣器
        SUB CX，CX                  ；设置等待 500ms 的常数值
G7：    LOOP G7
        DEC BL                      ；等待 0.5BL 秒
        JNZ G7
        MOV AL，AH                  ；恢复 8255B 端口的原来值，关蜂鸣器
        OUT 61H，AL
        RET
beep    endp
```

【例 8.5】 对外部事件计数 10 次。

分析：计数电路如图 8-19 所示，由图 8-19 可知，使用的是计数器 0。外部事件用单稳电路输入，单稳电路的输出接至 CLK，GATE 接+5V。由于计数器的 CLK 接至单稳电路，因而

计数初值写入计数器后要由外接的单稳电路输入一个脉冲把计数初值装入减 1 计数器，才能对外部事件进行计数。所以，外部事件（即单稳电路输入）要输入 11 次。用查询计数器的初值和最终值编制的程序如下：

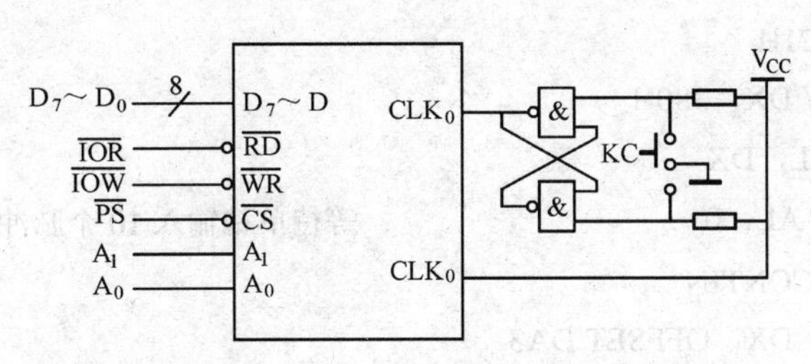

图 8-19　8253 对外部事件计数电路

```
stack     segment stack 'stack'
          dw 32 dup（0）
stack     ends
data      segment
DA1       DB 'WAIT LOAD'，0AH，0DH，'$'
DA2       DB 'PLEASE INPUT'，0AH，0DH，'$'
DA3       DB 'PROGRAM TERMINATED NORMALLY'，0AH，0DH，'$'
data      ends
code      segment
start     proc far
          assume ss：stack，cs：code，ds：data
          push ds
          sub ax，ax
          push ax
          mov ax，data
          mov ds，ax
          MOV DX，383H                    ；8253 计数器的方式 0，BCD 计数
          MOV AL，11H
          OUT DX，AL
          MOV DX，380H
          MOV AL，10H
          OUT DX，AL
          MOV DX，OFFSET DA1
          MOV AH，9
          INT 21H
          MOV DX，380H
LOAD：    IN AL，DX
          CMP AL，10H                     ；等待单稳输入脉冲，装入计数初值
```

```
        JNE LOAD
        MOV DX，OFFSET DA2
        MOV AH，9
        INT 21H
        MOV DX，380H
CONTIN：IN AL，DX
        CMP AL，0                ；等待单稳输入 10 个脉冲
        JNZ CONTIN
        MOV DX，OFFSET DA3
        MOV AH，9
        INT 21H
        ret
egin    endp
code    ends
        end start
```

若将 OUT_0 接至 80x86 微机的 IRQ_9，使用中断编程的程序如下：

```
stack   segment stack 'stack'
        dw 32 dup（0）
stack   ends
data    segment
DA1     DB 'WAIT LOAD'，0AH，0DH，'$'
DA2     DB 'PLEASE INPUT'，0AH，0DH，'$'
DA3     DB 'PROGRAM TERMINATED NORMALLY'，0AH，0DH，'$'
data    ends
code    segment
start   proc far
        assume ss：stack，cs：code，ds：data
        push ds
        sub ax，ax
        push ax
        MOV ES，AX
        mov ax，data
        mov ds，ax
        MOV DX，383H              ；8253 计数器的方式 0，BCD 计数
        MOV AL，11H
        OUT DX，AL
        MOV DX，380H
        MOV AL，10H
        OUT DX，AL
```

```
            MOV DX，OFFSET DA1
            MOV AH，9
            INT 21H
            MOV DX，380H
LOAD:       IN AL，DX
            CMP AL，10H                  ；等待单稳输入脉冲，装入计数初值
            JNE LOAD
            MOV AX，SEG IS8253           ；填写中断向量表
            MOV ES：01C6H，AX
            MOV AX，OFFSET IS8253
MOV ES：01C4H，AX
            IN AL，0A1H                  ；改变屏蔽字，允许IRQ9中断
            AND AL，0FDH
            OUT 0A1H，AL
            MOV DX，OFFSET DA2
            MOV AH，9
            INT 21H
            JMP $                        ；等待单稳输入10个脉冲
            MOV DX，OFFSET DA3
            MOV AH，9
            INT 21H
            ret
IS8253:     MOV AL，61H                  ；指定中断结束命令
            OUT 0A0H，AL
            MOV AL，62H
            OUT 20H，AL
            IN AL，0A1H                  ；关屏蔽，禁止IRQ9中断
            OR AL，2
            OUT 0A1H，AL
            POP AX                       ；修改返址
            INC AX
            INC AX
            PUSH AX
            IRET
egin        endp
code        ends
            end start
```

8.3 串行通信与异步通信控制器 8250 的应用

微型计算机系统内部的数据传送方式都是并行传送。而微型计算机与外部设备之间的数据传送有并行传送和串行传送两种。若是采用并行传送，则只需要在微型计算机与外部设备之间设置一个并行接口电路即可；若是采用串行传送方式，则需要在微型计算机与外部设备之间设置一个串行接口电路。串行接口电路的作用是将微型计算机输出的并行数据转换成串行（位串）数据发送出去，以及接收外部的串行数据，并将其转换成并行数据送入微型计算机。80x86 微型计算机采用的串行接口电路是可编程异步通信控制器 8250（或 NS16450）。

8.3.1 微型计算机的串行口

可编程异步通信控制器 8250 仅完成 TTL 电平的并串或串并转换。为了增大传输距离，可在串行接口电路与外部设备之间增加信号转换电路。目前常用的转换电路有 RS-232 收发器、RS-485 收发器和 MODEM。RS-232 收发器将微型计算机的 TTL 电平转换为±15V 电压进行传送，最大通信距离为 15m。RS-485 收发器将微型计算机的 TTL 电平转换为差分信号进行传送，最大通信距离为 1.2km（在 100Kb/s 传输速率以下）。MODEM 将电平信号调制成频率信号送上电话网，如同音频信号一样在电话网中传送。

80x86 微型计算机的串行口就是使用可编程异步通信控制器 8250 和 RS-232 电平转换电路将微型计算机并行的逻辑 0 和逻辑 1 电平信号转换为串行的+15V 和-15V 脉冲波形，通过 25 针（或 9 针）D 型插座与外部进行串行通信的。

8.3.1.1 电平转换电路——RS-232 收发器

国际上有多家厂商生产 RS-232 收发器，例如，美国 MAXIM、TI 和 Motorla 等公司。MAXIM 公司生产的 RS-232 收发器处于领先地位，它在 1985 年首创的 RS-232 IC 只需使用+5V 单电源，在由+5V 单电源供电的 RS-232 收发器中，片内设有 2 个倍压充电泵，把+5V 变成驱动器所需的±10V 电源电压。双充电泵需用 4 个电容器，这些电容器一种是外加的，一种被集成在 IC 内部。MAXIM 的 RS-232 收发器共计有 70 多种型号，这里仅介绍两种常用的 RS-232 收发器。

1. RS-232 发送器 1488 和 RS-232 接收器 1489

RS-232 发送器 1488 和 RS-232 接收器 1489 的引线排列和逻辑功能如图 8-20 所示。

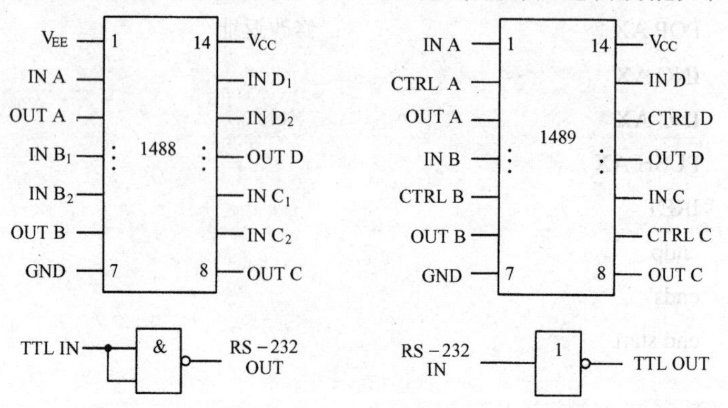

图 8-20 RS-232 发送器 1488 和 RS-232 接收器 1489

2. MAX202 和 MAX203

MAX202 是使用+5V 单电源供电的 RS-232 收发器。片内包括 2 个驱动器和 2 个接收器以及 1 个将+5V 变换成 RS-232 所需的±10V 输出电压的双充电泵电压变换器，仅需外加 4 只 0.1μF 的小电容器。其外部引线和典型工作电路如图 8-21 所示。MAX203 片内也包括 2 个驱动器和 2 个接收器，不需要外接电容器。

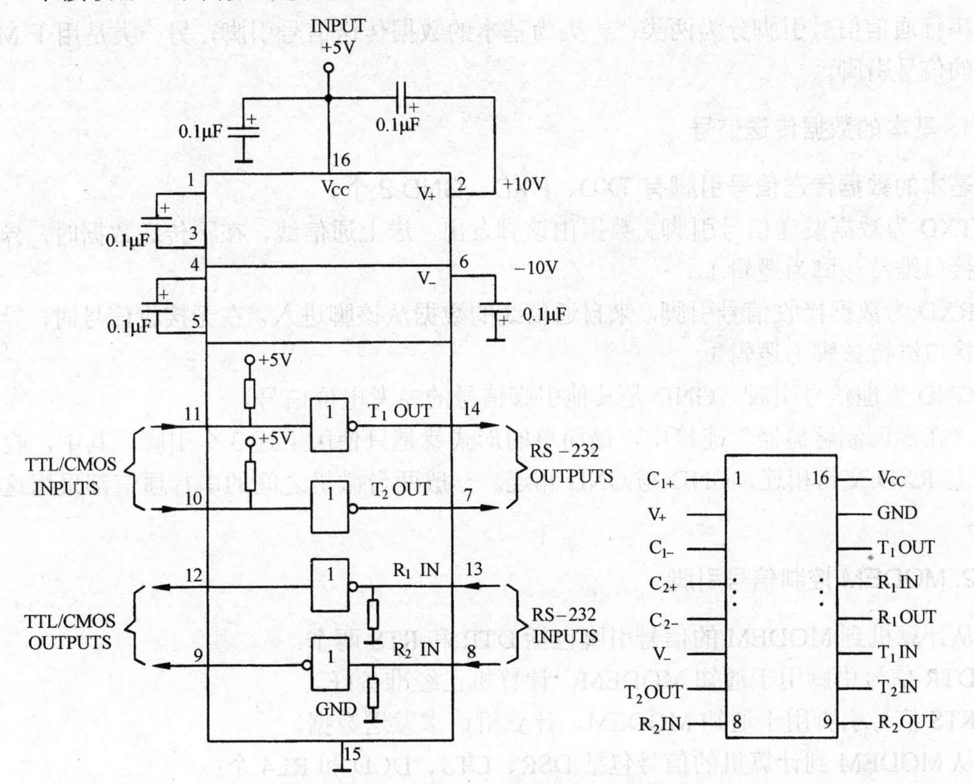

图 8-21 MAX 引线排列和典型工作电路

8.3.1.2 80x86 微型计算机串行口的串行通信信号

80x86 微型计算机通过 25 线或 9 线转插 D 型插座引出的 9 个常用的 RS-232 接口信号及其在 D 型插座中的引脚如表 8-3 所列。

表 8-3 微型计算机中常用的 RS-232 接口信号

9 线引脚	25 线引脚	符号	方向	功　能
③	②	TXD	O	发送数据
②	③	RXD	I	接收数据
⑦	④	RTS	O	请求传送
⑧	⑤	CTS	I	允许传送
⑥	⑥	DSR	I	数据装置就绪
⑤	⑦	GND		信号地

续表

9线引脚	25线引脚	符号	方向	功　能
①	⑧	DCD	I	数据载波检测
④	⑳	DTR	O	数据终端就绪
⑨	㉒	RI	I	响铃指示

串行通信信号引脚分为两类：一类为基本的数据传送信号引脚，另一类是用于 MODEM 控制的信号引脚。

1. 基本的数据传送信号

基本的数据传送信号引脚有 TXD、RXD、GND 3 个。

TXD 为数据发送信号引脚。数据由该脚发出，送上通信线，在不传送数据时，异步串行通信接口维持该脚为逻辑 1。

RXD 为数据接收信号引脚。来自通信线的数据从该脚进入，在无接收信号时，异步串行通信接口维持该脚为逻辑 1。

GND 为地信号引脚。GND 是其他引脚信号的参考电位信号。

"在零调制解调器"连接中，最简单的形式就是只使用上述 3 个引脚。其中，收发端的 TXD 与 RXD 交错相连，GND 与 GND 相连。一般两台微机之间的串行通信都采用这种连接方法。

2. MODEM 控制信号引脚

从计算机到 MODEM 的信号引脚包括 DTR 和 RTS 两个：

DTR 信号引脚用于通知 MODEM，计算机已经准备好。

RTS 信号引脚用于通知 MODEM，计算机请求发送数据。

从 MODEM 到计算机的信号包括 DSR、CTS、DCD 和 RI 4 个：

DSR 信号引脚用于通知计算机，MODEM 已经准备好。

CTS 信号引脚用于通知计算机，MODEM 可以接收传送数据。

DCD 信号引脚用于通知计算机，MODEM 已与电话线路连接好。

RI 信号引脚为振铃指示，用于通知计算机有来自电话网的信号。

8.3.2 异步通信控制器 8250

可编程串行异步通信控制器 8250 是 PC 机串行通信控制器接口电路的核心。8250 将外部设备或 MODEM 通过 RS-232 接口的串行数据接收进来，并转换成并行的 8 位数据送往 PC 机，或者将 PC 机的并行数据转换成串行数据送往外部设备或 MODEM。

8.3.2.1 8250 的组成与接口信号

8250 由各种控制逻辑和寄存器组成，主要包括 6 大部分：数据总线缓冲器与选择和控制逻辑、接收控制电路、发送控制电路、传送速度控制电路、调制解调器控制电路和中断控制电路，如图 8-22 所示。下面分别加以介绍。

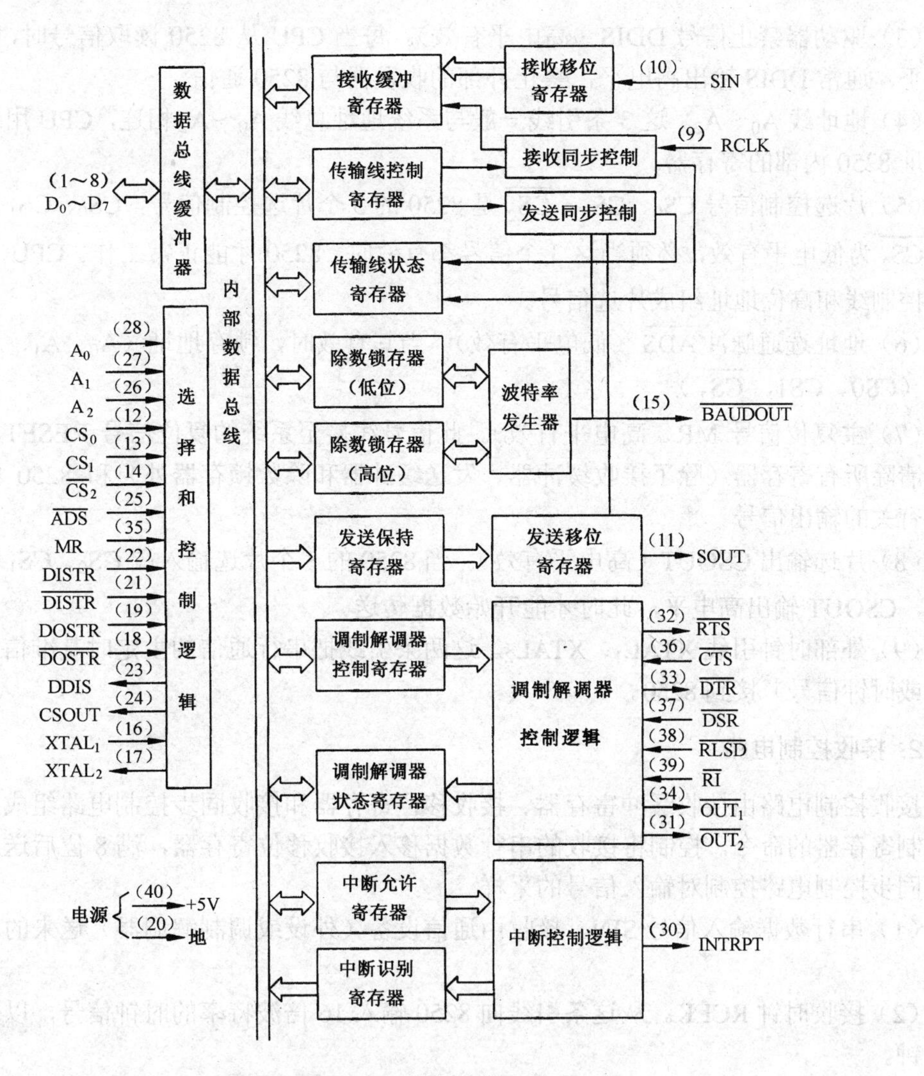

图 8-22　8250 内部结构方框图

1. 数据总线缓冲器与选择和控制逻辑

数据总线缓冲器接收中央处理器发给 8250 的命令和数据，8250 接收的数据和通信状态信息也通过数据总线缓冲器送到中央处理器。选择和控制逻辑接收来自系统地址总线的译码信号，选择芯片内部寄存器。控制逻辑用于对 8250 各寄存器的读/写操作进行控制。

（1）数据输入选通脉冲 DISTR（高电平有效）、$\overline{\text{DISTR}}$（低电平有效）。当 8250 芯片被选中期间，若 DISTR 为高电平或$\overline{\text{DISTR}}$为低电平（两者中只要有一个有效），则允许 CPU 从 8250 读取状态信息或数据。通常情况下，可以仅用一个信号作为选通控制信号，另一个接固定的无效电平（若固定$\overline{\text{DISTR}}$，则令其接低电平；若固定 DISTR，则令其接高电平）。

（2）数据输出选通脉冲 DOSTR（高电平有效）、$\overline{\text{DOSTR}}$（低电平有效）。当 8250 芯片被选中期间，若 DOSTR 为高电平或$\overline{\text{DOSTR}}$为低电平（两者中只要有一个有效），允许 CPU 向 8250 写入控制命令或数据。通常，两个控制信号中只需要用一个，另一个控制端可以固定在无效状态。

（3）驱动器禁止信号 DDIS（高电平有效）。每当 CPU 从 8250 读取信号时，DDIS 变为低电平，通常 DDIS 输出高电平，禁止外部的收发器与 8250 通信。

（4）地址线 A_0～A_2。这 3 条引线一般与系统地址总线 A_0～A_2 相连，CPU 用这 3 条引线来寻址 8250 内部的寄存器。

（5）片选控制信号 CS_0、CS_1、$\overline{CS_2}$ 是 8250 的 3 个片选控制信号，CS_0、CS_1 为高电平有效，$\overline{CS_2}$ 为低电平有效，必须当这 3 个信号都有效时，8250 才能正常工作。CPU 一般用访问外设控制线和高位地址组成片选信号。

（6）地址选通脉冲 $\overline{ADS}$（低电平有效）。当其有效时，锁存地址（A_0、A_1、A_2）和片选信号（CS0、CS1、$\overline{CS_2}$ ）

（7）主复位信号 MR（高电平有效）。此信号线接至系统的复位信号 RESET，当其有效时，清除所有寄存器（除了接收缓冲器、发送缓冲器和除数锁存器外）和 8250 的控制逻辑以及有关的输出信号。

（8）片选输出 CSOUT（高电平有效）。当 8250 的 3 个片选输入端 CS_0、CS_1 和 $\overline{CS_2}$ 都有效时，CSOUT 输出高电平，此时才能开始数据传送。

（9）外部时钟引线 $XTAL_1$、$XTAL_2$。这两条引线把串行通信的主定时基准信号（晶体振荡器或时钟信号）接到 8250。

2. 接收控制电路

接收控制电路由接收缓冲寄存器、接收移位寄存器和接收同步控制电路组成。来自传输线控制寄存器的命令，控制将接收的串行数据移入接收移位寄存器，满 8 位后送入缓冲寄存器。同步控制电路控制对输入信号的采样。

（1）串行数据输入信号 SIN。接收由通信设备（外设或调制解调器）送来的串行的输入数据。

（2）接收时钟 RCLK。从这条引线向 8250 输入 16 倍波特率的时钟信号，以作为接收器的时钟。

3. 发送控制电路

发送控制电路由发送保持寄存器、发送移位寄存器和发送同步控制电路组成。来自传输线控制寄存器的命令，控制将发送保持寄存器中的数据送入发送移位寄存器，在发送同步控制电路控制下，将发送移位寄存器中的数据逐位移出，并送至通信线 SOUT。

接收电路和发送电路的工作状态都可以从传输状态寄存器中读出。

4. 传输速度控制电路

传输速度控制电路由除数锁存器和波特率发生器组成，编程设定送到除数锁存器中的数值应是通信速率与 8250 输入时钟的比率，这个比率经波特率发生器产生输入时钟的分频信号，由 $\overline{BAUDOUT}$ 输出。

5. 调制解调器控制电路

调制解调器控制电路由控制寄存器、状态寄存器和控制逻辑组成，用于控制调制解调器的工作。如果8250与MODEM相连，则其控制信号由调制解调控制电路产生。

（1）数据终端准备就绪$\overline{\mathrm{DTR}}$（低电平有效）。当8250已准备好通信后，$\overline{\mathrm{DTR}}$输出有效信号，通知通信设备或调制调解器，此信号可通过CPU将调制解调器的位0（DTR位）置“1”而变为有效（输出低电平），主复位信号MR把它置为高电平。

（2）发送请求$\overline{\mathrm{RTS}}$（低电平有效）。当 8250 已准备好通信后，$\overline{\mathrm{RTS}}$输出有效信号通知通信设备 8250 准备发送，此信号可通过 CPU 将调制解调控制器的位1（RTS 位）置“1”而变为有效（输出低电平），主复位信号MR把它置为高电平。

（3）允许发送$\overline{\mathrm{CTS}}$（低电平有效）。这是由调制解调器输送给8250的控制信号，通常是当调制解调器作好了通信准备后，向8250输入有效的$\overline{\mathrm{CTS}}$信号，通知8250开始发送。它的状态可由读调制解调状态寄存器的位4得到。调制解调器状态寄存器的位0，指示自上一次读以来，$\overline{\mathrm{CTS}}$的输入状态是否发生了变化。如果在对 8250 的编程中，允许调制解调器状态中断，$\overline{\mathrm{CTS}}$状态的变化就可产生中断请求。

（4）数据设备准备就绪$\overline{\mathrm{DSR}}$（低电平有效）。这是通信设备输送给 8250 的控制信号。如果通信设备（或解制解调器）已准备好建立通信环路（链）并准备给 8250 传送数据，就向8250输送有效的$\overline{\mathrm{DSR}}$信号。它的状态可由读调制解调状态寄存器的位5得到，此寄存器的位 1 指示了自上一次读以后，此信号是否发生了变化。若在对 8250 的编程中，允许调制解调器状态中断，$\overline{\mathrm{DSR}}$状态的变化就可产生中断请求。

（5）接收线路检测$\overline{\mathrm{RLSD}}$（低电平有效）和振铃指示$\overline{\mathrm{RI}}$（低电平有效）。它们为低电平时，表示通信设备已检测到数据串（$\overline{\mathrm{RLSD}}$）或收到了振铃信号（$\overline{\mathrm{RI}}$）。它们的状态可由读调制解调器的状态寄存器的位7和位6得到，此寄存器的位3和位2分别表示自上一次读以后这些信号是否发生了变化。若对 8250 的编程中，允许调制解调器状态中断，则这两个信号中的任一个状态发生变化都将产生中断请求。

（6）输出信号$\overline{\mathrm{OUT}_1}$、$\overline{\mathrm{OUT}_2}$（低电平有效）。这是两个一般的输出信号，可通过对调制解调器控制寄存器的位2和位3进行编程使其输出有效信号。主复位信号使这两者处在高电平。

6. 中断控制电路

8250支持中断方式的数据传送。中断控制电路由中断允许寄存器、中断识别寄存器和中断控制逻辑组成。由于 8250 支持多种类型的中断，因此，由中断允许寄存器规定允许的中断类型。中央处理器可以通过8250中断识别寄存器来判断当前的中断类型。8250内部有4种类型的中断源，当这些中断源未被全部屏蔽时，则任一个未被屏蔽的中断源有请求时，中断请求信号INTRPT输出高电平。

8250的各部分电路对其通信控制提供了很强的支持，中央处理器通过对8250各寄存器的编程来控制串行数据通信。

8.3.2.2 8250的内部寄存器

8250内部有10个寄存器，如表8-4所示。这10个寄存器由A_2～A_0指定，而3位二进制数只能表示8个寄存器，所以其中有2个寄存器由通信线控制寄存器的最高位，即由除数锁存器访问（DLAB）来识别。

表 8-4　8250 的内部寄存器

DLAB	A_2	A_1	A_0	寄　存　器
0	0	0	0	接收缓冲器（读），发送保持器（写）
0	0	0	1	中断允许寄存器
×	0	1	0	中断识别寄存器（只读）
×	0	1	1	传输线控制寄存器
×	1	0	0	调制解调器控制寄存器
×	1	0	1	传输线状态寄存器
×	1	1	0	调制解调器状态寄存器
×	1	1	1	
1	0	0	0	除数锁存器（低 8 位）
1	0	0	1	除数锁存器（高 8 位）

1. 数据发送保持寄存器和数据接收缓冲寄存器

数据发送保持寄存器用于暂存将要发送到通信线的 1 个字节数据，该字节经发送移位寄存器串行发出。数据接收缓冲寄存器保存从接收移位寄存器移入的字节数据，该字节数据由通信线进入串行接口。

2. 传输线控制寄存器

传输线控制寄存器用于控制通信数据的格式，各位的意义如图 8-23 所示。

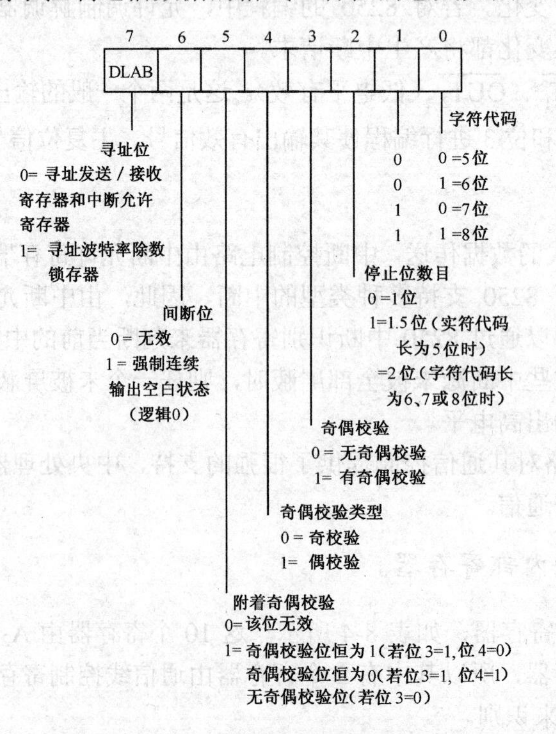

图 8-23　传输线控制寄存器

3. 传输线状态寄存器

传输线状态寄存器提供串行数据传送和接收时的状态，供中央处理器判断，各位的意义如图 8-24 所示。

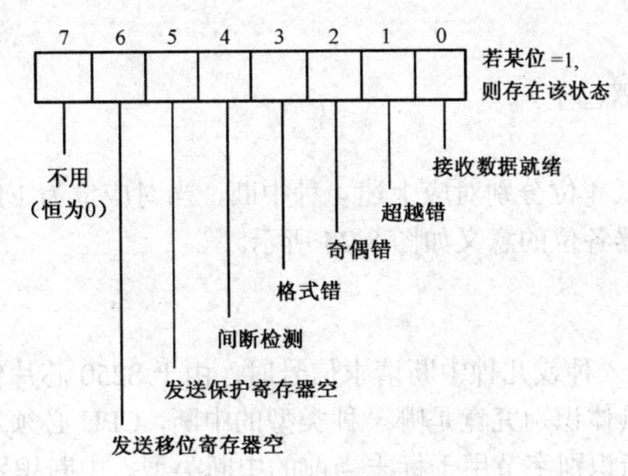

图 8-24 传输线状态寄存器

4. 除数锁存器

当传输线控制寄存器最高位为 1 时，中央处理器通过 I/O 口访问除数锁存器的低 8 位和高 8 位。

由于 8250 使用频率为 1.8432MHz 的基准时钟输入信号，所以需要用分频的方法产生所需要的波特率。8250 发送或接收串行数据时，使用的时钟信号的频率是数据传送波特率的 16 倍，因此，除数锁存器的除数值可以用下式计算：

$$除数=1843200\div（16\times波特率）$$

8250 的输出波特率与除数锁存器的值之间的关系如表 8-5 所示。

表 8-5 波特率除数锁存器的值与波特率的对应关系

波 特 率	波特率除数锁存器的值	
	高 8 位（H）	低 8 位（H）
50	09	00
75	06	00
110	04	17
134.5	03	59
150	03	59
300	01	80
600	00	C0
1200	00	60
1800	00	40
2000	00	3A
2400	00	30
3600	00	20
4800	00	18
7200	00	10
9600	00	0C

5. 中断允许寄存器

8250 芯片本身可以处理 4 种类型的中断，按优先次序排列为：

（1）接收线路出错。

（2）接收数据就绪。

（3）发送保持寄存器已空。

（4）MODEM 中断。

中断允许寄存器的低 4 位分别对应上述 4 种中断，当对应位为 1 时，则允许对应中断信号输入，中断允许寄存器各位的意义如图 8-25 所示。

6. 中断识别寄存器

当系统允许 8250 的一种或几种中断请求信号时，由于 8250 芯片仅能向外输出 1 个总的中断请求信号，为了能具体识别究竟是哪一种类型的中断，CPU 必须从中断识别寄存器输入 1 个中断识别字节。中断识别字节用于标志当前的中断类型。中断识别寄存器的低 3 位表示各种类型的中断，如图 8-26 所示。

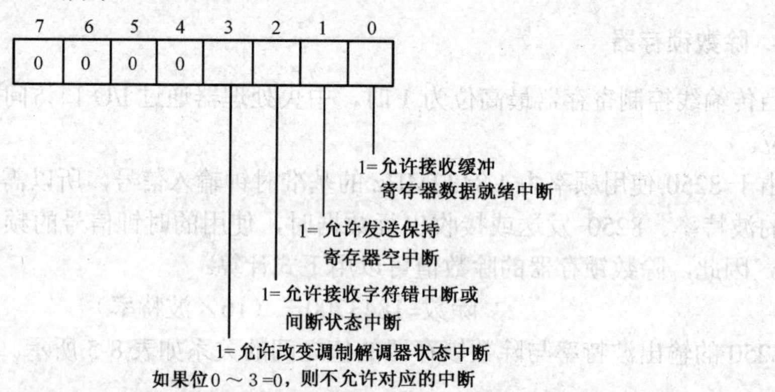

图 8-25　中断允许寄存器

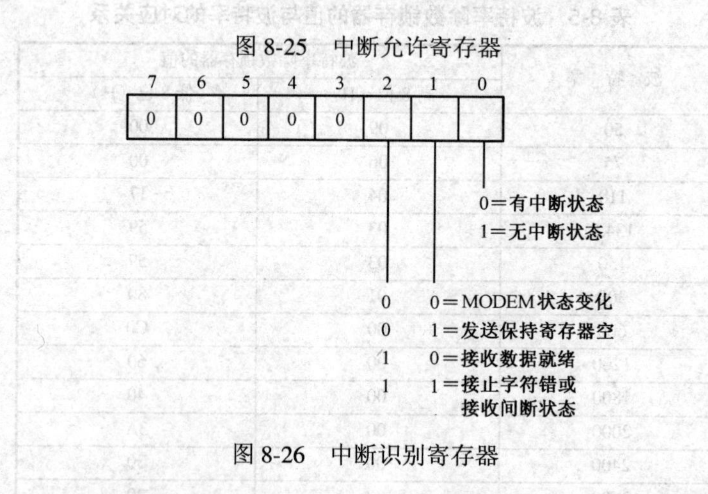

图 8-26　中断识别寄存器

7. MODEM 控制寄存器与 MODEM 状态寄存器

异步通信控制器可以通过连接一台调制解调器（MODEM）实现远程通信。图 8-27 是使用 MODEM 实现数据通信的示意图。8250 异步通信控制器经 MODEM 连入电话网络，8250

输出的电平信号经 MODEM 调制成频率信号，再经电话接口送上电话线网络。在接收端仍然通过 MODEM，电话网络上的音频信号经过解调送入 8250。

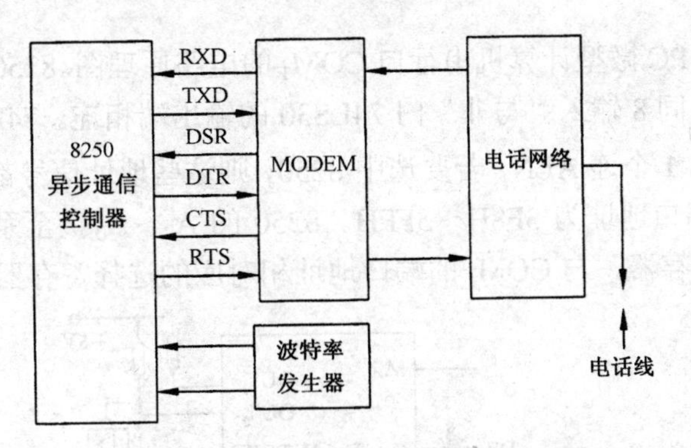

图 8-27　利用 MODEMM 进行数据通信

中央处理器通过 MODEM 控制器实现对 MODEM 的控制操作，通过 MODEM 状态寄存器了解工作状况，从而顺序地实现数据通信。

MODEM 控制寄存器各位的意义如图 8-28 所示。

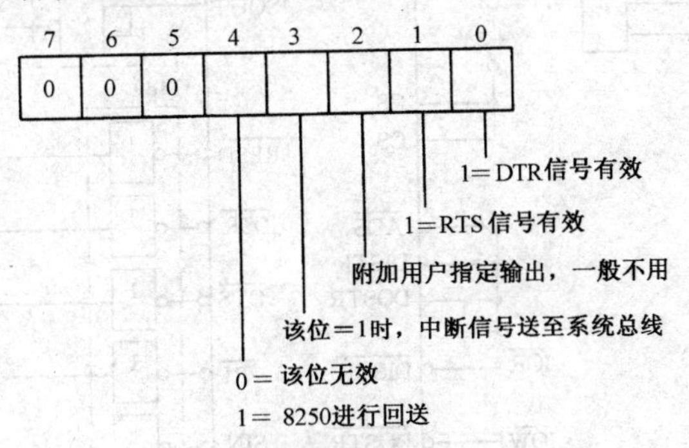

图 8-28　调制解调器控制寄存器

MODEM 状态寄存器如图 8-29 所示。该寄存器低 4 位是控制输入信号发生变化的状态标志，其初值应置为 0。如果读入 MODEM 状态字节的过程中出现置 1 的位，则说明对应输入信号发生变化。MODEM 状态寄存器高 4 位保存 MODEM 控制信号。

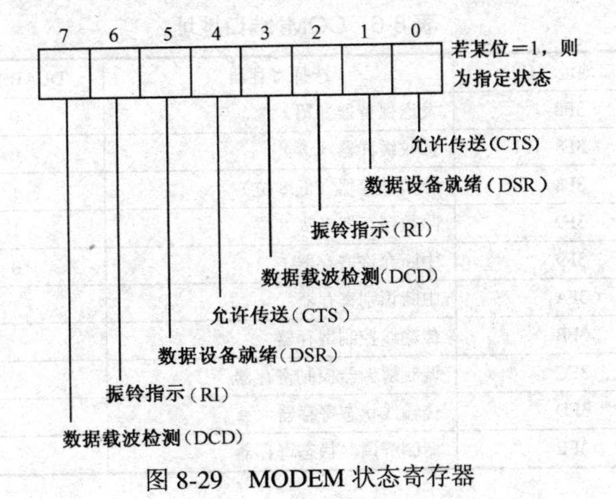

图 8-29　MODEM 状态寄存器

8.3.3 8250与微型计算机及RS-232接口信号的连接

图8-30所示的是PC微型计算机串行口COM_1的电路原理图。8250的3个片选端中CS_0、CS_1都接至+5V，$\overline{CS_2}$同8输入“与非”门74LS30的输出端相连。74LS30的8个输入端中，7个连地址线A_9～A_3，1个连AEN，若要选中8250，则这些地址信号都必须为高电平。所以，在COM_1中8250的端口地址为3F8H～3FFH。8250的A_2～A_0接至系统的地址线A_2～A_0，以选择8250的内部寄存器。与COM_1的端口地址相对应的选择寄存器如表8-6所示。

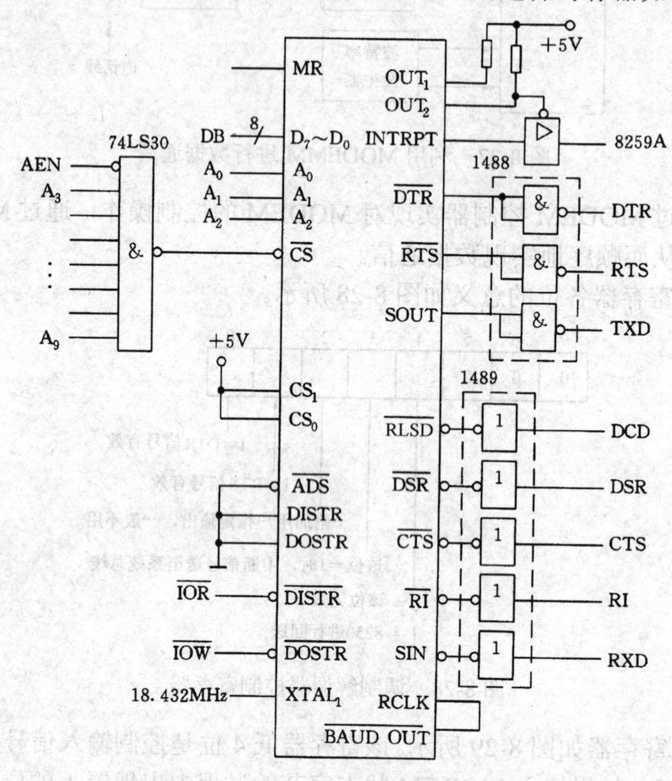

图8-30 串行口COM_1电路原理图

表8-6 COM_1端口地址

端口地址（H）	选择寄存器	DLAB状态
3F8	发送保持器（写）	0
3F8	接收缓冲器（读）	0
3F8	除数锁存器（低8位）	1
3F9	除数锁存器（高8位）	1
3F9	中断允许寄存器	0
3FA	中断识别寄存器	
3FB	传输线控制寄存器	
3FC	调制解调器控制寄存器	
3FD	传输线状态寄存器	
3FE	调制解调器状态寄存器	

若要选中 8250，要求 AEN 信号必须为低电平（CPU 掌握总线控制权），所以异步串行通信不能进行 DMA 方式的数据传送。

8250 的 $\overline{ADS}$、DISTR、DOSTR 信号都接地，$\overline{DISTR}$ 接至系统控制信号 $\overline{IOR}$、$\overline{DOSTR}$ 接至系统的控制信号 $\overline{IOW}$，所以能很好地控制 8250 的读写操作。

8250 的中断请求信号 INTRPT 接至中断控制器 8259A 的 IRQ_4。

8.3.4 异步串行通信程序设计

在 BIOS 中有各种设备的驱动程序，同样也有异步通信的驱动程序，所以可以调用 BIOS 中的异步通信驱动程序来实现通信。通信驱动程序的功能及入口参数、出口参数如表 8-7 所示。

表 8-7 通信驱动程序（INT14H）

功　能	入 口 参 数	出 口 参 数
AH=0 初始化串行口	AL=初始化参数 DX=串行口号码（0～2）	AX=串行口状态 AH 为通信线状态，AL 为 MODEM 状态
AH=1 发送数据字符	AL=欲发送字符 DX=串行口号码（0～2）	AH=通信线状态（AH_7=1 表示传送失败）
AH=2 接收字符	DX=串行口号码（0～2）	AH=通信线状态（AH_7=1 表示传送失败） AL=字符
AH=3 读串行口状态	DX=串行口号码（0～2）	AX=串行口状态

表 8-7 中 AL 寄存器作为初始化参数时各位定义如图 8-31 所示。

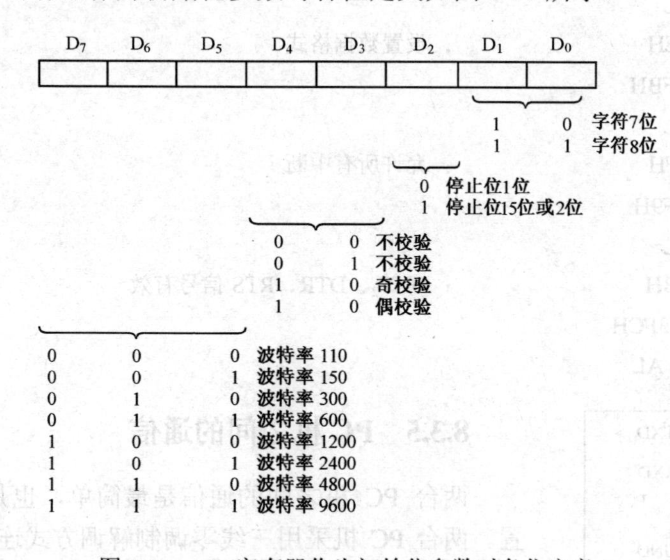

图 8-31 AL 寄存器作为初始化参数时各位定义

调用 BIOS 异步通信驱动程序实现异步通信是非常简单方便的。但在了解了异步通信接口的具体电路和 8250 的内部结构以后，也可以撇开 BIOS 而直接与 8250 打交道，这样就能够更多地利用 8250 的特点，而且可以不受 BIOS 的局限。

直接对 8250 进行初始化编程的主要步骤为：

（1）为确定波特率设置除数锁存器。为了能对除数锁存器写入，要先使传输线控制寄存器的最高位置“1”。

（2）对传输线控制寄存器进行编程，以确定通信的数据格式，而且要使它的最高位变为零，以便以后对接收缓冲器和发送保持器以及中断允许寄存器进行操作。

（3）若要使用中断，则要设置中断允许寄存器的状态。若不采用中断，这个寄存器的值可以设置成 0。

（4）设置调制解调器控制寄存器。通常情况下，这个寄存器设定的值为 03H，它使 8250 输出 DTR 和 RTS 这两个调制解调器控制信号。如果系统中不使用这两个信号，则这样的设置也不会带来问题。如果要使用中断，OUT_2 位应置为“1”，这样，8250 产生的中断信号就可以通过系统总线传送给 8259 中断控制器。

例如，若要求以 9600 波特率进行异步通信，每字符 7 个数据位，2 个停止位，奇校验，允许所有中断，则初始化编程部分的程序段为：

```
MOV AL,80H              ；使传输线控制寄存器最高位置 1，即 DLAB=1
MOVDX,3FBH
OUT DX,AL
MOV AL,0CH              ；置除数锁存器
MOV DX,3F8H
OUT DX,AL
MOV AL,0
MOV DX,3F9H
OUT DX,AL
MOV AL,0EH              ；设置数据格式
MOV DX,3FBH
OUT DX,AL
MOV AL,0FH              ；允许所有中断
MOV DX,3F9H
OUT DX,AL
MOV AL,0BH              ；OUT2、DTR、RTS 信号有效
MOV DX，3FCH
 OUT DX，AL
```

8.3.5 PC 机之间的通信

两台 PC 机之间的通信是最简单，也是最基本的通信配置。两台 PC 机采用三线零调制解调方式连接，如图 8-32 所示。下面给出配合该硬件配置的发送和接收程序。

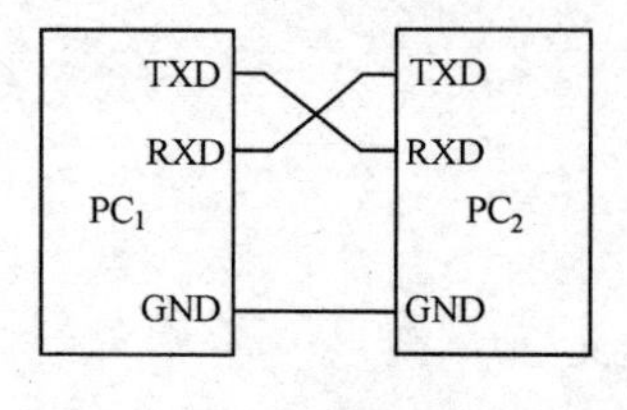

图 8-32 PC 机之间的通信连线

1. 发送程序

下面的程序接收键盘输入的 100 个字符，并通过 8250 发送到通信线上去。

```
stack   segment stack 'stack'
        dw 32 dup（0）
stack   ends
code    segment
start   proc far
        assume ss：stack，cs：code
        push ds
        sub ax，ax
        push ax
        MOV DX,38BH             ；初始化 8250
        MOV AL，80H
        OUT DX，AL
        MOV DX，3F8H            ；置除数锁存器
        MOV AL，17H
        OUT DX，AL
        MOV DX，3F9H
        MOV AL，04H
        OUT DX，AL
        MOV DX，3FBH            ；设定数据格式
        MOV AL，0AH
        OUT DX，AL
        MOV DX，3FCH            ；置调制解调器控制寄存器
        MOV AL，0FH
        OUT DX，AL
        OUT DX，AL
        MOV DX，3F9H            ；置中断允许寄存器，禁止 8250 中断
        MOV AL，0
        OUT DX，AL
        MOV CX，100
SEND：  MOV AH，1               ；接收键入字符
        INT 21H
        MOV DX，3F8H            ；发送键入字符
        OUT DX，AL
        MOV DX，3FDH            ；输入传输线状态，判别发送保持器
SW：    IN AL，DX               ；是否处于空闲状态
        TEST AL，20H
        JZ SW
```

```
        LOOP SEND
        ret
start   endp
code    ends
        end start
```

2. 接收程序

下面的程序接收来自通信线上的 100 个字符，并将这些字符在屏幕上显示出来。

```
stack   segment stack 'stack'
        dw 32 dup（0）
stack   ends
data    segment
ERR     DB 'ERRER!$'
data    ends
code    segment
start   proc far
        assume ss：stack，cs：code，ds：data
        push ds
        sub ax，ax
        push ax
        mov ax，data
        mov ds，ax
        MOV DX,38BH             ；初始化 8250
        MOV AL，80H
        OUT DX，AL
        MOV DX，3F8H            ；置除数锁存器
        MOV AL，17H
        OUT DX，AL
        MOV DX，3F9H
        MOV AL，04H
        OUT DX，AL
        MOV DX，3FBH            ；设定数据格式
        MOV AL，0AH
        OUT DX，AL
        MOV DX，3FCH            ；置调制解调器控制寄存器
        MOV AL，0FH
        OUT DX，AL
        OUT DX，AL
        MOV DX，3F9H            ；置中断允许寄存器，禁止 8250 中断
```

```
        MOV AL，0
        OUT DX，AL
        MOV DX，3F8H            ；空读一次
        IN AL，DX
        MOV CX，100
REC:    MOV DX，3FDH            ；判断输入状态
RW:     IN AL，DX
        TEST AL，01H
        JZ RW
        TEST AL，0EH
        JNZ ERRER
        MOV DX，3F8H            ；接收字符
        IN AL，DX
        MOV SL，AL              ；显示接收字符
        MOV AH，2
        INT 21H
        LOOP REC
        RET
ERRER:  MOV DX，OFFSET ERR
        MOV AH，9
        INT 21H
        ret
start   endp
code    ends
        end start
```

8.3.6 PC 机与 MCS-51 单片机之间的通信

MCS-51 单片机的发送端 TXD 和接收端 RXD 通过 RS-232 与 PC 机串行口 D 型插座的 RXD 和 TXD 引脚相连，其连接方式采用三线零调制解调方式。PC 机的通信程序采用 BIOS 中的通信驱动程序进行编制。PC 机发送 55H，单片机接收到 55H 后，发送 55H、56H、……等 20 个数据，PC 机接收这些数据后在显示屏上显示出来。PC 机和单片机的接收和发送程序如下。

1. PC 机的发送和接收程序

```
stack   segment stack 'stack'
        dw 32 dup（0）
stack   ends
code    segment
start   proc far
```

```
         assume ss：stack，cs：code
         push ds
         sub ax，ax
         push ax
         MOV DX,0
         MOV AL,83H              ；初始化串行口
         MOV AH,0
         INT 14H
         MOV DX,0                ；发送 55H
         MOV AH,1
         MOV AL,55H
         INT 14H
         CALL DELAY
         MOV DX,0                ；再发送 55H
         MOV AH,1
         MOV AL,55H
         INT 14H
         CALL DELAY
         MOV CX，20
RRLOP:   MOV DX,0                ；接收字符
         MOV AH,2
         INT 14H
         TEST AH，80H            ；测试通信线状态
         JNZ RRLOP
         PUSH CX
         MOV DH，AL
         MOV CL，4
         ROR DH，CL              ；将接收字符的高位放 DH 的低 4 位
         CALL ALLB               ；显示 DH 的低 4 位
         MOV CL，4
         ROR DH，CL              ；将接收字符的低位放 DH 的低 4 位
         CALL ALLB               ；显示 DH 的低 4 位
         MOV DL，20H             ；显示一空格
         MOV AH，2
         INT 21H
         POP CX
         LOOP RRLOP
         ret
start    endp
```

```
DELAY   PROC
        PUSH CX
        MOV CX，10
DLOP：  PUSH CX
        MOV CX，0
        LOOP $
        POP CX
        LOOP DLOP
        POP CX
        RET
DELAY   ENDP
ALLB    PROC
        MOV DL,DH
        AND DL,0FH
        ADD DL,30H
        CMP DL,3AH
        JC NAD7
        ADD DL,7
NAD7：  MOV AH,2
        INT 21H
        RET
ALLB    ENDP
code    ends
        end start
```

2. MCS-51 单片机的接收和发送程序

```
        AJMP MAIN
        ORG 0023H
        CLR RI                          ；串行口中断服务程序
        CLR ES
        MOV R0，SBUF
        JNB RI，$
        CLR RI
        MOV R0，SBUF
        CJNE R0，#55H，BAK
        POP DPH
        POP DPL
        MOV DPTR，#ISR
        PUSH DPL
```

```
        PUSH DPH
        RETI
MAIN：  MOV TMOD，#20H
        MOV SCON，#40H
        MOV PCON，#0
        MOV TH1，#0F3H
        MOV TL1，#0F3H
        SETB TR1
        SETB EA
LOOP:   MOV R5，#10
WT:     ACALL DELAY
        DJNZ R5，WT
        SETB ES
        SETB REN
        ACALL DELAY
        SJMP $-4
ISR：   CLR REN
        MOV R5，#20
SENDLP：ACALL DELAY
        MOV SBUF，R0
        JNB TI，$
        CLR TI
        INC R0
        DJNZ R5，SENDLP
        SJMP LOOP
DELAY： MOV R6，#0                  ；延时
DLOP:   MOV R7，#0A0H
        DJNZ R7，$
        DJNZ R6，DLOP
        RET
        END
```

8.4 键盘/显示控制器 8279

键盘和七段显示器可以用 74LS273 和 74LS244，或者用并行接口芯片 8255 与微型计算机接口。用这种接口方法，对键盘和显示器的扫描是由软件实现的，不但程序比较复杂，更不利的是占用 CPU 很多时间。若采用专用的可编程键盘/显示控制器 8279 与微型计算机接口，则由 8279 对键盘和显示器进行自动扫描，可充分提高 CPU 的工作效率。

8.4.1 8279 的组成和接口信号

Intel 8279 芯片是一种通用的可编程键盘显示器接口器件，单个芯片就能完成键盘输入和 LED 显示控制两种功能。8279 的内部结构如图 8-33 所示。

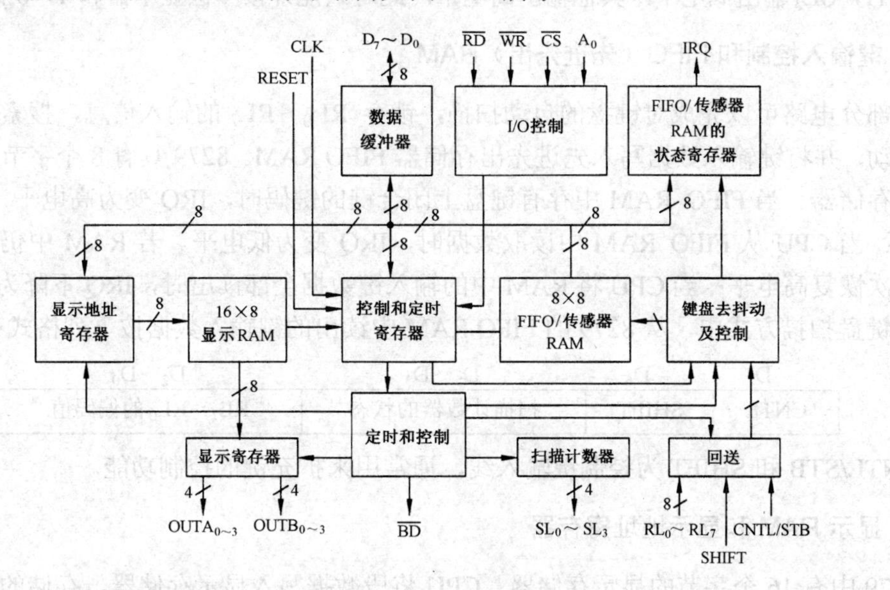

图 8-33 8279 内部结构框图

1. I/O 控制和数据缓冲器

数据缓冲器是双向缓冲器，它连接内部总线和外部数据总线 $D_7 \sim D_0$，用于传送 CPU 和 8279 之间的命令、状态和数据。

I/O 控制线是 CPU 对 8279 进行控制的引线。$\overline{CS}$ 是片选信号，当 $\overline{CS}$ 为低电平时，8279 才允许读出或写入信息。A_0 用于区别信息的特征，当 A_0=1 时，CPU 写入 8279 的信息为命令，CPU 从 8279 读出的信息为 8279 的状态；当 A_0=0 时，写入和读出的信息都为数据。

$\overline{RD}$ 和 $\overline{WR}$ 是读、写控制信号，使 8279 数据缓冲器从外部总线接收数据或向外部总线发送数据。

2. 控制逻辑

控制和定时寄存器用来寄存键盘和显示器的工作方式以及由 CPU 编程的其他操作方式。这些寄存器一旦接收并锁存送来的命令，就通过译码产生相应的信号，从而完成相应的控制功能。

定时和控制包含一些计数器，其中有一个 5 位计数器，对 CLK 引线输入的时钟信号进行分频，产生 100kHz 的定时信号，然后再经过分频为键盘扫描提供适当的逐行扫描频率和显示扫描时间。

RESET 为复位输入线，高电平有效。$\overline{BD}$ 为消隐输出线，低电平有效。当显示器切换时或使用显示消隐命令时，显示将消隐。

3. 扫描计数器

扫描计数器有编码和译码两种工作方式。按编码方式工作时，扫描计数器的状态从 $SL_0 \sim$

SL_3输出，通过外部译码器，可以外接16位显示器和8×8键盘；按译码方式工作时，扫描计数器的低2位的状态，从SL_0～SL_3输出，状态为00，SL_0输出低电平，SL_1～SL_3输出高电平；状态为01，SL_1输出低电平，其他输出高电平；状态为10，SL_2输出低电平，其他输出高电平；状态为11，SL_3输出低电平，其他输出高电平。此时只能外接4位显示器和4×8键盘。

4. 键输入控制和FIFO（先进先出）RAM

这部分电路可以完成对键盘的自动扫描，锁存RL_0～RL_7的输入信息，搜索闭合键，去除键抖动，并将键输入数据写入先进先出存储器FIFO RAM。8279具有8个字节先进先出的键输入存储器。当FIFO RAM中存有键盘上闭合键的键码时，IRQ变为高电平，向CPU请求中断；当CPU从FIFO RAM中读取数据时，IRQ变为低电平。若RAM中仍有数据，则IRQ再次恢复高电平；当CPU将RAM中的输入键数据全部读出时，IRQ下降为低电平。

在键盘扫描方式中，从8279的FIFO RAM中读出的键输入数据按下列格式存放：

D_7	D_6	D_5～D_3	D_2～D_0
CNTL	SHIFT	扫描计数器的状态	RL_7～RL_0的偏码值

CNTL/STB和SHIFT为控制键输入线，通常用来扩充键的控制功能。

5. 显示RAM和显示地址寄存器

8279中有16个字节的显示存储器。CPU将段数据写入显示存储器，存储的显示数据轮流从显示寄存器输出。CPU将显示数据写入显示存储器有左端送入和右端送入两种方式，左端送入为依次填入方式，右端输入为移位方式。显示寄存器的输出与显示扫描配合，不断地将显示RAM中的数据在显示器上显示出来。显示寄存器分为A、B两组，$OUTA_0$～$OUTA_3$和$OUTB_0$～$OUTB_3$可以单独传送数据，也可以合送一个8位的二进制数据。

显示地址寄存器用来寄存由CPU进行读/写显示RAM的地址，它可以由命令设定，也可以设置成每次读出或写入之后自动递增。

8.4.2 8279的操作命令

8279的操作方式是通过CPU对8279写入命令字来确定的。8279共有8条命令，其定义格式及功能见表8-8。

表8-8 8279命令功能表

<table>
<tr><th rowspan="2">命　令</th><th>命令特征位</th><th colspan="5">功能特征位</th></tr>
<tr><th>$D_7D_6D_5$</th><th>D_4</th><th>D_3</th><th>D_2</th><th>D_1</th><th>D_0</th></tr>
<tr><td rowspan="4">键盘/显示器
工作方式</td><td rowspan="4">000</td><td rowspan="2">0
（左端送入）</td><td rowspan="2">0
（8×8显示）</td><td colspan="2">00
（双键锁定）</td><td rowspan="2">0
（编码扫描）</td></tr>
<tr><td colspan="2">01
（N键轮回）</td></tr>
<tr><td rowspan="2">1
（右端送入）</td><td rowspan="2">1
（16×8显示）</td><td colspan="2">10
（传感器矩阵）</td><td rowspan="2">1
（译码扫描）</td></tr>
<tr><td colspan="2">11
（选通输入显示扫描）</td></tr>
</table>

续表

<table>
<tr><th rowspan="2">命　令</th><th>命令特征位</th><th colspan="5">功能特征位</th></tr>
<tr><th>$D_7D_6D_5$</th><th>D_4</th><th>D_3</th><th>D_2</th><th>D_1</th><th>D_0</th></tr>
<tr><td>时钟编程</td><td>001</td><td colspan="5">对 CLK 引线输入的时钟分频的分频系数（1～31），复位为 31</td></tr>
<tr><td>读 FIFO/传感器 RAM</td><td>010</td><td>1
（自动加 1）</td><td>×</td><td colspan="3">8 字节显示 RAM 的地址</td></tr>
<tr><td>读显示 RAM</td><td>011</td><td>1
（自动加 1）</td><td colspan="4">16 字节显示 RAM 的地址</td></tr>
<tr><td>写显示 RAM</td><td>100</td><td>1
（自动加 1）</td><td colspan="4">16 字节显示 RAM 的地址</td></tr>
<tr><td>显示器
写禁止/消隐</td><td>101</td><td>×</td><td>1
（禁止写 A 组）</td><td>1
（禁止写 B 组）</td><td>1
（消隐 A 组）</td><td>1
（消隐 B 组）</td></tr>
<tr><td rowspan="3">清除（清除显示寄存器 A 组和 B 组的输出）</td><td rowspan="3">110</td><td rowspan="3">1
（允许清除）</td><td colspan="2">0×
（A、B 全部清除）</td><td rowspan="3">1
（FIFO 设置为空状态、中断复位、传感器读出地址置 0）</td><td rowspan="3">1
（总清除）</td></tr>
<tr><td colspan="2">10
（A、B 置为 20H）</td></tr>
<tr><td colspan="2">11
（A、B 置为 1）</td></tr>
<tr><td>结束中断/错误
方式设置</td><td>111</td><td>1
（特殊工作方式）</td><td>×</td><td>×</td><td>×</td><td>×</td></tr>
</table>

8.4.3　8279 在键盘和显示器接口中的应用

8279 芯片及 4×5 键盘、8 位七段显示器与 80x86 系列微型计算机的连接电路如图 8-34 所示。按图示的接法，8279 的命令字、状态字的端口地址为 381H，数据输入、输出的端口地址为 380H。键盘的按键及所读入的按键代码（行值和列值）如表 8-9 所列。

表 8-9　按键的行值和列值表

行值＼列值	000	001	010	011	100
000	0	4	8	C	ESC
001	1	5	9	D	CE
010	2	6	A	E	MEM
011	3	7	B	F	SHOW

由于将 8279 的 CNTL 和 SHIFT 直接接地，故从 FIFO RAM 读入的键输入数据字节即为：

D_7	D_6	$D_5 \sim D_3$	$D_2 \sim D_0$
0	0	行值	列值

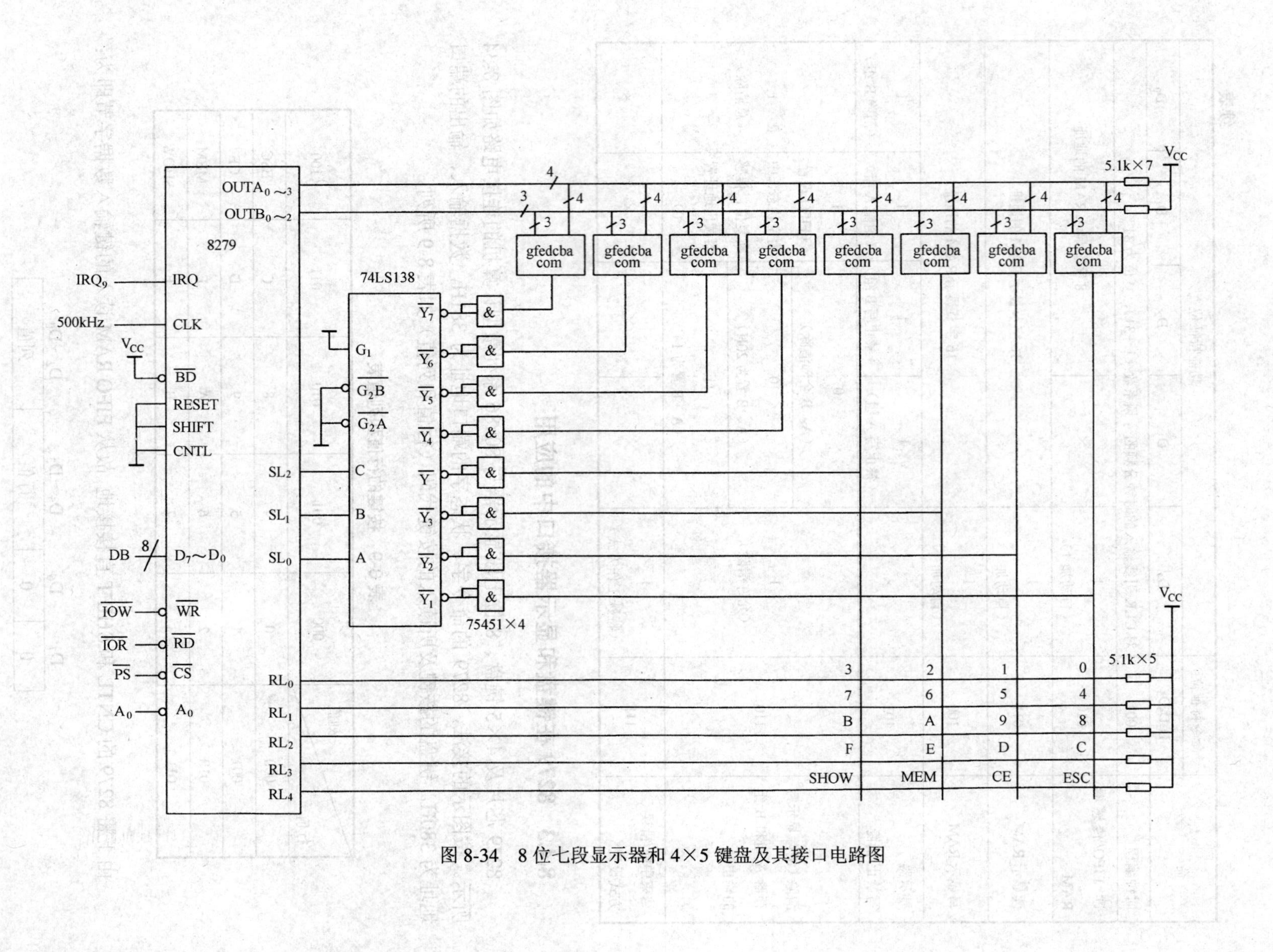

图 8-34　8 位七段显示器和 4×5 键盘及其接口电路图

为了编程方便，在数据段中建立两个数据表。一个是数字键的数字与七段码的转换表DKT，表中七段码的排列用键输入数据为位移量，这样就可以用键输入数查 DKT 表，得到数字键的七段码。如有键入时，从表 8-9 即可知键输入数据字节，如键入 5，则键输入数据字节是 09H，在 DKT 表的位移量为 9 处是 5 的七段码 6DH。另一个是功能键的跳转表 JT，表中填入的字是功能键处理程序入口地址的偏移地址，表的顺序是按其行值编排的，将功能键的行值乘以 2 即是该功能键处理程序入口地址在表中的位移量，这样就可以利用跳转表方便地跳到其处理程序。数字键和功能键可以通过键输入数据字节的列值来识别，因为功能键的列值都为二进制数 100，而数字键的列值都小于二进制数 100。

8279 用中断方式实现对键盘和显示器的控制。按下键盘上的任一数字键时，该数字将会显示在最低位数码管上，并将原数字左移 1 位。当数字超过 8 位时，将会删除最高 1 位。

4 只功能键的作用如下：

ESC 键——退出程序。

CE 键——清除数码管上的显示。

MEM 键——保存当前数码管的数字。

SHOW 键——显示保存的数字。

实现上述功能的控制程序的框图如图 8-35 所示，控制程序如下：

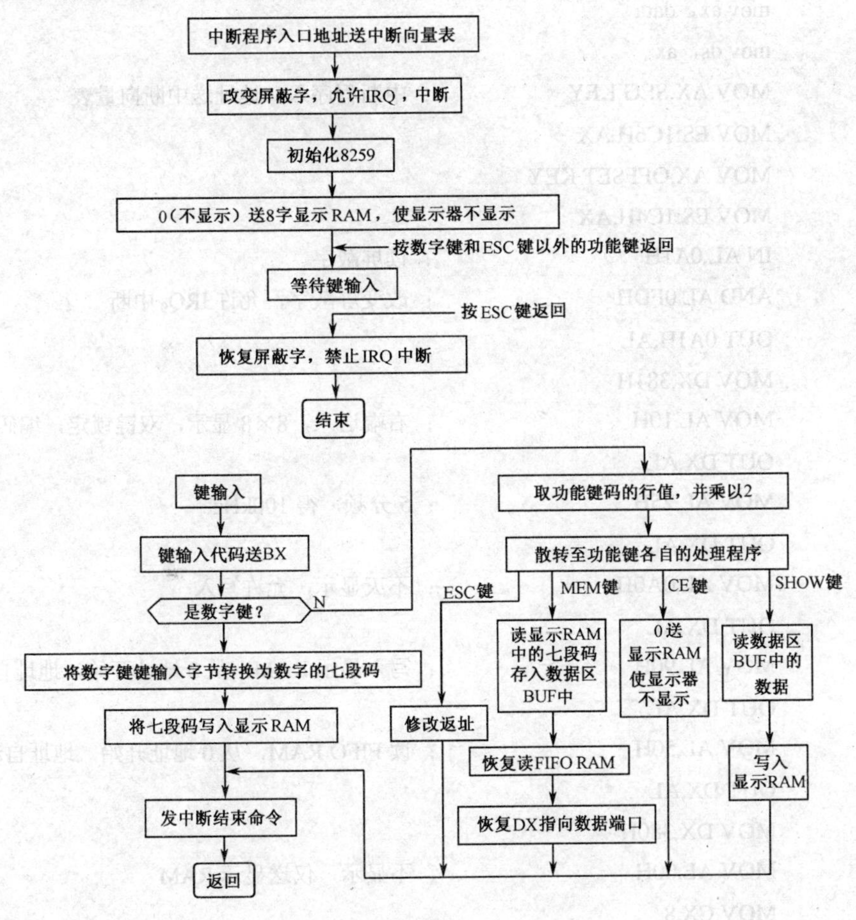

图 8-35　键盘和显示器的程序框图

```
stack    segment stack 'stack'
         dw 32 dup（0）
stack    ends
data     segment
KDT      DB 3FH,66H,7FH,39H,4 DUP（0）,6,6DH,67H,5EH,4 DUP（0）
         DB 5BH,7DH,77H,79H,4 DUP（0）,4FH,7,7CH,71H
JT       DW EESC,CE,MEM,SHOW
BUF      DB 8 DUP（0）
data     ends
code     segment
start    proc far
         assume ss：stack，cs：code，ds：data
         push ds
         sub ax，ax
         push ax
         MOV ES,AX
         mov ax，data
         mov ds，ax
         MOV AX,SEG KEY          ；中断程序入口地址送中断向量表
         MOV ES:1C6H,AX
         MOV AX,OFFSET KEY
         MOV ES:1C4H,AX
         IN AL,0A1H              ；读屏蔽字
         AND AL,0FDH             ；改变屏蔽字，允许IRQ9中断
         OUT 0A1H,AL
         MOV DX,381H
         MOV AL,10H              ；右端送入，8×8显示，双键锁定，编码扫描
         OUT DX,AL
         MOV AL,25H              ；5分频，得100kHz
         OUT DX,AL
         MOV AL,0A0H             ；不灭显示，允许写入
         OUT DX,AL
         MOV AL,90H              ；写入显示RAM，从0地址开始，地址自动加1
         OUT DX,AL
         MOV AL,50H              ；读FIFO RAM，从0地址开始，地址自动加1
         OUT DX,AL
         MOV DX,380H
         MOV AL,00H              ；不显示，仅送显示RAM
         MOV CX,8
AGAIN：  OUT DX,AL
```

```
        LOOP AGAIN
        JMP $                   ；等待键输入
        IN AL,0A1H              ；恢复屏蔽字，禁止IRQ9中断
        OR AL,2
        OUT 0A1H,AL
        ret
KEY:    IN AL,DX                ；读FIFO RAM中的按键代码
        MOV BL,AL               ；按键代码送BX
        MOV BH,0
        AND AL,07H              ；取功能键与数字键的判别位
        CMP AL,4                ；判别是功能键还是数字键
        JNE KP                  ；是数字键，去数字键处理程序KP
        MOV CL,3                ；取功能键码的行值，并乘以2
        SHR BL,CL
        SHL BL,1
        JMP JT[BX]
KP:     MOV AL,KDT[BX]          ；数字键代码转换为该数字的七段码
        OUT DX,AL               ；写入显示RAM
EXIT:   MOV AL,61H              ；发中断结束命令
        OUT 0A0H,AL
        MOV AL,62H
        OUT 20H,AL
        IRET
EESC:   POP AX                  ；ESC键处理程序：
        INC AX                  ；修改返址，返回
        INC AX
        PUSH AX
        JMP EXIT
CE:     MOV CX,8                ；CE键处理程序
        MOV AL,0
AGAN1:  OUT DX,AL
        LOOP AGAN1
        JMP EXIT
MEM:    MOV BX,0                ；MEM键处理程序
        MOV CX,8
        MOV DX,381H
        MOV AL,70H              ；读显示RAM，从0地址开始，地址自动加1
        OUT DX,AL
        MOV DX,380H
AGAN2:  IN AL,DX                ；读显示RAM中的七段码
```

```
        MOV BUF[BX],AL          ；存入数据区 BUF 中
        INC BX
        LOOP AGAN2
        MOV DX,381H
        MOV AL,50H              ；恢复读 FIFO RAM
        OUT DX,AL
        MOV DX,380H
        JMP EXIT
SHOW：  MOV BX,0                ；SHOW 键处理程序
        MOV CX,8
AGAN3： MOV AL,BUF[BX]          ；读数据区 BUF 的内容
        OUT DX,AL               ；写入显示 RAM
        INC BX
        LOOP AGAN3
        JMP EXIT
start   endp
code    ends
        end start
```

习　题　8

8.1　画出 8255 与 IBM PC XT 的系统总线的连接图，写出 A 端口作基本输入，B 端口作基本输出的初始化程序。

8.2　编制一段程序，用 8255 的 C 端口按位置位/复位，将 PC_7 置“0”，PC_4 置“1”(端口地址为 380H～383H)。

8.3　设计一个具有 8 个按键的电路，编写用中断方式扫描键盘得到按下键键值的程序。

8.4　用 8255 的两个端口设计一十六进制数码按键和 4 个七段显示器的接口电路，画出键盘、显示器及其接口电路的原理图，编写捕捉按键后立即改变显示数值的程序。

8.5　用 8255 的 A 端口接 8 只理想开关输入二进制数，B 端口和 C 端口各接 8 只发光二极管显示二进制数。写出读入开关数据（原码）送 B 端口（补码）和 C 端口（绝对值）的发光二极管显示的程序段.

8.6　用一片 8255 能否实现 8 个七段显示器与 64 个按键的键盘接口功能？若能试画出设计方框图，并略加说明。

8.7　试用一片 8255 设计 3 只七段显示器的接口，将键盘输入的 3 位十进制数在这 3 只七段显示器上显示出来。设计这一输出电路和控制程序。

8.8　试用一片 8255 做 8 只理想开关和 2 只七段显示器的接口，将开关输入的 8 位二进制数以十六进制数形式在这两只七段显示器上显示出来。设计这一输出电路和控制程序（设 8255 的端口地址为 384H～387H）。

8.9　使用 8255 的 B 端口驱动红色与绿色发光二极管各 4 只，且红绿管轮流发光各 2 秒钟，不断循环，试画出包括地址译码、8255 与发光管部分的接口电路图，编写程序段。

8.10　用 8255 作双机并行通信的接口，试设计接口电路和通信程序。

8.11　画出 8253 与 IBM PC XT 的系统总线的连接图，写出 3 个计数器 6 种工作方式各自的初始化程序段。

8.12　编制一程序使 8253 的计数器产生 600Hz 的方波，经滤波后送至扬声器发声，当敲下任一键时发声停止。

8.13　下列程序段可控制某芯片输出方波，请指出该芯片的型号。

```
MOV DX，267H
MOV AL，36H
OUT DX，AL
MOV DX，264H
MOV AL，0
OUT DX，AL
OUT DX，AL
```

8.14　将 8253 的 3 个计数器级联，假设时钟输入为 2MHz，画出级联框图，并做：

（1）各计数器均取最大的计数初值，计算各计数器输出的定时脉宽。

（2）若要求得到毫秒、秒、时 3 种定标脉冲，3 个计数器的计数初值各为多少？

8.15　用 8279 的译码方式设计 4 位七段显示器和 4×5 键盘的接口电路与 8279 的初始化程序。

附录A 80x86指令系统表

1．数据传送类指令

名　　称	指令格式	操　　作
数据传送	MOV dest,source	Source → dest
零扩展传送	MOVZX reg，source	将源中的无符号数扩展后送寄存器
符号位扩展传送	MOVSX reg，source	将源中的符号数扩展后送寄存器
数据交换	XCHG dest,source	Source ↔ dest
字节交换	BSWAP reg	D_{31}～D_{24} ↔ D_{23}～D_{16} D_{15}～D_{8} ↔ D_{7}～D_{0}
查表转换	XLAT [source-table]	(BX+AL)→ AL
传送偏移地址	LEA reg16,source	(source)→ reg16
传送偏移地址及数据段的段地址	LDS reg,source	(source)→ reg,(source+2 或 4)→DS
传送偏移地址及附加数据段的段地址	LES reg,source	(source)→ reg,(source+2 或 4)→ES
传送偏移地址及附加数据段的段地址	LFS reg,source	(source)→ reg,(source+2 或 4)→FS
传送偏移地址及附加数据段的段地址	LGS reg,source	(source)→ reg,(source+2 或 4)→GS
传送偏移地址及堆栈段的段地址	LSS reg,source	(source)→ reg,(source+2 或 4)→SS
进栈	PUSH source	source → stack top
16 位通用寄存器进栈	PUSHA	AX CX DX BX SP BP SI DI 依次进栈
32 位通用寄存器进栈	PUSHAD	EAX ECX EDX EBX ESP EBP ESI EDI 依次进栈
出栈	POP dest	stack top → dest
16 位通用寄存器出栈	POPA	出栈次序与 PUSHA 相反
32 为通用寄存器出栈	POPAD	出栈次序与 PUSHAD 相反
16 位标志寄存器进栈	PUSHF	flags → stack top
32 位标志寄存器进栈	PUSHFD	flags → stack top
16 位标志寄存器出栈	POPF	stack top → flags
32 位标志寄存器出栈	POPFD	stack top → flags
标志寄存器的低 8 位送 AH	LAHF	Flags 的低 8 位 → AH
AH 送标志寄存器的低 8 位	SAHF	AH → Flags 的低 8 位
输入	IN acc,port	Port → AL 或 AX 或者 EAX
输出	OUT port,acc	AL 或 AX 或者 EAX → port

2. 算术运算指令

名　称	指 令 格 式	操　作
加	ADD dest,source	dest+source→dest
带进位加	ADC dest,source	dest+source+CF→dest
增量	INC dest	dest +1 →dest
交换及相加	XADD dest，REG	先 XCHG dest，REG 然后 ADD dest，REG
ASCII BCD 数加法调整	AAA	(AL&0FH)>9 或 AF=1,(AL+6)&0FH →AL AH+1→AH
压缩 BCD 数加法调整	DAA	(AL&0FH)>9 或 AF=1,AL+6→AL;(AL&F0H)>90 或 CF=1,AL+60→AL
减	SUB dest,source	dest-source→dest
带借位减	SBB dest,source	dest-source-CY→dest
减量	DEC dest	dest-1→dest
比较	CMP dest,source	dest-source
比较并交换	CMPXCHG dest，REG	CMP AL/AX/EAX,dest 相等 REG→dest,否则 dest→AL/AX/EAX
8 字节比较并交换	CMPXCHG8B MEM	CMP MEM,EDX：EAX 相等 ECX：EBX→MEM,否则，MEM→EDX：EAX。
ASCII BCD 数减法调整	AAS	(AL&0FH)>9 或 AF=1,(AL-6)&0FH →AL AH-1→AH
压缩 BCD 数减法调整	DAS	(AL&0FH)>9 或 AF=1,AL-6→AL;(AL&F0H)>90 或 CF=1,AL-60→AL
无符号数乘	MUL source	AL×source8→AX 或 AX×source16→DX 和 AX
符号整数乘	IMUL source	AL×source8→AX 或 AX×source16→DX 和 AX
	IMUL REG, source	REG ← REG×source
	IMUL REG, source,imm	REG ← source×imm
ASCII BCD 数乘法调整	AAM	AL÷10 →AH,AL MOD 10 → AL
无符号数除	DIV source	AX÷source8→AL 余数→AH 或 DX 和 AX÷source16→AX 余数→DX
符号整数除	IDIV source	AX÷source8→AL 余数→AH 或 DX 和 AX÷source16→AX 余数→DX
ASCII BCD 数除法调整	AAD	AH×10+AL→AL,0→AH
字节扩展为字	CBW	将 AL 的符号位扩展到 AH
字扩展为双字	CWD	将 AX 的符号位扩展到 DX
将字转换为双字	CWDE	将 AX 的符号位扩展到 EAX 的高 16 位
将双字转换为四字	CDQ	将 EAX 的符号位扩展到 EDX

3. 位操作指令

名 称	指令格式	操 作	
逻辑与	AND dest,source	dest∧source→dest	
测试	TEST dest,source	dest∧source→dest	
逻辑或	OR dest,source	dest∨source→dest	
求反	NOT dest	$\overline{dest}$→dest	
求补	NEG dest	$\overline{dest}$+1→dest	
逻辑异或	XOR dest,source	dest⊕source→dest	
逻辑/算术左移	SHL/SAL dest,source	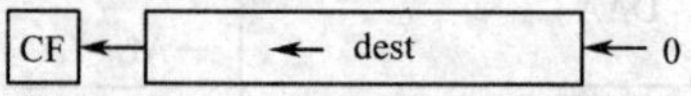 CF ← dest ← 0	
逻辑右移	SHR dest,source	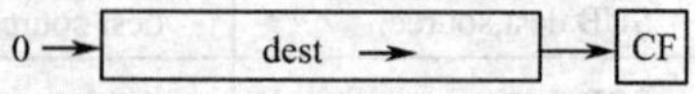 0 → dest → CF	
算术右移	SAR dest,source	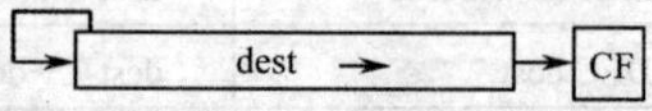 dest → CF	
循环左移	ROL dest,source	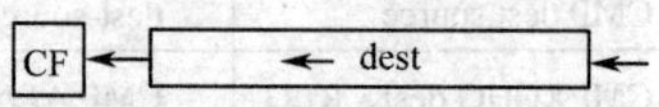 CF ← dest	
循环右移	ROR dest,source	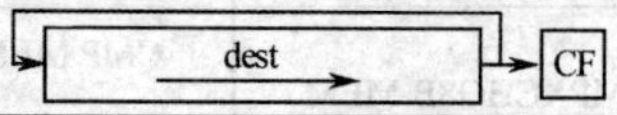 dest → CF	
带进位循环左移	RCL dest,source	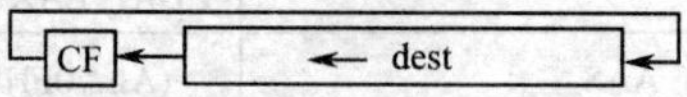 CF ← dest	
带进位循环右移	RCR dest,source	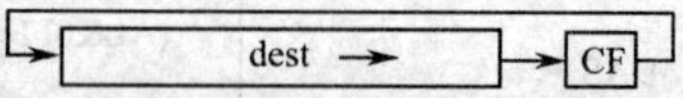 dest → CF	
双精度右移	SHRD dest，REG，imm/CL	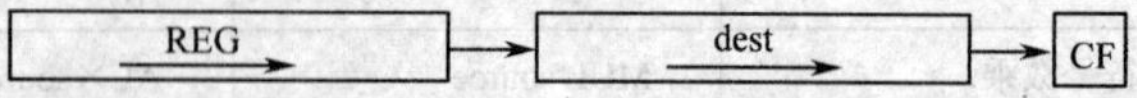 REG → dest → CF	
双精度左移	SHLD dest，REG，imm/CL	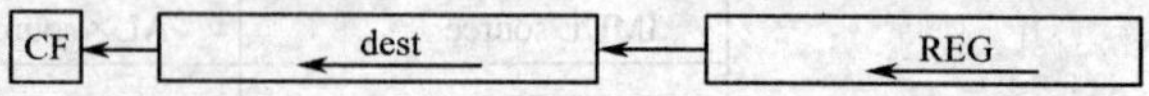 CF ← dest ← REG	
位搜索（扫描）	BSF REG，source	由低向高搜索 source	第 1 个 1 的位置值送 REG,ZF=0; 若 source=0，则 ZF=1
	BSR REG，source	由高向低搜索 source	
位测试	BT dest，source	将目的操作数中由源操作数指定的位→CF	
	BTC dest，source	将目的操作数中由源操作数指定的位→CF,并将该位求反	
	BTR dest，source	将目的操作数中由源操作数指定的位→CF,并将该位置 0	
	BTS dest，source	将目的操作数中由源操作数指定的位→CF,并将该位置 1	

4. 串操作指令

名 称	指令格式	操 作
串传送	MOVS dest-string,source-string	(DS:SI)→(ES:DI)或者(DS:ESI)→(ES:EDI) SI 和 DI 或者 ESI 和 EDI 增量或减量
	MOVSB dest-string,source-string	
	MOVSW dest-string,source-string	
	MOVSD dest-string,source-string	
串比较	CMPS dest-string,source-string	(DS:SI)－(ES:DI)或者(DS:ESI)－(ES:EDI) SI 和 DI 或者 ESI 和 EDI 增量或减量
	CMPSB dest-string,source-string	
	CMPSW dest-string,source-string	
	CMPSD dest-string,source-string	

续表

名　称	指令格式	操　作
串搜索	SCAS dest-string	AL或AX或者EAX－(ES:DI)或者(ES:EDI) DI或者EDI增量或减量
	SCASB dest-string	
	SCASW dest-string	
	SCASD dest-string	
取字符串	LODS source-string	(DS:SI)或者(DS:ESI)→AL或AX或者EAX SI或者ESI增量或减量
	LODSB source-string	
	LODSW source-string	
	LODSD source-string	
存字符串	STOS dest-string	AL或AX或者EAX →(ES:DI)或者(ES:EDI) DI或者EDI增量或减量
	STOSB dest-string	
	STOSW dest-string	
	STOSD dest-string	
字符串输入	INS dest-string，DX/EDX	[DX]→ AL或AX或者EAX DI或者EDI增量或减量
	INSB	
	INSW	
	INSD	
字符串输出	OUTS DX/EDX，source-string	AL或AX或者EAX →[DX] SI或者ESI增量或减量
	OUTSB	
	OUTSW	
	OUTSD	
重复前缀	REP	重复CX指定的次数，直到CX=0
重复前缀	REPE/REPZ	CX≠0且ZF=1重复，直到CX=0或ZF=0
重复前缀	REPNE/REPNZ	CX≠0且ZF=0重复，直到CX=0或ZF=1

5. 控制转移指令

名　称	指令格式	操　作
无条件转移	JMP target	将控制转移到目的标号target
简单条件转移	JE/JZ short-lable	相等/为0转移到短标号short-lable
	JNE/JNZ short-lable	不相等/不为0转移到短标号short-lable
	JS short-lable	为负转移到短标号short-lable
	JNS short-lable	为正转移到短标号short-lable
	JC short-lable	有进位转移到短标号short-lable
	JNC short-lable	无进位转移到短标号short-lable
	JO short-lable	溢出转移到短标号short-lable
	JNO short-lable	无溢出转移到短标号short-lable
	JP/JPE short-lable	奇偶性/奇偶校验为偶转移到short-lable
	JNP/JPO short-lable	奇偶性/奇偶校验为奇转移到short-lable

续表

名　称	指令格式	操　作
符号数条件转移	JL/JNGE short-lable	小于/不大于等于转移到 short-lable
	JNL/JGE short-lable	不小于/大于等于转移到 short-lable
	JG/JNLE short-lable	大于/不小于等于转移到 short-lable
	JNG/JLE short-lable	不大于/小于等于转移到 short-lable
无符号数条件转移	JB/JNAE short-lable	低于/不高于等于转移到 short-lable
	JNB/JAE short-lable	不低于/高于等于转移到 short-lable
	JA/JNBE short-lable	高于/不低于等于转移到 short-lable
	JNA/JBE short-lable	不高于/低于等于转移到 short-lable
条件设置	SETcond dest	条件成立，目的操作数置为 1，否则置为 0。
循环	LOOP short-lable	CX-1→CX,CX≠0 转移到 short-lable
相等/为 0 循环	LOOPZ/LOOPE short-lable	CX-1→CX,CX≠0 且 ZF=1 转移到 short-lable
不相等/不为 0 循环	LOOPNZ/LOOPNE short-lable	CX-1→CX,CX≠0 且 ZF=0 转移到 short-lable
CX 为 0 转移	JCXZ short-lable	CX=0 转移到 short-lable
ECX 为 0 转移	JECXZ　short-lable	ECX=0 转移到 short-lable
子程序调用	CALL target	CS 和 IP 进栈并转移到 target
子程序返回	RET [n]	IP 和 CS 出栈实现返回[丢弃栈区 n 个单元]
软中断	INT n	类型 n 中断
溢出中断	INTO	执行 INT 4 所执行的操作
中断返回	IRET	IP、CS 和 Flags 出栈实现返回
	IRETD	EIP、CS 和 Flags 出栈实现返回

6. 处理机控制指令

名　称	指令格式	操　作
置位进位标志	STC	1→CF
清除进位标志	CLC	0→CF
进位标志取反	CMC	$\overline{CF}$→CF
置位方向标志	STD	1→DF
清除方向标志	CLD	0→DF
置位中断标志	STI	1→IF
清除中断标志	CLI	0→IF
处理器暂停	HLT	CPU 进入暂停状态
等待	WAIT	CPU 进入等待状态
空操作	NOP	
建立堆栈	ENTER imm1,imm2	所建堆栈的字节数和子程序的嵌套层数（0～31）
释放堆栈	LEAVE	释放 ENTER 指令建立的堆栈区
取 CPU 标识	CPUID	获取微机中 Pentiun 微处理器的标识和相关信息

说明：本表仅列出了 80x86 中面向应用程序设计的指令，面向系统程序设计的指令和浮点指令没有列出。

附录 B　80x86 指令按字母顺序查找表

操作助记符	指 令 类 别	讲述的章节
AAA	ASCII BCD 数加法调整	3.1.2
AAD	ASCII BCD 数除法调整	3.1.2
AAM	ASCII BCD 数乘法调整	3.1.2
AAS	ASCII BCD 数减法调整	3.1.2
ADC dest，source	带进位加	2.3.2
ADD dest，source	加	2.3.2
AND dest，source	逻辑与	2.3.3
BSF REG，source	由低位向高位搜索	2.3.4
BSR REG，source	由高位向低位搜索	2.3.4
BSWAP reg	字节交换	2.3.1
BT dest，source	位测试	2.3.5
BTC dest，source		
BTR dest，source		
BTS dest，source		
CALL target	子程序调用	3.5.2
CBW	字节扩展为字	3.1.1
CDQ	双字转换为四字	3.1.1
CLC	清除进位标志	
CLD	清除方向标志	3.4.1
CLI	清除中断标志	7.3.1
CMC	进位标志取反	
CMP dest，source	比较	2.3.2
CMPS dest-string,source-string	串比较	3.4.2
CMPSB		
CMPSD		
CMPSW		
CMPXCHG dest，reg	比较并交换	2.3.2
CMPXCHG8B mem	8 字节比较并交换	2.3.2
CPUID	取 CPU 标识	
CWD	字扩展为双字(双字在 DX 和 AX 中)	3.1.1
CWDE	字扩展为双字(双字在 EAX 中)	3.1.1
DAA	压缩 BCD 数加法调整	3.1.2

续表

操作助记符	指 令 类 别	讲述的章节
DAS	压缩 BCD 数减法调整	3.1.2
DEC dest	减量	2.3.2
DIV source	无符号数除	3.1.1
ENTER imm1，imm2	建立堆栈	
HLT	处理器暂停	
IDIV source	符号整数除	3.1.1
IMUL source	符号整数乘	3.1.1
IMUL REG, source		
IMUL REG, source,imm		
IN acc,port		6.2.3
INC dest	增量	2.3.2
INS dest-string，DX/EDX	字符串输入	
INSB		
INSD		
INSW		
INT n	软中断	7.3.2
INTO	溢出中断	
IRET	中断返回	
IRETD		
JA short-lable	条件转移	3.2.1
JAE short-lable		
JB short-lable		
JBE short-lable		
JC short-lable		
JCXZ short-lable	CX 为 0 转移	3.3.2
JE short-lable		3.2.1
JECXZ short-lable	ECX 为 0 转移	3.3.2
JG short-lable	条件转移	3.2.1
JGE short-lable		
JL short-lable		
JLE short-lable		
JMP target	无条件转移	3.2.2
JNA short-lable	条件转移	3.2.1
JNAE short-lable		
JNB short-lable		
JNBE short-lable		
JNC short-lable		

续表

操作助记符	指令类别	讲述的章节
JNE short-lable		
JNG short-lable		
JNGE short-lable		
JNL short-lable		
JNLE short-lable		
JNO short-lable		
JNP short-lable		
JNS short-lable		
JNZ short-lable		
JO short-lable		
JP short-lable		
JPE short-lable		
JPO short-lable		
JS short-lable		
JZ short-lable		
LAHF	标志寄存器的低 8 位送 AH	
LDS reg,source	传送偏移地址及数据段的段地址	2.3.1
LEA reg,source	传送偏移地址	2.3.1
LEAVE	释放堆栈	
LES reg,source	传送偏移地址及附加数据段的段地址	2.3.1
LFS reg,source		
LGS reg,source		
LODS source-string	取字符串	3.4.2
LODSB		
LODSD		
LODSW		
LOOP short-lable	循环	3.3.2
LOOPE short-lable	相等循环	
LOOPNE short-lable	不相等循环	
LOOPNZ short-lable	不为 0 循环	
LOOPZ short-lable	为 0 循环	
LSS reg,source	传送偏移地址及堆栈段的段地址	2.3.1
MOV dest,source	数据传送	2.3.1
MOVS dest-string,source-string	串传送	3.4.2
MOVSB		
MOVSD		
MOVSW		

续表

操作助记符	指令类别	讲述的章节
MOVSX reg，source	符号位扩展传送	2.3.1
MOVZX reg，source	零扩展传送	2.3.1
MUL source	无符号数乘	3.1.1
NEG dest	求补	2.3.3
NOP	空操作	
NOT dest	求反	2.3.3
OR dest,source	逻辑或	2.3.3
OUT port,acc	输出	6.2.3
OUTS DX/EDX，source-string	字符串输出	
OUTSB		
OUTSD		
OUTSW		
POP dest	出栈	2.3.1
POPA	16 位通用寄存器出栈	
POPAD	32 为通用寄存器出栈	
POPF	16 位标志寄存器出栈	
POPFD	32 位标志寄存器出栈	
PUSH source	进栈	
PUSHA	16 位通用寄存器进栈	
PUSHAD	32 位通用寄存器进栈	
PUSHF	16 位标志寄存器进栈	
PUSHFD	32 位标志寄存器进栈	
RCL dest，source	带进位循环左移逻辑	2.3.4
RCR dest，source	带进位循环右移逻辑右移	
RET [N]	子程序返回	3.5.2
ROL dest，source	循环左移	2.3.4
ROR dest，source	循环右移	
SAHF	AH 送标志寄存器的低 8 位	
SAL dest，source	算术左移	
SAR dest，source	算术右移	
SBB dest，source	带借位减	2.3.2
SCAS dest-string	串搜索	3.4.2
SCASB		
SCASD		
SCASW		
SETcond dest	条件设置	
SHL dest,source	逻辑左移	2.3.3

续表

操作助记符	指 令 类 别	讲述的章节
SHLD dest，reg，imm/CL	双精度左移	
SHR dest,source	逻辑右移	
SHRD dest，reg，imm/CL	双精度右移	
STC	置位进位标志	
STD	清除方向标志	3.4.1
STI	置位中断标志	7.3.1
STOS dest-string	存字符串	3.4.2
STOSB		
STOSD		
STOSW		
SUB dest，source	减	2.3.2
TEST dest，source	测试	2.3.3
WAIT	等待	
XADD dest，REG	交换及相加	2.3.2
XCHG dest，source	数据交换	2.3.1
XLAT	查表转换	2.3.1
XOR dest，source	逻辑异或	2.3.3

附录C　80x86算术逻辑运算指令对状态标志位的影响

指令类型	指　　令	O	S	Z	A	P	C
加、减	ADD、ADC、SUB、SBB、CMP(CMPS/CMPXCHG/SCAS)、NEG、XADD	↑	↑	↑	↑	↑	↑
增量、减量	INC、 DEC	↑	↑	↑	↑	↑	·
乘	MUL、IMUL	↑	×	×	×	×	↑
除	DIV、IDIV	×	×	×	×	×	×
BCD数加减调整	DAA、DAS	×	↑	↑	↑	↑	↑
ASCII BCD数加减调整	AAA、AAS	×	×	×	↑	×	↑
ASCII BCD数乘除调整	AAM、AAD	×	↑	↑	×	↑	×
逻辑操作	AND、TEST、OR、XOR	0	↑	↑	×	↑	0
移位操作	SHL/SAL、SHR、SAR	↑	↑	↑	×	↑	↑
	SHLD、SHRD	×	↑	↑	×	↑	↑
循环	ROL、ROR、RCL、RCR(一次)	↑	·	·	·	·	↑
	ROL、ROR、RCL、RCR(CL次)	×	·	·	·	·	↑
标志操作	POPF、IRET	↑	↑	↑	↑	↑	↑
	SAHF	·	↑	↑	↑	↑	↑
	STC	·	·	·	·	·	1
	CLC	·	·	·	·	·	0
	CMC	·	·	·	·	·	$\overline{C}$

符号说明：↑有影响；　·不影响；　0 置0；　1 置1；　×不确定